生活·讀書·新知三联书店

城记

王军 著

图书在版编目（CIP）数据

城记／王军著．－北京：生活·读书·新知三联书店，2003.10（2024.7 重印）

ISBN 978-7-108-01816-8

Ⅰ．城… Ⅱ．王… Ⅲ．城市史：建筑史－北京市

Ⅳ．TU-092

中国版本图书馆 CIP 数据核字（2002）第 106733 号

城 记 王 军著

责任编辑 刘蓉林

装帧设计 宁成春

责任印制 卢 岳

电脑制作 *1802* 工作室

出版发行 生活·讀書·新知 三联书店

北京市东城区美术馆东街 22 号

邮 编 100010

经 销 新华书店

印 刷 天津裕同印刷有限公司

版 次 2003 年 10 月北京第 1 版

2024 年 7 月北京第 22 次印刷

开 本 705 毫米 ×995 毫米 1/16 印张 23

字 数 360 千字

印 数 119,401-121,400 册

定 价 88.00 元

本书城楼电脑图由北京水晶石数字科技有限公司提供

目　　录

北京永定门现址及古城门数字合成照片。
北京水晶石数字科技有限公司提供。

前　言

北京城的沧桑瞬间

这部书稿的完成不知是偶然还是天意。去年3月，清华大学建筑学院发来一份邀请，希望我能够为纪念梁思成先生诞辰100周年的学术会议提交一篇论文，随后又接到林洙女士的一个电话，她敦促我赶紧写，颇有些焦急地说："不要起大早，赶晚集呀!"

我终于下了决心。没想到，这下笔一写，短短一个星期，就写了四五万字，还不能止住。这段历史太厚重了，宏大叙事的社会生活与坎坷多舛的个人际遇非淡墨所能承载。在对历史资料的含化与创作过程的吐新中，我仿佛被送回到从前，无法逃脱来自彼岸的逼问：如果你是他，你又该作何选择？生命的痛感让我与历史的主人公进行了一次又一次的心灵沟通。

刚刚逝去的上个世纪，是北京急剧变化的百年。对于文明积淀深厚的这个历史名城来说，这仅仅是其沧桑变幻的一个瞬间。而这个瞬间所爆发的力量，至今仍使这个城市保持着一种历史的惯性，塑造着它在今天以及将来的形态，有体有形地影响或决定着这里每一个人的生活。虽然这个瞬间是短暂的，但相信它会成为一代又一代学人永久探讨的话题。求解现实与未来，我们只能回到过去，这是人类的本性。而我仅是尽绵薄之力，将这段历史勾画出些许轮廓，随着历史档案的不断公开，人们会看得更为真切。

对这段历史我不敢妄加评说，我所做的只是尽可能寻找并整理史料，它们来自老报纸、老期刊、尚未面世的文字资料、当事人的口述以及与之相关的史籍论著。全书分为十章，从北京的现实入手，以五十多年来北京城营建史中的历次论争为主线展开叙述，其中又以20世纪五六十年代为重点，将梁思成、林徽因、陈占祥、华揽洪等一批建筑师、规划师的人生故事穿插其间，试图廓清"梁陈方案"提出的前因后果，以及后来城市规划的形成，北京出现所谓"大屋顶"建筑、拆除城墙等古建筑的情况，涉及"变消费城市为生产城市"、"批判复古主义"、"整风鸣放"、"大跃进"、"文化大革命"等历史时期。

与文字同样重要的是书中选配的三百余幅插图，其中相当一部分图表归功于学术界已作出的卓越探索，在这里，我谨向前辈与同仁们致以深深的敬意。特别感谢林洙女士赐予反映梁思成生平及相关史料的照片以及梁思成工作笔记中的画作，罗哲文先生赐予当年他拍摄的拆除城楼及其他重要古建筑的照片，梁从诫先生赐予供本书首次发表的梁思成水彩写生画，张文朴先生赐予张奚若生前照片，陈衍庆先生赐予陈占祥生前照片，张开济先生赐予他的建筑作品照片，张先得先生赐予他当年所绘的城楼写生画及老北京照片，况晗先生和乔得龙先生赐予北京胡同画作，宋连峰先生赐予北京航拍照片，清华大学建筑学院资料室的老师们给予的真诚帮助。

研究中国建筑与城市规划，是无法绕过梁思成先生的。是他在兵匪满地、行路艰难的旧中国，跋涉在深山老林里，寻觅着中华古代文明的瑰宝，完成了中国人的第一部建筑史；是他发出居者有其屋、城市规划的最高目标是安居乐业的呼喊，为中国城市的理性发展筚路蓝缕；是他搏尽全力为中国古代建筑请命，虽是屡战屡败，却痴情不改。近几年频频出现于报端及各种出版物之中的梁思成，更多的是以一个悲剧人物的形象被人铭记。“拆掉一座城楼像挖去我一块肉；剥去了外城的城砖像剥去我一层皮”——他在1957年写下的这段话，今天不知让多少人扼腕长叹；1950年他与陈占祥先生拟就完整保存北京古城、在古城外建设行政中心区的“梁陈方案”，随后就双双陷入复杂人生境况的史实，也不知让多少人唏嘘不已。

这些年，我努力寻找着梁思成的足迹，在北京的各个角落里捕捉着他的回音，感受着这个城市的各种情绪。知道的越多，不知道的也就越多。认识论的这个怪圈，使我数度举笔，却欲言又止。我从被“逼”出来的四五万字中，选出两个相对完整的部分，其一交给了清华大学，其二交给了《城市规划》杂志，作为对梁思成先生与陈占祥先生的纪念。这两篇文章，引起了学术界浓厚的兴趣，在诸多前辈学者与朋友们的鼓励下，我终于完成了这部书的写作。

在我探索北京城变迁史的十年间，有着太多的伤楚与遗憾。陈占祥先生故去了，单士元先生故去了，莫宗江先生故去了，张镈先生故去了，周永源先生故去了，郑祖武先生故去了……他们对发生在北京城的这段历史，评说不一，他们在这出历史剧中扮演的角色也不尽相同，但真挚之情却是共通的。我还清楚地记得郑祖武先生一边吸着氧气一边接受我采访的情景，陈占祥先生在与我交谈时竟两次落泪。

感谢所有接受我采访的人士和他们面对历史的真诚。

感谢林洙女士对我的信任，她提供给我几十本梁思成先生的工作笔记、日记和“文革”时期写下的交代材料。1997年我在清华大学用了一个冬季通读了这些珍贵的史料。那段青灯黄卷的日子，对我这个年轻人来说，是刻骨铭心的。

感谢我的启蒙老师柴真先生、学长罗锐韧先生的真挚鼓励；感谢林洙女士、梁从诫先生、刘小石先生、陈衍庆先生、华新民女士、张先得先生、杨东平先生、张志军女士对书稿提出建议；感谢李靖先生多年来热心查寄剪报，王蕾小姐在图片整理中热情相助；感谢所有关心和帮助我的师长和朋友。

最后，我要感谢我的妻子刘劼，是她分享了我这十多年来的痛苦与欢乐，这本书包含着她的心血与智慧，并不仅仅是因为她一直在与我探索着同样的课题，还在于我们是如此热爱我们生活着的这个城市。

王军

2002年10月29日于北京

北京朝阳门现址及古城门数字合成照片。
北京水晶石数字科技有限公司提供。

古都求衡

改造北京

来自四川兴文的13个庄稼汉抡圆了铁锄，大块大块的木头从屋顶上滚落下来，瓦片被杂乱地堆在一旁，砖墙在咣咣震响声中呻吟着，化作一片废墟。一时尘埃弥漫……

这一幕发生在1998年9月24日，这一天成为了北京粤东新馆的祭日。100年前戊戌变法前夕康有为在这里成立保国会的历史，从此化作无法触摸的记忆。

拆除这处古迹是要它给一条城市干道腾地方，拆的名义是“异地保护”这处文物。文物建筑的迁移要先选好迁建地址并予腾空，测绘、摄像，建筑构件要编号，原材料、原规制复原，由文物专业技术人员着手进行……然而，在庄稼汉的铁锄之下，粤东新馆成了“破烂”。

“有没有文物人员指导？”笔者在现场目睹此景，对姓汪的包工头说。

老汪答道：“他们来看了一下，指了指几件东西，说留下来，我们就动手了。”

在老汪的引导下，笔者看到，几块雕花的木头已被拆放在一处。“这就是他们要的。”老汪说，“还有几块石头，嵌在墙里，他们说里面可能有字，也让留下来。”

“那些砖、瓦和木头怎么处理呢？”

“我们拿去卖。”

“能卖不少钱吧？”

“赚不了钱。古砖没人要，木头也难找到买家，一块瓦也只能卖四分钱、五分钱。”

“老汪，你知道康有为、戊戌变法吗？”

老汪两眼茫然。

“知道孙中山吗？”

“当然喽，这个房子还跟他有关系呀？”

老汪眼睛大大的，皮肤黝黑。笔者跟他是6天前认识的。那是9月18

拆除前的北京粤东新馆。王军摄于1998年9月18日。

日，他受工程部门委托，带着乡里众兄弟来拆粤东新馆的房子，没想到刚把瓦片揭下来，就被叫停。原来有人告了状，建设部门表示，要跟文物部门签完协议后才能拆。

折腾了几天，眼下老汪终于做成了这笔生意。

“我在北京拆了8年了，这种房子拆得多了。两三个月前，国子监那边的一个庙就是我拆的，那个庙真大。我们管不了那么多，拆迁办给我们钱，我们就拆。给我们钱拆故宫，我们也拆。”

老汪说到这儿，电话响了。运输车就要开过来，买家要来登门了。

这个院子坐落于北京市宣武区南横街11号，原为康熙时期大学士王崇简、王熙父子的住宅，相传也是明朝权臣严嵩的别墅。清末广东人在这里修建了在戊戌变法时期叱咤风云的粤东新馆。

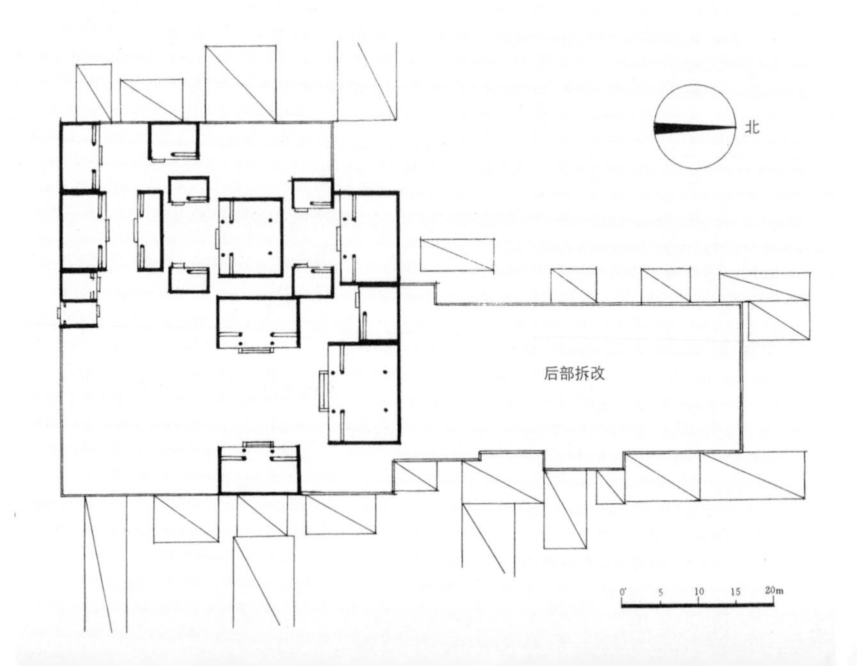

粤东新馆平面图（来源:《宣南鸿雪图志》，1997年）

100 年前，中华大地就像砧板上的一块肉，长江归英，福建归日，德据山东，俄据东北，两广云南为英、法所争，台湾被日寇占领。甲午之战，中国惨败，康有为、梁启超等维新志士决心“尽革旧俗，一意维新”，开始了中国近代史上第一次大规模的思想解放运动。

康有为

1898 年 4 月 17 日，这个院子挤满了二百多个读书人，康有为振臂高呼：“吾中国四万万人，无贵无贱，当今日在覆屋之下，漏舟之中；如笼中之鸟，牢中之囚；为奴隶，为牛马，为犬羊，听人驱使，听人宰割。此四千年中二十朝未有之奇变。加以圣教式微，种族沦亡，奇惨大痛，真有不能言者也。”一席话道出亡国惨图，众人泪如雨下。

这一天，全国性维新派组织——保国会在这里成立了。康有为草拟了《保国会章程》：“本会以国地日割，国权日削，国民日困，思维持振救之，故开斯会，以冀保国，名为保国会。”在此前后，北京知识界成立的各种学会达十余个，其中保国会规模最大，影响最深远。这些学会的成立及其活动，渐渐唤醒民智，变法维新的呼声日益高涨。

光绪皇帝接受康有为、梁启超等的变法维新主张，于 1898 年 6 月 11 日诏定国是，宣布变法，戊戌变法运动自此拉开序幕。9 月 21 日慈禧发动政变，戊戌变法失败。9 月 28 日六君子菜市口刑场就义。

1911 年，辛亥革命推翻帝制，建立了中华民国。孙中山为弥合南北分裂，巩固共和制度，应袁世凯之邀，于 1912 年夏抵达北京。

这一年的 9 月 11 日，粤东新馆又是一片热闹的场景，孙中山来到这里出席广东老乡为他举办的欢迎会。梁士诒为欢迎会主席，登台述欢迎之大旨，孙中山发表重要演说，提出海南建省、引进外资、兴建铁路等主张。

如今，孙中山的这些愿望，均已成为现实。可是当年回荡着他铿锵话语的院落，成了一堆瓦砾。

粤东新馆是北京市宣武区文物保护单位，共分东西两个院落，东院是主院，当年保国会成立及孙中山发表演说即在这里，而修马路“迁建”的对象正是它。按计划，东院将被移至西院北侧。可是，所谓“异地保护”已是空谈，包工头老汪不但把它砸掉了，还把它卖掉了。

主张“迁建”者认为，东院仅存保国会正房、配房等建筑，均已破旧，而戏楼、花园已无存，原址保护技术上虽可行，但“代价太高”。

这一观点遭到诸多学者的强烈反对，他们提出，粤东新馆院落保存完整，戏楼等完全可以恢复。道路为文物让行，在北京建设史上并非没有先例。

1998年9月21日，正值戊戌政变100周年，中国文物学会会长罗哲文、原中国历史博物馆馆长俞伟超、国家历史文化名城保护专家委员会副主任郑孝燮、原国家文物局顾问谢辰生，就粤东新馆的保护问题发出“刀下留馆”的呼吁。

孙中山

4位学者提出：“值此戊戌百年纪念的重要时刻，戊戌变法的一处重要遗址——粤东新馆却被列为拆除迁移的对象，危在旦夕，这是每一位有着民族历史良知的人所不能接受的事实，令人痛心不已！我们郑重呼吁有关部门，重新调整建设方案，留下这一处凝聚民族百年沧桑的见证，慎重对待历史。”“近年来，不少珍贵的历史文物一遇到建设事项就被‘异地保护’，已是亟须引起各界重视的问题，文物建筑经常因此而作完全的牺牲。文物建筑的迁建必须慎重，是需要严格依法审批的，其迁建工作是必须严格按专业程序执行的。”

可是，这并不能改变粤东新馆的命运。

为粤东新馆的保存而奔走的还有北京市社会科学院研究员王灿炽。1998年4月23日，他在北京市政协文史委员会听取工程部门汇报工作时发言：“这样的做法是不行的。你说这个文物动一点，我的心里就跳一下，文物建筑缺胳膊少腿怎么行？粤东新馆是发生重要历史事件的地方，是戊戌变法时期康有为组织保国会、发表演说的地方，可是这个地方要拆掉，荡然无存了！孙中山在北京活动的地方不多，他在粤东新馆发表的演说，具有重大历史价值。如果拆了，太可惜！能不能像平安大街一样，让让路，躲一下？另外，在万不得已的情况下，异地重建，这是下策，文物是不应挪动的呀！”

拆除前的粤东新馆为一所中学占用，魏韬是这所学校的青年教师，一有人到这里参观，他就会主动上前诉说：“能不能想想办法、想想办法呵！保国会、戊戌变法是写进中学教材的，粤东新馆要是被拆掉，我们怎样向学生讲述这段历史呵？”

蔡元培

2000年11月23日。

北京市东城区东堂子胡同75号蔡元培故居。

“这个院子，也就是沾了蔡元培的一点儿边，要不是，它值得保吗？你看，就这房子，是文物吗？”在蔡元培故居里，一位自称是市政工程部门的工作人员，向笔者大声说道。

此时，蔡元培故居紧靠胡同的一侧，数间房屋被严重拆损，屋顶没了，院壁一片残痕，院内几间房屋也被捅破了顶，大门两侧，被刷上两个大大的“拆”字，而刻有“北京市东城区文物保护单位蔡元培故居”字样的石碑还嵌在墙上。

故居院内最后一位住户胡锦才领着笔者四处探望。“这不是一般人的院子呵，这是蔡元培先生‘五四’期间担任北京大学校长时住过的房子，听说当年北京大学的学生就是从这里打着红旗出发，去争取民主科学的！”胡锦才感叹道，“蔡元培当过很大的官，但生活非常简朴，这确实是一个普通的四合院，正因为它普通，才显出了蔡先生的人格！”

蔡元培1892年中进士，甲午战争后，同情维新派，1902年在上海组织中国教育会，同年冬又创设爱国学社，宣传“排满革命”。后赴法留学，直至武昌起义后才回国，任南京临时教育总长，1917年起任北京大学校长，主张“思想自由，兼容并包”，影响并塑造了整整一代学人。

1919年5月2日，蔡元培获悉巴黎和会中国外交失败，北京政府准备在丧权辱国的和约上签字，当即告知北大学生代表。5月4日下午1时，北京大学等校学生三千余人齐聚天安门，示威游行，并赴赵家楼，火烧曹汝霖的住宅。此后，蔡元培为营救被捕学生努力奔走，5月8日，在军阀政府的重压之下被迫辞职。

八十余载春秋逝去，蔡元培故居仍西望北大红楼，往东穿过赵堂子胡同，就可达火烧赵家楼的遗址。这个活生生的环境，见证着一段活生生的历史。

可是，一个房地产项目计划在这里兴建，故居周围已被拆除一空，随即故居部分房屋遭到破坏。文物部门的工作人员赴现场制止了这一行为。所幸故居大部分房屋保存完整。

开发方拆除的理由也是“异地保护”，但未获主管部门批准。北京市文物局明确表示，蔡元培故居只能原址保护，不许异地迁建。

北京大学教授侯仁之等学者的呼吁产生了作用。2000 年 11 月 24 日，故居已开始由房管部门修缮。12 月5日，笔者再赴现场，看见故居临胡同一侧的房屋已经修缮，墙上的“拆”字已被抹掉。但后院北房的门窗不翼而飞，房顶被捅破，后墙还被拆出一个大洞……

2002 年 5 月 2 日，抵京参加新文化运动纪念馆和北京大学校史陈列馆开幕仪式的蔡元培先生之女蔡睟盎、之子蔡英多，来到东堂子胡同父亲的故宅前。他们想入内探访，遭到拒绝，进驻此院落的某公司人员态度强硬。

次日，蔡睟盎、蔡英多再次前来，虽多方努力，仍不得入内。

百般无奈之下，他们在父亲故宅的大门前，留下难忘的合影……

2000 年 6 月，北京市政府作出决定，在未来 3 年内，拿出3.3亿元人民币修缮文物建筑。这是新中国成立以来，北京市投入力量最大的一次文物保护行动。

同年 11 月，北京市划定了包括什刹海、国子监、大栅栏、南池子等在内的25片历史文化保护区的范围，占北京明清古城总面积的17%，

修复后的北京蔡元培故居。
王军摄于2000年12月5日。

拆除之中的吉兆胡同。北京画家况晗作于2003年3月。

加上古城内文物保护单位的保护范围及其建设控制地带，占古城总面积的37%。[1]

同年12月，北京市提出5年基本完成危旧房改造的计划：需要成片拆除164片，涉及居住房屋面积934万平方米。

这意味着北京古城内未被划入保护范围的地区，将更多地成为改造的对象。

推土机开进了老城区，保护区之外，成片成片的胡同、四合院被夷为平地。

在这之前，两院院士、清华大学教授吴良镛发表了这样的评论：

从城市设计价值看，中国古代城市规划学的一个显著特点是将城市规划、城市设计、建筑设计、园林设计高度结合。这在古代城市规划和建筑学中是很独特的，在东西方古代城市佳作中尚无此先例。而北京城更是其中最杰出的代表，因此北京旧城被称为是古代城市规划的“无比杰作”或“瑰宝”是毫不过分的。

……

北京城的保护与发展是一对长期存在的矛盾。对于整个北京市16800平方公里的范围，发展是矛盾的主要方面，而对北京62.5平方公里的旧城来说，应以保护为主……不幸的是，为周恩来总理生前所关心的、由80年代规划工作者在总结经验基础上拟定的旧城内建筑高度控制的规定，当前几乎已被全线突破。旧城原有的以故宫——皇城为中心的平缓开阔的城市空间、中轴线的建筑精华地区面临威胁，过高

[1] 2002年9月北京市颁布《北京历史文化名城保护规划》，又确定了第二批15片历史文化保护区名单。在共计40片历史文化保护区中，有30片位于北京古城，总占地面积约1278公顷，占古城总面积的21%；加上文物保护单位保护范围及其建设控制地带，总面积为2617公顷，约占古城总面积的42%。——笔者注

的容积率堵塞了宜人的生活与观赏空间，带来了城市交通日益窘迫和环境恶化。高楼和高架桥好像是增添了城市的现代文明，但事实上是中国城市文明瑰宝的蜕变，使北京沦为“二手货的城市”(the second-hand city)。

……为了尽可能最大地取得土地效益，旧城开发项目几乎破坏了地面以上绝大部分的文物建筑、古树名木，抹去了无数的文化史迹。如此无视北京历史文化名城的文化价值，仅仅将其当做“地皮”来处理，已无异于将传世字画当做“纸浆”，将商周铜器当做“废铜”来使用。目前，北京城似乎还保存有一些“古都风貌”，因为目前尚有什刹海、鼓楼、南锣鼓巷和国子监等支撑着旧城的基本格局；事实上，现在所看到的一些“风貌”已然仅仅是暂时的存在，因为一些取而代之的方案正在陆续得到批准，并非“危房”的“危房改造”在继续进行之中，如不采取断然措施，旧城保护工作将愈发不可收拾，今后就再难有回天之术了。[1]

[1] 吴良镛，《北京市旧城区控制性详细规划辩》，载于《吴良镛学术文化随笔》，中国青年出版社，2002年2月第1版。

2001年10月11日。河北廊坊。

由国内多学科100多位学者参与编制的“大北京规划”——“京津冀北地区城乡空间发展规划研究”由建设部主持审定。

评审会上，“大北京规划”课题主持人、79岁高龄的吴良镛，向人们描绘了大北京地区未来发展蓝图。他提出，发展世界城市是全球化时代一个国家或地区获取更大发展空间的战略选择，大北京地区应该借助它作为大国首都的影响，发展成为21世纪世界城市地区之一，为参与世界政治活动、文化生活、国际交往以及获取国家竞争优势等方面奠定最必要的基础。

“大北京规划”提出了一个对北京城市发展的疏解性计划。研究表明，北京与12个国家同等规模的城市比较，用地是最密集的，人均用地是最少的，城市化地区人口密度高达每平方公里14694人，远远高于纽约的8811人、伦敦的4554人、巴黎的8071人。北京长期实行的以改造旧城为主导方向的城市规划，已使城市功能过度集中于市中心区内，不但使历史文化名城的保护陷于被动，还带来交通拥堵、环境恶化等一系列问题。

吴良镛提出，放眼京、津、冀北地区，对北京城市功能进行有机疏散已刻不容缓，必须改变核心城市过度集中的状况，在区域范围内实行“重新集中”，以京、津“双核”为主轴，以唐山、保定为两翼，疏解大城市功能，调整产业布局，发展中等城市，增加城市密度，构建大北京地区组合城市，优势互补，共同发展。

对大城市进行区域性规划，在国际上并不鲜见。“二战”之后，伦敦制定了“大伦敦规划”，巴黎制定了“大巴黎规划”，调整了城市发展

▶ 北京旧城二十五片历史文化保护区分布图。(来源：《北京规划建设》，2000年12月)

北京旧城二十五片历史文化保护区分布图

（一九九九年四月）

1. 南长街
2. 北长街
3. 西华门大街
4. 南池子
5. 北池子
6. 东华门大街
7. 文津街
8. 景山前街
9. 景山东街
10. 景山西街
11. 陟山门街
12. 景山后街
13. 地安门内大街
14. 五四大街
15. 什刹海地区
16. 南锣鼓巷
17. 国子监地区
18. 阜成门内大街
19. 西四北一条至八条
20. 东四北三条至八条
21. 东交民巷
22. 大栅栏地区
23. 东琉璃厂
24. 西琉璃厂
25. 鲜鱼口地区

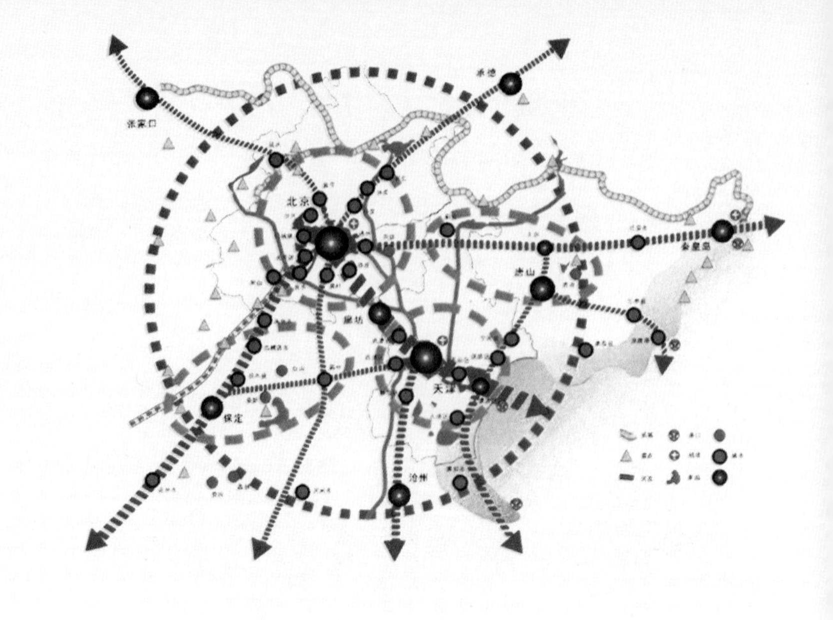

“大北京规划”课题组所作京津冀北城乡空间发展规划结构示意图。（来源：《京津冀北（大北京地区）城乡空间发展规划研究》，2001年）

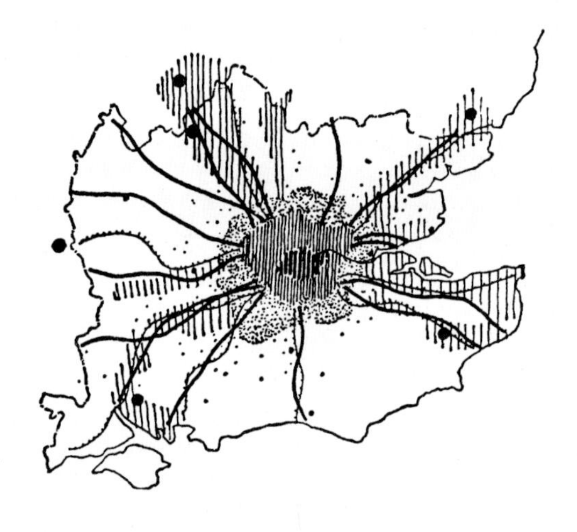

伦敦及英国东南部区域规划。沿几条“走廊”发展，几个新城规模均为几十万人，作为吸引人口的“反磁石”。（来源：《北京城市规划研究论文集》，1996年）

战略，在更大的区域空间内，转移了城市过度集中的功能，形成了健康、有序的发展模式。

中国建筑学者梁思成、陈占祥曾于1950年试图完成北京的区域性规划，实现城市的可持续发展——这正是本书探索的主题——但是，在当时复杂的环境下，他们未能成功。

50年过去了，吴良镛仍倔强地延续着这两位学者的理想，而他所面对的已不再是当年那保存完好的古都。

评审会上，有记者提问：“‘大北京规划’能否真正实现？会不会再过50年，人们再来怀念这个计划？就像今天，人们怀念梁思成那样？”

“让历史来回答吧！”吴良镛大声说道。

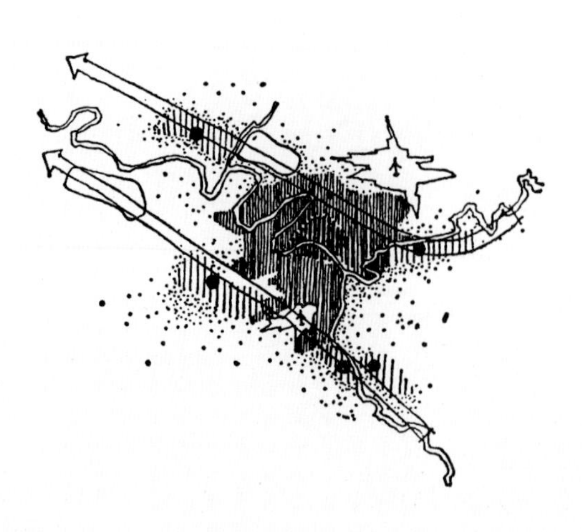

巴黎区域规划。5个新城沿两条与母城相切的平行轴线呈带状发展。（来源：《北京城市规划研究论文集》，1996年）

拆与保的交锋

统计表明，1949年北京有大小胡同七千余条，到20世纪80年代只剩下约三千九百条，近一两年随着北京旧城区改造速度的加快，北京的胡同正在以每年六百条的速度消失。[1]

面对这一情形，文化界显示出两种截然不同的取向。

作家刘心武在其《四合院与抽水马桶》一文中，对现在四合院里居民们的生活状况感到担忧。"如果站在居住在北京胡同四合院里，四季（包括北风呼啸的严冬）都必须走出院子去胡同的公共厕所大小便的普通市民，他们的立场上，那么，就应该理解他们的那种迫切希望改进居住品质的心情要求。"

作家李国文甚至提出，四合院这种建筑形式对居民的文化心态产生了相当的消极影响。他在《超越四合院》一文中说："封闭得紧紧的，是四合院最大的特色。""中国人要不从心灵里走出这种紧闭着的四合院，要想有大发展、大成就，恐怕也难。"

有"京味作家"之称的陈建功

[1]《每年消失600条胡同 北京地图俩月换一版》，《北京晚报》，2001年10月19日第4版。

法国画家乔得龙所绘北京美术馆后街22号赵紫宸、赵萝蕤故居，此院落于2000年10月26日被拆除。

即将被拆除的井儿胡同。王军摄于2000年11月23日。

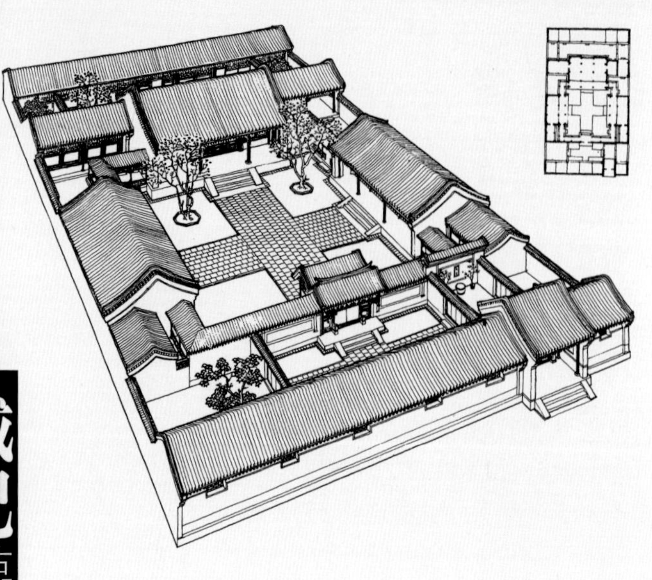

北京典型四合院住宅鸟瞰、平面图。（来源：《中国古代建筑史》，1984年）

甚至为拆胡同而欣喜，他在一篇题为《“拆”》的文章中写道：“生活就是这样前进的。没有那些写在胡同口的‘拆’字，没有随之而来的轰隆隆的推土机，就没有即将崛起在西单西部的首都金融街，也没有多少年来被拥挤被不便困扰的居民们向拥挤向不便的告别。”

作家王朔索性写了一篇文章，题为《烦胡同》：“我家住的那一带俗称：‘朝阳门城根儿’。那一带的胡同大都是破破烂烂的房子，很少像世界标榜的那种规规矩矩的四合院。胡同里的居民衣衫褴褛，面带菜色。给我印象很深的是在副食店买肉的人群没有买两毛钱以上的，而且都要肥的”，“生活在这样的环境中有什么快乐可言？胡同里天天打架、骂街”，“反正对我来说，满北京城的胡同都推平了我也不觉得可惜了的”。

然而，对立面的声音也同样强大——

“胡同可以说是一种中古民用建筑。我在伦敦和慕尼黑的古城都见到过类似的胡同……他们舍得加固，可真舍不得拆。”已故作家萧乾在《老北京的小胡同》一文中，为拆胡同而伤心，“但愿北京能少拆几条、多留几条胡同。”

作家冯骥才提出，保存胡同、四合院，就是保护一种文化。2000年3月，他在全国政协会议上发言：“对于城市的历史遗存，文物与文化是两个不同概念。文物是历史过程中具有经典性的人文创造，以皇家和宗教建筑为主；而文化多为民居。正是这些民居保留着大量历史文化的财富，鲜活的历史血肉，以及这一方水土独有的精神气质。比方，北京的文化特征，并不在天坛与故宫，而在胡同和四合院中。但我国只有文物保护，没有文化保护，民居不纳入文物范畴，拆起来从无禁忌。而现在问题之严重已经发展到，只要眼前有利可图，即使文物保护单位也照样可以动手拆除。”

老舍之子、作家舒乙是一位态度强硬的保护派。他写了一篇文章，题为《拯救和保卫北京胡同、四合院》：“随着危旧房改造迅速向市中心推进，随着商业大厦和行政大厦的拔地而起，北京城区内的胡同和四合院开始被大规模地、成片地消灭。北京人，以及全国来北京出差的人，甚至国外的旅游者都不约而同

吴良镛（左）、贝聿铭（右）合影。王军摄于2002年4月30日。

《乾隆京城全图》中的清代北京典型街坊局部。（来源：《中国古代建筑史》，1984年）

地瞪大了眼睛：北京还叫北京吗？”

为北京古城命运担忧的还有世界著名的美籍华裔建筑设计大师贝聿铭。

1999年9月与2001年6月，贝聿铭两次访问北京，接受了笔者的采访，均提出北京应该向巴黎学习，实现新旧城市分开发展——

记者：有学者提出，北京应该像巴黎建德方斯那样，把新的建筑都拿到外面去盖，您对此有何评论？

贝聿铭：这是最好、最理想的办法，即里面不动，只进行改良，高楼建在旧城的外面。四合院应该保留，要一片一片地保留。不要这儿找一个王府，那儿找一个王府，孤零零地保，这个是不行的。四合院不但是北京的代表建筑，还是中国的代表建筑。

记者：您的观点与梁思成先生很相似，50年前梁思成先生就提出

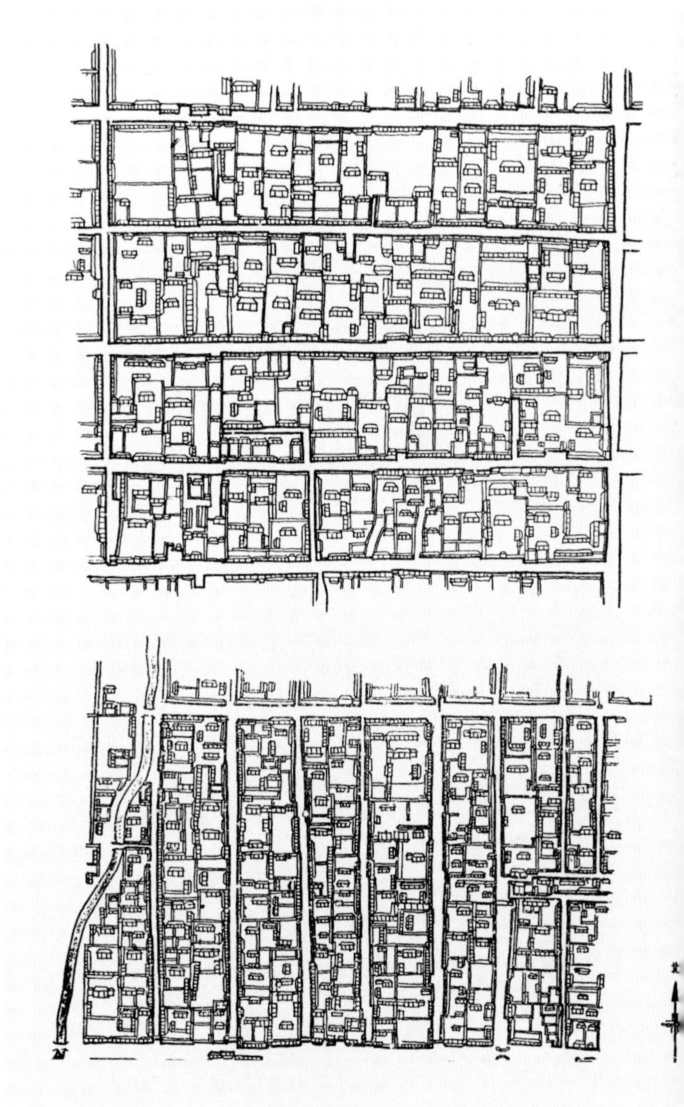

北京正阳门大栅栏地区平缓开阔的胡同、四合院现状鸟瞰。宋连峰摄于1999年10月4日。

民国时期正阳门地区鸟瞰。清华大学建筑学院资料室提供。

在旧城外面建一个行政中心区，把长安街两边的新建筑都拿到那儿去建，从整体上保护古城。

贝聿铭：是的，城墙你不要拆呀！城里面保留，高楼做在外面，这个最理想，巴黎就是这样做的。我跟梁思成先生没有谈过这件事，因为那时候我还没有见过北京。大概是在一九四七、四八年的时候，梁先生在联合国做建筑顾问，我跟他见过面，他说你应该回来，帮帮我的忙。那时候我回不来了，拿不着护照了。

1950年，北京失去了一次很好的机遇。政府放弃了梁思成等学者提出的新旧分开建设的发展模式，而是简单地以改造古城为发展方向。在这个过程中，拆除城墙修建环路，使城市的发展失去了控制与连续性。这是错误的。如果城墙还在，北京就不会像今天这样。

记者：您对北京城市建设有何评价与建议？

贝聿铭：北京古城是世界历史最长、规模最大的杰作，是中国历代都城建设的结晶。目前，古城虽已遭到一些破坏，但仍基本保持着原来的空间格局，并且还保留有大片的胡同和四合院映衬着宫殿庙宇。一些国际人士建议北京市政府妥善保护古城，并且争取以皇城为核心申请“世界历史文化遗产”。可见，古城虽已遭到一定破坏，但仍应得到积极的保护。北京古城最杰出之

清皇城 乾隆十五年(公元1750年)

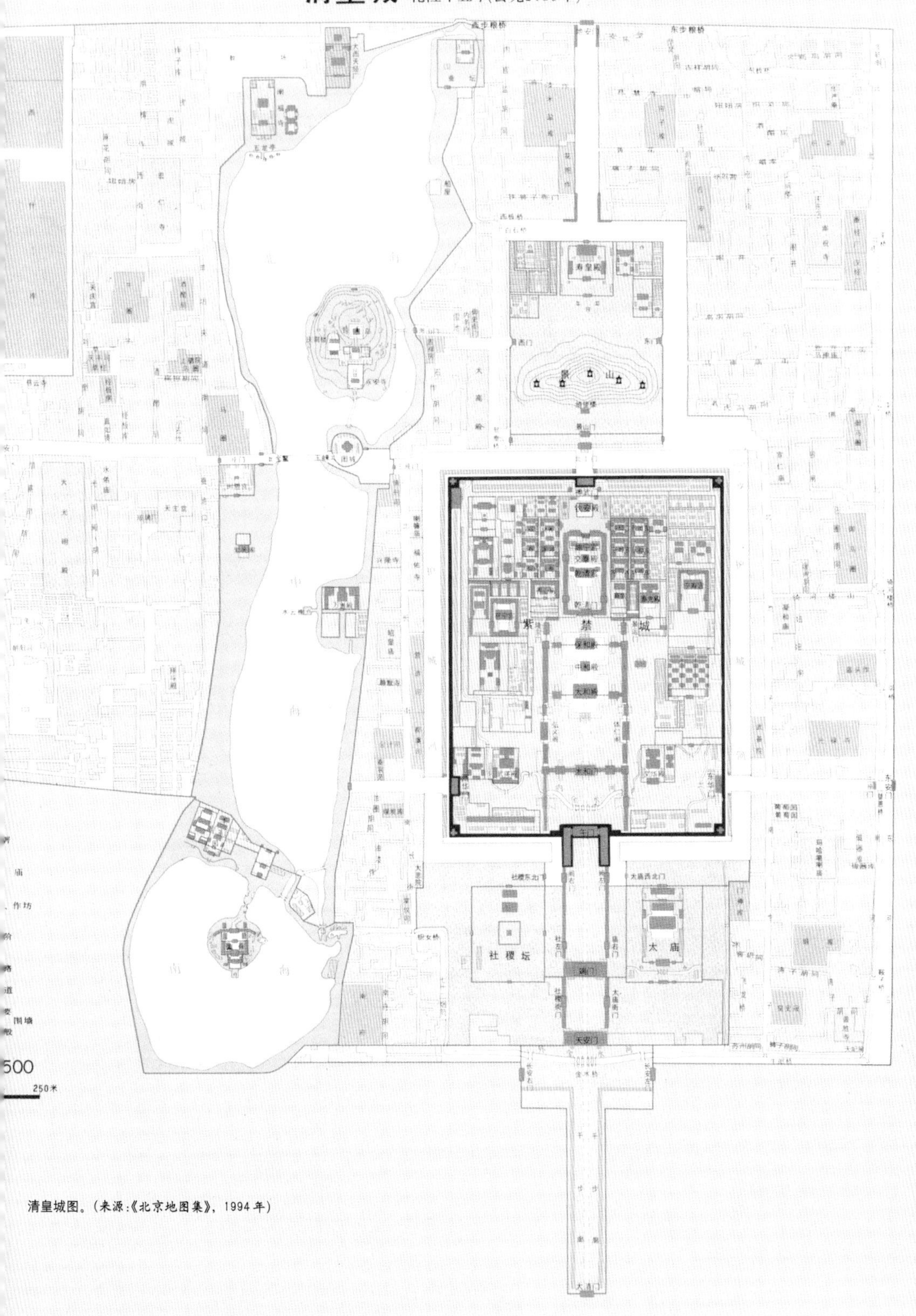

清皇城图。(来源:《北京地图集》, 1994 年)

处就在于它是一个完整的有计划的整体，因此，对北京古城的保护要着眼于整体。

北京古城举世闻名，但它的很多美的东西现在看不到了，它们被大量丑陋的新建筑遮挡和破坏了；现在的天际线已遭到相当程度的破坏。北京应以故宫为中心，由内向外分层次控制建筑高度。中心区的建筑高度要低，越往外，从二环路到三环路，可以越来越高。应该把高楼建在古城的外面，像巴黎那样，形成新的、有序的面貌。[1]

“向巴黎学习”的建议，并不为一些学者理解。在他们看来，如果要向巴黎学习，似乎更应该学习19世纪巴黎的市政长官欧斯曼，因为他给巴黎做了一次“大手术”。

2000年6月，清华大学教授吴焕加以《北京城市风貌之我见》为题，在《北京规划建设》杂志发表文章，认为，“‘杰出创造’也好，‘古代城市优秀传统的集大成’也罢，北京城从17世纪起的二百多年漫长时间内没有更新，没有进步，终究是非常令人感到悲哀的事情。我们对中国在近代经济社会长期停滞不前、保守落后深感惋惜。城市也是如此，也有令我们深感遗憾的地方。”“北京的古城风貌早已不很完整了，古城新貌随之出现。因而，全面维护其古状、古貌已不太可能。”“有人预言，如此下去，北京终有一天将变成香港、新加坡。我认为持这种观点的人把问题简单化了。”“对于北京城原状建筑与环境只可采取扬弃的方针。”

在这篇文章里，吴焕加举出了欧斯曼拆巴黎老城的例子，以佐证他的观点：

巴黎于9世纪末成为法兰西王国的首都。在很长一段时期内，巴黎的街道曲折狭窄，到处是木造房屋。文艺复兴时期，巴黎才渐渐脱

[1] 王军，《让我们看见壮丽的天际线——建筑大师贝聿铭访谈录》，新华社通稿，2001年12月17日。

北京皇城鸟瞰。宋连峰摄于1999年9月28日。

19世纪中叶巴黎市政长官欧斯曼像。(来源：法国《费加罗报》周末专刊，2000年5月27日)

去旧时的面貌。17世纪以后，法国的国王们致力于对巴黎的改造，低矮破旧的房屋被陆续拆除，代之以多层砖石建筑，开辟了许多马路和广场。路易十四时期（1643—1715年）拆除旧城墙，改为环城马路。著名的星形广场和香榭丽舍大道也是那个时期开始形成的。至19世纪，随着资本主义经济的发展，巴黎人口大增，建造了大量五六层的楼房，出现了公共马车和煤气街灯。拿破仑三世时期（1852—1870年，相当于我国清咸丰二年至同治九年）巴黎进行了一次大规模的剧烈改造，即著名的由巴黎市政长官欧斯曼主持的巴黎改建工程。欧斯曼对巴黎施行了一次“大手术”，再次拆除城墙，建造新的环城路，在旧城区里开出许多宽阔笔直的大道，建造了新的林荫道、公园、广场、住宅区，督造了巴黎歌剧院。改建后的巴黎成了当时世界上最先进、最美丽的城市。[2]

就在吴焕加发表这篇文章的前一个月，巴黎著名的《费加罗报》周末专刊登出封面文章，大字写道：“欧斯曼，是不是毁掉了巴黎？”直到今天，欧斯曼已去世一百多年了，巴黎人还在为那一次他所领导的对巴黎老城的“屠杀”大加声讨呢。

在这篇报道中，面对《巨人欧斯曼》一书的作者乔治·瓦朗司，老巴黎保护委员会的年轻历史学家亚历山大·卡迪发表了激烈的言论：欧斯曼是一个毁坏了无数历史文化遗产的蹩脚规划师！

在这次对话中，即使是把欧斯曼誉为“巨人”、对其深怀理解之意的瓦朗司，也不得不承认“那时还没有现在这种保护历史文化遗产的意识”。[3]欧斯曼对巴黎城彻底的改建，确有精彩之处，但是，在人类的文化意识已经觉醒的今天，卡迪

[2] 吴焕加，《北京城市风貌之我见》，载于《北京规划建设》杂志，2000年第3期。

[3] 法国《费加罗报》周末专刊，2000年5月27日。

法国《费加罗报》周末专刊封面（2000年5月27日）。

讽刺欧斯曼为“拆房大师”的法国漫画。(来源:方可,《当代北京旧城更新》,2000年)

对欧斯曼斩断巴黎历史文脉的指责得到了越来越多人的支持。

2000年8月16日，著名城市规划学者、新加坡国家艺术理事会主席刘太格，来到北京出席北京商务中心区论坛，他就欧斯曼改造巴黎问题与笔者作了一次交谈。兹附如下：

笔者：有学者认为北京应该像欧斯曼拆巴黎那样，把旧城改造一遍，你如何看这个问题？

刘太格：我是完全不赞成。因为几世纪前城市开发的速度远远比现在慢得多，所以那个时候谈古建筑保留、古街区保留这个课题几乎不存在，它那个速度非常慢，现在推土机一进来，一下子就可以把整个城市推倒。这是一个现代的城市的问题，并不是一个老的问题，就是老巴黎也有重新规划，它的风格的演变也是慢慢的，你看老巴黎除香榭丽舍中轴线附近以外，其他地方还有许多哥特式建筑，这些还是存在的。其实你们现在，老北京周围的老建筑还有一些，所以我今天

欧斯曼改建巴黎地下给排水系统图。这被称为欧斯曼最好的作品，使城市的卫生状况得到了很大的改善。(来源:法国《费加罗报》周末专刊,2000年5月27日)

欧斯曼正在改建的巴黎城的摇篮——西堤岛。这项工程被认为是欧斯曼最大的失败。老巴黎保护委员会历史学家亚历山大·卡迪评论道："反对欧斯曼的，指责他消灭了一座中世纪的岛屿；赞赏他的，也为此感到脸红。"《巨人欧斯曼》的作者乔治·瓦朗司也认为："西堤岛确实是欧斯曼犯下的最大错误。"（来源：法国《费加罗报》周末专刊，2000年5月27日）

巴黎老城区俯瞰。欧斯曼把巴黎的马路改建得又宽又直，除城市景观方面的考虑外，还有深刻的政治原因——为了镇压市民起义。把马路拓宽就可以方便地开进镇压起义的马队，也便于炮击。欧斯曼对此也直言不讳，他的名言是："炮弹不懂得右转弯。"亚历山大·卡迪认为欧斯曼改建巴黎引发了社会危机——"严重地破坏了传统的社会网络，大批工人、手工业者、小商贩和小业主被赶到完全没有基础设施和卫生环境恶劣的郊区去居住。"（来源：法国《费加罗报》周末专刊，2000年5月27日）

特别提出新旧城市一定要共存，要想方法结合。我刚才举了里昂这个城市，再漂亮不过了，你到了那里，从罗马时期到现在的情况看得一清二楚，北京为什么不能这样做呢？

笔者：有些人认为四合院是一种落后的东西，你怎么看？

刘太格：四合院是我们国外的人对北京最向往的。所谓四合院的落后，是因为基础设施没接进去，其实它的生活环境是好得不得了的！我去过几个四合院，我知道尤其在春天、秋天的时候，院子里阳光明媚，那个居住环境太美了。四合院是因为北京的气候而产生出来的建筑造型，是最适合北京的，是我们中国人的老祖宗的智慧的产品，我觉得应该保留。

笔者：有人说四合院已经变成大杂院了，不改造它、不拆掉它不行，你怎么看这个问题？

刘太格：有的可能非拆不可，太破烂了，不过要想尽各种办法保留，保留有很多手法，一个是拆掉重建，照原型来建，一个是部分的改建，把现有的材料，如雕塑，修复好，再放回去。其实是有办法把它们保留下来的，就是有没有决心？你们珍惜不珍惜这些遗产？还有一个是找得到钱找不到钱？其实钱我觉得不是一个问题。

笔者：还有人说胡同窄，埋不进市政管线，所以必须拓宽，所以胡同难以适应现代生活需要，你怎么看这个问题？

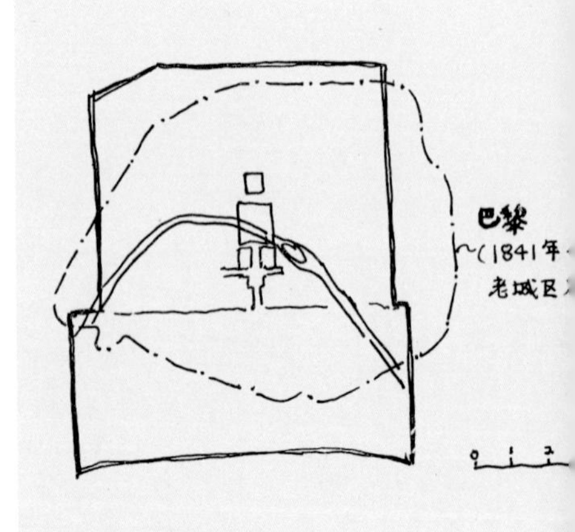

北京旧城与巴黎老城的比较图。巴黎老城面积略小于北京旧城，但得到完整保护。（来源：吴良镛，《北京市规划刍议》，1979年）

刘太格：具体做起来这是技术性问题，但我认为这又不是技术性问题，而是决心问题。四合院也有部分是需要全部拆除的，因为停车位问题、变电站问题需要解决。但我最近到苏州去看了一小部分新的苏州老房子的建筑，做得不错，我觉得只要有决心北京可以做得很好。

2000年9月1日，在北京市政协文史委员会召开的“旧城改造与古都风貌保护研讨会”上，88岁的国家级建筑设计大师张开济发表了这样的感慨：

我到过许多地方，巴黎和北京最好。巴黎保护得很好，北京就惨不忍睹了！意大利团结报一位女记者采访我，她说北京是Poor Hongkong[1]。可悲呵，这么一个世界文化名城，竟连一个香港都不如了。

北京的价值在两点，一是平面，可惜城墙拆了；二是在立面，skyline[2]。东方广场[3]体量太大了，把

[1] 可译为乏味的香港。

[2] 中译为天际线。

[3] 东方广场大厦，建成于1999年，位于北京王府井商业区至东单商业街之间、长安街北侧，其巨大的体量对故宫形成压迫之势，是北京争议最大的新建筑之一。——笔者注

故宫的环境破坏了，这是不应有的错误！

巴黎曾盖过几幢高楼，大家反对，就盖到德方斯去了。可是，北京却无动于衷？！

现在北京最重要的一点，就是要控制高楼。高楼就代表现代化？玻璃幕墙就是现代化？太幼稚了！

2002年6月29日，来自马来西亚的世界著名生态建筑设计大师杨经文，在北京召开的一个建筑论坛上，结合四合院建筑，阐述了他的理论框架：建筑可分成几类，一类是无须电能与机械作用即可保证室内舒适度的，一类是部分需要电能与机械作用以保证室内舒适度的，一类则是完全依赖电能与机械作用的。

他认为，最好的建筑应是第一种，比如北京的四合院，最差的则是最后一种。“你看，四合院无须电能与机械，只是把建筑设计与院落内的生态环境结合起来，就冬暖夏凉，保证了舒适度。我的设计正希望达到这种效果。”

绿树丛中的北京四合院。王军摄于2002年10月。

在被问及如何评价四合院被大量拆除的情形时，杨经文以坚定的口气说：“把它们再建起来！”

“北京城会被迫迁都吗？”

2002年8月7日，国际奥委会协调委员会一行23人来到北京考察2008年奥运会筹备情况。

这一天，经过几日的大雨，北京晴空万里。“我们很高兴看见北京灿烂的蓝天，这将是一个祝福，希望这个势头能够保持到2008年奥运会的开幕。”协调委员会委员卡拉德，一下飞机即向新闻媒体发表评论。

他的赞美之辞含义颇多，暗示着环境问题对于中国首次举办的奥林匹克盛会是至关重要的。

两天后，协调委员会主席维尔布鲁根就北京的交通发表了评论。他对这个城市每年增长25万辆汽车感到惊讶，认为这将给奥运会期间的城市交通带来巨大挑战。

交通拥堵与环境污染，已成为北京最为棘手的现实问题。

北京长期以来以旧城为单一中心，以新区包围旧城、同心同轴向外蔓延的生长模式，被建筑学界形象地称为“摊大饼”。面对这块“大饼”越摊越大、越摊越沉，并可能在未来城市大发展时期急剧膨胀的状况，专家学者提出了警告。

北京目前的城市问题集中表现在城市容量超饱和、超负荷。北京的机动车不到200万辆，比国外许多大城市少，但交通已十分拥挤；二环以内的古城区，登景山俯瞰，五六十年代还是一片绿海，可现在是绿少楼多。

北京市区以分散集团式布局，即由一个以旧城为核心的中央大团，与北苑、南苑、石景山、定福庄等10个边缘集团组成市区，各集团之

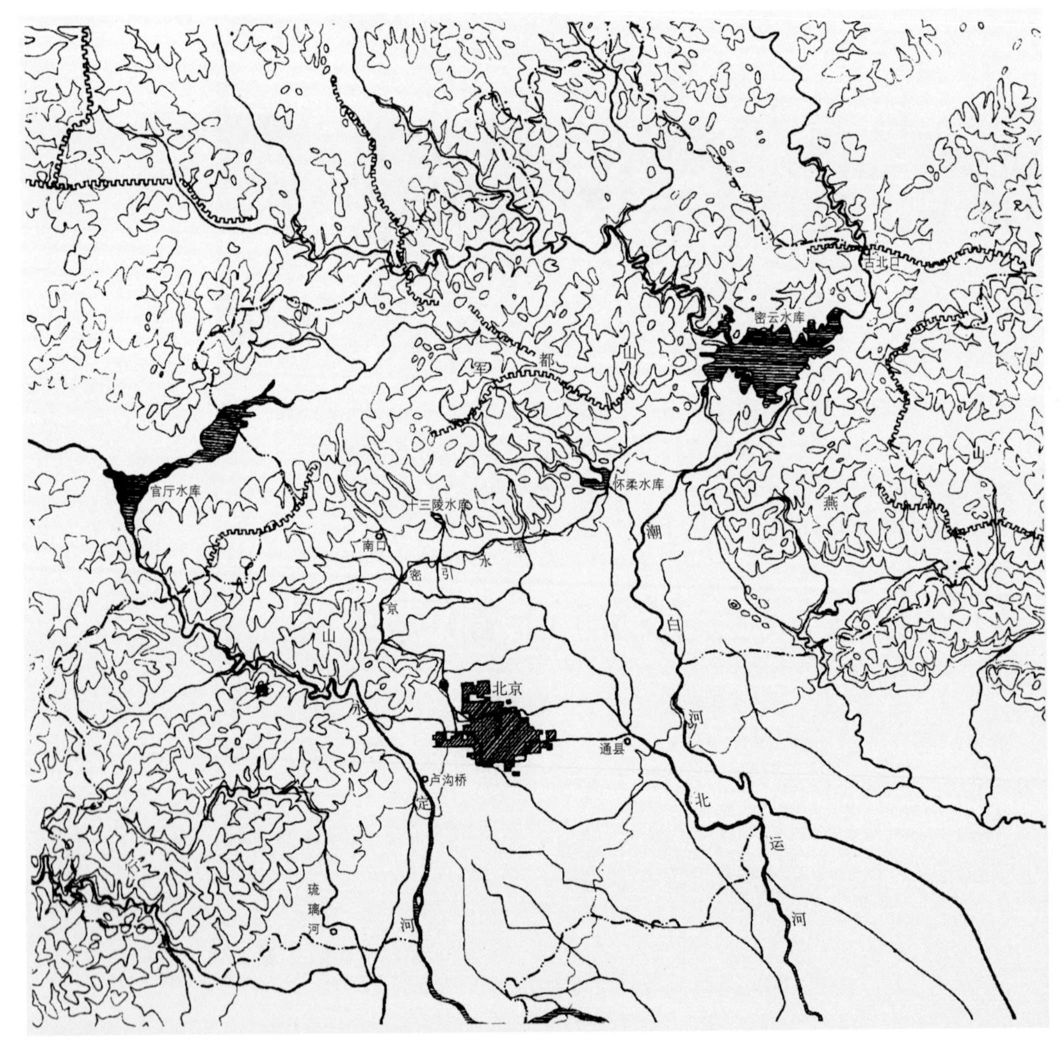

北京市域地形图。（来源：《侯仁之文集》，1998年）

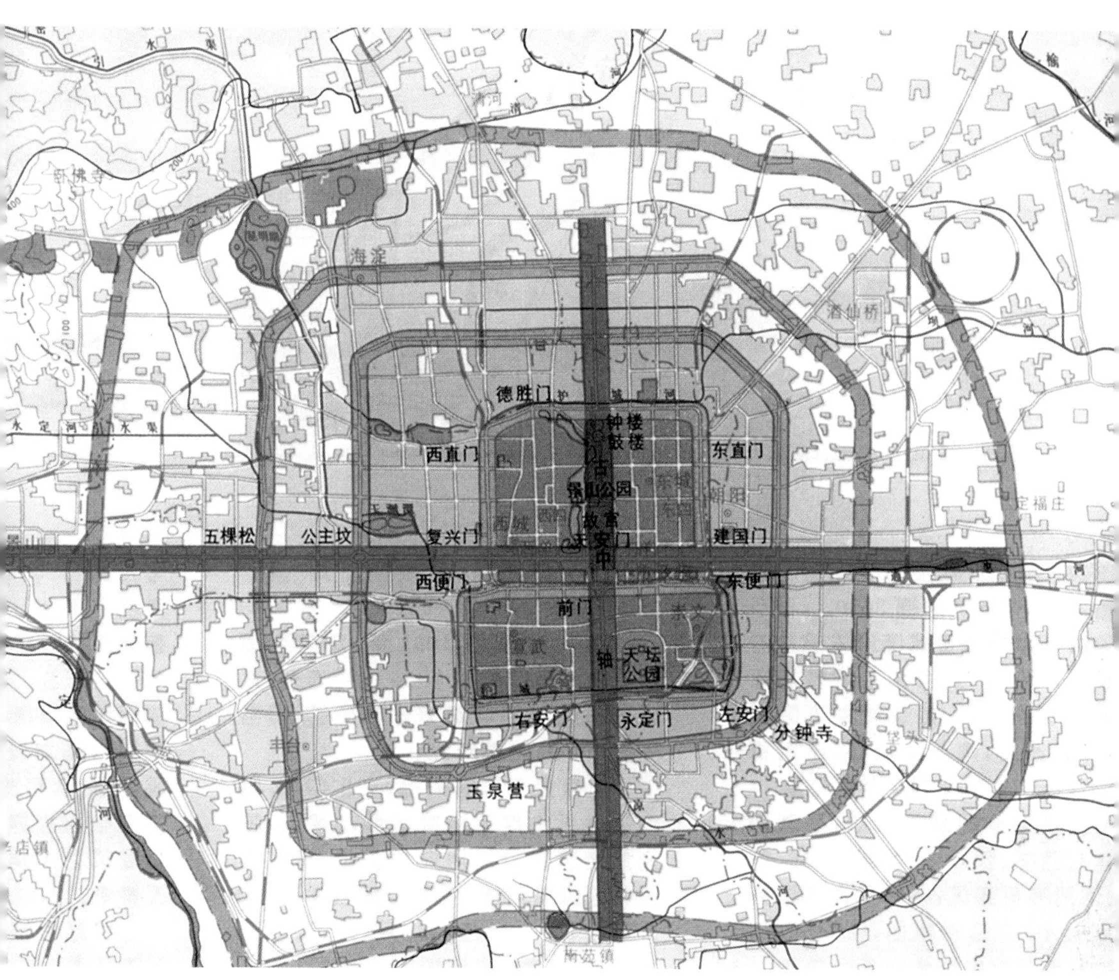

北京城市布局扩张图(1994年)。(来源:《北京地图集》,1994年)

间,由绿化带相隔,并形成了以旧城为单中心、向外建设环线扩张的城市发展模式。新中国成立以来,在这种规划布局下,北京市区建成区扩大了4.9倍,市区人口增加了近4倍。

作为全市单一的中心,北京旧城长期承担着商业、办公、旅游等功能,大型公共建筑不断涌入,在20世纪80年代,北京市中心区出现了严重的交通堵塞,北京市即着手建设城市环路,提出"打通两厢,缓解中央"的口号,期望通过快速环路的建设,吸引中心区的交通,缓解其压力。现在,北京已建成了二环、三环、四环城市快速路,五环、六环路的建设也已开始进行,但中心区并未得到有效缓解。

据北京市公安交通管理局2001年的一项统计,北京城区400多个主干道路口,严重拥堵的有99个。由于道路拥堵,按计划,在中关村路,332路公共汽车每小时应通过19个车次,而交通高峰时间经常只能通过9个车次;行驶在三环路的300路公共汽车,正常行驶一圈应是110—120分钟,而现在经常要花160分钟。

与交通拥堵相伴而生的是中心

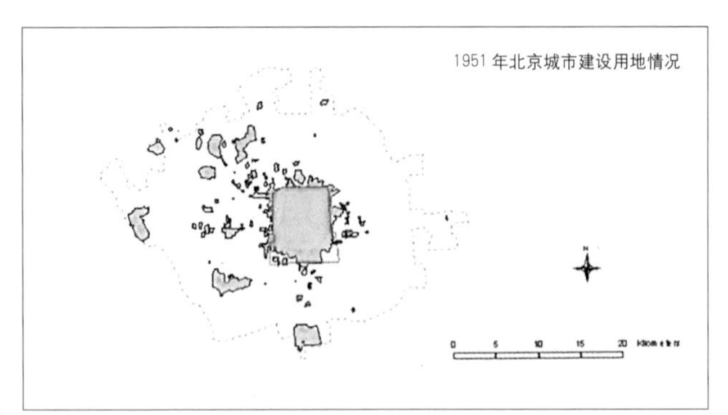

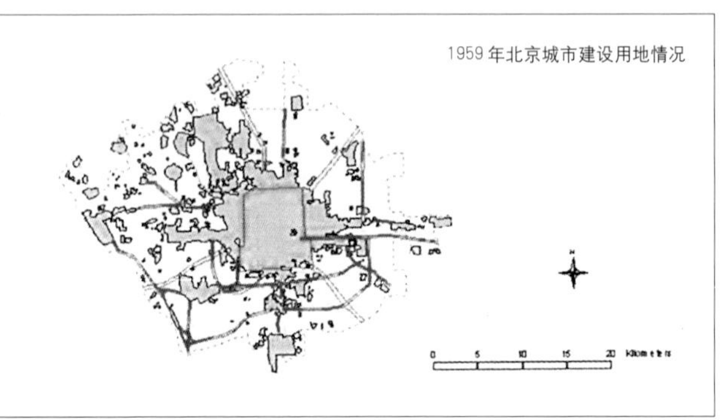

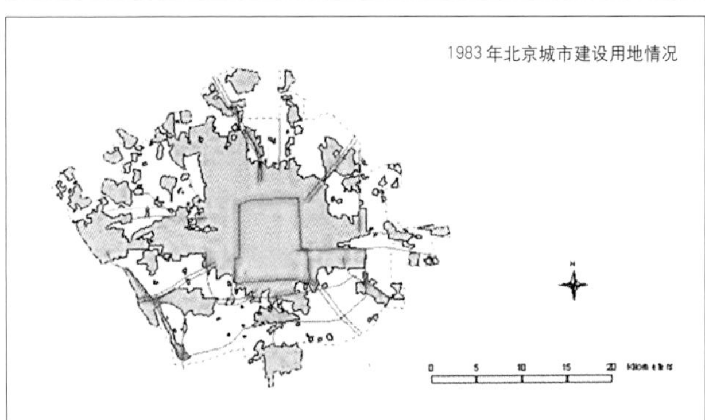

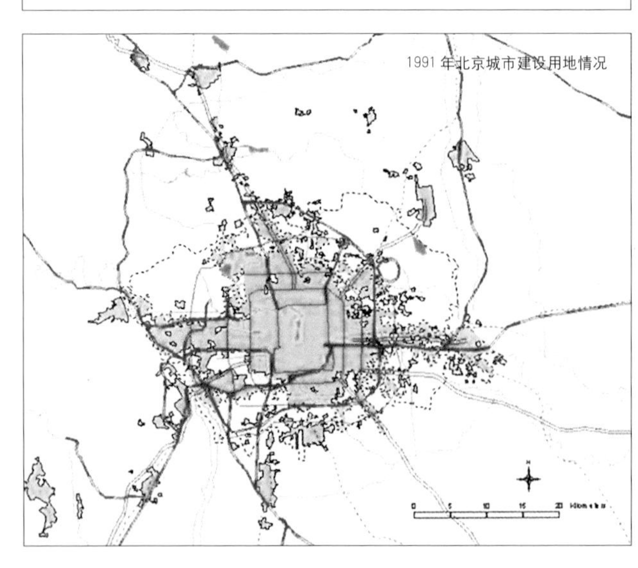

区环境质量的恶化。大气污染是北京市目前首要的污染问题。研究表明，20世纪80年代末，北京市三环路以内的汽车尾气对大气污染的贡献率为30%多，现在翻了一倍。其比重的增加，虽与锅炉等其他污染源减少有关，但汽车尾气污染的增长趋势是明显的。这表明，北京市中心区的交通已相当繁重。作为一个单中心的城市，北京的中心区一直高强度开发，高层建筑不断增多，阻碍大气流通，导致局部大气恶化，污染物浓度增高。[1]

北京市中心区现已集中了全市50%以上的商业与交通，而目前市区的核心——明清古城内，商业性改造的步伐越来越快。东城区大规模发展王府井商业区，并提出建设北京“中央商业区”、“现代化中心城区”的口号；西城区则在加速建设金融街，同时还要把西单商业区发展到150万平方米的建筑规模；崇文区大力推进崇文门外商业街的建设；宣武区也在加快建设以菜市口为中心的商业区。成片成片的胡同、四合院，正在被一幢幢大型建筑取代，中心区的“聚焦”作用越来越强，其承受的人口、就业、交通、环境等方面的压力越来越大。

疏解中心区的人口压力，多年来一直是北京城市建设的一个目标。1993年经国务院批复的城市总体规划提出的一项任务，就是要改变人口过于集中在市区的状况，大力向新区和卫星城疏散人口。可是，这

[1] 王军、刘江，《调整大规划 打造新北京》，《瞭望》新闻周刊，2002年4月1日第14期。

项规划提出的目标与执行的结果，出现不如人意的反差。由于城市的就业功能一直集中在中心区，人口疏散很难取得成效。相反，由于规划是以改造与发展中心区为导向，大量房地产项目涌入旧城，使市中心区的建筑密度越来越大，人口密度也越来越高。

与市中心不断“聚焦”相对应的是住宅的郊区化无序蔓延。

北京市区的“中央大团”集中了行政、商务、商业、文教等一系列重要的城市就业功能，“边缘集团”则以居住为主要功能；而在离城市更远的郊区，又规划有良乡、大兴、昌平等一大批由中心区向外辐射的卫星城镇，它们现已开始为市中心区承担居住功能。

目前，北京市在近郊区建设的望京居住区，规划人口将达25万至30万；在远郊区建设的回龙观居住区，规划人口将达30万。它们的人口规模已相当于一个城市，但它们的功能只以居住为主。为了就业，居民们必须早晚拥挤在往返于城郊之间的交通之中。在如此钟摆式的流动中，许多市民都要花很长时间奔走于家庭与单位之间，生活与就业成本难以降低，并使道路、公交等设施超负荷运转。

与此同时，这样的住宅郊区化发展模式，又对市中心区的人口疏散产生消极影响。因为，缺乏就业功能的郊区，很难吸引市区的居民，从而导致中心区建设与郊区发展相互掣肘的“两难”。

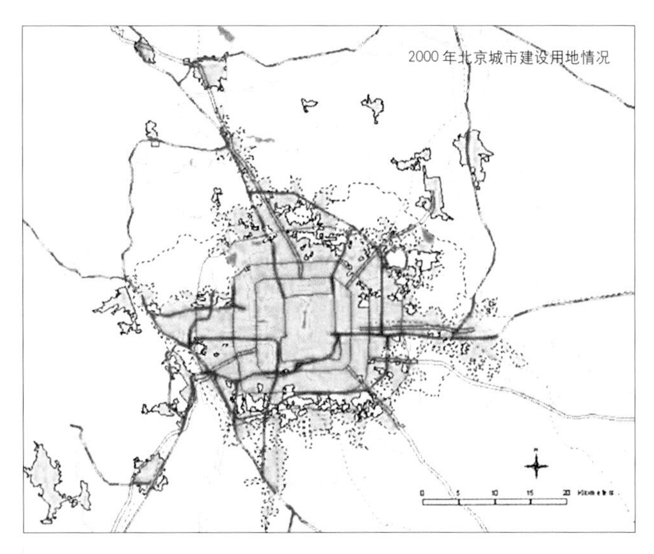

20世纪50年代以来北京城市空间发展变化图。(来源：《京津冀北（大北京地区）城乡空间发展规划研究》，2001年)

研究表明，从环境容量着眼，北京市区“摊大饼”式的蔓延发展已不能继续。北京规划市区1040平方公里，在其范围内，比较合理的分配是：建设用地614平方公里，其余426平方公里是保证市区有良好生态环境的绿色空间。北京市区人口规模以645万人为宜，人口过量增长会加剧资源的紧张。

首先是水资源紧张。北京是严重缺水的城市，人均水资源量仅342立方米，大大低于全国人均2517立方米的水平。北京可用水资源为年均42亿至47亿立方米，其中地表水22亿立方米，地下水20亿至25亿立方米，在市区周围约1000平方公里的地区，因常年超量开采地下水，

两幅城市建筑空间与环境关系图及吴良庸的评论。 上图 一些西方大城市中心，因高层建筑密集，有时形成所谓尘幂，即由于城市内活动造成灰尘与烟雾进入上空空气，流向温暖的城市中心上空，遇到冷空气环境就停滞，这样形成一种对流系统。这种尘幂的存留颇影响城市的气候，加剧城市上空所谓“热岛”的不利影响。这种情况，只有遇到强风或大雨时才能加以驱散和消除。来源：采自美国《科学》杂志“Science America”。 下图 另一种设想。如果北京旧城中心保持低层建筑群以及大片绿地水面，而将高层建筑建在一定控制距离以外，形成“水平式城市”，这样做不仅有美学上的价值，而且由于降低了中心区的建筑高度、人口密度，增加了绿地面积，减弱了城市活动对气候的不利影响，也能避免和减轻上述“灰尘穹顶”的坏作用，而为将来的“大北京”中心区保持一种宜人的生活与活动环境。(来源：吴良镛，《北京市的旧城改造及有关问题》，1982年)

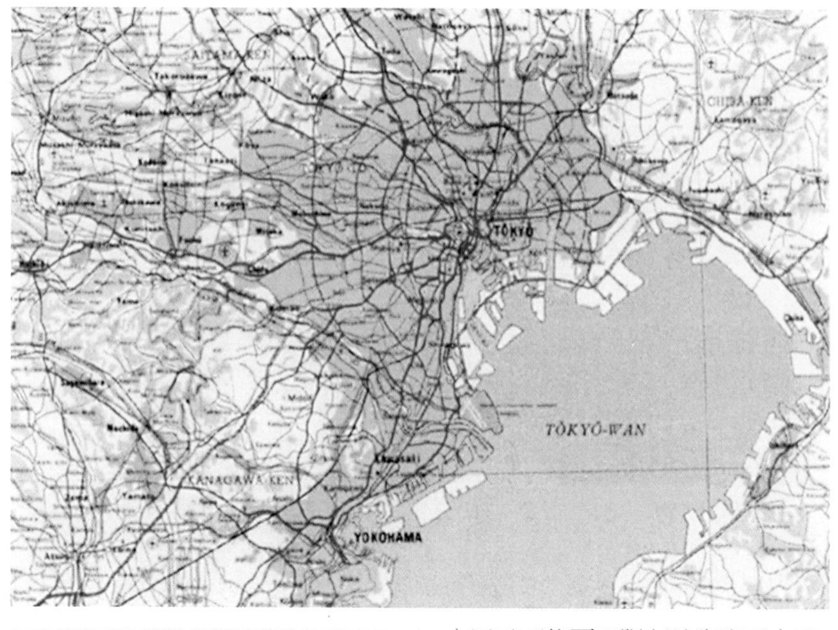

东京规划图。(来源:《京津冀北(大北京地区)城乡空间发展规划研究》,2001年)

批评东京"单中心聚集"弊端的日本漫画。(来源:方可,《当代北京旧城更新》,2000年)

已形成地下水漏斗区，水资源的供需缺口很大。

其次是土地资源紧张。全市耕地减少，农业人口人均耕地已从1952年的0.23公顷下降到0.10公顷，市区的有限土地资源也将制约市区发展的规模。

此外，生态环境、交通设施、能源等都对城市发展规模产生制约的作用。[1]

值得警惕的是，北京经过50年的建设，到1999年，市区建成区面积已达到490.1平方公里，市区人口达到611.2万人，其中人口规模已接近市区的环境容量。这表明，北京市区已不能再无限制地膨胀下去了。

对于目前日趋严重的交通与环境问题，北京市多通过架桥修路、控制排放等技术手段来加以解决。但是，技术手段只能解决某个技术环节的问题，难以从根本上应对城市可持续发展的需求。

东京是用技术手段争取空间的典型。这个城市通过巨额投资，取得了很高的交通效率，但是，最后导致的结果还是要谈迁都，他们称为"行政中心转移"，目的是为了争取更多的空间。

东京与北京人口相当，城市形态也是"单中心+环线"模式。20世纪40年代，东京曾提出在市区及周围地区建设绿地系统和环状绿化带，厚度为1至5公里，距中心区10至15公里，面积计划为180平方公里。但是在"二战"之后，东京城市急剧发展，成为"飞速膨胀的大

[1] 王东,《北京卫星城的规划与建设》,载于《"面向2049年北京的城市发展"科技交流及研讨会文集》,北京城市规划学会编,2000年9月至10月。

城市”，城市向郊区蔓延，20世纪50年代东京每年增加30万人，60年代人口即超过1000万人，迫使绿化带后退，不断修改计划，到1968年绿化带只剩下90平方公里，而到80年代，又提出广域绿化带构想，把东京绿化隔离带挪到距中心50至60公里的地方发展了。

东京被日本建筑界称为“炸面饼圈”式的城市，犹如我国建筑界称北京为“摊大饼”。由于中心区功能越来越密集、“聚焦”作用越来越强，东京曾出现了严重的交通拥堵，政府不得不投巨资加以解决。现在，东京四通八达的地铁与地面铁路规格统一，不仅覆盖整个东京，而且与首都圈内其他城市直接相连，利用铁路要比利用小汽车快得多。快捷的铁道客运系统已成为东京居民出行的首选交通工具。在东京23个区，公共交通承担着70%的出行，为世界之最。其中在城市中心区，90.6%的客运量由有轨交通承担，车站间距不超过500米，公共交通非常发达。

可就在这样的情况下，东京的大气污染、噪音等交通污染仍十分严重，市民们纷纷抱怨市中心区是“工作者的地狱”，而每日在进出市区的地铁里被挤成沙丁鱼的样子，使他们很难感到这竟是一个经济水平一流的国际城市。东京政府当局已认识到通过扩充道路来解决交通问题以及通过技术手段来争取空间的政策已走到极限，为给城市的发展寻找空间，“行政中心转移”被提上日程。

北京与东京城市形态相似，在城市发展过程中，遇到的问题也相似：

——绿化隔离带不断萎缩。北京在1959年明确的围绕市中心区的绿化隔离带有300多平方公里，这一面积到1982年减少到260平方公里，1992年减少到244平方公里，而这244平方公里的范围内，非建筑面积只有160多平方公里。现在北京市已把绿化隔离带的建设提上空前高度，但总的来看，在1040平方公里的规划市区内，绿化面积依然匮乏，而世界上一些著名的大城市目前的建设用地与绿化用地的比例约为1:2，北京相差甚远。

——城市发展呈现“飞速膨胀”特征。1993年国务院批复北京1991至2010年城市总体规划后仅过去两年，北京市区中心就提前15年实现城市用地规模，达到288.07平方公里，人口也达到527万人，比2010年人口目标还多出82万人。

——致力于通过技术手段解决交通及环境问题，但由于中心区功能越来越密集，效果并不理想。

目前，北京的城市问题虽然不像东京那样严重，但趋势是明显的。随着经济的持续快速发展，北京会不会发展成为像东京那样的“死疙瘩”呢？

北京的这种单中心的城市发展模式，是20世纪50年代由苏联专家

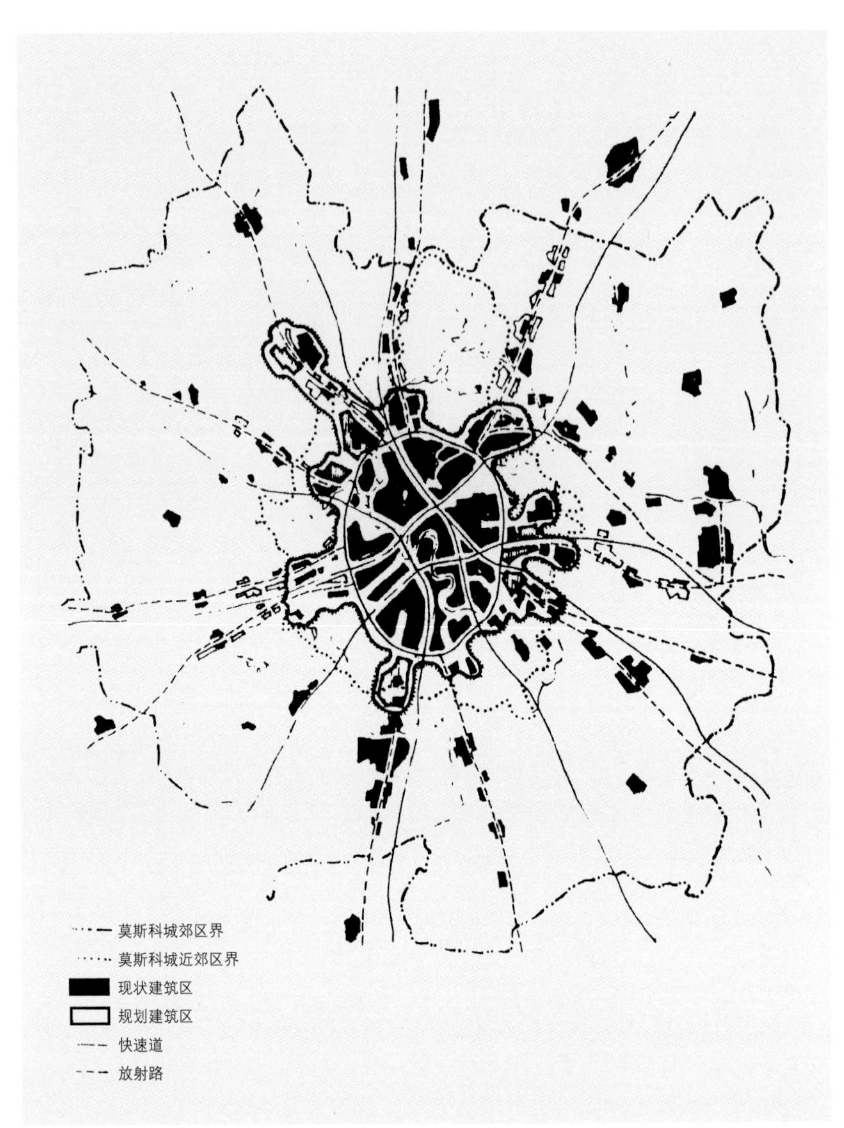

莫斯科总图。（来源：白德懋，《从世界大城市的人口运动看北京的城市发展》，1985年）

以莫斯科规划为蓝本帮助确定的，苏联专家在指导北京进行城市规划的时候，莫斯科以克里姆林宫为中心，向四周辐射发展的城市总体规划已显现弊端。为解决城市功能过于复杂而带来的交通、生活等问题，莫斯科从20世纪60年代起开始制定新规划，把原有的单中心结构改成多中心结构，并将连接市郊森林的楔形绿带渗入城市中心。可是，直到今天，北京的城市建设还在沿着苏联专家帮助确定的单中心模式发展。

2000年2月22日，《经济参考报》以整版篇幅刊登青年建筑学者方可、章岩合写的文章《北京城会被迫迁都吗？》，尖锐指出：“精华日遭蚕食，京城‘撑’破在即”，“旧城内大规模拆房开路的做法，不仅不能解决当前的交通拥堵问题，而且会进一步加剧旧城‘聚焦’效应，使旧城陷入‘面多加水，水多加面’的恶性循环。考虑到日本东京由于城市过度拥挤而不得不准备迁都的事实，若北京旧城过分拥挤的局面不可收拾（百米宽的长安街目前已经经常堵车），北京被迫‘迁都’也不是不可能发生的”。“长期以来，北京各届政府由于大都急于在任期内做一番‘宏伟’事业，并且常常把城市问题的解决寄托在中央的支持上，因而一直缺少对北京未来发展战略进行深入研究。其结果导致城市规划的研究和编制大都着眼于眼前的经济建设需要，并且多集中在旧城做文章，使北京多次错过了合理解决‘旧城保护与现代化建设’矛盾的机会。”

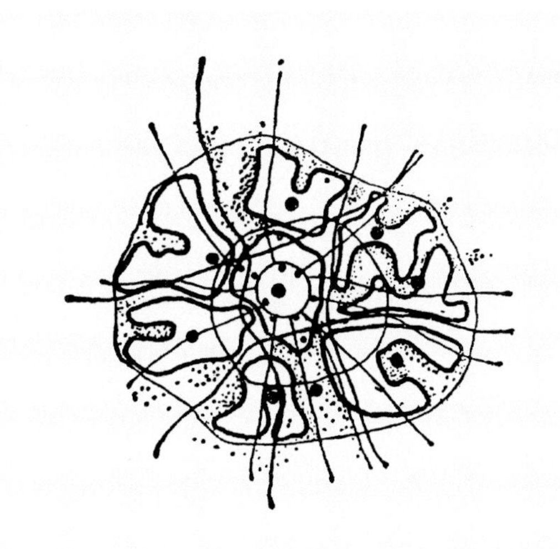

调整后的莫斯科市区规划。全市分成8个综合区，每区100万人，各有市级中心。（来源：《北京城市规划研究论文集》，1996年）

在这篇文章里，50年前的往事被再次提起。两位学者介绍道，20世纪50年代初，新中国定都北京，百废待兴，其中的一个重要任务就是确定城市中心区的位置（当时的中心区主要是指中央的行政中心）。当时出现了两个对立的观点。一方

夹缝之中的北京古城。王军摄于2000年10月。

主张行政中心应当在旧城基础上予以发展，主要理由是：旧城本来就是故都，行政中心放在旧城似乎顺理成章。另一方为梁思成、陈占祥等，主张在当时的西郊（现在的公主坟一带）另立行政中心。“由于当时的意识形态把旧城看作是‘封建社会’遗留，主张对旧城进行‘革命’和‘改造’，因此，这场原本非常学术味的争论，很快就被一些人从政治上加以否定了。”

他认为，“今天，人们已经清楚地看见行政中心放在旧城带来的后果，不能不感叹梁思成当年的远见卓识。从北京1950年以来发展的事实来看：短短四十余年，市区建设已经‘摊’到四环一带，不算卫星城，今天的北京市区面积已经是旧城的六至七倍，等于又建了好几个北京旧城，如果当初能够有计划地集中建设，完全可以在旧城外建设几个新的中心。由此可见，梁思成的主张不仅是一个新的行政中心选址问题，而且是关于北京城市空间未来发展的一种战略思考。”

历史就这样画了一个圈，许多问题又回到原点。

营城之论

分歧之始

“‘毛泽东主席万岁！’‘斯大林大元帅万岁！’的欢呼声和掌声响彻全场。”

“由于苏联文化艺术科学工作者代表团代表与苏联专家的出席，更使大会自始至终充满着兴奋愉快和中苏两国人民亲切逾常的友爱。”

“当苏联友人鱼贯入场时，全场代表都鼓掌欢迎，历久不息。”

这是《人民日报》1949年10月10日对头一天召开的北京市中苏友好协会成立大会的描述。[1]

建筑学家梁思成。林洙提供。

作为北京市中苏友好协会的常务委员，建筑学家梁思成赴中山公园中山堂参加了这次大会，亲眼目睹了包括21位市政专家在内的苏联友人被热烈欢迎的场景。

1949年6月30日毛泽东发表《论人民民主专政》一文，提出：“一边倒是孙中山的四十年经验和共产党二十八年经验教给我们的，深知欲达到胜利和巩固胜利，必须一边倒。积四十年和二十八年的经验，中国人民不是倒向帝国主义一边，就是倒向社会主义一边，绝无例外。骑墙是不行的，第三条道路是没有的。我们反对倒向帝国主义一边的蒋介石反动派，我们也反对第三条道路

[1] 《巩固发展中苏友谊沟通两国文化　北京中苏友好协会成立》，《人民日报》，1949年10月10日第2版。

的幻想。”[1]

7月，刘少奇率中共代表团秘密出访苏联，就建立国家机构、管理经济等工作与斯大林和苏共中央交换意见，为开国做准备。苏联选派220位专家到中国帮助工作，是这次会谈的成果之一。

9月16日，由阿布拉莫夫为组长的苏联市政专家小组来到北平，[2]帮助研究北平的市政建设，草拟城市规划方案。在“一边倒”的旗帜之下，这些苏联专家被授予绝对的权威。

虽然周恩来1956年提出苏联专家只是顾问，不能专政，[3]但是，在1960年中苏矛盾公开化之前，苏联专家在中国建筑领域的“专政”色彩却难以消除。

10月1日下午3时，梁思成应邀登上天安门城楼，参加开国大典，苏联专家也在被邀请之列。

就在天安门城楼上，苏联专家对北京的规划建设提出意见。他们指着从城楼上清晰可见的东长安街南侧的东交民巷操扬，提出在那里建设政府办公大楼，并开始对北京城的改造。[4]而在7个月前，梁思成已与许多中国学者共同阻止了人民日报社占用这块空地建设办公楼的计划，并提出应将其辟为公园绿地。[5]

分歧显然已经开始了。

这一天，同样是在天安门城楼上，刚刚被任命为政务院总理的周恩来，向梁思成提出了改建天安门广场的设想。

当年周恩来的卫士长成元功回忆道：

> 欢庆之余，他（指周恩来——笔者注）把古建筑学家梁思成、北京市的领导和各有关方面的负责人召集在一起，谈了他对天安门广场建设的设想。
>
> 他高兴而自豪地说：“天安门广场是世界各国首都中最大的广场，我们应该把它建成最美的广场。”之后，他把大家引到天安门城楼的东南角，用手指着广场东侧，对大家说：“在那里要建一个大的历史博物馆。”接着又把大家引到天安门城楼的西南角，指着广场的西侧说：“在西侧我们要建一个大的国家剧院。”然后又回到天安门城楼的中间，对大家说：“广场地处北京市市中心，站在这里向前看，有正阳门和箭楼，以后还有纪念碑……左边有历史博物馆，右边有国家大剧院，后边是故宫、劳动人民文化宫、中山公园。建成后，将是北京和全国人民活动娱乐的中心。”[6]

后来的事实表明，梁思成是不赞成对天安门广场进行大规模改造并由此开始对这个文化古都进行大规模拆除重建的。

他的意见被准确表达在1950年2月他与陈占祥共同提出的《关于中央人民政府行政中心区位置的建议》，即“梁陈方案”之中。

登上城楼之前，梁思成已隐约

[1] 《毛泽东选集》第4卷，人民出版社，1991年6月第2版。

[2] 1928年6月20日，国民党政府定都南京，改北京为北平；1937年7月29日，日寇侵占北平，次年4月17日，北平伪临时政府宣布，改北平为北京，国民党政府始终未予承认；1949年9月21日至30日召开的中国人民政治协商会议第一届全体会议决定中华人民共和国定都北平，自9月27日起将北平改名为北京。——笔者注

[3] 王文克，《关于城市建设“四过”和“三年不搞城市规划”的问题》，载于《五十年回眸——新中国的城市规划》，中国城市规划学会主编，商务印书馆，1999年11月第1版。

[4] 陈占祥接受笔者采访时的回忆，1994年3月2日。

[5] 张汝良，《市建设局时期的都委会》，载于《规划春秋》，北京市城市规划管理局、北京市城市规划设计研究院党史征集办公室编，1995年12月第1版。

[6] 成元功，《关心北京城市建设》，载于《周恩来与北京》，中央文献出版社，1998年2月第1版。

清华大学国徽设计组 1950 年合影。罗哲文提供。

感到了这个城市可能出现的变化。9月19日，他致信北平市市长聂荣臻，提出首都建设必须“慎始”。

但是，这种担忧还是更多地被湮没在对新社会的憧憬与喜悦之中。他被委以重任，被邀请帮助新政协确定中华人民共和国的国旗、国徽、国歌。

在他与众多学者的竭力主张之下，《义勇军进行曲》被确定为国歌了。9月27日，他在政协大会上，为国旗方案的通过发了言。

国徽未征集到满意的方案，新政协就邀请他组织清华大学营建系设计组参加竞赛。次年6月23日，政协通过了他们设计的国徽方案。

天安门被设计到国徽之中。一开始，他不愿这样做。周恩来说服

1950年6月23日，全国政协通过的国徽设计方案。全国政协档案处提供。

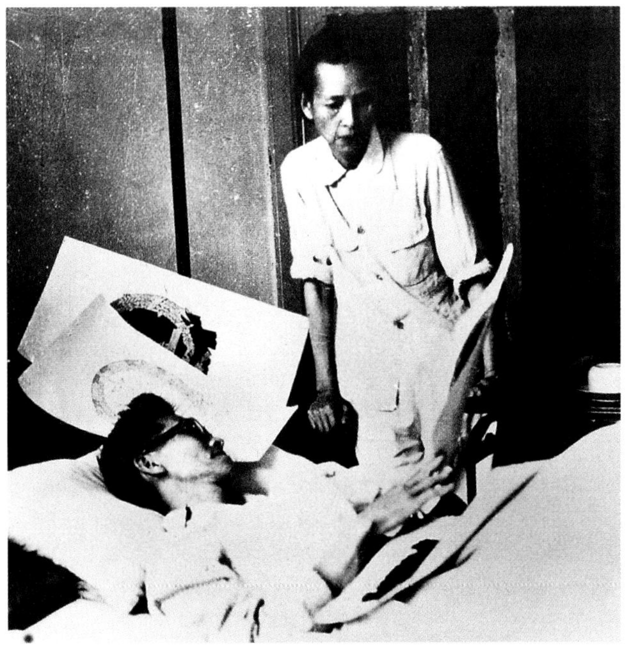

病卧在床的梁思成与妻子林徽因教授审看国徽设计稿。林洙提供。

了他。[1]

他就把天安门置于一面顶天立地的五星红旗之下。封建时代皇城的大门，就这样被他赋予了新意。

后来，他的反对者用他设计的国徽来反击他：

事实上，当确定在天安门广场举行开国大典的决议一成立，就从根本上否定了完整保存北平旧城的规划思想。当新中国第一面国旗在天安门广场升起，天安门图案成为中华人民共和国国徽的主要标志，改造旧城的任务就历史地落到了每个城市规划工作者肩上。可惜这一点在当时并没有广泛地获得人们的认识，一部分人仍然孜孜以求地在为完整保存旧北平城而竭虑殚思、到处奔走。他们只看见旧北平城好的一面，忽略了坏的一面；只看见庄严雄伟壮美，忽略了污秽丑陋湫隘；只看见适应帝王将相、达官富豪需要的地上天堂，忽略了广大劳动人民辗转其间的人间地狱。[2]

而在9年之后，梁思成对他在这一天的活动作出这样的回忆：

一九四九年十月一日下午，当我走上天安门的时候，往下一看，一个完全未曾想像过的，永远不能忘记的景象突然呈现在我眼前：一片红色的海洋！群众的力量在我眼前具体化、形象化了。但我脑子里同时又发生了一个大问号：这乱哄哄的四亿五千万的人群，共产党又将怎样把他们组织起来，发挥他们的力量呢？社会主义改造又怎样改造法呢？但同时，对共产党、毛主席的一种信任告诉我：他们（十年前我当然只能把党看作"他们"）会有办法的。当然，那时候我没有意识到我自己也就是那一片红色海洋中的一滴水，就是在我自己的工作岗位上，党已经把我"组织"到一个大集体中，我的一点微薄的力量已经得到"发挥"，而且我自己已经开始了自己的社会主义改造了。[3]

[1] 参阅笔者著《历史档案了结国徽设计"公案"》，《北京青年报》，1998年7月19日。

[2] 陈干，《北京城市的布局和分散集团式的由来》，载于《陈干文集——京华待思录》，北京市城市规划设计研究院编，1996年。

[3] 梁思成，《决不虚度我这第二个青春》，《光明日报》，1959年3月10日第2版。

被礼赞的城市

"明之北京，在基本原则上实遵循隋唐长安之规划，清代因之，以至于今，为世界现存中古时代都市之最伟大者。"

这是梁思成在1943年完成的中国第一部建筑史——《中国建筑史》里，对北京作出的评价。

对梁思成的这番评论，国际上一批历史学家、建筑学家、规划学家也深有同感——

丹麦学者罗斯缪森（S. E. Rasmussen）认为："北京城乃是世界的奇观之一，它的布局匀称而明朗，是一个卓越的纪念物，一个伟大文明的顶峰。"

美国建筑学家贝肯（E. N. Bacon）坦言："在地球表面上，人类最伟大的个体工程，可能就是北

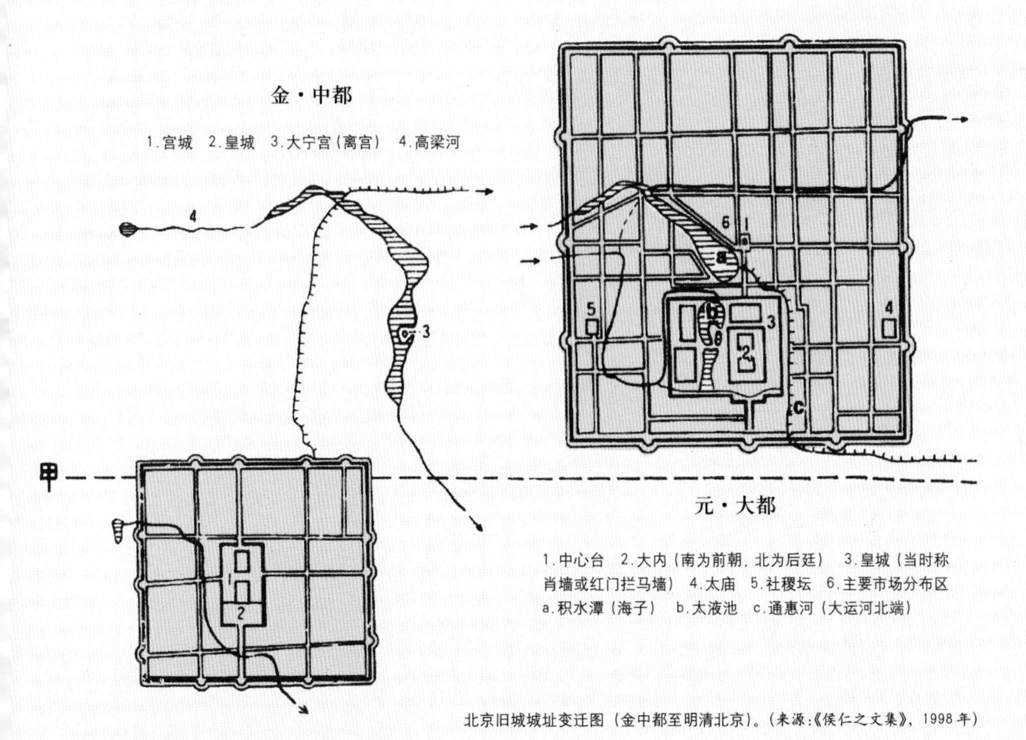

金·中都

1.宫城 2.皇城 3.大宁宫(离宫) 4.高梁河

元·大都

1.中心台 2.大内(南为前朝,北为后廷) 3.皇城(当时称肖墙或红门拦马墙) 4.太庙 5.社稷坛 6.主要市场分布区 a.积水潭(海子) b.太液池 c.通惠河(大运河北端)

北京旧城城址变迁图(金中都至明清北京)。(来源:《侯仁之文集》,1998年)

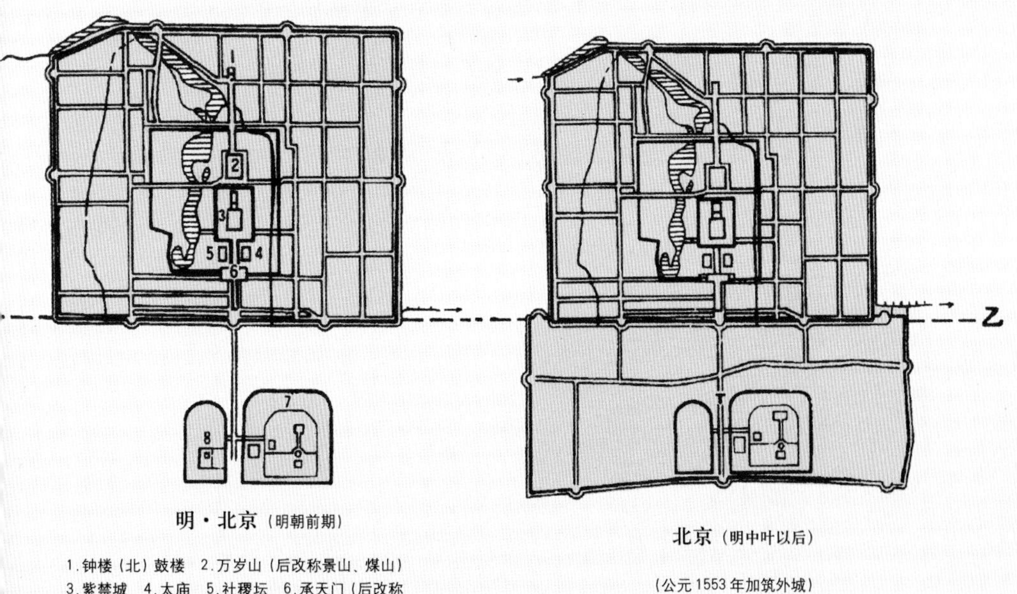

明·北京(明朝前期)

1.钟楼(北)鼓楼 2.万岁山(后改称景山、煤山) 3.紫禁城 4.太庙 5.社稷坛 6.承天门(后改称天安门) 7.天坛 8.山川坛(后改称先农坛)

北京(明中叶以后)

(公元1553年加筑外城)

(甲……乙虚线表示城址南北移动的相对位置)

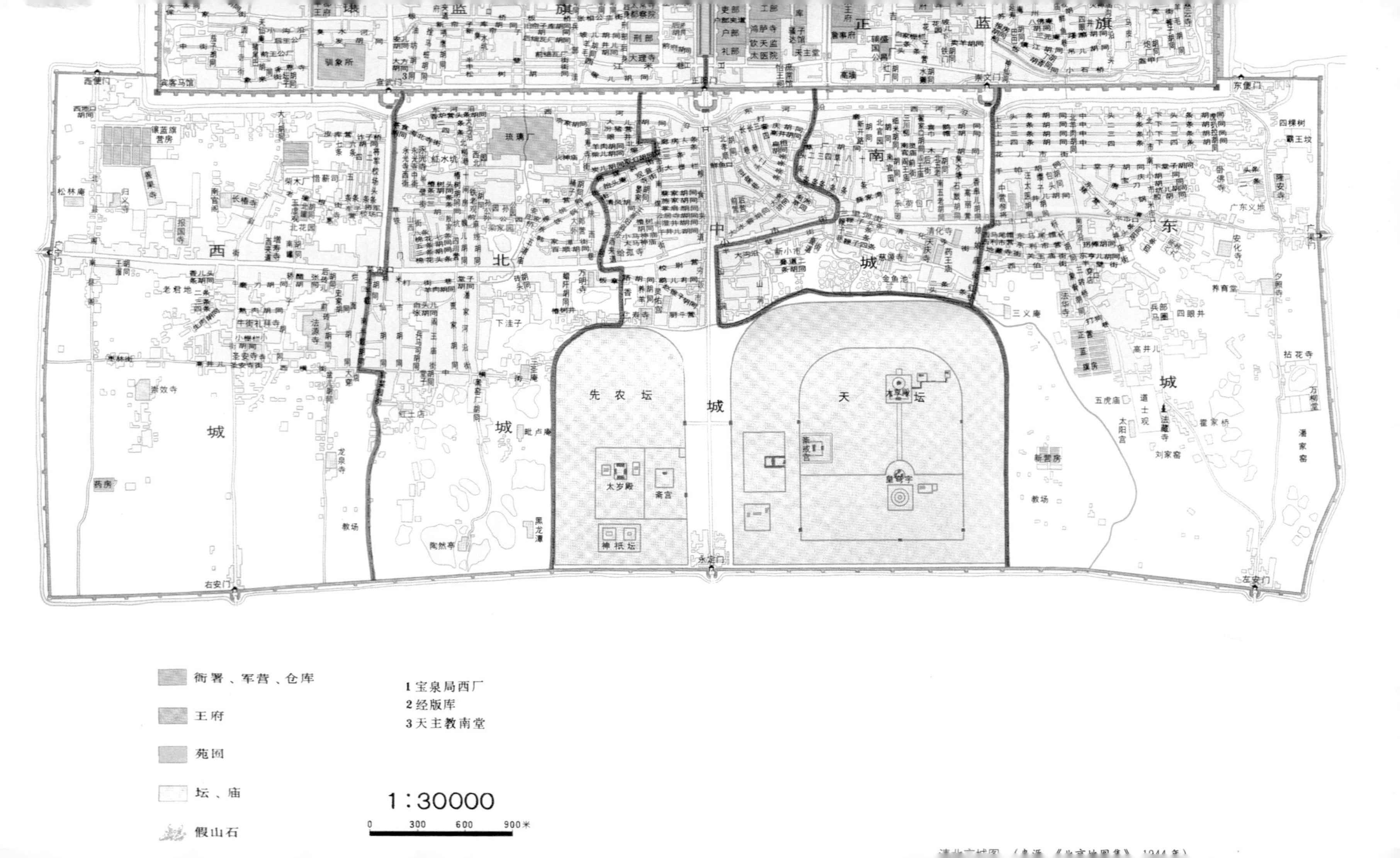
衙署、军营、仓库
王府
苑囿
坛、庙
假山石
1 宝泉局西厂
2 经版库
3 天主教南堂
1:30000
0
300
600
900米
西便门
东便门
广宁门
广渠门
右安门
永定门
左安门
宣武门
正阳门
崇文门
先农坛
天坛
太岁殿
斋宫
神祇坛
皇穹宇
斋宫
琉璃厂
教场
陶然亭
黑龙潭
龙泉寺
药房
崇效寺
法源寺
报国寺
长椿寺
松林庵
三义庵
五虎庙
太阳宫
道士观
法藏寺
刘家窑
霍家桥
潘家窑
万柳堂
拈花寺
夕照寺
安化寺
隆安寺
四槐树
覇王坟
广东义地
养育堂
四眼井
兵部马圈
高井儿
新营房
金鱼池
清化寺
药王庙
天庆寺
下洼子
毗卢庵
红土店
驯象所
刑部
大理寺
钦天监
太医院
鸿胪寺
礼部
户部
吏部
天主堂
高墙
宾客马馆
镶蓝旗营房
西
北
城
中
南
东
正
蓝
旗

清北京城

乾隆十五年

（公元1750年）

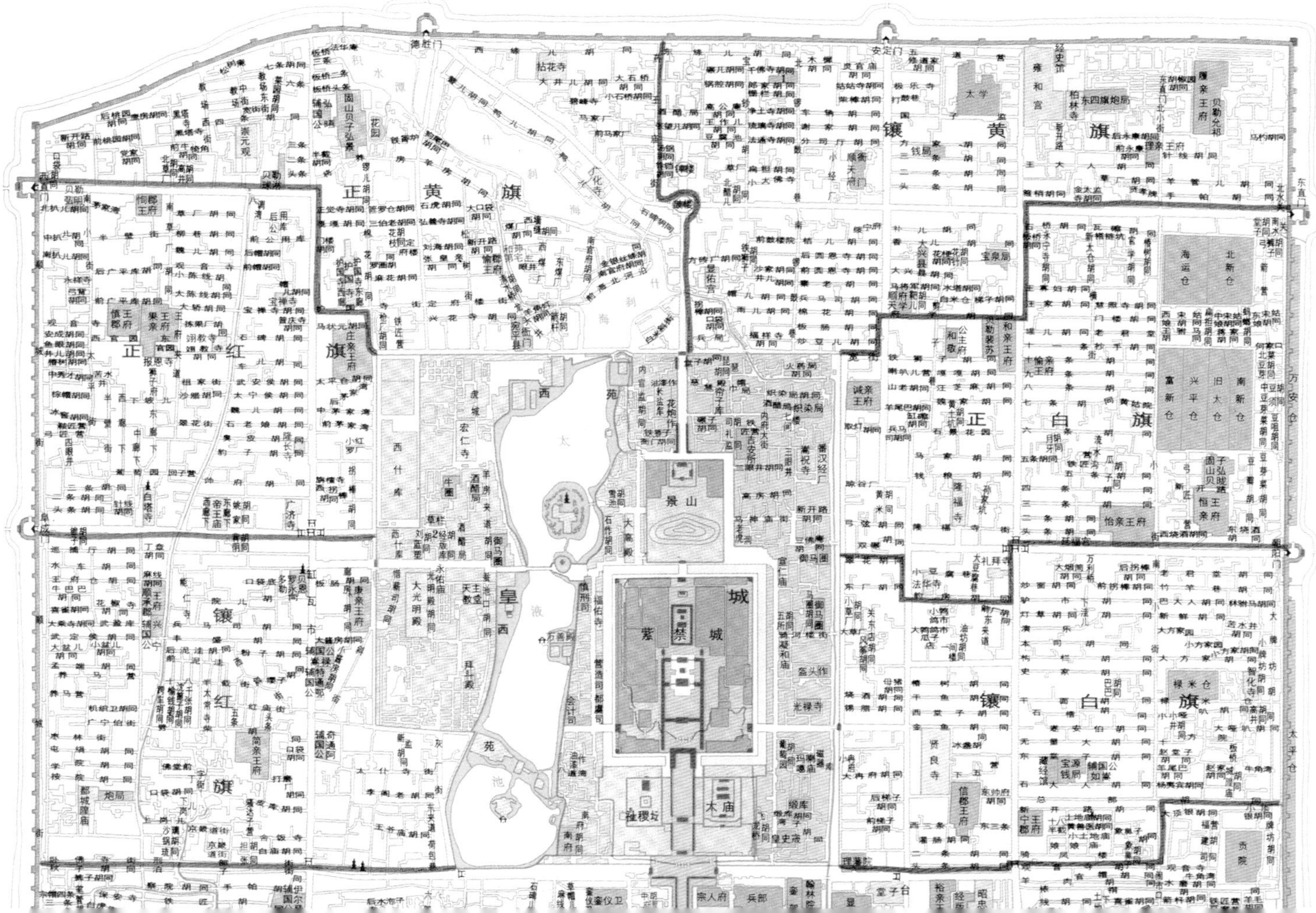

元大都图。（来源:《北京地图集》，1994年）

景山南望北京城市中轴线。
王军摄于2002年9月。

京城了”，“北京整个城市深深沉浸在仪礼、规范和宗教意识之中，现在这些都和我们无关了，虽然如此，它的设计是如此之杰出，这就为今天的城市提供了最丰富的思想宝库”。

美国规划学家亨瑞·S·丘吉尔(Henry S.Churchill)以现代建筑观点评论道，北京的城市设计“像古代铜器一样，俨然有序和巧为构图”，“整个北京城的平面设计匀称而明朗是世界奇观之一”，“北京是三维空间的设计，高大的宫殿、塔、城门所有的布局都具有明确的效果”，“金光闪烁的琉璃瓦在单层普通民居灰暗的屋顶上闪烁”，“大街坊为交通干道所围合，使得住房成为不受交通干扰的独立天地，方格网框架内具有无限的变化”。

登景山俯瞰，人们可以清晰地看见北京古城之内的四合院民居充满韵律，这些已存在七百多年的居住院落青砖灰瓦、绿枝出墙，连成层层叠叠的绿海；城市中央，一条南北7.8公里长的中轴线，纵贯正阳门、天安门、紫禁城、鼓楼、钟楼等大型建筑，以金、红二色为主调，与四合院灰与绿营造的安谧，构成强烈的视觉反差，给予人极具震撼的审美感受。

北京现存的明清古城，是从曾令意大利旅行家马可·波罗叹为观止的元大都的基础上，发展演变而来的。1264年开始大规模建设的元大都，遵循了中国古代城市营造经典《周礼·考工记》提出的原则：“匠人营国，方九里，旁三门；国中九经九纬，径涂九轨，左祖右社，面

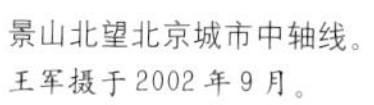

景山北望北京城市中轴线。
王军摄于2002年9月。

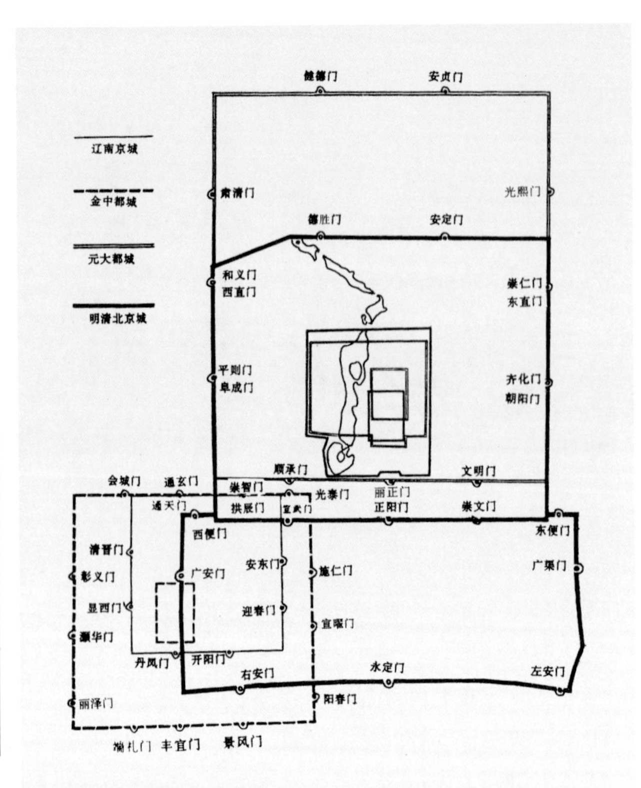

北京城址变迁示意图。（来源：张敬淦，《北京规划建设纵横谈》，1997年）

朝后市。”它大胆地将成片天然湖泊（现什刹海）引入市区，以中轴线与其相切，确定了整个城市的布局，在儒家思想的基础上，又体现了“人法地，地法天，天法道，道法自然”的道家思想，将儒、道兼融于都城营造之中。

1368年，明大将军徐达攻陷元大都，将北城墙南移2.5公里；1405年，明永乐帝朱棣修筑紫禁城；1417年，开始大规模兴建皇城；1420年，将大都城的南城墙向南推移1公里左右，从现长安街一线移至现前三门一线；1553年，明世宗朱厚熜为加强城防，增筑外城。至此，形成了紫禁城、皇城、内城、外城四重城墙环绕，总平面呈凸字形的城市格局。

清承明制，对城市较少改动。至20世纪中叶，这个古城仍保存完好。

据吴良镛考证，自800年至1800年间，中国都城人口众多，如长安、开封等，一直为世界大城市中之佼佼者，其中尤以北京最为突出。自1450年到1800年间，除君士坦丁堡（今伊斯坦布尔）在1650年至1700年间一度领先外，北京一直是“世界之最”。“北京当之无愧为世界上同时代城市规模最大，延续时间最长，布局最完整，建设最集中的封建都城。因此，北京也是世界同时期城市建设的最高成就。直到1800年后，伦敦的发展才取代了北京。”[1]

梁思成是对北京都城营造进行科学研究的早期代表人物之一。

1925年，正在美国宾夕法尼亚大学建筑系读书的梁思成，收到父亲梁启超寄来的经朱启钤[2]整理重新出版的北宋将作少监李诫编修的

《三礼图》中的周王城图。（来源：楼庆西，《中国古建筑二十讲》，2001年）

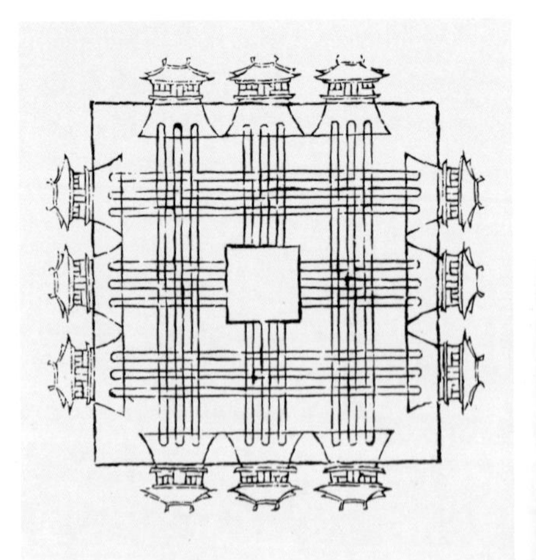

[1] 吴良镛，《中国古代城市规划史纲》（英文版），1986年。

[2] 朱启钤（1872—1964），贵州开阳人，字桂辛。曾任北洋政府交通部总长、内务总长、代理内阁总理等职。主持改建北京正阳门，打通东西长安街，开放南北长街、南北池子，修筑环城铁路，创办北京第一个公园——中央公园（今中山公园），第一个博物馆——北京古物陈列所，开放北京皇家艺苑京畿名胜等。1916年袁世凯倒台后，退出政坛。1929年，创办研究中国古代建筑的学术团体——中国营造学社，任社长，梁思成、刘敦桢先后加盟，分任法式部主任、文献部主任。

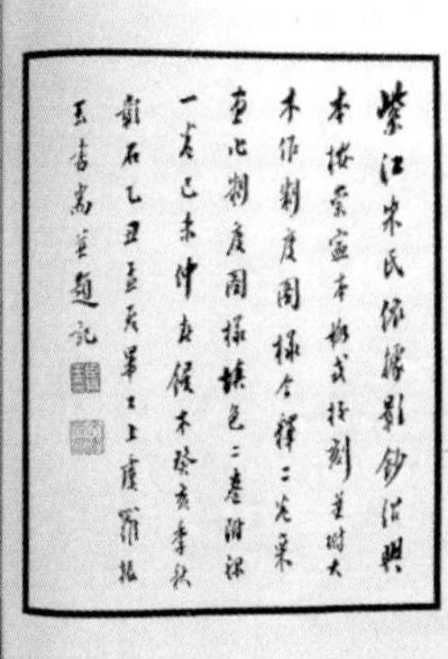

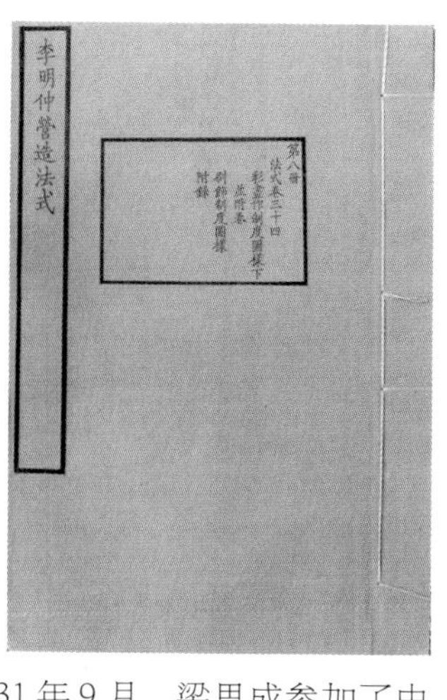

陶本《营造法式》封面及内页。

《营造法式》。全书34卷，侧重于建筑设计、施工规范，并有图样，是中国古代建筑的重要典籍。梁启超在该书的扉页上写道："一千年前有此杰作可为吾族文化之光宠也已，朱桂辛校印甫竣赠我此本，遂以寄思成、徽因俾永宝之。"

当时，梁思成看不懂这部宋代建筑官书中的术语和内容，但他遵从父命，产生了研究中国古代建筑史和营造规律的强烈愿望，决心写出中国人自己的《中国建筑史》。

1931年9月，梁思成参加了由朱启钤创办的研究中国古代建筑的民间学术机构——中国营造学社，任法式部主任，开始了对中国古代建筑的系统研究，其探索的对象首先锁定了北平城。

梁思成在老匠人的帮助下，结合对故宫建筑的测绘，读懂了清代工部《工程做法》，又深入研究整理了大量民间营造做法抄本，于1932年2月完成《清式营造则例》，这是我国第一部以现代科学技术的观点和

1915年指挥正阳门改建工程的北洋政府内务总长朱启钤（中做指示者）。清华大学建筑学院资料室提供。

《中国建筑史》诞生地——四川李庄梁思成林徽因故居。王军摄于2000年10月5日。

方法总结中国古代建筑构造的著作。

后来，他与营造学社同仁，在极其艰难的情况下，在日寇侵略以前的华北、东南，以及抗战期间的西南，踏访了十五个省、二百多个县，测量、摄影、分析、研究了两千多个汉、唐以来的建筑文物，终于读懂了《营造法式》，并在1943年，于贫病交加之中，在四川李庄的农舍里，完成了《中国建筑史》的写作。

抗战胜利后，1946年7月31日，梁思成携全家回到北平，创办清华大学建筑系。他在晚年回忆道："我当时想，回到北平，最好能当上工务局局长，把日本鬼子在北平市容上留下的一切痕迹全部铲除掉。"[1]

[1] 梁思成，《检查我的"爱国心"》，1968年10月，未刊稿，林洙提供。

1937年卢沟桥事变后，日本侵略者占领北平。随着日寇向中国南方的入侵，在北平的日本人激增。从1936年12月到1939年12月，在北平的日本人从4000人增加到45000人。同时，由于战争的全面展开，大量外地人口涌入北平。从1936年到1938年，北平人口从153万增加到160.4万。为应付人口剧增以及保障日寇的侵略利益，特别是为了尽量避免日本人与中国人混合居住而发生矛盾，1938年日寇成立伪建设总署，开始编制城市规划方案，并于1938年12月最后确定。这个方案计划在距离北京旧城约7公里的西郊（今五棵松一带）兴建日本人的居留地，称新市区。要旨如下：

——北平是华北政治、军事、文化的中心，人口20—30年后预计达250万人。

——保存北平城作为文化、观光都市。由于旧城内再开发需要相当多的费用，同时中国传统住宅的布局和设计无法满足日本人的生活要求，改造困难，且有损其作为观光都市的价值等，采纳于郊区兴建新市区的方案。

——为避免日本人与中国人混居，兴建日本人的新市区。

——日本人的新市区依地形等条件决定设于西郊，对于将来增加的中国人，计划安置于城墙外围附近地区。考虑到水源、风向、通往天津之运河等因素，工业区配置于城东，通州计划发展为重工业区。

——整个北平城及其周围地区（包括宫城、万寿山、小汤山、长辛店等名胜古迹），统一规划，作为观光都市，设置观光道路，连接南苑、通州、永定河和白河。“城内仍然保持中国的意趣，万寿山、玉泉山及其他名胜地作为公园计划，在此范围乃至于周围的庭园、树木、庭石、山川，希望采取中国的式样。将来准备复原被英法联军烧毁的圆明园，希望尽力保持中国文化。”[2]

抗战胜利后，北平市政府着手都市计划的研究，参考日本人编制的《北京都市计划大纲》[3]，征用日本技术人员，于1946年完成《北平都市计划大纲》，提出：计划北平将来为中国的首都；保存故都风貌，并整顿为独有的观光城市；政府机关及其职员住宅及商店等，均设于西郊新市区，并使新旧市区间交通联系便利，发挥一个完整都市的功能；工业以日用必需品、精巧制品、美术品等中小工业为主，在东郊设一工业新区；颐和园、西山、温泉一带计划为市民厚生用地。

为加强城市规划，北平市政府向当时正在英国师从世界著名规划学家阿伯克隆比爵士（Prof.Sir Potrick Abercrombie）攻读博士学位、协助和参加完成英国南部3个城市区域规划的陈占祥发出邀请。但由于内战爆发及南京政府的挽留，陈占祥未能抵平。

1947年5月29日，北平市都市计划委员会成立，着手城市规划编制的准备工作。市长何思源提出的

[2]《北京都市计划》，黄世孟译，转引自高亦兰、王蒙徽，《梁思成的古城保护及城市规划思想研究》，《世界建筑》杂志，1991年第1至5期。

[3] 由于国民党政府（当时的中国政府）不承认伪政府改北平为北京，故书稿涉及日伪时期的内容，包括间接引文的部分（尽管伪政府称北京），皆称北平，日本人编制的《北京都市计划大纲》因原名如此，不宜改动。——笔者注

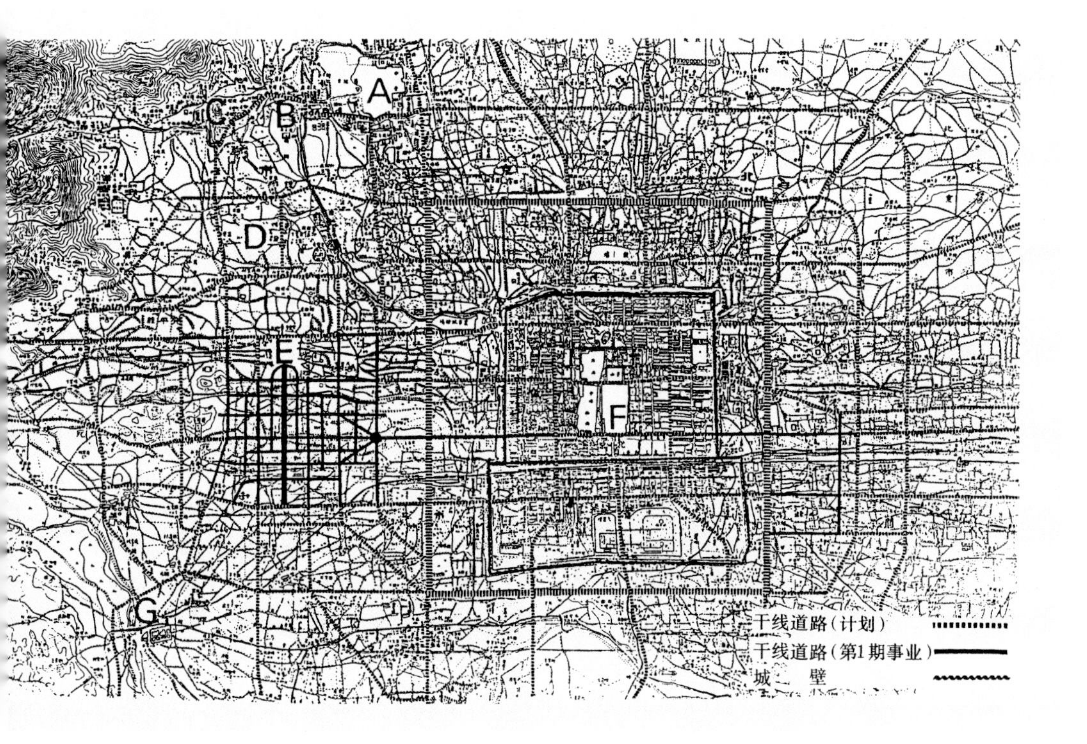

1939年日伪政府编制的都市规划图。A.圆明园址；B.万寿山；C.玉泉山；D.西郊机场（日军建设）；E.大广场；F.故宫、天安门；G.卢沟桥（来源：《梁思成学术思想研究论文集》，1996年）

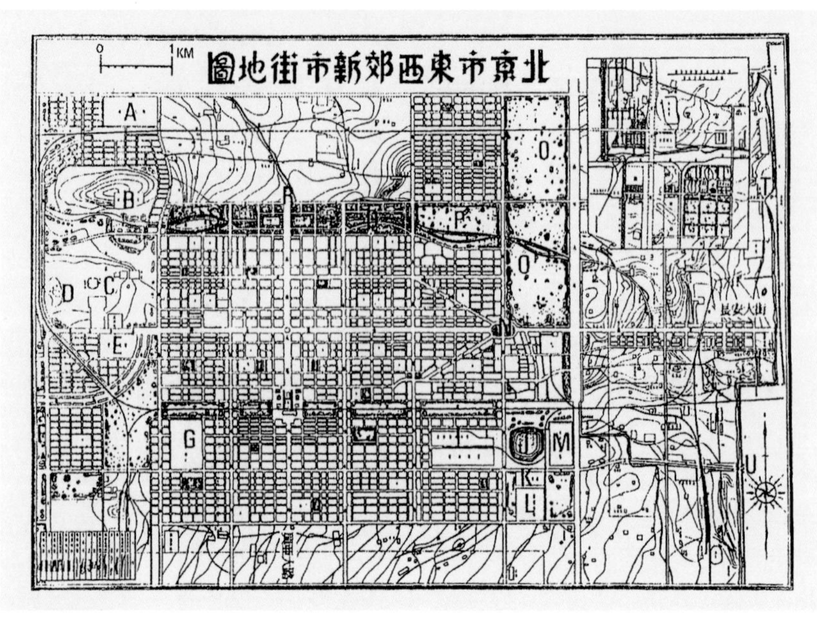

东西郊新市街计划图（1940年）。（来源：董光器，《北京规划战略思考》，1998年）

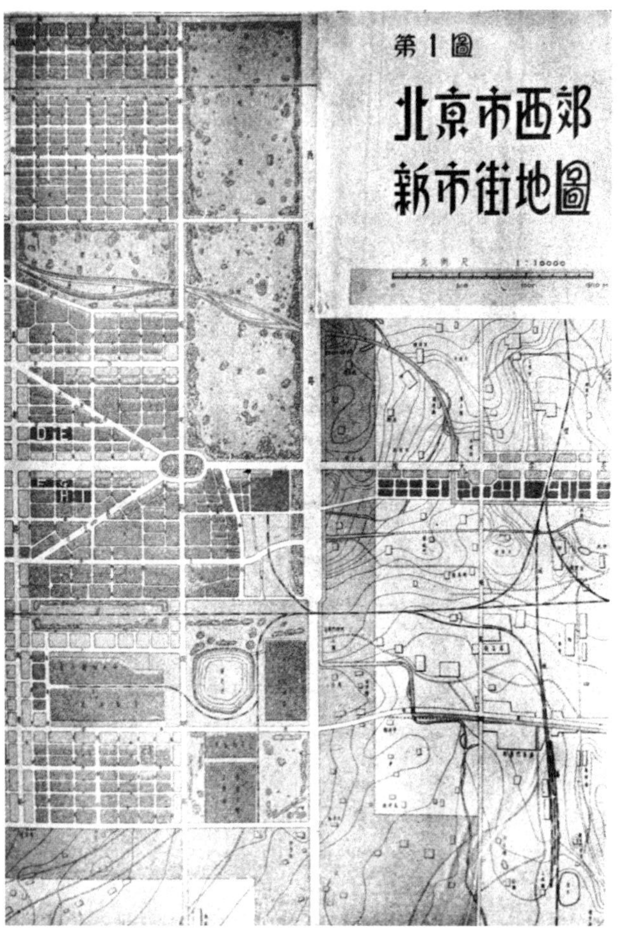

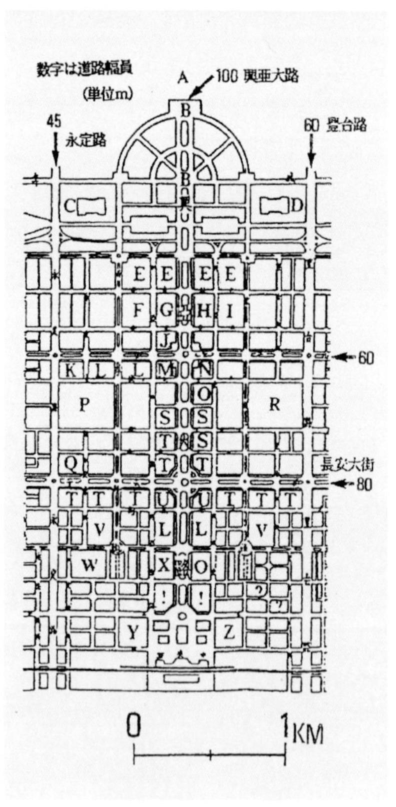

西郊新市街的中心地区兴亚大路（1941年）。（来源：董光器，《北京规划战略思考》，1998年）

日伪时期的西郊新市街地图。
清华大学建筑学院资料室提供。

规划原则是：表面要北平化，内部要现代化。市工务局对全城进行了实地调查，提出北平都市计划的基本方针、纲领、市界、交通、设施、分区制、公用卫生、游憩设备、住宅建设等8项专题设想，计划以日本人在西郊惨淡经营过的留居地为基础，进行新市区建设。主要内容有：

——把北平建设成为现代化都市，注重保存、保护历史文物与名胜古迹；发展旅游区，重视文化教育；继续完成西郊新市区的建设，同时以郊区村镇为中心建设卫星城。

——城内干道以达各城门为目标。城外设园林式环路，至少两环。城区有轨电车逐渐改为无轨电车，发展郊区汽车。在城区西郊区之间建设地下铁路。

——城墙内外设绿地；在城墙上端建公园；建立全市的运动场、广场，儿童游戏场，以及公墓等。

——设煤厂，以气代煤；加强垃圾运输能力。

——在外城西南建平民居住区，集中建筑新式平民住宅，设市场、商店、菜市等服务设施。

此外，还要改市内电话为自动式等。[1]

1946年11月至1947年7月，梁思成赴美国访问讲学，未参与上述工作。后来的事实表明，北平市政府当时的规划思想与他的主张是相近的。

1945年3月9日，梁思成致信清华大学校长梅贻琦，建议设立清华大学建筑系。信中，他这样写道："我国虽为落后国家，一般人民生活方式虽尚在中古阶段，然而战后之迅速工业化，殆为必由之径，生活程度随之提高，亦为必然之结果，不可不预为准备，以适应此新时代之需要也。"

他结合国外城市发展的状况，强调都市计划的重要性，认为近代生活已使都市发展成为一个由万千

[1] 《北京通史》，第9卷，中国书店出版，1994年10月第1版。

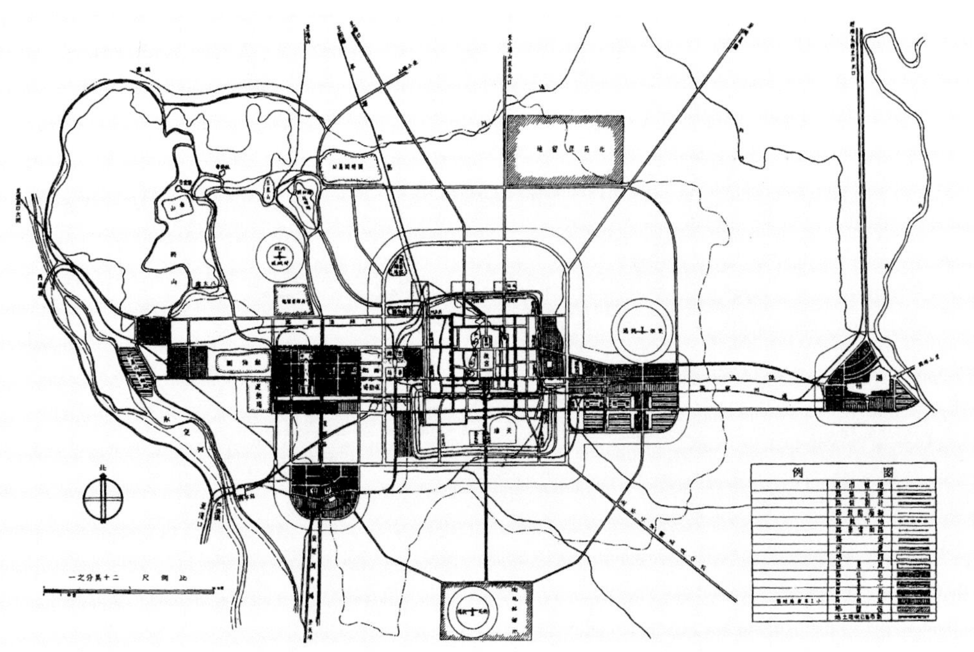

北平都市计划简图（1946年）。（来源：董光器，《北京规划战略思考》，1998年）

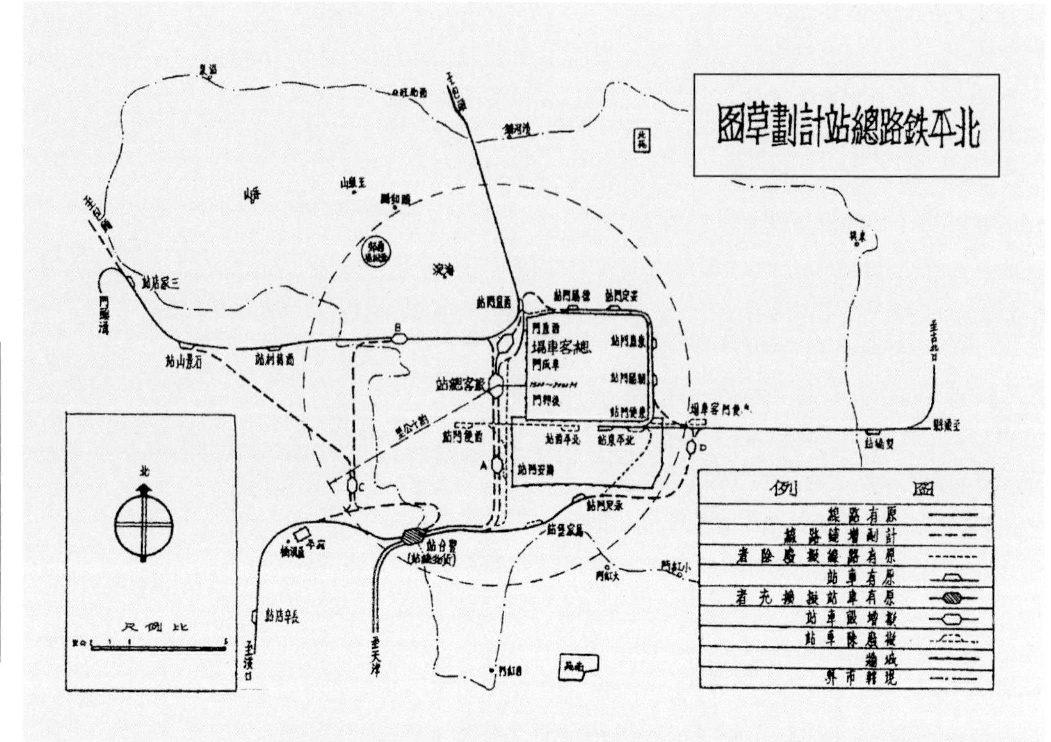

北平铁路总站计划草图(1946年)。(来源:董光器,《北京规划战略思考》,1998年)

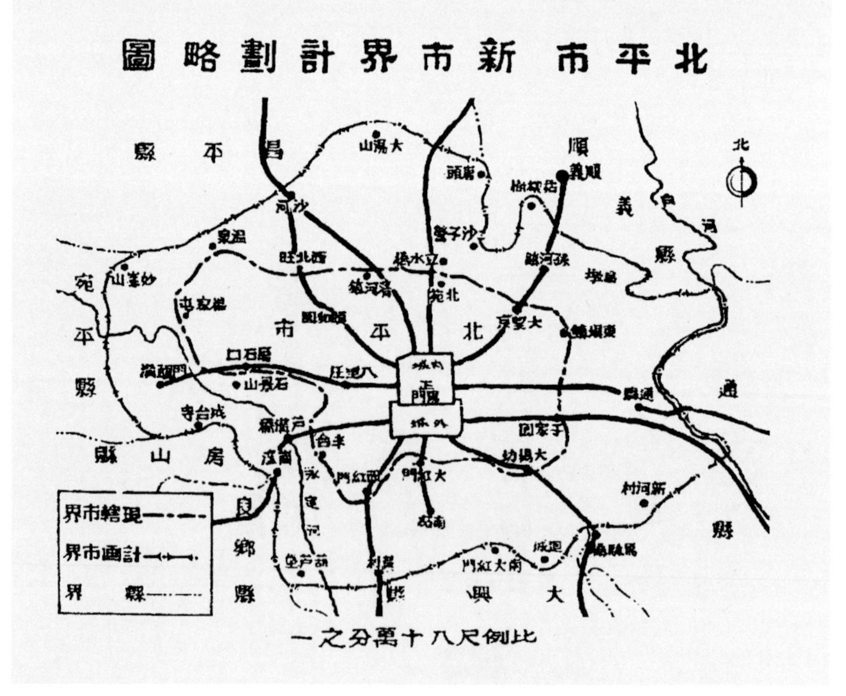

北平新市界计划略图(1946年)。(来源:董光器,《北京规划战略思考》,1998年)

个建筑物组合起来的“有机性大组织”，都市设计“已非如昔日之为开辟街道问题或清除贫民窟问题”，而是为求得城市的“每部分每项工作之各得其所”，使“社会经济政治问题”得到“全盘合理部署”，“故都市设计，实即建筑设计之扩大，实二而一者也”。

他认为，战后的城市重建，“由光明方面着眼，此实改善我国都市之绝好机会”，“英苏等国，战争初发，战争破坏方始，即已着手战后复兴计划。反观我国，不惟计划全无，且人才尤为缺少”，“营国筑室，古代尚设专官；使民安居，然后可以乐业”，“专门建筑人才之养成实目前亟须注意之一大问题”。[1]

同年10月，他在《大公报》发表《市镇的体系秩序》一文，提出“住者有其房”、“一人一床”的社会理想，希望“今后各大学增设建筑系与市镇计划系，实在是改进兼辅导形成今后市镇体系之基本步骤”，指出“安居乐业”是城市规划的最高目的。

他针对19世纪下半叶西方城市大工业发展过程中出现的人口畸形集中、贫民窟、交通拥堵等问题，提出抗战后中国城市的建设，“必须避蹈覆辙”，否则，“一旦错误，百年难改，居民将受其害无穷”。

怎样才能“避蹈覆辙”？梁思成提出，必须以“有机疏散”为原则，即将一个大都市分为许多“小市镇”或“区”，每区之内，人口相对集中，功能齐备，区与区之间，设立“绿荫地带”作为公园，并对每个区的人口和建筑面积严格限制，不使成为一个“庞大无限量的整体”。

他还关注到陈占祥的导师阿伯克隆比爵士正在制定的“大伦敦计划”，感叹道：“现在欧美的大都市大多是庞大的整体。工商业中心的附近大多成了‘贫民窟’。较为富有的人多避居郊外，许多工人亦因在工作地附近找不到住处，所以都每日以两小时的时间耗费在火车上、电车或汽车上，在时间、精力与金钱上都是莫大的损失”，“伦敦市政当局正谋补救，而其答案则为‘有机性疏散’。但是如伦敦纽约那样大城市，若要完成‘有机性疏散’的巨业，恐怕至少要五六十年”。

[1] 《梁思成致梅贻琦的信》，载于《清华大学建筑学院（系）成立五十周年纪念文集》，中国建筑工业出版社，1996年9月第1版。

梁思成后来能够与陈占祥相知相识，引为知己，并于1950年共同提出《关于中央人民政府行政中心区位置的建议》，正在于他们对“有机疏散”理论的高度认同。

这个理论是芬兰著名规划学家E·沙里宁（1873—1950）提出的。1917年，沙里宁在做大赫尔辛基规划方案时，发现当时在城市郊区开始建造的卧城型卫星城镇，因仅承担居住功能，导致生活与就业不平衡，使卫星城与市中心区之间发生大量交通，并引发一系列社会问题。经过深入研究，他主张在赫尔辛基附近建设一些可以解决一部分居民就业的“半独立”城镇，以此缓解城市中心区的紧张状况。在沙

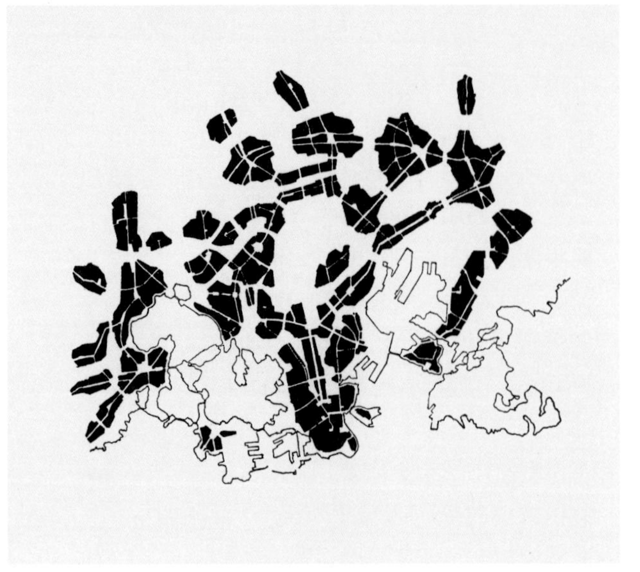

E · 沙里宁 1918 年完成的芬兰大赫尔辛基有机疏散规划方案。（来源：*The City: Its Growth, Its Decay, Its Future*，1943 年）

E · 沙里宁指导完成的美国大芝加哥有机疏散规划方案（1935—1936 年）。（来源：*The City: Its Growth, Its Decay, Its Future*，1943 年）

里宁的规划思想中，城市是一步一步逐渐离散的，新城不是“跳离”母城，而是“有机地”进行着分离运动。

1943 年，沙里宁所著《城市：它的生长、衰退和未来》（*The City: Its Growth, Its Decey, Its Future*）一书出版，系统总结了二十多年来“有机疏散”的理论和实践，完成了新一代城市的空间布局设想。这本著作，对世界城市建设产生了巨大影响。

1944 年 6 月 20 日，美国副总统华莱士访华。梁思成的好友、美国汉学家费正清通过华莱士为梁思成带来一小箱图书，其中就包括沙里宁的这部论著。

沙里宁 1923 年移居美国，后设计了匡溪艺术学院的校舍，并担任这所学院的院长。1947 年 7 月 8 日，正在美国访问讲学并担任联合国大厦设计顾问的梁思成，拜访了他极为敬重的这位大师，在交流学术思想之时，敦促老先生收中国学生为徒。在日记里，梁思成写道：

与谈建筑教学原则，他主张问题要实际，不应用假设问题。所以中国学生若来，须自己把中国问题带来，他可助之解决。这里只有毕业研究建筑班，以十人为限，老先生自教。只有 Design[1]一课，课题偏重 City Planning[2]方面。学程颇自由。学费连膳宿每学年九个月仅 1050 元，真便宜。除建筑外，尚有绘、塑、图案、陶瓷、纺织等课。学生以动手为尚，空气充满创作滋味。校舍美极，园中塑像尤多，喷泉遍地，幽丽无比。[3]

回国后，梁思成即将自己的助手吴良镛推荐到沙里宁门下受业。

现在，这位求得“真经”的沙里宁门生，已成为中国城市规划及建筑学界的领袖人物。

[1] 中译为设计。

[2] 中译为城市规划。

[3] 梁思成日记，1947年7月8日，林洙提供。

七月八日 星二 晴　参观Cranbrook。写家信，翌日在Madison发。

早八时半起，九时乘公共汽车赴北郊Bloomfield Hill站，因不知地理，步行三刻始達Cranbrook Academy of Art，已十一时半，小息，在附近小饭店午饭，十二时半至校；老小Saarinen均不在。由秘书Wallace Mitchell招待。与Erol通電话，始知父子同去午餐，一时半左右，老S.就已回家，约访未在。与谈建筑教学原则，他主张问题需实际，不应用假设问题。所以中国学生若来，须自己把中國问题来帶，他可助之解决。這裏只有畢業研究建築班，以十人为限，老先生自教。只有Design一课，课题偏重City Planning方面。学程始自由。学费连膳宿每学年九個月僅1050元，真便宜。除建築外，尚有绘，塑，图案，陶瓷，纺織等课。学生以動手为尚，空氣充满創作滋味。校舍美極，園中塑像尤多，噴泉遍地，幽麗無比。

二时半小Saarinen来，同接往参觀其事務所。正在設计中的Detroit Civic Center，地址与UNHQ頗有相似處，而问题完全不同。内容藍圖，富有惠允，是可感也。由事務所出，復返校，由Mitchell引導参觀各部甚详，手工藝而有机械化工具，工作容易多了。博物館中有老S.设计銀器，美極。

5:15分公共汽车由校返埠，6:30到，6:50到N.W.航空公司，七时起身上機場，7:40到。8:05起飛。飛机甚舒服，蒼茫暮色中起飛，日正落，绚烂無比。少頃横过Lake Michigan。在机上写信陈植。写家信，未完，9:00到Milwaukee上空，萬家灯火，紅綠交輝，少頃降落。憩卅分鐘，趕吃了一杯Ice Cream，又起飛；9:40到Madison。找旅館不得，良久始得西站Hotel Washington，舊，破，小。但对站甚便。打聽了上Spring Green行程，即續写家信，未完，十一时半寝。

梁思成1947年7月8日访问E·沙里宁日记。林洙提供。

朱自清无抢救之意

1948年3月31日，是梁思成与林徽因结婚20周年纪念日，他们邀请朋友们在家中聚会，病中的林徽因即兴作了关于宋代都城的演讲。[4]

这一天，《大公报》上的一篇文章，却让他们惴惴不安，这就是朱自清的杂文《文物·旧书·毛笔》。

1948年2月，北平文物整理委员会召开会议，决定请求政府"核发本年上半年经费"，并"加强管理使用文物建筑，以维护古迹"。有报纸对此发表评论，认为在战乱与饥饿的时局下，不应该忙着办这些事来"粉饰太平"。朱自清对此颇有同

[4] Wilma Fairbank, Liang and Lin-Partners in Exploring China's Architectural Past, University of Pennsylvania Press, 1994.

感，随即写了这篇杂文。

在这篇文章中，朱自清对北平市“拨用巨款”修理古建筑予以指责，认为保存古物应让位于吃饭穿衣。朱自清称他虽然也赞成保存古物，却并无抢救的意思。因为“照道理衣食足再来保存古物不算晚；万一晚了也只好遗憾，衣食总是根本。笔者不同意过分的强调保存古物，过分的强调北平这个文化城”。

在他看来，“文物、旧书、毛笔，正是一套，都是些遗产、历史、旧文化。主张保存这些东西的人，不免都带些‘思古之幽情’，一方面更不免多多少少有些‘保存国粹’的意思。‘保存国粹’现在好像已成了一句坏话，等于‘抱残守阙’、‘食古不化’，‘迷恋骸骨’，‘让死的拉住活的’”。

1928年梁思成与林徽因在加拿大渥太华结婚时的合影。林洙提供。

他还进一步引申道：“今天主张保存这些旧东西的人大多数是些五四时代的人物，不至于再有这种顽固的思想，并且笔者自己也多多少少分有他们的情感，自问也还不至于顽固到那地步。不过细心分析这种主张的理由，除了‘思古之幽情’以外，似乎还只是说是‘保存国粹’；因为这些东西是我们先民的优良的成绩，所以才值得保存，也才会引起我们的思念。我们跟老辈不同的，应该是保存而止，让这些东西像化石一样，不再妄想它们复活起来。应该过去的总是要过去的，我们明白这个道理。”

他得出这样的结论：“我们的新文化新艺术的创造，得批判的采取旧文化旧艺术，士大夫的和民间的都用得着，外国的也用得着，但是得以这个时代和这个国家为主。改良恐怕不免让旧时代拉着，走不远，也许压根儿走不动也未可知。还是另起炉灶的好，旧料却可以选择了用。应该过去的总是要过去的。”

朱自清在这篇文章中，表现出的对“旧东西”的厌倦，对“改良”的失望，对“另起炉灶”的赞赏，这反映了当时一般知识分子的心境。

抗战胜利后，朱自清从昆明西南联大复员至清华大学中文系。这段时间，他一边为被国民党特务暗杀的闻一多编辑全集，一边期盼着

1948 年的朱自清。

战后民族的复兴。但是，在他“略得休息，健康稍复”之际，“内乱起，国内统一无望，生活艰难既同于战时，而精神更其苦闷”。[1]

这位“爱平静爱自由”的知识分子，在痛苦反省之后，思想趋于激进，他对具有强烈政治性、群众性、战斗性的文学作品，表现出一种“理解”。在《论标语口号》这篇文章中，他一方面批评标语口号所代表的集体力量，“足以打搅多少时间的平静，而对于个人，这种力量又往往是一种压迫，足以妨碍自由”，“冷静惯了的知识分子不免觉得这是起哄，这是叫嚣，这是符咒，这是语文的魔术”；可是，另一方面他又“设身处地”地为之辩护：“人们要求生存，要求吃饭，怎么能单怪他们起哄或叫嚣呢？‘符咒’也罢，‘魔术’也罢，只要有效，只要能以达到人们的要求，达成人们的目的，也未尝不好”，“我们这些知识分子现在虽然还未必能够完全接受标语口号这办法，但是标语口号有它存在的理由，我们是该去求了解的”。[2]

在清华大学“知识分子今天的任务”座谈会上，他吐露了这样的心声：“知识分子的道路有两条：一条是帮凶，向上爬的，封建社会和资本主义社会都有这种人。一条是向下的。知识分子是可上可下的，所以是一个阶层而不是一个阶级。要许多知识分子都丢开既得利益，是不容易的事，现在我们过群众生活还过不来。这也不是理性上不愿意接受，理性上是知道应该接受的，是习惯上变不过来。所以我对学生说，要教育我们得慢慢地来。”[3]

在《论不满现状》一文中，他明确指出，“到了现状坏到怎么吃苦还是活不下去的时候，人心浮动，也就是情绪高涨，老百姓本能的不顾一切的起来了，他们要打破现状。他们不知道怎样改变现状，可是一股子劲先打破了它再说，想着打破了总有希望些。”

他同时对知识分子的选择作出这样的表述：“到了现在这年头，象牙塔下已经变成了十字街，而且这塔已经开始在拆卸了。于是乎他们恐怕只有走出来，走到人群里。大家一同苦闷在这活不下去的现状之中。如果这不满人意的现状老不改

[1] 浦江清，《朱自清先生传略》，载于《文学杂志》三卷五期，1948年10月出版。

[2] 朱自清，《论标语口号》，载于《知识与生活》，1947年6月16日第5期。

[3] 吴晗，《悼朱佩弦先生》，载于《中建》三卷六期，1948年8月20日出版。

1947年担任联合国大厦设计顾问的梁思成。林洙提供。

变，大家恐怕忍不住要联合起来动手打破它的。”[1]

在这样的思想转折中，“新”与“旧”显然是难以兼得的一对，“旧东西”当然要在“生”与“死”之间作出抉择，文物就被赋予另一种象征意义了。

借旧物之存废，抒发对新事物的渴望，是许多文人爱用的手法，这方面的“代表作”，当属鲁迅写于1924年、现被选入中学教科书的《论雷峰塔的倒掉》：“现在，他居然倒掉了，则普天之下的人民，其欣喜为何如？”“当初，白蛇娘娘压在塔底下，法海禅师躲在蟹壳里。现在却只有这位老禅师独自静坐了，非到螃蟹断种的那一天为止出不来。莫非他造塔的时候，竟没有想到塔是终究要倒的么？活该。”

读到朱自清的文章后，梁思成立即写著《北平的文物必须整理与保存》与之辩论：“朱自清先生最近在《文物·旧书·毛笔》一文里提到北平文物整理。对于古建筑的修葺，他虽‘赞成保存古物’，而认为‘若分别轻重’，则‘这种是该缓办的’，他没有‘抢救的意思’。他又说‘保存只是保存而止，让这些东西像化石一样’。朱先生所谓保存它们到‘像化石一样’，不知是否说听其自然之意。果尔，则这种看法实在是只看见一方面的偏见，也可以说是对于建筑工程方面种种问题不大谅解的看法。”

他提出，虽然经济凋敝，但保

[1] 朱自清.《论不满现状》.载于《观察》.1947年第3卷第18期。

护北平的文物仍是极为迫切与现实的:“北平市之整个建筑部署，无论由都市计划、历史或艺术的观点上看，都是世界上罕见的瑰宝，这早经一般人承认”，“它同时也还是今日仍然活着的一个大都市，它尚有一个活着的都市问题需要继续不断的解决”，“论都市计划的价值，北平城原有（亦即现存）的平面配置与立体组织，在当时建立帝都的条件下，是非常完美的体形秩序。就是从现代的都市计划理论分析，如容纳车马主流的交通干道(大街)与次要道路（分达住宅的胡同）之明显而合理的划分，公园（御苑坛庙）分布之适当，都是现代许多大都市所努力而未能达到的”，“历史的文物对于人民有一种特殊的精神影响，最有触发人们对民族对人类的自信心”，“无论如何，我们除非否认艺术，否认历史，或否认北平文物在艺术上历史上的价值，则它们必须得到我们的爱护与保存是无可疑问的”。

他从建筑工程的角度，对朱自清提出的保护古物与重视民生的矛盾予以解答:“假使建筑物果能如朱先生所希望，变成化石，问题就简单了。可惜事与愿违。北平的文物建筑，若不加修缮，在短短数十年间就可以达到破烂的程度”，“溃烂到某阶段时，那些建筑将成为建筑条例中所谓‘危险建筑物’，危害市民安全，既不堪重修，又不能听其

民国时期鼓楼、钟楼地区鸟瞰。(来源:《北京旧影》，1989年)

存在，必须拆除。届时拆除的工作可能比现在局部的小修缮艰巨得多，费用可能增大若干倍”。“今日的中国的确正陷在一个衣食不足的时期，但是文整工作却正是为这经济凋敝土木不兴的北平市一部分贫困的工匠解决了他们的职业，亦即他们的衣食问题，同时也帮着北平维持一小部分的工商业。钱还是回到老百姓手里去的”。“我们若能每半年以这微小的‘巨款’为市民保存下美善的体形环境，为国家为人类保存历史艺术的文物，为现在一部分市民解决衣食问题，为将来的市民免除了可能的惨淡的住在如邦贝故城[1]之中，受到精神刺激和物质上的不便，免除了可能的一笔大开销和负担，实在太便宜了。”

他反对朱自清将文物、旧书、毛笔三者相提并论：“毛笔与旧书本在本文题外，但朱先生既将它们并论，则我不能不提出它们不能并论的理由。毛笔是一种工具，为善事而利器，废止强迫学生用毛笔的规定我十分赞同。旧书是文字所寄的物体，主要的在文字而不在书籍的物体。不过毛笔书籍也有物体本身是一件艺术品或含有历史意义的，与普通毛笔旧书不同，理应有人保存。至于北平文物建筑，它们本身固然也是一种工具，但它们现时已是一种富有历史性而长期存在的艺术品。假使教育部规定‘凡中小学学生做国文必须用毛笔；所有教科书必须用木板刻版，用毛边纸印刷，用线装订；所有学校建筑必须采用北平古殿宇形制’，我们才可以把文物、旧书、毛笔三者并论，那样才是朱先生所谓‘正是一套’。否则三者是不能并论的。”

他还介绍道，在“二战”期间，美军每团以上都有“文物参谋”，攻夺意大利一个小山城，全城夷为平地，但教堂无恙；攻打法国一德军机场时，机场边上著名的大教堂，仅受了一处碎片伤。“对于文物艺术之保护是连战时敌对的国际界限也隔绝不了的，何况我们自己的文物。我们对于北平文物整理之必然性实在不应再有所踌躇或怀疑！”

梁思成与朱自清发生这场辩论，是许多人没有料到的。

这两位学者私谊不浅。1947年11月22日，清华大学校长梅贻琦举办茶话会，欢迎梁思成及考古学家陈梦家从美国讲学归来，朱自清到会致贺。在这次会议上，梁思成、陈梦家提议成立一新系，即艺术史系；后来，梁思成与陈梦家、邓以蛰筹办清华大学艺术史研究室，朱自清还在百忙中帮助他们选址；1948年7月9日，清华、北大、燕京、师院等校教授抗议北平“剿总”总部枪杀要求读书、反对编入国民党军队的东北学生，梁思成、朱自清都在宣言书上签名。[2]

但是，他们却在保护北平古建筑的问题上，发生冲突。

梁思成在文章发表前托人送朱

[1] 即庞培故城，在意大利南部维苏威火山东南麓，公元79年被火山喷发物掩埋，公元1748年考古工作者开始对其发掘，获得大量古罗马城市建筑、壁画、家具、日用品等资料。——笔者注

[2] 姜建、吴为公编，《朱自清年谱》，安徽教育出版社，1996年5月第1版。

自清阅。朱自清阅罢，登门回访，当天在日记里写道：“访思成，阅所写有关文物问题的文章。他关于发展活的城市和保留独一无二的古都的主张，确为独到之见解。”[3]

[3] 朱自清日记，1948年4月5日，载于《朱自清全集》第10卷，江苏教育出版社，1998年3月第1版。

梁、朱之辩，实为君子之争，结局堪称美谈。

1948年8月12日，朱自清病逝。与梁思成、朱自清同为好友的沈从文，写著《不毁灭的背影》，称赞朱自清是“历史中所称许的纯粹君子”，“伟大得平凡”，却哀叹他“实在太累了”，“始终劳而不佚，得不到一点应有的从容，就因劳而病死了”。[4]

[4] 沈从文《不毁灭的背影》，载于《新路》周刊，一卷十六期，1948年8月28日。

在这两位学者论争之前，沈从文写了一篇小说，题为《苏格拉底谈北平所需》，借“苏格拉底”之口，呼吁保护北平古城，提出，“北平首宜有一治哲学，习历史，懂美术，爱音乐之全能市长。此全能市长如不易得，退而求其次，亦宜将市政机构全部重造，且辅助以若干专门委员会，始能称职”，梁思成若能担任北平市副市长，“实中国一大光荣事”。

沈从文对古城的未来表示忧虑：“凡寓居此美丽伟大然而荒凉穷困之故都者，必均留一异常深刻之印象，且深为此有历史性之名都大城，将毁于‘无知’而忧虑。”“设想有一极富美术价值之建筑，归一无知之人负责保管，其人对此建筑于美术史上具何意义，茫然不知，又不明此建筑于新时代有何价值。然

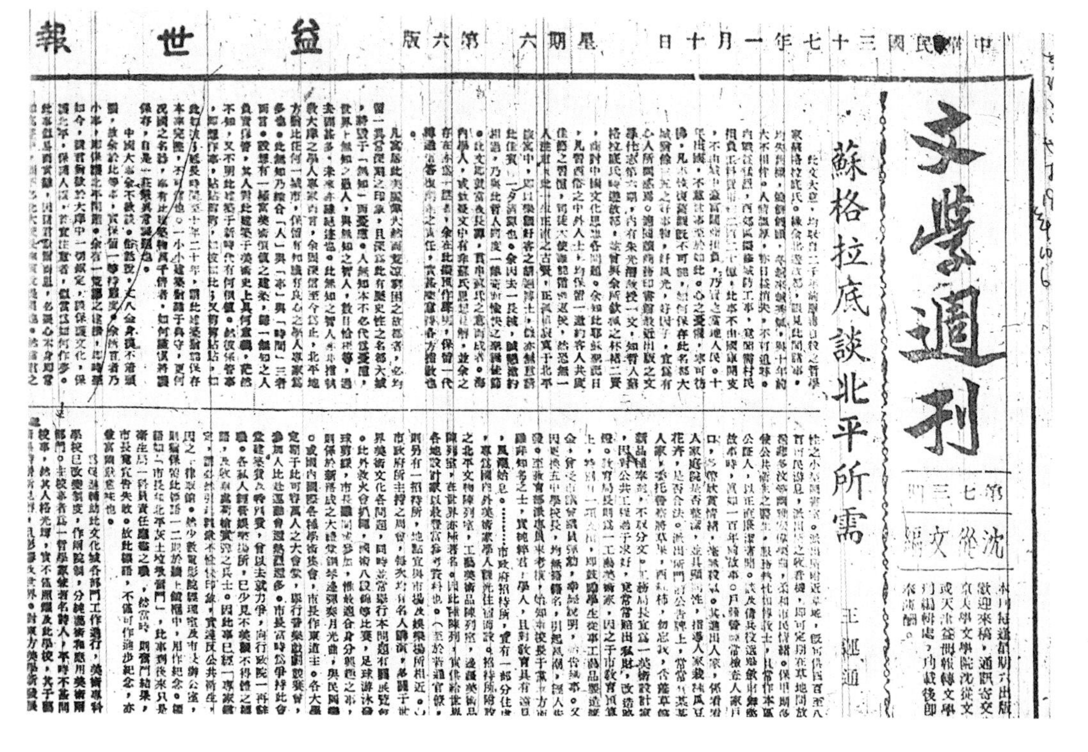
益世報
中華民國三十七年一月十日 星期六 第六版
文學週刊
第七十三期
沈從文編
蘇格拉底談北平所需
王運通

1948年1月10日天津《益世报》上沈从文以笔名“王运通”发表的文章《苏格拉底谈北平所需》。

彼系管事，即想作事，贴贴剪剪，如彼如此；又贴贴剪剪，如此如彼；延长时间至十年二十年，谓此建筑犹能保存本来完全，不可信也。”

他幽默地畅想道：“北平实如一大花园，警察数目与待遇，均宜与花匠相等。警察局长最好为一戏剧导演或音乐指挥，其次则为一第一流园艺专家，不必属于党系人物；警察受训，所学宜以社会服务、公共卫生及园艺学为主课；保甲则多兼公共卫生之医生，服务热忱如传教士。工务局长宜为一美术设计家，因对公共工程过于求好，竟常常赔出私财，改造路灯；教育局长则为一工艺美术家，因之于市教育预算上，特别有一项支出，即鼓励学生从事工艺品制造奖金，曾受市议会议员弹劾，幸经说明，始告无事。”

他所理想的北平城是一个艺术之都：“市政府招待所，宜有一部分住处，专为国内外美术家学人观光住宿而设，招待所附设之北平文物陈列室、工艺美术品陈列室、边疆美术陈列室，在世界亦极著名；美术专科学校分纯艺术和应用美术两部门，主校者一哲学家兼著名诗人，平时不甚问校事，然其人格光辉，实不仅照耀及此学校，且影响及世界；北平图书馆附近，宜有一新建文化宿舍落成，此建设不甚高美，深得平面调和之美，供国内各学校图书馆员及休假进修教授寄住；北海大草地上，将有六组白石青铜像群，以纪念文学、艺术、戏剧、音乐、建筑、电影六部门半世纪以来之新发展新贡献……”[1]

沈从文的这些寄望，能化作现实吗？

[1] 沈从文以笔名“王运通”发表此文，载于1948年1月10日天津《益世报》第6版“文学周刊”和1948年2月16日《知识与生活》杂志第21期。

北平古建筑地图

1948年12月10日至17日，解放军攻占昌平、沙河、通县、石景山、丰台、南苑等地，直逼北平城下，包围了平津一线国民党华北“剿总”辖下的50万大军。

12月13日早晨，梁思成家的保姆刘妈从清华大学附近成府村的家中赶来，向梁思成一家叙述了她清晨打开房门的情景：村子里已经开来了八路，他们说是半夜开进来的，可是连一条狗都没有惊动，他们就在严寒中在胡同里睡了一夜，连一碗开水都是谢了又谢才接过去喝的。刘妈说：“我活了六十多了，可没见过这样的队伍。人家都说八路好，我就不信。今儿个我可瞧见了！”[2]

梁思成接触到的第一位解放军，是一位拿着一个破柳条筐走三里路去还给老乡的战士，“同前两天在撤退时把一位女职员的旗袍全部带走了的国民党团长对比之下，使我感动得说不出话来。”[3]

[2] 梁思成，《我为什么这样爱我们的党？》，《人民日报》，1957年7月14日第2版。

[3] 同[2]注。

12月15日，清华园解放。解放军在清华园里绑扎云梯、演习巷战，为攻城做准备。眼看着一场恶战就要打起来了。

一天，解放军某兵团政治部主任到清华大学宣讲形势。学生问："为什么还不对北平发起攻击？""如何攻打北平，你们对保护古都有什么打算？"这位军官回答："我们随时都可以打下北平。但是为了保护古都文化，为了尽可能减少人民损失，我们敦促和平谈判解决。万一非打不可，我党中央已严令部队保护文物古迹。我们将坚决执行！"[4]

12月17日，中共中央军委向前线部队发出关于充分注意保护北平工业区及文化古迹的指示："沙河、清河、海甸、西山等重要文化古迹区，对一切原来管理人员亦是原封不动，我军只派兵保护，派人联系。尤其注意与清华、燕京等大学教职员学生联系，和他们共同商量如何在作战时减少损失。"[5]

根据这一指示，12月18日晚，一名解放军干部由清华大学政治系主任张奚若带领赴清华园访问梁思成，请其绘制北平古建筑地图，以备迫不得已攻城之时保护文物之用。

面对张奚若带来的解放军干部，梁思成被感动得热泪盈眶。他说想不到共产党如此珍视文物，竟做了他原来一直担心而又不敢奢求的大事。[6]

7年后，他这样追述道：

清华大学解放的第三天，来了一位干部。他说假使不得已要攻城时，要极力避免破坏文物建筑，让我在地图上注明，并略略讲讲它们的历史、艺术价值。童年读孟子，"箪食壶浆，以迎王师"这两句话，那天在我的脑子里具体化了。过去，我对共产党完全没有认识。从那时候起，我就"一见倾心"了。[7]

近代以来，北京多发战事，但古城均未遭大的破坏，几次还幸免于战火。

1860年，英法联军攻入北京，西北郊的圆明园、畅春园、清漪园、静明园、静宜园等被焚，古城区未被殃及。

1900年，义和团在大栅栏廊房头条焚烧专卖西药的老德记药房，大片民房遭灾，大火一直烧到正阳门，箭楼被焚，幸未倾塌。同年，八国联军攻陷天津，[8]侵入北京，在天坛圜丘架炮轰击正阳门，箭楼被毁。印度兵在正阳门城楼内取火，引发火灾，城楼被毁。八国联军用大炮轰塌崇文门箭楼和朝阳门箭楼；为把铁路铺至正阳门，拆除永定门东侧和东便门处城墙，在崇文门瓮城开洞；美国兵为乘坐火车方便，拆除部分城墙修建券门通道。

1912年2月，曹锟在袁世凯授意下演出一场保袁世凯不南下当总统的闹剧，将皇城之东安门烧毁，以恐吓南方革命党。

1917年7月，张勋复辟。段祺瑞在天津马厂举兵讨伐，对北京发

[4]《清华园的美好回忆》，《人民日报》，1985年12月4日。

[5]《中共中央文件选集》第17册，中央档案馆编，中共中央党校出版社，1992年10月第1版。

[6] 汪国瑜，《忆梁先生二三事》，载于《梁思成先生诞辰八十五周年纪念文集》，清华大学出版社，1986年10月第1版。

[7] 梁思成，《我为什么这样爱我们的党？》，《人民日报》，1957年7月14日第2版。

[8] 八国联军攻陷天津后，即由各国侵略军组成天津都统衙门。1901年，都统衙门拆除天津城墙，筑环城街道。1902年，清政府收回天津，侵略军提出29项归还条件，其一是：拆炮台，不得再建；天津城墙"亦不得再行重修"。参阅罗澍伟主编，《近代天津城市史》，中国社会科学出版社，1993年7月第1版。

动中国军事史上的首次空袭。飞机向清宫乾清殿、中正殿投弹，所幸古建筑未遭大的破坏。此间，“讨逆军”以不破坏古城为由，不拟进行攻城战争，想通过外交途径加以解决。最后，“讨逆军”拆菖蒲河一段皇城墙，进攻南池子张勋住宅，张勋逃入荷兰使馆，复辟失败。

1923年10月5日，直系军阀曹锟贿选。孙中山在广州大元帅府下令讨伐。1924年9月4日，奉系军阀张作霖通电向直系宣战。10月23日，直系将军冯玉祥倒戈，发动“北京政变”，软禁曹锟，北京古城未遭兵劫。

1926年4月，奉鲁军开进北京。6月，张作霖、吴佩孚对京郊南口国民军发动全面进攻，国民军败北，战火未殃及古城。

1928年春夏，国民革命军再次兴兵北伐。经多方谈判，张作霖下达全军总退却令。6月8日，国民革命军自广安门入城，“和平接收”一切政府机关。此后，文坛掀起一场在北京或在南京建都的争论。6月20日，国民党政府定都南京，改称北京为北平。

1930年4月，阎锡山、冯玉祥、李宗仁联合反蒋。5月，蒋介石誓师出兵，中原战争爆发。9月，张学良在南京政府资助下出兵华北，迅速向关内挺进，战场形势急转直下。北平各派反蒋势力外逃，张学良顺利入平。

1937年7月7日“卢沟桥事变”。28日晚，蒋介石命令二十九军南撤。次日，北平城沦入敌手。后来，日伪政府在北平内城东城墙与西城墙各开一个豁口，并恬不知耻地称之为启明门和长安门。日本投降后，中国人严正地将之更名为建国门、复兴门。

上述战争中，对北京古城破坏最大的是八国联军的入侵，被毁的多为城楼、箭楼。其中，正阳门城楼和箭楼、朝阳门箭楼，于1903年修复。

1948年12月，北平又呈被包围之势。

傅作义为加强城防，在城墙外拆出一圈近200米宽的空地。战云密布，一触即发。

1949年1月7日，康有为之女康同璧、吴佩孚夫人张佩兰等在北平媒体上呼吁保全北平文化城，康同璧起草一宣言指出:“历史告诉吾人，北平是聚有四朝的文物，万国的精华，为千年文化的古都，又是世界第五名城，其地位之重要可想而知矣。”“吾人有此名城，而不亟求保全，将何以对后生乎。”“故奔走呼号，恳求双方军事当局，顾此名城，避免在市中作战，为人类，为国人，为后者，全其文化。”[1]

1月16日，中共中央军委再次就北平文物保护问题，给平津前线司令部发出指示，要求“此次攻城，必须做出精密计划，力求避免破坏故宫、大学及其他著名而有重大价值的文化古迹”。“你们对于城区各

[1] 《平妇女界一鸣惊人　宣言吁请双方勿在北平用兵》，北平《明报》，1949年1月7日第1版。

1948年的西直门全景。罗哲文摄。

部分要有精密的调查，要使每一部队的首长完全明了，哪些地方可以攻击，哪些地方不能攻击，绘图立说，人手一份，当作一项纪律去执行。”[2]

和平解放北平以保存古都文化古迹的要求，成为社会各界的普遍呼声。在傅作义1月中旬召集的北平学者名流座谈会上，徐悲鸿发言：“北平是一座闻名于世界的文化古城，这里有许多宏伟的古代建筑。如故宫、天坛、颐和园等在世界文化宝库中也是罕见的。为了保护我国优秀的古代文化免遭破坏，也为了保护北平人民的生命财产安全免受损失，我希望傅作义将军顾全大局，服从民意，使北平免于炮火摧毁。”

历史学家杨人楩在这次会议上说：“如果傅作义将军能为北平免于战火作出贡献，我作为一个历史学家，将来在书写历史时，一定要为傅将军大书一笔。”康同璧也表示：“北平有人类最珍贵的文物古迹，这是无价之宝，绝不能毁于兵燹。”[3]

1月27日，北平和平解放已基本达成协议。这时蒋介石来电要派飞机接走十三军少校以上的军官及重要武器。傅作义不便拒绝，只好一面复电“遵照办理”，一面致电中国人民解放军，请以祈年殿为目标，炮击天坛临时机场，阻止蒋介石派来的飞机着陆。几天的炮击，使蒋介石的计划破产，但祈年殿的一角也被炮火击坏。

解放后，北京市第一届体育运动会在天坛举行，毛泽东等党和国家领导人应邀出席了开幕式。毛泽东观看了一会儿体育比赛，便与傅作义一同去看补修后的祈年殿，毛泽东对傅作义说，你是保护北京的大功臣，给你一枚天坛一样大的奖章，怎么样？[4]

1949年1月31日，北平和平解放。

[2]《中共中央文件选集》第18册，中央档案馆编，中共中央党校出版社，1992年10月第1版。

[3]《当代中国的北京》（上），中国社会科学出版社，1989年9月第1版。

[4] 李汾，《共和国第一任部长中的民主人士》，载于《纵横》杂志，1998年第1期。

1950年修整后的西直门全景。罗哲文摄。

根据毛泽东和周恩来的指示，解放军再次派人到清华大学，请梁思成组织编制《全国重要建筑文物简目》，以备大军南下作战时用。

3月，梁思成完成了这一使命。《简目》中提出的第一项文物，即“北平城全部”。此款的说明这样写道：“元代(1280)初建；明初(约1400)改建；嘉靖间(约1530)甃砖并加外城，清代历次重修。”“世界现存最完整最伟大之中古都市；全部为一整个设计，对称均齐，气魄之大举世无匹。”[1]

就在这个月，北平市建设局对内外城墙进行了察勘，将城墙的破损情况写了专题报告。4月18日，北平市建设局拟定了修复城墙办法，并向市人民政府作出汇报。4月25日，北平市市长叶剑英、副市长徐冰批准此报告。次日，市建设局令工程总队修复城墙。

在北平市建设局3月份召开的一次专家座谈会上，梁思成提出，即将成立的中央人民政府，应在西郊选址建设，与中共中央在一起。[2]

5月初，北平市建设局召开第二次专家座谈会。在这次会议上，梁思成遇到一位强劲的对手，这就是著名土木工程学家华南圭。后者提出，拆城墙，利用城砖砌下水道。[3]

华南圭(1875—1961)，江苏无锡人，是我国工程界的先驱。他21岁考中举人，25岁留学法国，就读于法国公益工 程大学，与波兰籍留法学生华罗琛女士结婚，毕业后结伴归国。

华南圭致力于将所学贡献于祖国。回国后，他主持京汉铁路的部分铺设，担任京汉铁路工务处长、京汉路黄河铁桥设计审查会副会长，他还参加粤汉铁路的规划和设计，改造北京至东北的铁路线，整治天津海河等。[4]

[1]《全国重要建筑文物简目》，国立清华大学、私立中国营造学社合设建筑研究所编，1949年3月，清华大学建筑学院资料室提供。

[2] 张汝良，《市建设局时期的都委会》，载于《规划春秋》，北京市城市规划管理局、北京市城市规划设计研究院党史征集办公室编，1995年12月第1版。

[3] 同[2]注。

[4] 华南圭，《华南圭略历》，未刊稿。

1928年至1929年，华南圭担任北平特别市工务局长，主持扩建市自来水公司，主持扩建、开通市区的两条干线，一是地安门东、西大街，二是从沙滩经北海前门到西四丁字街的道路。

1932年，他在清华大学作了题为《何者为北平文化之灾》的演讲，呼吁保护维系北平水系最重要的玉泉山水源，他痛斥官僚、地主对此水源的严重破坏，致使“其能归纳于三海者，乃涓滴之微量耳”，指出，“玉泉源流破产之一日，即北平文化宣告死刑之一日，而其期已不甚远，此则我所欲为世人大声疾呼者也”。在演讲中，他还对山西云冈石窟被盗毁、北平地坛大批古树被虫蛀致死竟无人问津，深表痛心。[5]

新中国成立后，华南圭任北京市都市计划委员会总工程师，提出修建官厅水库、密云水库、京密运河、治理永定河工程等建议并得到采纳。

在文物保护方面，华南圭与梁思成有过许多共识。华南圭担任过天津古迹保护委员会委员；从1930年到1937年，他还是中国营造学社的社员。[6]

华南圭与营造学社的创始人、学社社长朱启钤私交甚笃。1914年，时任内务总长兼北京市政督办的朱启钤，整治、开放了北京市的第一个公园——中央公园（今中山公园），成立了中央公园管理董事会，选出常务董事会办理日常事务，华南圭即是常任委员之一。中央公园的建园经费来自社会募捐，华南圭是百名募捐者之一。

朱启钤对梁思成的学术生涯影响巨大，他千方百计把梁思成请入了营造学社，并在自撰年谱中写道：“得梁思成、刘士能[7]两教授加入学社研究，从事论著，吾道始行。”[8]作为营造学社社员，华南圭常与朱启钤讨论学社诸事项，他在自撰略历中这样记述道：“今日每与桂老[9]面

[5] 华南圭，《何者为北平文化之灾》，1932年12月印行，首都图书馆藏。

[6] 林洙，《叩开鲁班的大门——中国营造学社史略》，中国建筑工业出版社，1995年10月第1版。

[7] 刘士能，即刘敦桢（1897—1968），士能是其字，湖南新宁人，1913年留学日本，1921年毕业于东京高等工业学校建筑科，1925年任教于苏州工业专科学校建筑科，1927年该校与东南大学等合并成为国立第四中央大学，1928年改称国立中央大学，柳士英、刘敦桢、刘福泰等在中央大学创立中国最早的建筑系；1932年，刘敦桢出任中国营造学社文献部主任，与梁思成共同调查各地古建筑；1943年返中央大学任教授，1944年起任建筑系主任，兼重庆大学教授，1946年起，任中央大学工学院院长；1949年后，刘敦桢任南京大学建筑系教授，南京工学院建筑系教授、主任。

[8] 《朱启钤自撰年谱》，载于《蠖公纪事——朱启钤先生生平纪实》，中国文史出版社，1991年9月第1版。

[9] 朱启钤字桂辛，桂老为其尊称。——笔者注

华南圭与夫人华罗琛合影。

1961年朱启钤90岁生日时与前来恭贺的梁思成等人合影。中坐者为朱启钤，朱身后为梁思成。（来源：《中国文博名家画传·王世襄》，2002年）

晤，当谆谆谈此不倦。”[1]

可是，同样热心于营造学社事业的华南圭与梁思成，却在文化遗产的认定方面表现出两种不同的标准。在华南圭的眼里，故宫的三大殿是文化遗产，颐和园是文化遗产，城墙则不然。后来，他说过这样的话：“对待遗产应区别精华与糟粕，如三大殿和颐和园等是精华应该保留，而砖土堆成的城墙则不能与颐和园等同日而语。”[2]

在这样的认识层面上，华南圭自然不会赞同整体保护古城。1950年代初，华南圭提出《北京三十年远景之整体规划》。在其示意图中可见：城墙被拆除修筑环路，市区内除故宫、天坛、地坛、天安门广场等少数地点外，其余均被道路横平竖直地切割成密密麻麻的小方块。

这种想法，后来被梁思成批评为“纯交通观点”。

梁思成认为，土木工程师在考虑都市计划方面存在许多专业性限制。1949年9月19日，他在给北平市市长聂荣臻的信中，着意强调建筑师与土木工程师的区别：

土木工程师是从事于铁路、公路、水利、桥梁等等工程的设计的，在房屋结构方面，他的知识只限于土木材料之计算及使用。建筑师除了具备土木工程师所有的房屋结构

[1] 华南圭，《华南圭略历》，未刊稿。

[2] 《以市人民代表身份视察北京城市总体规划　华南圭认为北京城墙应该拆除》，《北京日报》，1957年6月3日第2版。

知识外，在训练上他还受了四年乃至五年严格的课程，以解决人的生活需要为目的。他的任务在运用最小量的材料和地皮，以取得最适用，最合理，最大限度的有用空间，和最美观（就是朴实庄严，不是粉饰雕琢之意）的外表。建筑师是以取得最经济的用材和最高的使用效率，以及居住者在内中工作时的身心健康为目的的。近年来国际上对这种训练越加重视，建筑师所注意努力的各点愈同土木工程师的范围分开，如室内的光线，音浪，空气，阳光，户外通行的秩序，树木道路同人的健康的密切关系。现代在建筑技术上各种科学的研究不一而足，这都是建筑师的专责。

现在北平已开始建设，希望政府首先了解建筑师与土木工程师的区别，并用各种方法鼓励建筑师北来，并与土木工程师合作，以取得最经济，最适用，最高效率，最美观的建筑，以免因建筑物设计之不当，无形中浪费了国家人民的人力物力，有形中损毁了市容。[3]

可是，华南圭认为土木工程师在都市计划方面应起更大作用。1950年5月，他与梁思成共同参加了一个关于北京都市计划工作的座谈会。华南圭当即向市领导提出，首都规划工作“偏重了建筑师，未给工程师适当注重”。[4]

在华南圭提出拆除城墙的专家座谈会上，梁思成是否当场表示反对？是怎样反对的？现已难以知晓。值得关注的是，在这次会议上，梁思成再次提出利用西郊日本人留下的新市区的设想。

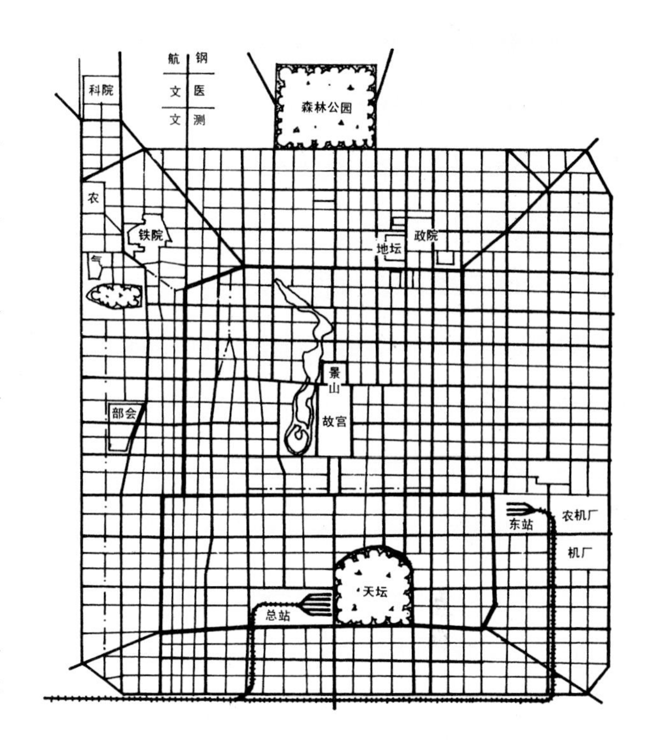

华南圭的北京未来建设设想图。（来源：《建国以来的北京城市建设》，1986年）

在1949年3月和5月初北平市建设局召开的这两次专家座谈会上，梁思成两次提出利用西郊新市区，这与他后来和陈占祥共同提出《关于中央人民政府行政中心区位置的建议》，是同一思路。

参加这两次会议的张汝良回忆道：“因为这些问题一时解决不了，钟森[5]提议成立都市计划委员会，以作永久研讨机构。”[6]

这两次会议的一大成果是：肯定了要成立北平都市建设计划委员会，并推定梁思成、钟森、华南圭、

[3] 梁思成，《致聂荣臻同志信》，载于《梁思成文集》（四），中国建筑工业出版社，1986年9月第1版。

[4] 梁思成工作笔记，1950年5月，林洙提供。

[5] 著名建筑师，在德国龙虎公司北京事务所任职。——笔者注

[6] 张汝良，《市建设局时期的都委会》，载于《规划春秋》，北京市城市规划管理局、北京市城市规划设计研究院党史征集办公室编，1995年12月第1版。

北平都市计划委员会成立处——北海画舫斋。王军摄于2002年10月。

林治远、杨曾艺等为筹备委员。

5月22日，北平市都市计划委员会在北海公园画舫斋成立，梁思成、王明之、钟森、华南圭等担任委员。北平市副市长张友渔提出该委员会的任务是：在保持北平为一文化中心、政治中心及其历史古迹和游览性的原则下，把这个古老的封建性的城市变为一个近代化的生产城市。

会议决定由建设局负责实地测量西郊新市区，同时授权梁思成带领清华大学营建系全体师生设计西郊新市区草图。[1]

这表明，梁思成的主张当时仍在相当程度上得到认同。

[1]《建设人民的新北平！平人民政府邀集专家成立都市计划委员会》，《人民日报》，1949年5月23日第2版。

“把消费城市变成生产城市”

1949年3月5日，中共七届二中全会在河北省平山县西柏坡村开幕。这次会议对20世纪下半叶中国城市的发展产生重大影响。毛泽东在报告中指出：“只有将城市的生产恢复起来和发展起来了，将消费的城市变成生产的城市了，人民政权才能巩固起来。”

3月17日，《人民日报》刊登社论《把消费城市变成生产城市》，提出：“在旧中国这个半封建、半殖民地的国家，统治阶级所聚居的大城市（像北平），大都是消费城市。有些城市，早也有着现代化的工业（像天津），但仍具有着消费城市的性质。它们的存在和繁荣除尽量剥削工人外，则完全依靠剥削乡村……我们进入大城市后，绝不能允许这种现象继续存在。而要消灭这种现象，就必须有计划地、有步骤地迅速恢复和发展生产。”

为贯彻七届二中全会的决议，

1949年4月16日，中共北平市委制定《中共北平市委关于北平市目前中心工作的决定》，强调“恢复改造与发展生产，乃是北平党政军民目前共同的中心任务，其他一切工作，都应围绕这一个中心任务来完成，并服从这一任务”。

1949年8月9日，叶剑英在北平市各界代表会议的报告中说：“北平解放后，最初是集中力量进行接管，接着即提出以恢复、改造、发展生产为我们的中心任务。今后要采取一切有效的方法，继续恢复与发展北平的生产。”

1950年1月，聂荣臻在《纪念北京解放一周年》一文中说：“我们的工作是要摧毁一切反动派的残余势力，建立强有力的人民民主专政，以便为生产与建设的发展道路扫除障碍，从而造成条件，使北京有可能从消费城市变为生产城市”，“随着整个国民经济的恢复与发展，一座计划中的现代化都城，无疑地将要出现在北京”。

1950年8月，彭真在北京市第一届人民代表大会上发言：“北京一解放，我们就必须把这个城市由消费城市变为生产城市，从旧有落后的城市变成现代化的城市。”

对于这一系列的决定，梁思成不甚理解。他在晚年回忆道：“我已经意识到自己对于彭真向我传达的毛主席的指示，‘要把北京这个过去的消费城市改变为生产城市’，很不理解……觉得北京很可以建设成一个环境幽美、生活舒适的‘行政中心’，像华盛顿那样。”[2]

“当时彭真给我讲了北京城市建设的方针，‘为生产服务，为劳动人民服务，为中央服务’；还告诉我‘要使北京这个消费城市改变为生产城市’；‘有一次在天安门上毛主席曾指着广场以南一带说，以后要在这里望过去到处都是烟囱。’……而

[2] 梁思成，“文革交代材料”，1968年11月5日，林洙提供。

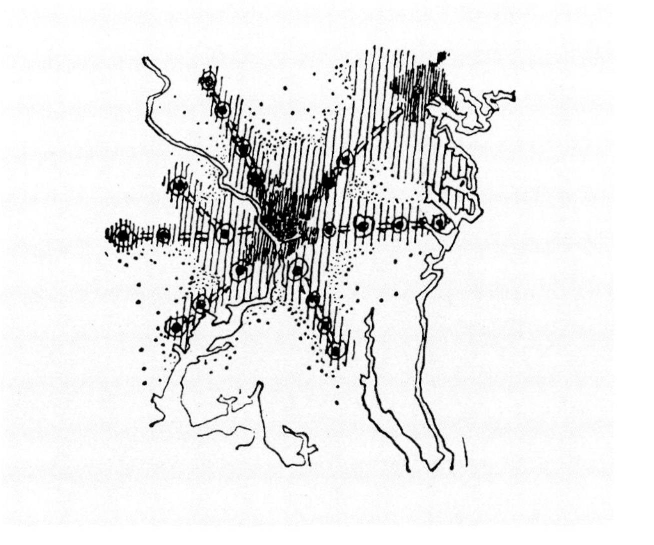

华盛顿区域规划。（来源：《北京城市规划研究论文集》，1996年）

华盛顿城址初定时的规划方案（1791年）（来源：《侯仁之文集》，1998年）

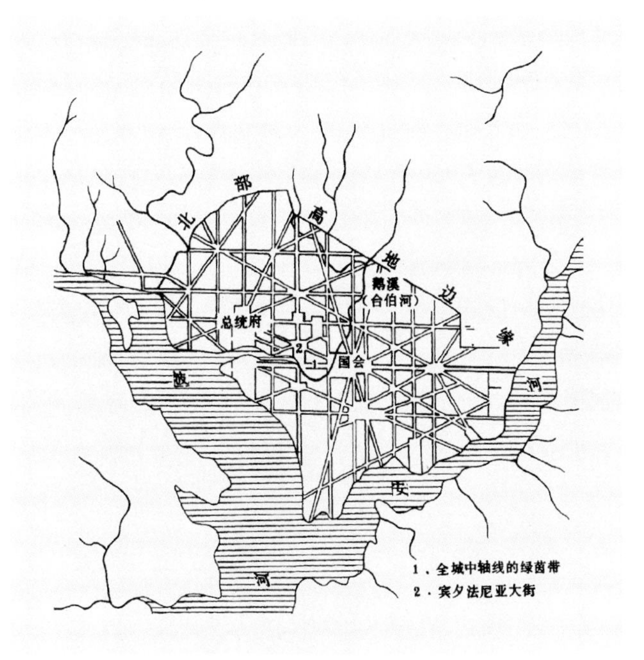

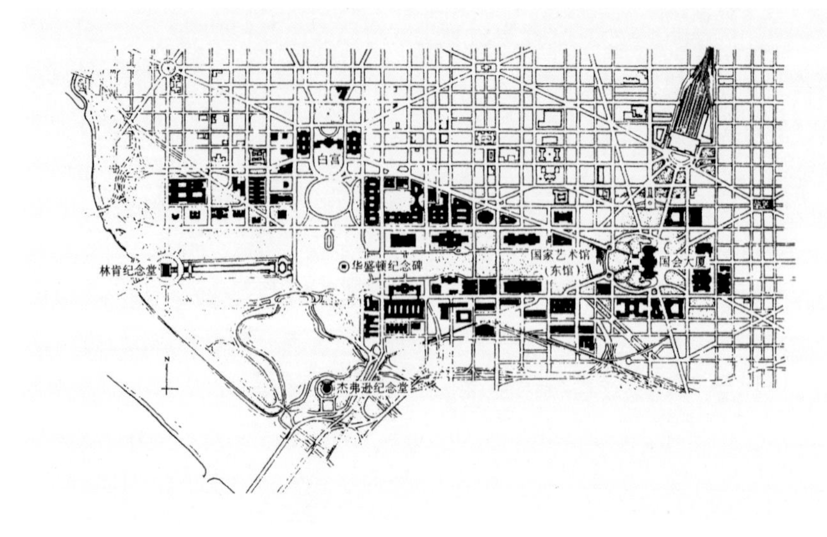

华盛顿市中心区。(来源：马良伟，《漫谈城市设计》，1998年2月)

我则心中很不同意。我觉得我们国家这样大，工农业生产不靠北京这一点地方。北京应该是像华盛顿那样环境幽静，风景优美的纯粹的行政中心；尤其应该保持它由历史形成的在城市规划和建筑风格上的气氛。"[1]

1976年建设的北京第二热电厂180米高的烟囱与天宁寺辽塔。王军摄于2002年10月。

"当我听说毛主席指示要'将消费的城市改变成生产的城市'，还说'从天安门上望出去，要看到到处都是烟囱'时，思想上抵触情绪极重。我想，那么大一个中国，为什么一定要在北京这一点点城框框里搞工业呢？"[2]

苏联专家也对"到处都是烟囱"的想法表示不解。指导北京市都市计划委员会工作的土曼斯卡娅说，在莫斯科的大街上就看不见一根烟囱。[3]

苏联专家虽然反对城市里到处都是烟囱，但是他们并不反对北京的工业化。

苏联专家把"斯大林的城市规划原则"带到这个文化古都。其内容一是"变消费城市为生产城市"，二是"社会主义国家的首都必须是全国的大工业基地"。当时的主导思想是，为了确立工人阶级的领导地位，就必须保证工人阶级的数量，要大规模地发展工业，特别是要把北京建设成为全国的经济中心，才与

1. 梁思成，"文革交代材料"，1968年11月，林洙提供。
2. 梁思成，"文革交代材料"，1969年1月10日，林洙提供。
3. 梁思成工作笔记，1954年3月11日，林洙提供。

首都的地位相称。[4]

而当时的北京，是一个大学与名胜古迹云集的文化城，它所在的华北地区发展工业的职能，近代以来主要由邻近的天津来承担。1930年，梁思成与好友张锐参加了当时天津市政府举办的“天津特别市物质建设方案”投标竞赛，获得头奖。那时，他就提出天津城市发展的首要基础是“鼓励生产培植工商业促进本市的繁荣”。[5]显然，在他的眼中，北京与天津的城市功能是应该有所区别的。

新中国成立五十多年来的历史已经证明，北京在水资源及本土矿产资源短缺的情况下过度发展工业，不但给自身造成许多难以解决的问题，而且由于京津经济同构发展，导致了天津的衰退。目前，全国统一划分的工业部门有130个，北京就占120个，为世界各国首都罕见。北京的重工业产值一度高达63.7%，仅次于重工业城市沈阳。[6]而与此相对应的是，到20世纪80年代，北京的各类烟囱已达1.4万多根，[7]大气污染已十分严重。

出于对历史的反思，1980年4月，中共中央书记处在关于首都建设方针的四项指示中提出，北京“不是一定要成为经济中心”。1983年7月14日，中共中央、国务院在对《北京城市建设总体规划方案》的批复中更明确指出，北京是“全国的政治和文化中心”，“今后不再发展重工业”。1993年10月6日，国务院在对北京重新修订的城市总体规划的批复中再次重申：“北京不要再发展重工业。”1999年，北京市作出决定：从1999年到2004年的5年中，把134家污染扰民企业迁出市区。[8]

解放初期，在过度强调发展工业的情况下，“先生产、后生活”的口号被响亮提出，类似的口号还有“生产长一寸，生活长一分”。在这样的认识之下，住宅、生活服务设施长期滞后发展。

同样是在反思的基础上，1982年《北京城市建设总体规划方案》提出，“为逐步解决居住紧张和生活不便的状况，在今后相当时期内，要扩大住宅和生活服务设施的建设”，生产与生活类建筑的比例由过去的1∶1调整为1∶2。此后，北京逐步进入住宅建设的快速增长期。

可是，新中国成立之初，北京的状况是无法令新社会的领导者满意的。“这样一个举世闻名的古都，在解放时，除了象牙玉器雕刻、景泰蓝等表现了我国劳动人民高超智慧和技艺的特种手工艺品和王麻子剪刀以外，简直就没有什么像样的工业品。金属加工业限于修理和一些黑白铁活；纺织工业的状况是，除了少量粗纺毛麻以外，没有一米精纺毛织品，没有一台现代化的纺机织机。人民生活在极度的贫穷之中。”[9]

决策者更为关注的是，社会主义的首都必须壮大工人阶级的队伍。

[4] 高亦兰、王蒙徽，《梁思成的古城保护及城市规划思想研究》，载于《世界建筑》杂志，1991年第1至5期。

[5] 梁思成、张锐，《天津特别市物质建设方案》，1930年，北洋美术印刷所。

[6] 王东，《北京卫星城的规划与建设》，载于《“面向2049年北京的城市发展”科技交流及研讨会文集》，北京城市规划学会编，2000年9月至10月。

[7] 吴竹涟，《回望建筑大师梁思成先生》，载于《建筑创作》，2001年第3期。

[8] 《工业企业“大挪移”》，《北京日报》，2001年5月29日第13版。

[9] 郑天翔，《回忆北京十七年——用客观上可能达到的最高标准要求我们的工作》，载于《行程纪略》，北京出版社，1994年8月第1版。

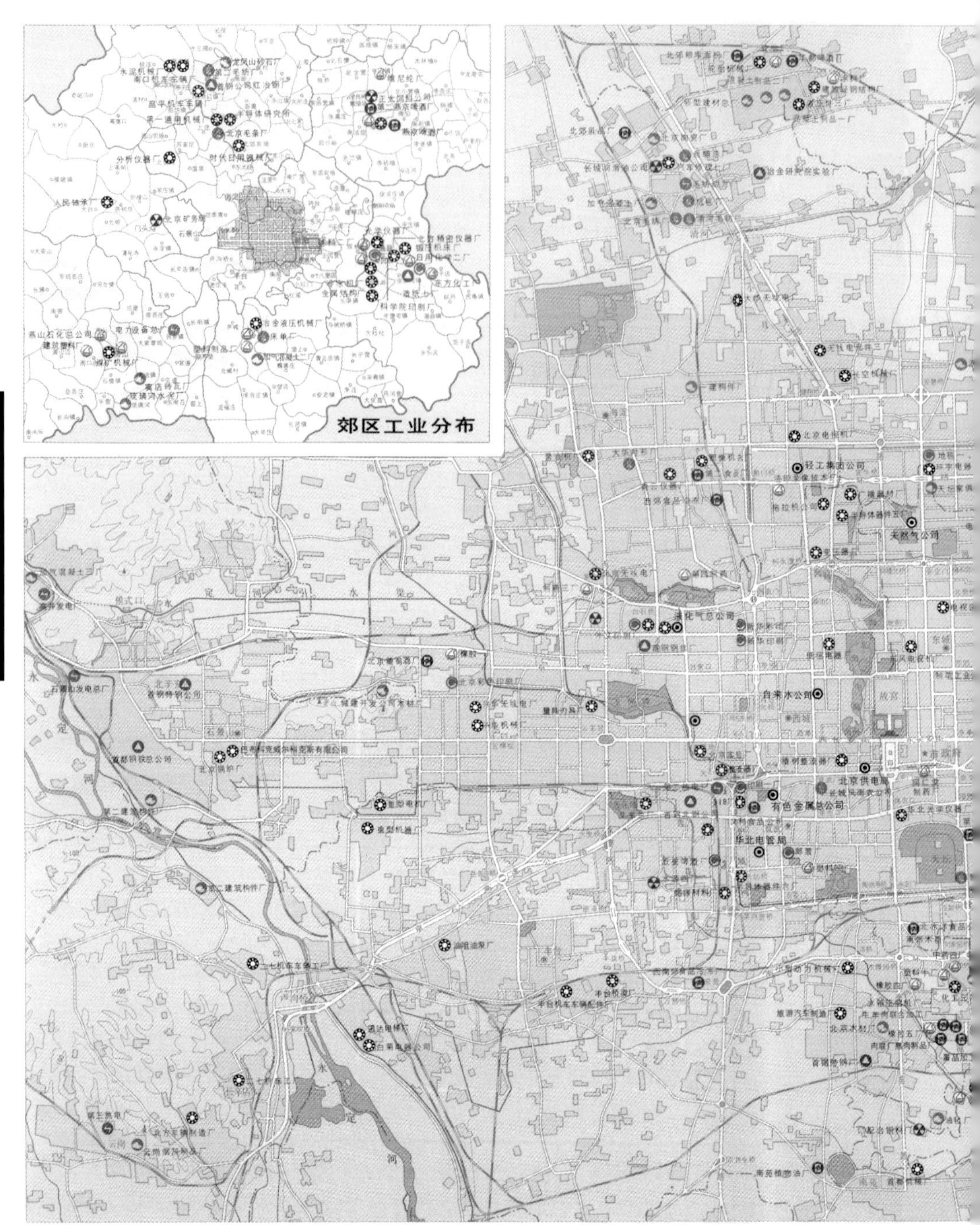

北京市区与郊区工业分布图。(来源:《北京地图集》,1994年)

邓拓曾考证出明代北京街头就出现过门头沟煤炭窑工的游行,“这些新的社会力量,在当时封建统治下所进行的反抗斗争,是具有重大历史意义的”。[1]

在这个问题上,毛泽东在进北平前就讲过:“蒋介石的国都在南京,他的基础是江浙资本家。我们要把国都建在北京,我们也要在北平找到我们的基础,这就是工人阶

[1] 邓拓,《北京劳动群众最早的游行》,《燕山夜话》,1961年。

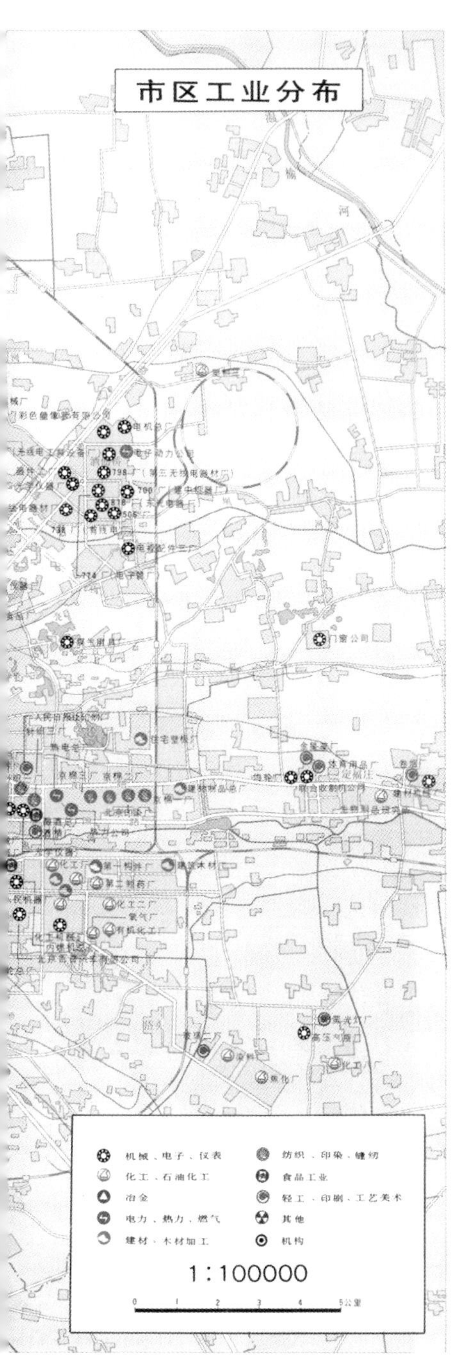

级和广大的劳动群众。”[2]

1953年国庆节，毛泽东在天安门城楼上检阅游行队伍，看到产业工人的数量少，当即对北京市委第二书记刘仁说：“首都是不是要搬家？”刘仁深受震动。[3]

梁思成阐述自己的主张。

他写了《城市的体形及其计划》一文，刊登在1949年6月11日的《人民日报》上，提出：“谨将若干关于城市体形计划的基本原则，先提出来作一次检讨，希望关心本市将来发展的市民尽量发表高见，去领导督促负责计划的人。”文中指出，居住、工作、游息、交通，是城市的四大功能，一个城市必须满足这四种活动的要求。他对欧美城市工业化以来，“只顾自己建厂的方便，不顾文物，不顾风景，剥削了人民游息的地方”等弊病提出批评，指出“百余年来无秩序无计划发展的结果，使得四大功能无一能充分发展，只互相妨碍”，“在中国，上海、汉口、广州等大工商都市已呈现了这种状态”。

他进而提出“建立城市体形的十五个目标”，包括“适宜于身心健康，使人可以安居的简单朴素的住宅，周围有舒爽的园地，充足的阳光和空气，接近户外休息和游戏的地方”，“工作地距离住宅不宜太远”，“全部建筑式样应和谐”，“大规模的商店、博物馆、剧场等等，供多数人的需用，且需多数人维持的，须位置适中，建筑式样和谐，使用方便，且须有充分的停车地”，“尽可能的减少汽车的危险性”等。

他建议北平应当采用4种不同的“体形基础”，即分区、邻里单位、

[2]《刘仁传》，中共北京市委《刘仁传》编写组，北京出版社，2000年7月第1版。“北京”与“北平”的提法，引自原文，不宜改动。

[3] 同[2]注。

环形辐射道路网、人口面积有限度的自给自足市区，并具体阐述道，“分区是将市区内居住、工业、行政、游息等等不同的功能，分划在适当的地区上”。“有限度的市区是不许蔓延过大的市区。最理想的以五六万人为最大限度。超过此数就应在至少三四公里距离之外，另建一区。两区之间必须绝对禁止建造工商住宅建筑，保留着农田或林地。这种疏散的分布，可使每区居民，不必长途跋涉，即可与大自然接触。若不幸而有空袭的危险，则分散的目标比广大集中的目标的安全性也大得多。”

他还对北平的发展作了区域性的遐想：“现代交通工具已将世界缩小了。没有一个城市能再孤立的独善其身。每一个城市与邻近的城市，乃至更远的城市，都是息息相关的。例如计划北平、天津、唐山、张家口、石家庄都与北平有关系。[1] 如唐山的煤，天津的进出口贸易等等的问题，都可影响到北平的计划。所以计划一个城市，邻近城市乡村的地理、社会、经济情形，必须使与本城配合。”

在这篇文章里，梁思成对西方工业化的反思、对城市功能分区及“有限度的市区”的探索，以及对京津冀大北京地区的整体思考，成为了今后半个多世纪中国城市规划界的重大课题。

1949年9月19日，在苏联市政专家抵平后的第4天，梁思成致信北平市市长聂荣臻，批评一些机关无视规划管理、随意建房的现象，呼吁首都建设必须“慎始”。

在这封信中，梁思成还介绍了他近期为首都建设网罗人才的成果，其中包括拟聘陈占祥为建设局企划处处长，并说“陈占祥先生在英国随名师研究都市计划学，这在中国是极少有的”。[2]

荣臻将军市长：

北平都市计划委员会成立之初，我很荣幸地被聘为委员之一，我就决心尽其棉力，为建设北平而服務。现在你继叶前市长之後，出来领導我們，恕我不忖冒昧，在歡欣擁戴之热情下，向我的市长兼主任委員略陈管見。

都市计劃委員會最重要的任務是在有计劃的分配全市區土地的使用，其次乃以有系统的

梁思成1949年9月19日致聂荣臻信。林洙提供。

[1] 原文如此。——笔者注

[2] 梁思成，《致聂荣臻同志信》1949年9月19日，载于《梁思成文集》（四），中国建筑工业出版社，1986年第1版。

梁陈方案

查理·陈

查理·陈（Charlie Chen）——陈占祥的英文名字，在“二战”时期的英国，为许多人熟知，在今天的国际建筑与规划学界还颇孚盛誉。

很长时间，国际上关注他的人，只能通过一本题为《解放之囚》的书（*Prisoners of Liberati—Four Years in a Chinese Communist Prison*），了解到他的点滴情况。这本书，是20世纪40年代末、50年代初，在北京收集中国知识分子思想动态的两位美国人写的，他们后来被新中国以间谍罪论处。

书中，美国人李克（Adele Rickett）记述了1950年12月23日偶遇陈占祥的情景，他对这位充满活力、谈吐与举止非常西化的建筑师对共产党的狂热追求，以及对朝鲜战争的态度深为不解——

12月23日，在一个结婚典礼上我见到了查理·陈。他是一位建筑师，还是政府的规划委员。他标准的牛津口音与一身脏兮兮的蓝色棉制服和破靴子完全不般配。他看上去十分友好并且乐于交谈，于是在婚典之后我就邀请他到北京俱乐部吃饭、喝酒。

那天晚上那儿有一个小型舞会。干了几杯马提尼酒，狼吞虎咽地吃完了俱乐部最好的山鸡宴之后，他就成了场上最活跃的人物，邀大使馆所有的女士们跳舞。在暖气充足的俱乐部里畅饮、跳舞，他们很快就觉得燥热。他把棉袄扔到一旁，露出几层法兰绒睡衣和羊毛内衣。

“规划委员会的宿舍比这儿要冷一些。”他咧着嘴笑道，“事实上，眼下我们那儿根本就没有暖气。”

“那你怎能忍受？”我同情地问道，“我认为在那样的条件下根本不可能做任何事。”

“哦，我们都习惯了，这比过去已经好多了。你要知道，我们真的要开展建设来改变现状了。解放前在南京的时候，我只能坐在一个大办公室里无所事事，画一些根本没有机会施工的草图。现在是我回国后头一次，能看到我画的图要变成真的了。”

“这仗要这么打下去，你觉得这房子还能接着盖吗？”

“你等着瞧吧。它们现在就把我忙得够呛啦。”他回答道。

我随后又尽力回到老话题，即出兵朝鲜，中国不过是在替俄国人火中取栗。

到这会儿，陈有些感到马提尼的酒劲了，他红着脸说：“我的朋友，上海解放的时候，我在那里。我已看着当兵的在中国横冲直撞三十多年了，上海解放时我是头一次看到军队开进一个地方，不损人家一棵庄稼，不拿人家一根木头。我不了解你的国际政见，但是我知道，当我们的政府说它是人民的政府的时候，我相信它并且支持它，因为只有人民的政府和人民的军队才会做我在上海看到的那些事情，而且还在这么做。当我们的政府说我们必须出兵朝鲜以保卫我们的国土时，我相信它。你尽管拿着你的俄国栗子说……”

他尴尬地看了一眼戴尔，突然不说话了。然后，跃起身来，带着夸张的礼貌深鞠一躬：“我可以请您跳下一曲舞吗？”

当中国的这些变化甚至影响到我的那些最亲近的朋友时，我开始感到这个世界简直疯了。我曾以为他们会绝对崇信我所代表的那种观念的。[1]

陈占祥1916年6月13日出生于上海的一个商人家庭，祖籍浙江省奉化县。

20世纪30年代初期，中国建筑师董大酉在上海江湾五角场设计的具有中国民族风格的上海市政府新楼，影响并决定了陈占祥对事业的选择。他在晚年回忆道，在这幢建筑面前，“我感到一个中国人的骄傲。我暗下决心要走设计人董大酉先生的道路，要当一名造房子的工程师”。[2]

1935年，陈占祥以优异的成绩考入上海雷士德工专。1938年8月，陈占祥由上海赴英国利物浦大学建筑学院留学，书箱里装着一本梁思成的著作《清式营造则例》。

第一学年开学不久，陈占祥应利物浦附近的历史名城吉斯特（Chester）一个古老的民间团体的

[1] Allyn and Adele Rickett, *Prisoners of Liberation — Four Years in a Chinese Communist Prison*, was originally published by Cameron Associates, Inc., in 1957, Anchor Press/Doubleday, 1973.

[2]《陈占祥自传》，未刊稿，陈衍庆提供。

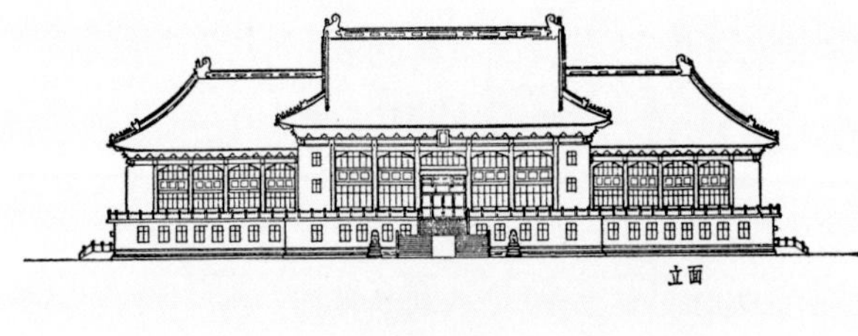

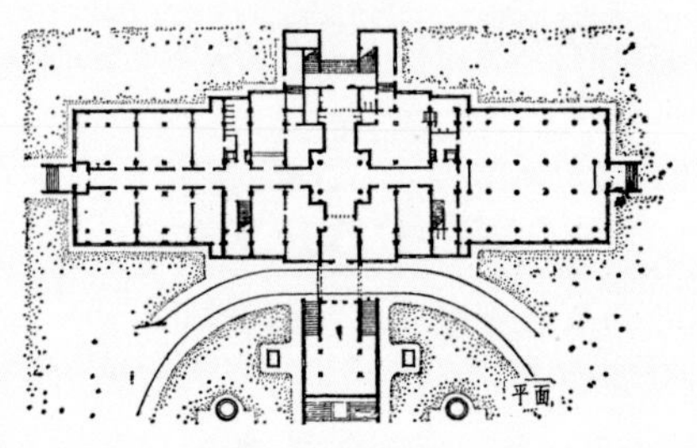

民国时期的上海市政府大厦立面、平面图。（来源：《中国建筑史》教材，1993年）

邀请，作了生平第一次英语公开演讲，题为“中国抗战”，受到出乎意料的欢迎。

此后，他又陆续收到利物浦市的民众团体，如“圆桌会”(Round Table)、扶轮社 (Rotary Club)、克利甫斯夫人援华基金会 (Lady Crifs' Aid to China Fund) 等的邀请，作了同样题材的演讲。

但是，当时他并不能获得国内战争任何鼓舞人心的资料。他认识了《大公报》驻欧洲的战地记者萧乾，从他那里不断了解到中国战区的情况。同学中有几位英国共产党员，他们给了陈占祥一本刚刚由英国左翼出版社出版的埃德加·斯诺的《西行漫记》，读后陈占祥才知道，在祖国的大地上还有这么一支由中国共产党领导的部队在和广大人民在一起进行着真正有效的抗日战争。这使他无比振奋，增强了抗战必胜的信心。之后，他几乎所有的演讲资料都是从《西行漫记》中发挥来的。

在8年旅英生涯中，陈占祥共作了五百多次演讲，接触了成千上万听众，其中有工矿工人、社会各阶层人士、家庭妇女、中小学生、各国部队。

日本投降的消息传到伦敦的那天上午，陈占祥正在美国大使馆演讲，只说了几句开场白，就被那特大新闻打断。他被听众从讲台上抬出去，抬到格罗斯凡那广场，融入欢庆的人群……

1938年旅英留学时的陈占祥。陈衍庆提供。

一次又一次的公开演讲与讨论，使陈占祥的口才有了极大的提高，英文水平已今非昔比了。他被同学们提名参加 1942 — 1943 学年度利物浦大学建筑学院学生会主席竞选，获得成功，成为这家大学第一位担任学生会主席的外国人。

1943 年，陈占祥在利物浦大学结束5年建筑专业学习，就读于该校城市设计专业硕士研究生，决定将利物浦华侨经常集会的地方——壁铁街和乔治广场设计为“中国城”，以纪念“二战”中牺牲的中国海员，并为华侨创造一个良好的居住环境。

1944 年，伦敦《泰晤士报》刊登了对这项设计的详细介绍，称赞利物浦中国城将是“镶嵌在利物浦市的一块璀璨的宝石”。陈占祥论文通过答辩之后，美国合众社还发出了电讯。

长年在国外，陈占祥难以系统学习中国建筑与城市设计。1942 年暑假的剑桥之行，使他找到了研究中国建筑传统的钥匙。他见到了对中国古代文明怀有崇高敬意、并已开始对中国科技史进行研究的英国著名生物化学家李约瑟教授。

李约瑟告诉他研究中国建筑要从中国固有文化着眼，不能套用西方标准。又告诉他《古今图书集成》是部伟大文献，可以从这里找到研究线索。[1]

这个假期，陈占祥在剑桥大学通读了《古今图书集成》。之后，他进一步研究了梁思成的《清式营造则例》等著作，对中国古代城市规划理论进行了探索。

在英国著名建筑理论家、《建筑评论》杂志（*The Architectural Review*)主编尼古拉斯·佩夫斯纳爵士(Sir Nikolaus Pevsner)的指导下，陈占祥写成论文《中国建筑的意义》(*Chinese Architectural Theory*)。《建筑评论》杂志1947年7月出版"中国专刊"，将此文发表。同时发表的还有陈占祥的另两篇论文《风水》(*Feng-Shui*）和《中国近来的建筑》（*Recent Architecture in China*)。陈占祥还撰写了《中国古代城乡规划的一些基本思想》(*Some Ancient Chinese Concepts of Town and Country*)，1947年发表于利物浦大学《都市计划评论》杂志（*Town Planning Review*)。

在利物浦大学，陈占祥的老师、城市设计系主任贺尔福教授(Prof. Holford)，是英国著名城市规划学家阿伯克隆比爵士的学术继承人。贺尔福一生成就非凡，他去世后，英国圣保罗大教堂专门为他在教堂地下室设立纪念碑。

贺尔福像对待自己的儿子那样爱护这位中国学生，把他接到自己的家里生活，陈占祥经常参加贺尔福的家庭下午茶，与众多名家交流。他的学术造诣与日俱增，本已娴熟的英语更加典雅。

贺尔福告诉他，都市计划需要"都市计划立法"和"区划法"(Zoning Ordinance)来实施，这些是都市计划的"施工手段"。于是，陈占祥在获得利物浦大学城市设计硕士学位之后，1944年底，争取到英国文化委员会奖学金，进入伦敦大学大学学院（University College, University of London)，拜在他仰慕已久的阿伯克隆比爵士门下，研究都市计划立法，攻读博士学位。

抗战胜利后，陈占祥遭遇到一件意外的事情。

1945年10月31日至11月9日，世界民主青年代表大会在伦敦召开，主要议题为：一、青年在争取自由、改进世界中的责任；二、青年在战后之需要；三、国际青年合作组织。来自63个国家的六百多名青年参加了这次会议。大会采用5种正式文字，除英、法、俄、西班牙文外，还包括中文，体现了对战胜国之一的中国的尊重。[2]

与会中国代表共25人，大多数

[1] 《陈占祥自传》，未刊稿，陈衍庆提供。

[2] 《世界青年会议明在伦敦大规模举行》，重庆《中央日报》，1945年10月29日第3版。

为已毕业的留英学生。国、共两党均派代表出席。陈占祥名气大，担任中国青年代表团团长。中国共产党派出陈家康、刘宁一赴会。

在利物浦期间，在国民党领事的极力敦促下，陈占祥加入了国民党，后来他为此付出惨重代价。尽管他1951年12月29日在北京加入了中国国民党革命委员会，并拥护中国共产党领导的多党合作制度，[3]但这件事，还是成了他人生关坎上的一个变数。

在大会的最后一天，尴尬的场景出现了。陈占祥之女陈愉庆向笔者追述道：

大会决定，世界民主青年代表大会今后要继续开下去，因此要选举产生理事会理事，中国方面只有一位常务理事的名额。

我父亲不愿看到的情况出现了。国共双方，为争取自己的代表当选，进行了激烈的交锋，焦点是陈占祥当选还是陈家康当选。

他痛苦极了，冲上主席台，把话筒夺了过来，说："抗日战争，中国人民打了8年，今天终于胜利了，可我们还为这个名额而争吵。我且不谈什么民族大义，就是我跟陈家康，都姓陈，我们就是亲兄弟，我凭什么不能把这个名额让给他！我看过《西行漫记》，我相信中国共产党，我宣布放弃！"会场响起热烈掌声。[4]

回到宾馆的晚上，陈占祥受到国民党特务头子康泽的死亡威胁。

次日的酒会上，来自苏联莫斯科的青年代表大会主席，看见陈占祥神情抑郁，便向前询问。陈占祥就把昨天晚上的事情全盘托出了。

这位苏联人闻罢当即宣布：中国共产党和中国国民党，在反法西斯战争中都做出了巨大贡献，因此，应该在理事会中，给予中国两个席位。查理·陈不但要当选，而且是副主席！[5]

会议结束，这位"副主席"回到了自己的书斋。作为阿伯克隆比的助手，陈占祥协助完成了英国南部3个城市的区域规划，并成为英国皇家规划学会的会员。

就在这时，北平市政府工务局局长谭炳训向陈占祥发出邀请，请其回国编制北平都市计划。这得到阿伯克隆比爵士的支持。

1946年，陈占祥启程归国。

"副主席"回来了，蒋介石与宋美龄亲自接见。

"这次见面，我很失望。蒋介石没什么魅力，也没什么文化。宋美龄，英文还可以。"陈占祥事后对家人说。[6]

由于内战开始，陈占祥北上计划无法实现。南京政府内务部任命他为营造司简派正工程师，同时兼任中央大学建筑系教授，主讲都市计划学。这期间，他主持完成了在明故宫遗址上规划的国民政府"行政中心"方案。

此后，他又被借调到上海市建设局，担任上海都市计划委员会总

[3] 《陈占祥先生生平》，中国城市规划设计研究院陈占祥先生治丧小组，2001年4月。

[4] 陈占祥之女陈愉庆接受笔者采访时的回忆，2001年4月8日。

[5] 同[4]注。

[6] 同[4]注。

陈占祥解放前夕的寓所上海集雅公寓。王军摄于2001年8月。

图组代组长，编制上海都市计划，于1947年提出开发浦东新区的建议。在沪期间，他还兼任圣约翰大学教授，与著名建筑师陆谦受、王大闳、郑观萱、黄作燊，以振兴中国建筑事业为宗旨，成立"五联建筑事务所"，设计了上海渔管处渔码头及冷库。

归国一年，亲眼目睹国民党腐败不堪，陈占祥深感绝望。"解放前的三年，我就这样留在南方，回国的初愿似已无望实现。那三年的岁月真是绝望和痛苦。"陈占祥回忆说。[1]

1949年5月，上海呈被包围之势。何去何从？陈占祥犹豫再三。

由于不了解共产党，他想来想去，还是决定举家迁往台湾。他把行李包装好了，书都寄过去了，机票也买好了。

5月26日，国民党军队大溃退。他在上海衡山路（原名贝当路）集雅公寓4层的住所里，清楚地看见，国民党散兵退却时，四处抢劫，无恶不作。

半夜，下起了大雨，解放军进城了，静悄悄地，只隐隐听见外面整齐的脚步声。

隔窗而望，只见解放军战士在雨中三人一组，在马路边背靠背地坐下来了。战士们就这样宿了一夜。

次日清晨，被此场景感动的陈占祥，让夫人烧了一锅牛肉汤，自己端了下去。但解放军战士谢绝了他的好意。

他只好把这滚烫的汤再端回去。一上楼梯，他就禁不住嚎啕大哭起来。

他对家人说，"一个党能把军队教育成这个样子，我凭什么不相信她能把国家建设好？"[2]

他把飞机票攥在手里，撕得粉碎。

[1] 陈占祥，《忆梁思成教授》，载于《梁思成先生诞辰八十五周年纪念文集》，清华大学出版社，1986年10月第1版。

[2] 陈占祥之女陈愉庆接受笔者采访时的回忆，2001年4月8日。

筹划新市区

“1949年5月上海解放了，使我看到了祖国的光明前途。我第一次给梁先生写信，说明我的情况，并表示愿同梁先生一起从事首都城市规划工作。梁先生很快回了信，热情邀我北上共事。”

37年后，陈占祥回忆起1949年10月，他从上海到北京见到梁思成、林徽因的情景，仍备感欣慰。“在北京，我第一次见到了梁思成和林徽因两位先生，虽然初次见面，但一见如故。人的一生中能遇知音是最大的幸福。我庆幸有此幸福。”[3]

这位33岁的年轻人，一口宁波官话，有人笑话他讲英文比讲普通话利索，爱品咖啡甚于喝茶，殊不知这位“洋派”青年对中国建筑文化倾注的深厚情感。

梁思成设宴为陈占祥接风，事前听人说，陈占祥在英国生活了8年，吃不惯中餐。陈占祥席间闻罢哈哈大笑：我在英国吃了8年土豆，有什么不能吃的？[4]

“刚到北京，由于没有落实住处，我们就先住在梁思成先生家里。”陈占祥之女陈愉庆向笔者回忆道，“大家开心极了。梁先生家每天都有下午茶，每次父亲跟梁思成先生、林徽因先生、金岳霖先生等都聊得特别高兴，他们说的都是英语，我那时候还小，不知道他们在说什么。长大后问父亲，他说他们那时是在演戏，演莎士比亚的戏！今天你演朱丽叶，我演罗密欧，明天他演奥赛罗！我还记得，金岳霖先生还戴着英国式的假发，跟个大法官似的，太有意思了！我总想去摸。”[5]

陈占祥很快被任命为北京市都市计划委员会企划处处长，这是中央人民政府政务院宣布的，消息还上了《人民日报》。[6] 同时，他还兼任清华大学建筑系教授，主讲都市计划学。

在滞留南方的3年间，陈占祥没有停止思考自己在北平的使命。

到了北京后，（陈占祥是1949年10月到北京的，同年9月27日，北平已改称北京。——笔者注）他发

[3] 陈占祥，《忆梁思成教授》，载于《梁思成先生诞辰八十五周年纪念文集》，清华大学出版社，1986年10月第1版。

[4] 林洙接受笔者采访时的回忆，2002年1月26日。

[5] 陈愉庆接受笔者采访时的回忆，2001年4月8日。

[6]《政务院三十次会议通过四项任命名单》，《人民日报》，1950年4月30日第3版。

1952年陈占祥与夫人陶丽君在北京西单横二条寓所垂花门前的合影。陈衍庆提供。

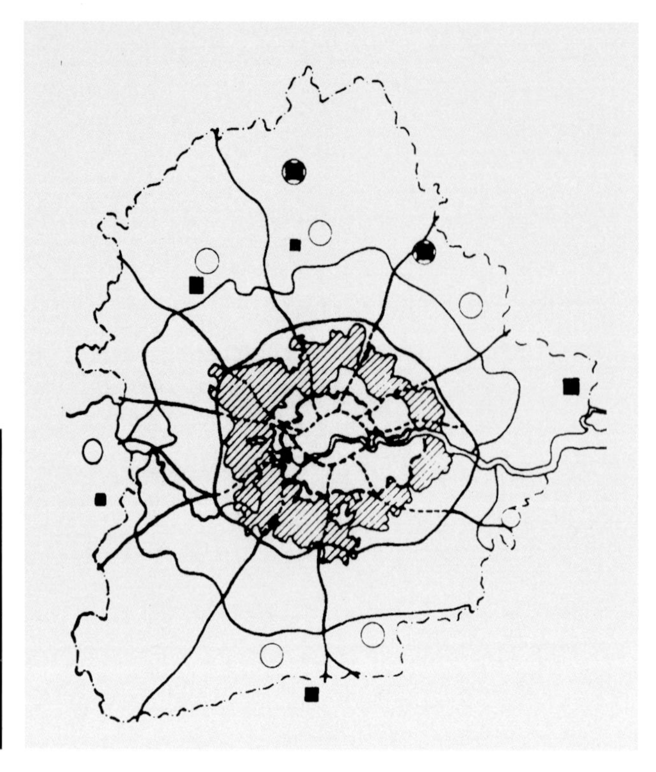

大伦敦规划示意图。（来源：《中国大百科全书·建筑、园林、城市规划卷》，1988年）

现自己的许多想法与梁思成完全相合，备感知遇之恩。而从陈占祥的角度看，他的许多设想正与他在英国的学术经历相关。

1944年，他师从阿伯克隆比攻读博士学位的时候，这位大师领导的伦敦大学城乡规划系，正力求在继承和发扬英国规划传统的基础上，为今天的城市与区域规划开拓道路。

当时“二战”胜利在望，英国政府开始做战后重建准备。伦敦市已完成了市区计划，这是由伦敦总建筑师福赛（John Henry Forshaw）主持的，阿伯克隆比是其顾问。随后，阿伯克隆比主持制定了一项宏伟工程——大伦敦计划。这个计划，对以伦敦为核心的大都市圈做了通盘的空间秩序安排，是世界规划史上第一次对城市与区域计划作出的重大实践，影响深远。

第一次世界大战之后，世界各大城市已充分暴露出工业革命前期城市发展的各种复杂矛盾：城市人口激增，住房紧张，贫民窟问题严重，工业进入市区，环境恶化，交通拥挤，失业人员增加，城市危机重重，城市改建成为社会头等大事。

而早在19世纪末，这种城市问题已经显示出来。最初的城市弊病惊动了几乎所有的人，如疫病爆发夺去数以万计人的生命以及贫民窟的出现。公共卫生学家首先揭示城市症结的所在。恩格斯对伦敦的贫民窟进行了调查，认为这深刻地暴露了资本主义的垂死病态。

第二次世界大战更加重了城市危机，主要表现在市区内人口越来越集中，经济活动日益加剧，使市区不断向外扩展、膨胀，并超过了城市的容量。

大伦敦计划以疏散为目标，在大伦敦都市圈内计划了若干新镇以接受伦敦市区外溢人口，减少市区压力以利战后重建。而人口得以疏散关键在于这些新镇分解了伦敦市区的功能，提供了就业机会。这一改过去“田园城市”（Garden City）在城市周边建设仅供居住的“卧城”（Dormitory Town）的缺点。

陈占祥这样回忆道：“一个城市最怕拥挤，它像个容器，不能什么东西都放进去，不然就撑了。所以，有的功能要换个地方，摆在周围的地区分散发展，这是伦敦规划的经验。规划师在伦敦周边规划了十多个可发展的新城基地。后来，政府换了许多届，但这个规划没有变，建成了一系列的新城。现在，伦敦老市区的人口已从当年的一千二百万下降到七八百万。

“当年，他们还做了一个剑桥的规划。剑桥是一个古城，战后要发展，怎么办？规划师同样是把新的发展搬到外面去了，不然古城一动，里面的每个学校都受影响，而每个学校都有好几百年历史，这一碰，古的风貌就全毁了。

“剑桥规划是我的老师贺尔福做的。这里面也包含了我的基本思想，就是不能什么都硬塞进去，最好到别的地方另外做。北京当时的地方太大了，昌平等远郊县都可建设起来，可来个大北京规划。干吗都要挤到城墙里面不可呢？应该搬出去！”[1]

贺尔福20世纪30年代访问过苏联，回国后写了一本书，叫《国家计划》（*Gos Plan*），介绍苏联的社会主义国家计划工作，把苏联说成是计划工作者的天堂。陈占祥虽没有读过此书，但多次聆听贺尔福的介绍，其中最使陈占祥难忘的是苏联土地的国有化以及国家权力至上，确使一切计划工作的实施有了可靠的保障。于是，陈占祥也与其他同学一样，格外向往社会主义。

“这在当时似乎是一种风尚，尤其是对我们学建筑与规划的学生来说。但什么是社会主义，却很少知道，这也许与现代建筑运动思潮有关。”陈占祥说。[2]

苏联这个“计划工作者的天堂”，也同样引起了梁思成的关注。

1944年，苏联建筑学者窝罗宁所著《苏联卫国战争被毁地区之重建》在伦敦出版，此书立即引起梁思成极大的兴趣，并着手翻译。1952年5月，经梁思成与林徽因翻译，此书的中文版由龙门联合书局出版。这两位学者在“译者的体会”中，首先就高度赞扬了“苏联在一切建设和工作中的高度计划性和组织性”。[3]

而在此前，梁思成、林徽因1951年7月在为《城市计划大纲》（雅典宪章）的中译本所作的序言中，就从更深层次剖析了苏联社会制度的优越性，认为欧美城市的“土地私有制度始终妨碍着任何改善都市体形的企图”，导致城市“无限制无计划地像野草一样蔓延滋长”的“恶性循环”；“资本主义的政治经济制度使他们的城市得了严重病症”，“惟有在社会主义新民主主义的政治经济制度下”，这种“病症”才能被治好。[4]

可以说，梁思成与陈占祥走到一起，不仅仅出于对北京古城的爱惜之情与对彼此学术思想的认同，这当中，还有他们作为城市规划学者，对社会主义制度的真诚向往。

一到北京，陈占祥就与梁思成共同投入了对新市区发展计划的研究。

“在我到达北京之前，梁先生对

[1] 陈占祥接受笔者采访时的回忆，1994年3月2日。

[2]《陈占祥教授谈城市设计》，载于《城市规划》，1991年第1期。

[3] 林徽因、梁思成，《苏联卫国战争被毁地区之重建》之《译者的体会》，龙门联合书局，1952年5月初版。

[4] 梁思成、林徽因，《〈城市计划大纲〉序》，载于《城市计划大纲》，龙门联合书局，1951年10月初版。

首都城市规划已有一个初步方案。那是以日本军国主义者在侵华战争中已惨淡经营过的‘居留民地’（今北京西郊五棵松一带）为基础而设计的一个市中心方案。”陈占祥回忆道，“梁先生的指导思想是要保护北京历史名城。我完全赞成梁先生的这一指导思想，但对原有的初步方案发表了我的意见。”

陈占祥认为：“日本侵略者在离北京城区一定距离另建‘居留民地’，那是置旧城区的开发于不顾。我主张把新市区移到复兴门外，将长安街西端延伸到公主坟，以西郊三里河（现国家经委所在地）作为新的行政中心，像城内的‘三海’之于故宫那样；把钓鱼台、八一湖等组织成新的绿地和公园，同时把南面的莲花池组织到新中心的规划中来。”[1]

这个建议得到梁思成的认可。就在这时，一场激烈的交锋到来了。

[1] 陈占祥，《忆梁思成教授》，载于《梁思成先生诞辰八十五周年纪念文集》，清华大学出版社，1986年10月第1版。

与苏联专家的较量

在聂荣臻市长的主持下，1949年11月北京市在六部口市政府大楼召开城市规划会议，梁思成、陈占祥等中国专家、北京市各部门领导和苏联专家到会，苏联专家巴兰尼克夫作《关于北京市将来发展计划的问题的报告》，苏联专家团提出《关于改善北京市市政的建议》。

巴兰尼克夫在报告中说：“北京没有大的工业，但是一个首都，应不仅为文化的、科学的、艺术的城市，同时也应该是一个大工业的城市。现在北京市工人阶级占全市人口的4%，而莫斯科的工人阶级则占全市人口总数的25%，所以北京是消费城市，大多数人口不是生产劳动者，而是商人，由此可以理想到（原文如此——笔者注）北京需要进行工业的建设。”

在建设行政机关房屋的问题

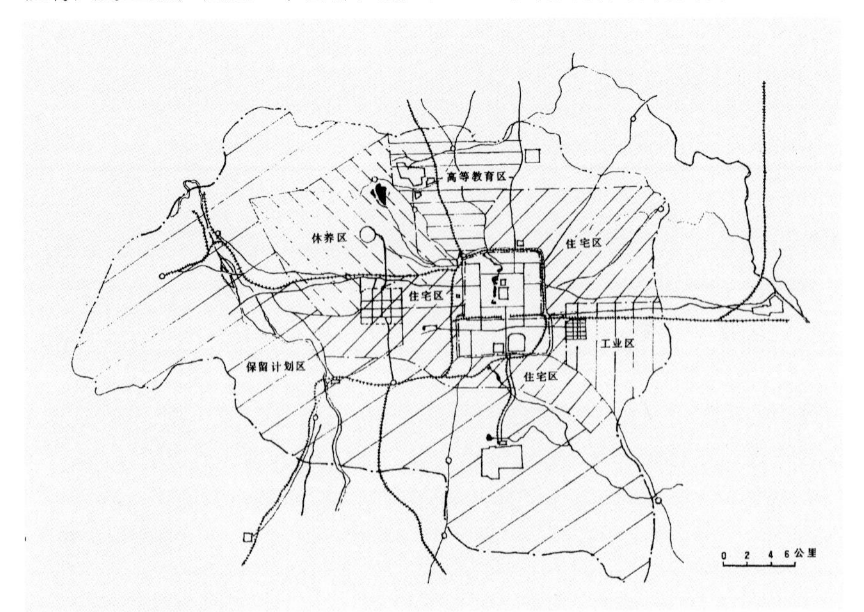

巴兰尼克夫方案。（来源：董光器，《北京规划战略思考》，1998年）

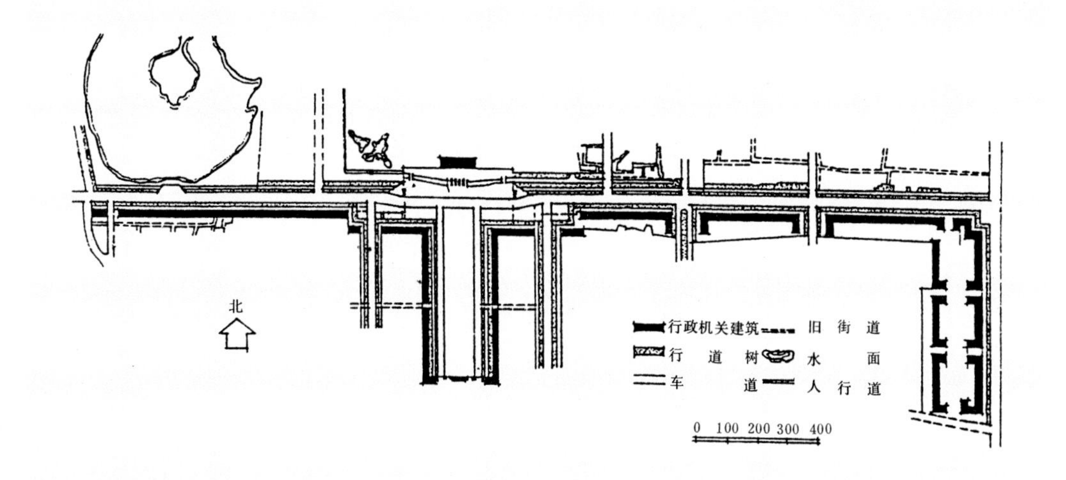

苏联专家设计的北京东单至府右街及天安门广场行政建筑设计图。(来源:《梁思成学术思想研究论文集》,1996年)

上，巴兰尼克夫提出以天安门广场为中心，建设首都行政中心:“最好先改建城市的一条干线或一处广场，譬如具有历史性的市中心区天安门广场，近来曾于该处举行阅兵式及中华人民共和国成立的光荣典礼和人民的游行,更增加了它的重要性。所以,这个广场成了首都的中心区,由此,主要街道的方向便可断定,这是任何计划家没有理由来变更也不会变更的。”

巴兰尼克夫具体提出了他的建设计划:“第一批行政房屋:建筑在东长安街南边，由东单到公安街未有建筑物的一段最合理。第二批行政的房屋:最适宜建筑在天安门广场(顺着公安街)的外右边，那里大部分是公安部占用的价值不大的平房。第三批行政的房屋:可建筑在天安门广场的外左边,西皮市,并经西长安街延长到府右街。”[2]

苏联专家团作的《关于改善北京市市政的建议》,则对巴兰尼克夫把行政机关建设在旧城中心区的计划进行了论证，并对建设西郊新市区的设想予以反驳，指出这是不经济的，是“放弃新建和整顿原有的城市”。

建议书说:“为了北京市将来的发展和加速建设，关于建筑行政房屋的位置问题是重要的，有的建议在城西五六公里,所谓‘新市区’日本人开始建筑城市的地方，建筑行政房屋。这个建议的意义是在新地区建筑房屋能便宜，政府职员的住处距离政府的房屋不远，在这里建立政府中心区的全部建筑。按我们的意见，新的行政房屋要建筑在现有的城市内，这样能经济的并能很快的解决配布政府机关的问题和美化市内的建筑。”

建议书还着重论证了行政中心区放在旧城内的经济性问题，提出“认为政府的中心区建筑在城外经济是不对的。在苏联设计和建筑城市的经验中,证明了住房和行政房屋，不能超出现代的城市造价的50%—60%，40%—50%的造价是文化和

[2]《苏联专家巴兰尼克夫关于北京市将来发展计划的问题的报告》,载于《建国以来的北京城市建设资料》(第一卷 城市规划),北京建设史书编辑委员会编辑部编,1995年11月第2版。

❶《建筑城市问题的摘要》（摘自苏联专家团关于改善北京市市政的建议），载于《建国以来的北京城市建设资料》（第一卷　城市规划），北京建设史书编辑委员会编辑部编，1995年11月第2版。

❷ 即苏联市政专家组组长阿布拉莫夫。——笔者注

生活用的房屋（商店、食堂、学校、医院、电影院、剧院、浴池等）和技术的设备（自来水、下水道、电器和电话网、道路、桥梁、河海、公园、树林等）。拆毁旧的房屋的费用，在莫斯科甚至拆毁更有价值的房屋，连同居民迁移费用，不超出25%—30%新建房屋的造价。在旧城内已有文化和生活必需的建设和技术的设备，但在'新市区'是要新建这些设备的"。

建议书还以莫斯科的经验阐述道："当讨论改建莫斯科问题时，也曾有人建议不改建而在旁边建筑新首都，苏共中央全体大会拒绝了这个建议，我们有成效的实行了改建莫斯科。只有承认北京市没有历史性和建筑性的价值情形下，才放弃新建和整顿原有的城市。"[1]

苏联专家的这番评论可能出乎梁思成、陈占祥的意料。这两位学者提出建设新市区的设想，本意是使旧城得到保护，可苏联专家恰恰在这个问题上，指出他们否认北京的"历史性和建筑性的价值"，甚至是"放弃"旧城。

在这次会议上，梁思成、陈占祥与苏联专家发生了争执。

"这是我第一次参加这样的会议，当时我是极端的无知，根本不知道那些领导是谁，在我看来，苏联朋友毕竟是友好使者，会议不过是讨论北京都市计划方案的构思而已。团长阿白拉诺夫[2]介绍方案后好久无人启口，我就不假思索地说了我的意见。"40年后，陈占祥对这次

20世纪50年代初期，陈占祥在北京市都市计划委员会企划处任处长，与当时来华的苏联专家合影。前排右二是陈占祥，右四是苏联专家。陈衍庆提供。

会议作了这样的回忆,“我认为在城中心建设行政中心只是增加旧城的负担，解决北京的城市建设计划应把周围地区联系起来考虑，于是我又反问苏联朋友对城乡关系有什么考虑？对于孤立地考虑城市中心我表示不同意。阿白拉诺夫的回答我不甚同意，他说城乡矛盾是个复杂问题,要由社会主义建设来回答,因此是将来的问题,现在答复不了。说实在的，我不过是搬用英国城乡计划理论，而且当时自己也不能说吃透到多大深度，但我们的设想的确是对保护古城有利。伦敦除了当时需要疏散人口外，另一目的是为了保护伦敦古城，所以才有了大伦敦计划。”[3]

梁思成没有保持沉默。从苏联市政专家组组长阿布拉莫夫的讲话摘录中，可以感受到这次交锋的激烈程度：

梁教授曾发表过几项很有意义的意见，对于这些意见让我来发表一些意见。

梁教授曾提到：中心区究竟是在北京旧址还是在新市区的问题，尚未决定，所以对各区域的分布计划工作，为时尚早。

市委书记彭真同志曾告诉我们,关于这个问题曾同毛主席谈过,毛主席也曾对他讲过，政府机关在城内,政府次要的机关设在新市区。

我们的意见认为这个决定是正确的，也是最经济的。

行政中心区迁移能变为怎样一种情形呢？

那是要建筑为机关用的房屋和工作人员的眷属住宅。你们也是这样设计的，收获是什么呢？

譬如陈工程师和齐工程师都是在政府工作，齐工程师在城内有住房，陈工程师没有住房，他才来到北京不久。你的建议是在城市建筑两所房屋来代替一所房屋。城市中心区移出城外,就是承认市内130万的人口对政府是没有益处的，在哪里建筑房屋比较经济，在城里还是城外？

……

我们也有过这样的建议，将莫斯科旧城保存为陈列馆，在它的旁边建设新的莫斯科,被我们拒绝了，并将莫斯科改建，结果并不坏。

拆毁北京的老房屋，你们是早晚必须做的，三轮车夫要到工厂工作，你们坐什么车通过胡同呢？

北京是好城，没有弃掉的必要，需要几十年的时间，才能将新市区建设成如北京市内现有的故宫、公园、河海等的建设。所以我们对于建设行政中心的问题是明确的。[4]

阿布拉莫夫透露了一个重要信息，这就是毛泽东认为政府机关应该在城内。这位苏联人还提出，建设新市区“就是承认市内130万的人口对政府是没有益处的”。

苏联专家坚定地认为要改造北京旧城，与1931年的莫斯科城市规划有关。1953年梁思成随中国科学

[3]《陈占祥教授谈城市设计》,载于《城市规划》杂志，1991年第1期。

[4]《苏联市政专家组组长阿布拉莫夫在讨论会上的讲词（摘录）》，载于《建国以来的北京城市建设资料》(第一卷　城市规划)，北京建设史书编辑委员会编辑部编，1995年11月第2版。

院访苏代表团访问苏联的时候，苏联建筑科学院副院长格也格也罗曾对他说："1931年莫斯科总计划的国际竞选中的许多方案不是要把旧的莫斯科完全铲平重新另建就是要把它当一个'博物馆'保存下来，在郊区另辟新城。斯大林同志指出了那些都是小资产阶级的不合实际的幻想，把计划的正确道路指出，制定了改建的总计划。这个计划无论在城市的整体或建筑形式上都是发展的：从旧的基础上发展起来，并预见今后新的远景的发展。"[1]

梁思成、陈占祥陷入了孤立。

这次会议之后，1949年12月19日，北京市建设局局长曹言行、副局长赵鹏飞提出《对于北京市将来发展计划的意见》，表示"完全同意苏联专家的意见"。

《意见》说："如果放弃原有城区，于郊外建设新的行政中心，除房屋建筑外还需要进行一切生活必须设备的建设，这样经费大大增加（据苏联专家的经验，城市建设的经费，房屋建筑占百分之五十，一切生活必须的设备占百分之五十，如果因新建房屋而拆除旧房，其损失亦不超过全部建设费的百分之二十至百分之三十），且必须于房屋建筑与一切设备完成后始能利用。新建行政中心区一切园林、河湖、纪念物等环境与风景之布置，限于时间与经费，将不能与现有城区一切优良条件相比拟。同时如果进行新行政区之建设，在人力、财力、物力若干条件的限制下，势难新旧兼顾，将造成旧城区之荒废……我们认为苏联专家所提出的方案，是在北京市已有的基础上，考虑到整个国民经济的情况，及现实的需要与可能的条件，以达到建设新首都的合理意见，而于郊外另建新行政中心的方案则偏重于主观的愿望，对实际可能的条件估计不足，是不能采取的。"[2]

[1] 梁思成，《访苏代表团建筑土木门的传达报告》，1953年，未刊稿，林洙提供。

[2] 《曹言行、赵鹏飞对于北京市将来发展计划的意见》，载于《建国以来的北京城市建设资料》（第一卷 城市规划），北京建设史书编辑委员会编辑部编，1995年11月第2版。

行政中心区位置的建议

会议结束后，梁思成、陈占祥感到，必须立即拿出一个具体的方案，阐明自己的观点。

"我与梁思成先生商量，他说他的，我说我的，开会以后我做规划，梁先生写文章，这就是方案出来的经过。"陈占祥回忆道。[3]

1950年2月，著名的"梁陈方案"，即梁思成、陈占祥《关于中央人民政府行政中心区位置的建议》完成了，梁思成自费刊印，报送有关领导。

梁思成接受陈占祥的建议，将行政中心区位置从旧城以西约7公里的五棵松"新市区"，东移至旧城以西1.5公里的三里河地区（公主坟与月坛之间）。"梁陈方案"提出："为解决目前一方面因土地面积被城墙所限制的城内极端缺乏可使用的空地情况，和另一方面西郊敌伪

[3] 陈占祥接受笔者采访时的回忆，1994年3月2日。

關於中央人民政府行政中心區位置的建議

梁思成
陳占祥

一九五〇

建議：早日決定首都行政中心區所在地，並請考慮按實際的要求，和在發展上有利條件，展拓西郊舊城與新市區之間地區建立新中心，並配合目前財政狀況逐步建造。

為解決目前一方面因土地面積被城牆所限制的城內極端缺乏可使用的空地情況，和另一方面西郊敵僞時代所闢的『新市區』又離城過遠，脫離實際上所必需的聯繫，不適用於建立行政中心的困難，建議展拓城外西面郊區公主墳以東，月壇以西的適中地點，有計劃的爲政府行政工作開闢政府行政機關所必需足用的地址，定爲首都的行政中心區域。（見附圖一）

西面接連現在已有基礎的新市區，便利即刻建造各級行政人員住宅，及其附屬建設。亦便於日後發展。

東面以四條主要東西幹道，經西直門、阜成門、復興門、廣安門與舊城聯絡。入復興門之幹道則直通舊城內長安街幹道上各重點：如市人民政府，新華門中央人民政府，天安門廣場等。

新中心同城內文化風景區，博物館區，慶典集會大廣場，商業繁榮區，市行政區的供應設備，以及北城，西城原有住宅區，都密切聯繫着，有合理的短距離。新中心的中軸線距復興門不到二公里。

這整個新行政區南面向着將來的鐵路總站，南北展開，建立一新南北中軸線，以便發展的要求，解決舊城區內擁擠的問題。北端解決政府各部機關的工作地址，南端解決即將發生的全國性工商企業業務辦公需要的地區面積。

目的在不費周折的平衡發展大北京市；合理地解決行政區所需要的地址面積和合適的位置；便利它的交通和立刻逐步建造的工程程序。這樣可以解決政府辦公，也逐漸疏散城中密度已過高的人口，並便利其他區域，因工業的推進，與行政區在合理

— 2 —

《关于中央人民政府行政中心区位置的建议》封面及内页（梁思成保存件）。林洙提供。

时代所辟的‘新市区’又离城过远，脱离实际上所必需的衔接，不适用于建立行政中心的困难，建议展拓城外西面郊区公主坟以东，月坛以西的适中地点，有计划的为政府行政工作开辟政府行政机关所必需足用的地址，定为首都的行政中心区域。”[4]

这份长达2.5万字的建议书，共分“必须早日决定行政中心区的理由”、“需要发展西城郊，建立新中心的理由”、“发展西郊行政区可用逐步实施程序，以配合目前财政状况，比较拆改旧区为经济合理”3个部分，并附8项说明。建议书在最后连用了8个“为着”以表达殷切之情：

我们相信，为着解决北京市的问题，使它能平衡地发展来适应全面性的需要；为着使政府机关各单位间得到合理的，且能增进工作效率的布置；为着工作人员住处与工作地区的便于来往的短距离；为着避免一时期中大量迁移居民；为着适宜的保存旧城以内的文物；为着减低城内人口过高的密度；为着长期保持街道的正常交通量；为着建立便利而艺术的新首都，现时西郊这个地区都完全能够适合条件。

在“必须早日决定行政中心区的理由”一节中，《建议》提出，行政中心区的确定是此次都市计划的最主要因素，这个问题如何解决，事关全局，必须慎重：

政府行政的繁复机构是这次发展中大项的建设之一。整个行政机

[4] 梁思成、陈占祥，《关于中央人民政府行政中心区位置的建议》，载于《梁思成文集》第四卷，中国建筑工业出版社，1986年9月第1版。

行政区内各单位大体布置草图

附与旧城区之关系

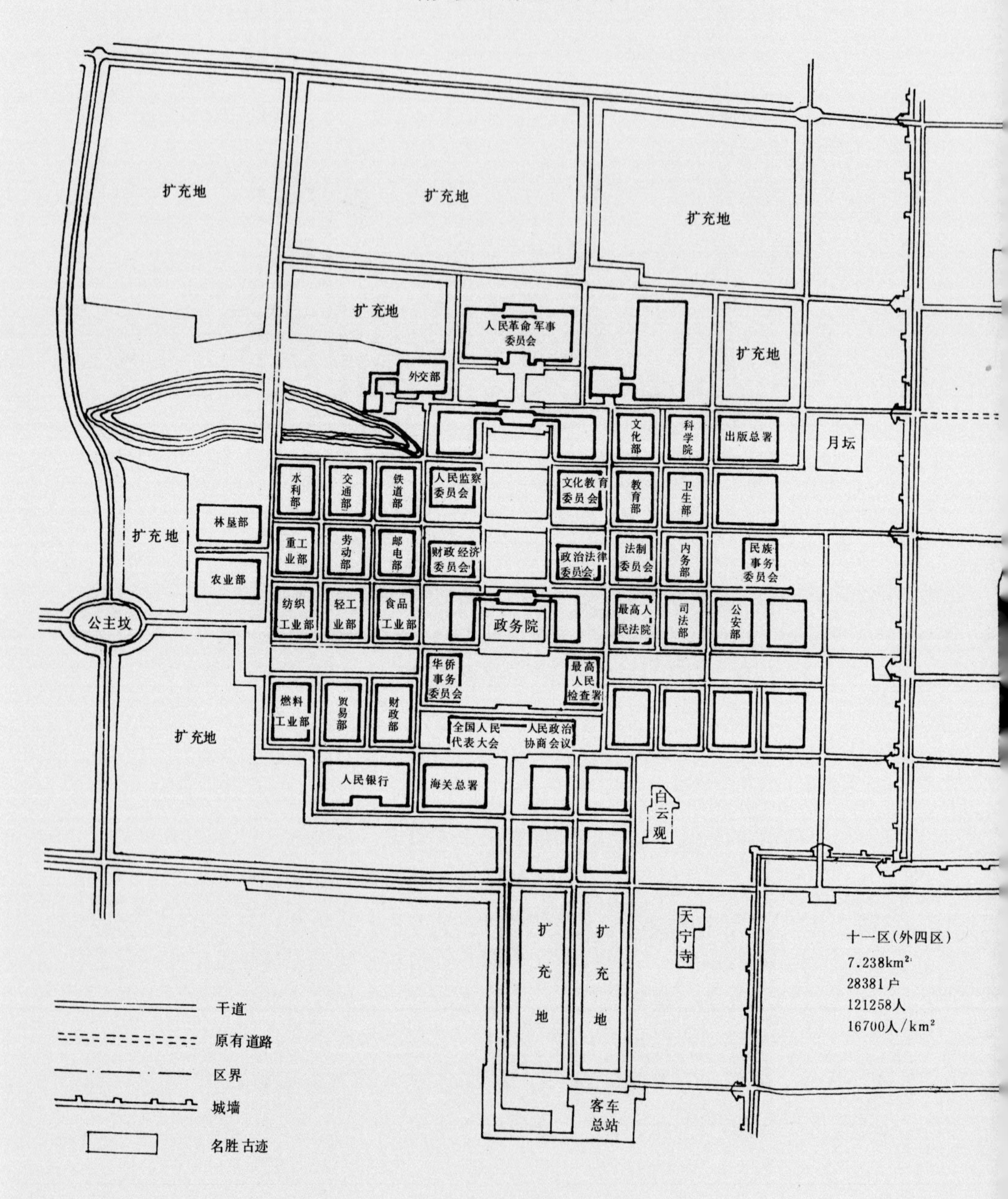

梁陈方案·行政区内各单位大体布置草图。(来源:《梁思成文集》第四卷,1986年)

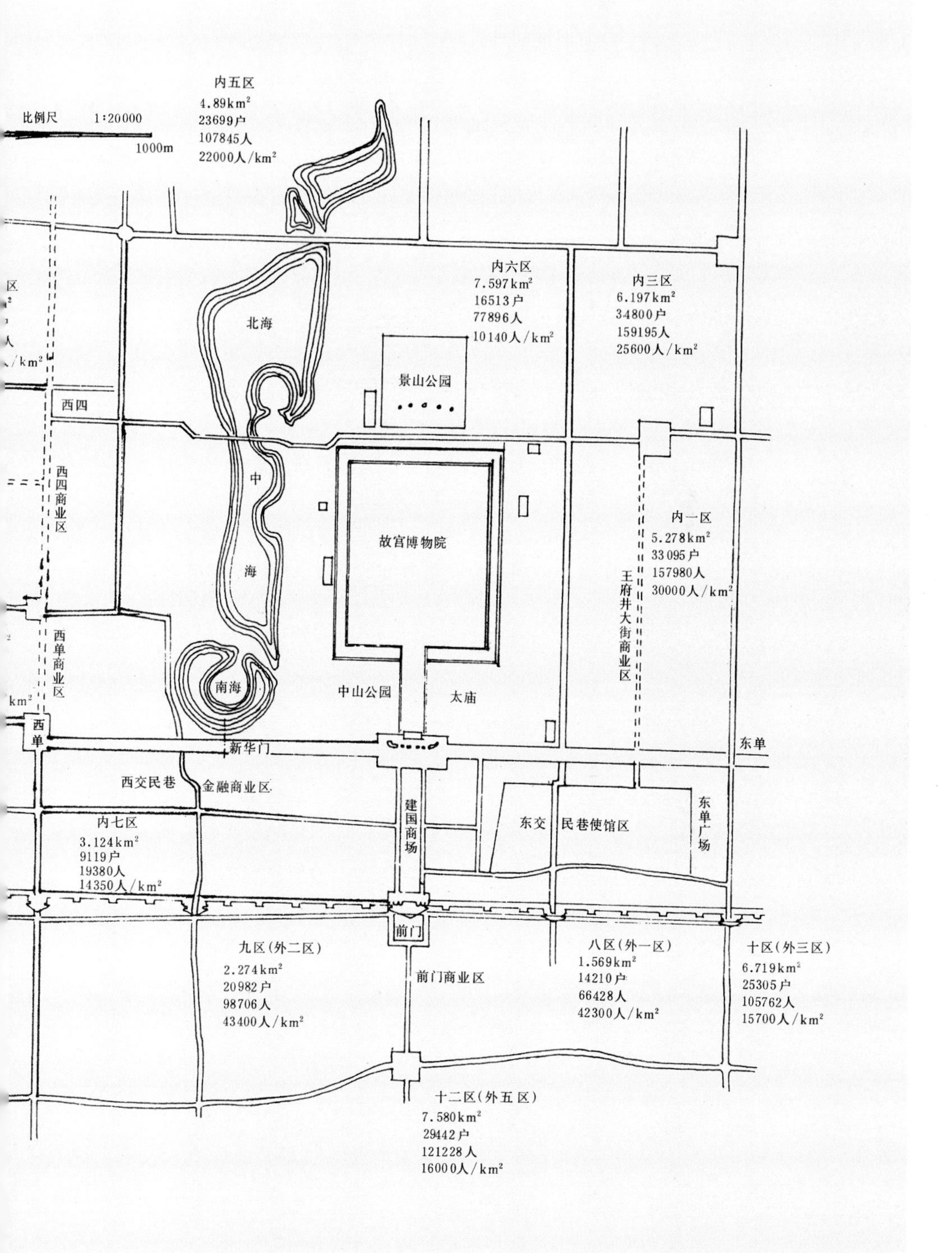
内五区
4.89km²
23699户
107845人
22000人/km²
比例尺 1:20000
1000m
北海
内六区
7.597km²
16513户
77896人
10140人/km²
内三区
6.197km²
34800户
159195人
25600人/km²
景山公园
西四
中
海
西四商业区
故宫博物院
内一区
5.278km²
33 095户
157980人
30000人/km²
王府井大街商业区
西单商业区
南海
中山公园
太庙
西单
新华门
东单
西交民巷
金融商业区
建国商场
东交民巷使馆区
东单广场
内七区
3.124km²
9119户
19380人
14350人/km²
前门
九区(外二区)
2.274km²
20982户
98706人
43400人/km²
前门商业区
八区(外一区)
1.569km²
14210户
66428人
42300人/km²
十区(外三区)
6.719km²
25305户
105762人
15700人/km²
十二区(外五区)
7.580km²
29442户
121228人
16000人/km²

构所需要的地址面积，按工作人口平均所需地区面积计算，要大过于旧城内的皇城。(所必须附属的住宅区，则要三倍于此。)故知这个区域在何位置将决定北京市发展的方向和今后计划的原则，为计划最主要的因素。

更具体的说，安排如此庞大的，现代的，政府行政机构中的无数建筑在何地区，将影响全市区域分配原则和交通的系统。各部门分布的基础，如工作区域，服务区域，人口的密度，工作与住宿区域间的交通距离等，都将依据着行政区的位置，或得到合理解决，或发生难于纠正的基本错误，长期成为不得解决的问题。

《建议》强调，历史文化名城不容伤毁，行政中心区的确定，涉及交通、拆迁、市民生活与工作等一系列重大问题，如果原则上发生错误，以后会发生一系列难以纠正的错误：

北京为故都及历史名城，许多旧日的建筑已成为今日有纪念性的文物，它的形体不但美丽，不允许伤毁，而且它们的位置部署上的秩序和整个文物环境，正是这座名城壮美特点之一，也必须在保护之列，不允许随意掺杂不调和的形体，加以破坏。所以目前的政策必须确定，即：是否决意展拓新区域，加增可用为建造的面积，逐步建造新工作所需要的房屋和工作人口所需要的住宅、公寓、宿舍之类；也就是说，以展拓建设为原则，逐渐全面改善，疏散，调整，分配北京市，对文物及其环境加以应有的保护。或是决意在几年中完成大规模的迁移，改变旧城区的大部使用为原则，——即将现时一百三十万居民逐渐迁出九十万人，到了只余四十万人左右，以保留四十万的数额给迁入的政府工作人员及其服务人员，两数共达八十万人的标准额，使行政工作全部安置在旧城之内，大部居民迁住他处为原则。现时即开始在旧市区内一面加增密集的多层建筑为政府机关，先用文物风景区或大干道等较空地区为其地址；建造政府机关房屋，以达到这目的。(不考虑如何处理迁徙居民的复杂细节，或实际上迁出后居民所必需有的居住房屋的建造问题；也不考虑短期内骤增的政府工作人员的居住问题，和改变北京外貌的问题。)……如果原则上发生错误，以后会发生一系列难以纠正的错误的。关系北京百万人民的工作、居住和交通。

在第二节“需要发展西城郊，建立新中心的理由”中，《建议》首先列出建设行政中心区的11个条件，包括部署须保留中国都市计划的优美特征、建筑形体表现民族传统特征及时代精神的创造、要有足用的面积和发展余地、避免大量拆迁劳民伤财、不增加水电工程困难、住宅区与办公区接近以减轻交通负担、促进全市平衡发展、控制车辆流量、取得与旧城体形的和谐、保护文物建筑等。《建议》指出：

一个城市的发展，必须使其平衡。十九世纪资本主义的城市因为无计划，无秩序，无限度的发展，产生了人口及工商业过度集中，城乡对立尖锐化的现象，造成了人口过挤的"城中心区"，极拥挤的住宅楼房，所谓"贫民窟"，以及车辆拥挤等等病态，是我们前车之鉴……因政府中心在城内，人口增加，则供应商业亦必更加发展，城内许多已经繁荣的地区必更繁荣起来，或是宁静的住宅区变成嘈杂的闹市。世界上许多工业城市所犯的错误，都是因人口增加而又过分集中所产生的。伦敦近年拟定计划以五十年长期及无可数计的人力物力去纠正它的错误。我们计划建都才开始，岂可重蹈人家的覆辙？

《建议》对苏联专家提出的利用东交民巷操场空地并沿长安街建办公楼的设想，予以批评，指出这将导致"欧洲十九世纪的大建筑物长线的沿街建造，迫临交通干道所产生的大错误"。即使沿长安街建设，所能解决的机关房屋"只是政府机关房屋总数的五分之一，其他部分仍须另寻地址"。而且，"以无数政府行政大厦列成蛇形蜿蜒长线，或夹道而立，或环绕极大广场之外周，使各单位沿着同一干道长线排列，车辆不断地在这一带流动，不但流量很不合理的增加，停车的不便也会很严重。这就是基本产生欧洲街型的交通问题。这样模仿了欧洲建筑习惯的市容，背弃我们不改北京外貌的原则，在体形外貌上，交通系统上，完全将北京的中国民族形式的和谐加以破坏，是没有必要的。并且各办公楼本身面向着嘈杂的交通干道，同车声尘土为伍，不得安静，是非常妨碍工作和健康的。"

《建议》强调，"日后如因此而继续在城内沿街造楼，造成人口密度太高，交通发生问题的一系列难以纠正的错误，则这次决定将为扰乱北京市体形秩序的祸根。为一处空址眼前方便而失去这时代适当展拓计划的基础，实太可惜……我们的结论是，如果将建设新行政中心计划误认为仅在旧城内建筑办公楼，这不是解决问题而是加增问题。这种片面的行动，不是发展科学的都市计划，而是阻碍。"

《建议》还对苏联专家提出的所谓在旧城内建设行政中心区可利用原有的文化、生活、市政等设施因而是经济的观点，予以反驳，指出，行政中心区进入旧城，将引发大量人口外迁，而"政府绝对的有为他们修筑道路和敷设这一切公用设备的责任，同样的也就是发展郊区。既然如此，也就是必不可免的费用"。

对于在旧城内建造新的行政区，《建议》提出"不但困难甚大，而且缺点太多"。理由是：

(1)它必定增加人口，而我们目前密度已过高，必须疏散，这矛盾的现象如何解决？

梁陈方案·各基本工作区（及其住区）与旧城之关系图。
（来源：《梁思成文集》第四卷，1986年）

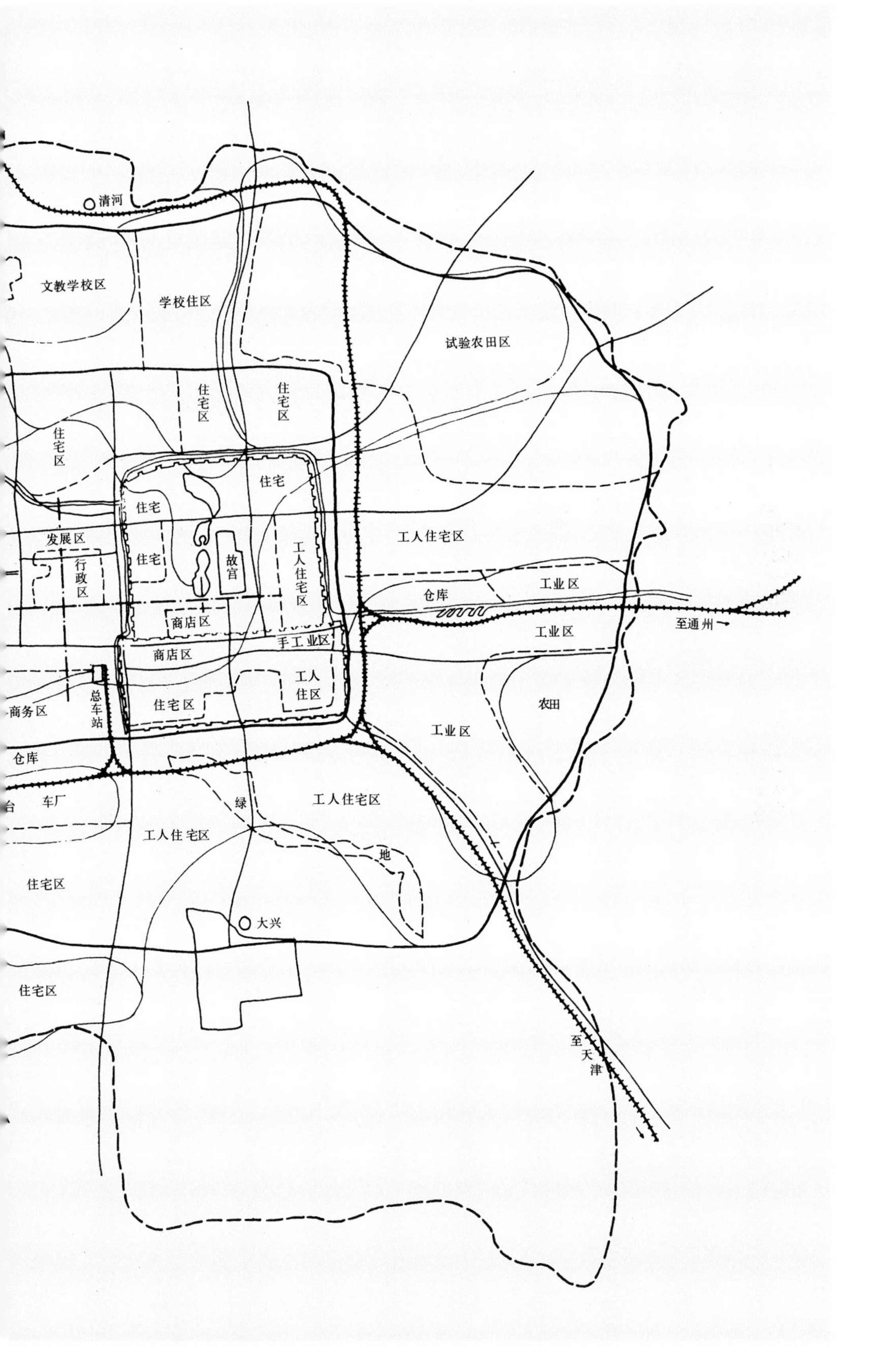

清河
文教学校区
学校住区
试验农田区
住宅区
住宅区
住宅区
住宅
住宅
发展区
住宅
行政区
故宫
工人住宅区
工人住宅区
仓库
工业区
商店区
工业区
至通州
手工业区
商店区
工人住区
总车站
商务区
住宅区
农田
工业区
仓库
台
车厂
绿
工人住宅区
工人住宅区
地
住宅区
大兴
住宅区
至天津

(2) 如果占用若干已有房屋的地址，以平均面积内房屋计算，约需拆除房屋十三万余间，即是必须迁出十八万二千余人口，即使实在数目只有这数的一半，亦极庞大可观，这个在实施上如何处置？

(3) 如果大量建造新时代高楼在文物中心区域，它必会改变整个北京街型，破坏其外貌，这同我们保护文物的原则抵触。

(4)加增建筑物在主要干道上，立刻加增交通的流量及复杂性。过境车与入境车的混乱剧烈加增，必生车祸问题。这是都市规划设计所极力避免的错误。

(5) 政府机关各单位间的长线距离，办公区同住宿区的城郊间大距离，必产生交通上最严重的问题，交通运输的负担与工作人员时间精力的消耗，数字惊人，处理方法不堪设想。

《建议》还进一步论述道，在旧城内建设行政中心区，将通过兴建新住宅、迁移人口、拆房、处理废料、清理地基等一系列过程，"而且在迁移的期间，许多人的职业与工作不免脱节，尤其是小商店，大多有地方性的'老主顾'，迁移之后，必须相当时间，始能适应新环境。这种办法实在是真正的'劳民伤财'。"

两位学者特别指出：

这样迁徙拆除，劳民伤财，延误时间的办法，所换得的结果又如何呢？行政中心仍然分散错杂，不切合时代要求，没有合理的联系及集中，产生交通上的难题，且没有发展的余地。

这片面性的两种办法都没有解决问题，反而产生问题。最严重的是同住宅区的地址距离，没有考虑所产生的交通问题。因为行政区设在城中，政府干部住宅所需面积甚大，势必不能在城内解决，所以必在郊外。因此住宿区同办公地点的距离便大到不合实际。更可怕的是每早每晚可以多到七八万至十五万人在政府办公地点与郊外住宿区间的往返奔驰，产生大量用交通工具运输他们的问题。且城内已繁荣的商业地区，如东单、王府井大街等又将更加繁荣，造成不平衡的发展，街上经常的人口车辆都要过度拥挤，且发生大量停车困难。到了北京主要干道不足用时，惟一补救办法就要想到地道车一类的工程。一一重复近来欧美大城已发现的痛苦，而需要不断耗费地用近代技术去纠正。这不是经济，而是耗费的计划。

《建议》进而提出了在西郊月坛与公主坟之间的地区建设政府行政中心的设想，认为这将为城市的保护与发展"全面解决问题"，有利于"为人民节省许多人力物力和时间"，有利于"建立进步的都市"，有利于"保持有历史价值的北京文物秩序"。

《建议》提出，在这里建设行政中心区，是根据"大北京市区全面计划原则"出发的，是"增加建设、疏散人口的措施"，是"保全北京旧城中心的文物环境，同时也是避免

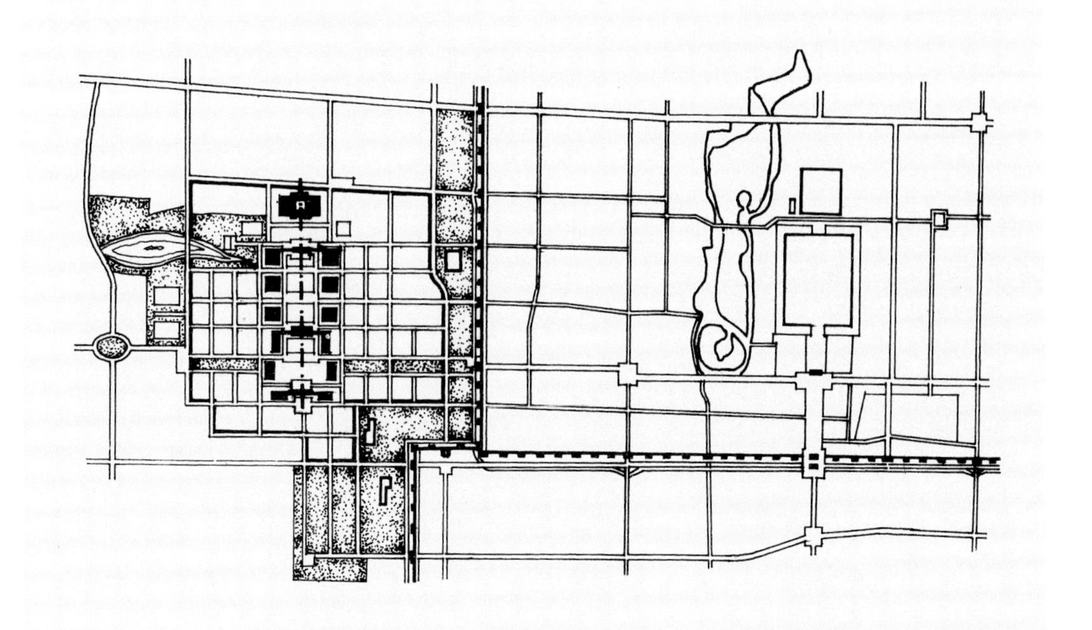

梁陈方案·新行政中心与旧城的关系图。(来源:《建国以来的北京城市建设》,1986年)

新行政区本身不利”的“新旧两全的安排”。这个行政中心区“必须同足用的住宅区密切相连,经济地解决交通问题,减轻机械化的交通负担”,它还能“保留将来发展余地”。

其中,两位学者重点论述了向旧城之外转移城市功能,是解决旧城人口密度最基本而自然的办法:

疏散他们,最主要是经由经济政策领导所开辟的各种新的工作,使许多人口可随同新工作迁到新工作所发展的地区。这也就说明新发展的工作地点必须在已密集的区界以外,才能解决人口密度问题……

我们应注意脱离工作地点的住区单独建立在郊外是不合实际的。它立刻为交通产生严重问题。工作者的时间精力,及人民为交通工具所费的财力物力都必须考虑到。发展工作区和其附属住区才是最自然的疏散,解决人口密集,也解决交通……

反此办法,在已密集的旧市区内增添新工作所需要的建筑,不但压迫已拥挤的城内交通,且工作者为要接近工作,大部会在附近住区拥挤着而直接加增人口密度。这不但立刻产生问题,且为十年十五年后工业更发展,人口增多时更加问题。

在《建议》中,两位学者还充满诗意地提出在新的行政中心区建设新中轴线的设想:“这条中线在大北京的布局中确能建立一条庄严而适用的轴心。这个行政区东连旧城,西接‘新市区’,北面为海淀、香山等教育风景区,南面则为丰台铁路交通总汇。一切都是地理上现成形势所促成，毫无勉强之处。”

他们在《建议》的第三节里分别列出了在城内建造政府办公楼所需的7项费用和在城外建设政府办公楼所需的4项费用，并进行了比较，指出：“在月坛与公主坟之间的地区，目前是农田，民居村落稀少，土改之后，即可将土地保留，收购民房的费用也极少。在城内建造政府办公楼显然是较费事，又费时，更费钱的。”

查看《建议》中的规划草图，可以发现梁思成、陈占祥还在行政中心区以南规划了一个商务区，尽管在文字说明中，他们没有对这个商务区进行论述，但可以想象如果按照他们的设想实施，北京将呈现的面貌：这个城市将拥有三个相互联系又功能区分的中心区域，旧城是文物遗存丰厚的文化中心区，旧城西侧的行政中心区将集中体现新中国政治中心的形象，而其南侧的商务中心区将是一派现代都市的景象。这三个功能区将配套足用的住宅，以最大限度地减少跨区域交通的发生，从而控制住“源头”，避免出现交通拥堵。

两位学者强调，他们提出这个方案，是根据大北京市区全面计划原则着手的，他们将依此进一步草拟大北京市的总计划，再提请研究和讨论。

这恰似陈占祥的导师阿伯克隆比在指导完成“伦敦市区计划”之后，又进一步提出以伦敦为核心的广大区域的“大伦敦计划”。

但由于后来的复杂境况，梁、陈二位的“大北京规划”一直无法着手进行。

讼议纷起

遭遇强劲对手

1950年4月10日，梁思成致信周恩来总理，恳请其于百忙之中阅读《关于中央人民政府行政中心区位置的建议》并听取他的汇报。兹附如下：

恩来先生总理：

在您由苏联回国后不久的时候，我曾经由北京市人民政府转上我和陈占祥两人对中央人民政府行政中心区位置的建议书一件，不知您在百忙之中能否抽出一点时间，赐予阅读一下？

在那建议书中，我们请求政府早日决定行政中心区的位置。行政中心区位置的决定是北京整个都市计划的先决条件，它不先决定，一切计划无由进行。而同时在北京许多机关和企业都在急着择地建造房屋，因而产生两种现象：一种是因都市计划未定，将建筑计划之进行延置，以等待适当地址之决定。一种是急不能待的建造，就不顾都市计划而各行其是的；这一种在将来整个的北京市中，可能位置在极不适当的位置上，因而不利于本身的业务，同时妨碍全市的分配与发展，陷全市于凌乱。尚未经政务院批准而已先行办公的都市计划委员会现在已受到不少次的催促和责难，例如《人民日报》，新华印刷厂和许多面粉厂，砖窑等，都感到地址无法决定之困难。因此我们深深感到行政中心区位置之决定是刻不容缓的（这只是指位置要先决定，并不是说要立刻建造）。

我很希望政府能早点作一决定。我们的建议书已有一百余份送给中央人民政府，北京市委会和北京市人民政府的各位首长。我恳求您给我一点时间，给我机会向您作一个报告，并聆指示。除建议书外，我还绘制了十几张图作较扼要的解释，届时当面陈。如将来须开会决定，我也愿得您允许我在开会时列席。

总之：北京目前正在发展的建设工作都因为行政中心区位置之未决定而受到影响，所以其决定已到了不能再延缓的时候了。因此不付冒昧，作此请求，如蒙召谈，请指定时间，当即趋谒。此致

崇高的敬礼！

梁思成

一九五〇年四月十日

赐示请寄清华大学，电话四局2736至2739分机32号。[1]

这封信发出后的第10天，梁思成与陈占祥遇到两位强劲的对手，他们是北京市建设局的工程师朱兆雪和建筑师赵冬日。

朱兆雪、赵冬日于4月20日，写了《对首都建设计划的意见》，再次肯定了行政中心区设在旧城的计划。《意见》说："北京旧城是我国千年保存下来的财富与艺术的宝藏，它具有无比雄壮美丽的规模与近代文明设施，具备了适合人民民主共和国首都条件的基础，自应用以建设首都的中心，这是合理而又经济的打算；是保存并发挥中华民族特有文物价值，是顺应自然发展的趋势。虽旧城内之现有人口过密，但是会因经济之发展，无业与转业人口之迁出就业而自然解决；同时因人口减少，拆掉已失健康年龄与无保留价值的房屋，改建行政房屋自无问题，并且有足够的面积；同时更可使旧城免于衰落而向繁荣。至其他各区则环设在旧城四周，以与市中心取得紧密联系，并避免了不必要的交通通过城区，危害文物古都的安静。"

《意见》具体提出："行政区设在全城中心，南至前三门城垣，东起建国门，经东西长安街至复兴门，与故宫以南，南海、中山公园之间的位置，全面积六平方公里，可容工作人口十五万人。因为：(1) 不破坏，也不混杂或包围任何文物风景，不妨害也不影响，同时是发扬了天安门以北的古艺术文物和北京的都市布局与建筑形体。(2) 各行政单位能集中，能取得紧密联系。(3) 适居于全市的中心，与东西南北各住宅区有适当的距离。(4) 利用城内现有的技术设备基础，可节省建设费25%—50%（根据苏联城市建设的经验）。(5) 中央及政务院拟暂设于中南海周围，将来迁至天安门广场及广场右侧；靠近太庙、南海及中山公园等文物风景，为行政中心；于和平门外设市行政区，适与故宫遥遥相对；靠东因近工商业为财经系统；西就现有基础，划为政法系统与文教系统区域；天安门广场则正为行政中心区所环抱；创新轴，东达市界，西抵八宝山，与南北中心线并美。"[2]

梁思成和陈占祥并没有对这个《意见》提出书面反驳。事实上，这份《意见》提出的行政中心区设在旧城内的理由，他们在《关于中央人民政府行政中心区位置的建议》中已经涉及并加以评论了。

[1] 梁思成，《致周总理信》，载于《梁思成全集》第5卷，中国建筑工业出版社，2001年4月第1版。

[2]《朱兆雪、赵冬日对首都建设计划的意见》，载于《建国以来的北京城市建设资料》（第一卷 城市规划），北京建设史书编辑委员会编辑部编，1995年11月第2版。

[3] 赵冬日，《论古都风貌与现代化发展》，载于《建筑学报》，1990年12月。

40年后，赵冬日追忆道："就今天我国的经济发展情况来看，北京的法定保留文物建筑还无力维修，甚至有的任其自然损坏。北京解放时约有1700万平方米传统建筑，若全部保留下来，然后另起炉灶，如在西郊大兴土木建新首都，则按当时的实际情况，是人的意志所不能做到的，是不现实的。"[3]

陈占祥接受笔者采访时，则提到当年争论的一个焦点："他们围绕天安门做文章，争论点就是天安门不可以放弃，中华人民共和国成立是毛主席在天安门上宣布的。这没关系嘛，事实回避不了，那时只有

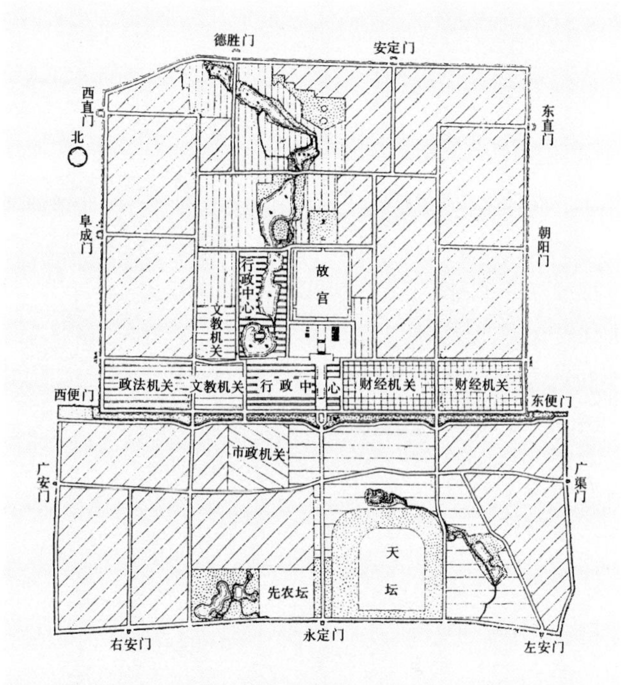

朱兆雪、赵冬日方案·城区分区计划图。(来源：《梁思成学术思想研究论文集》，1996年)

朱兆雪、赵冬日方案。(来源：董光器，《北京规划战略思考》，1998年)

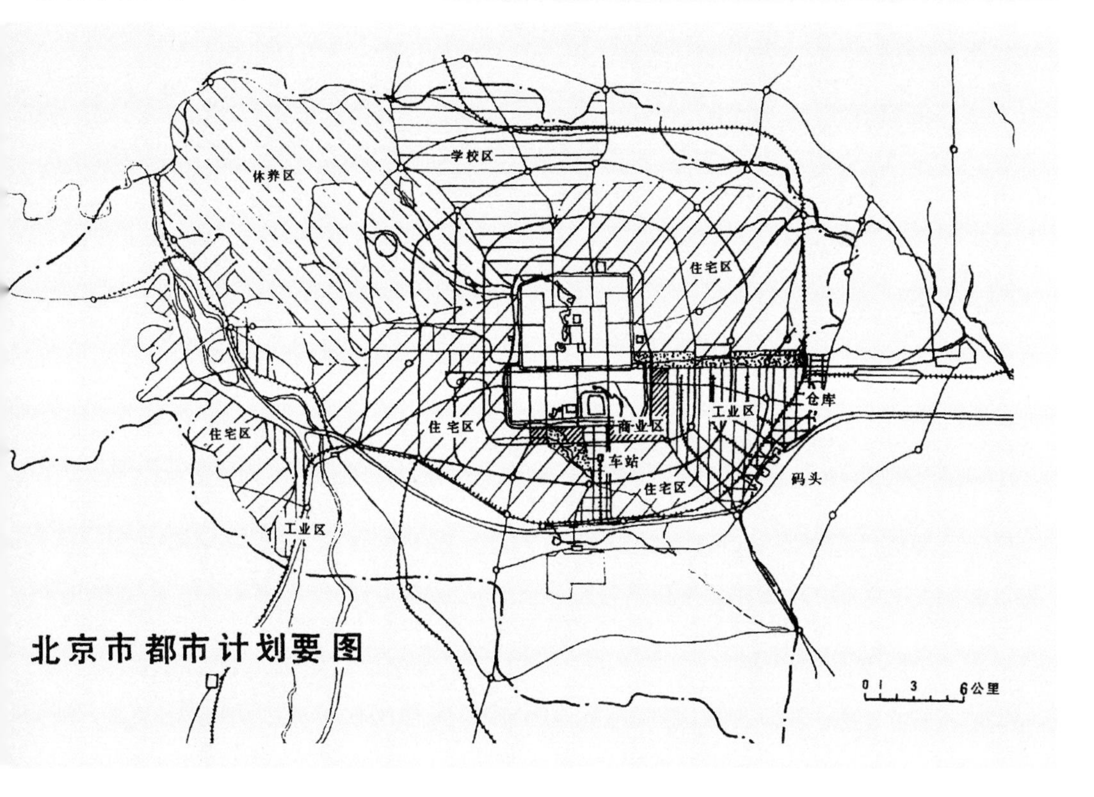

正在修建观礼台的天安门城楼（1954年）。（来源：《北京旧城》，1996 年）

天安门有广场，这么多人当然要到那儿去。其实，天安门作为庆典中心是可以的，行政中心搬出去对它不会有影响。”[1]

时隔不久，梁思成与陈占祥的建议被一些人指责为与苏联专家“分庭抗礼”，与“一边倒”方针“背道而驰”。最严重的指责是他们设计的新行政中心“企图否定”天安门作为全国人民向往的政治中心。[2]

当“梁陈方案”备受指责时，梁思成、陈占祥考虑到新方案突出了新行政中心的规划，但没有注意到旧城区中心的改建的可能性。为此，他们又着手研究以天安门为中心的皇城周围规划，以此作为新方案的补充。

“这一补充规划方案的设想是以城内‘三海’为重点，其南面与长安街和天安门广场的中轴线相连接，使历代帝王的离宫与城市环境更紧密地结合起来。由于当时正是批判‘梁陈方案’的不利形势，所以梁先生始终没有公开这一补充规划方案。今天，这一设计的文字和图纸恐怕已经丢失；而我是确切地知道它的存在的，因为有些图纸是我画的。”陈占祥回忆道。

“设计中曾有一个处理团城下金鳌玉蝀桥的初步设想，并做了详细设计。这是从上述的旧城改造的补充方案设想出发，把金鳌玉蝀桥当作它与大高玄殿、景山连接中的一个重要环节看待。为解决桥上的车辆拥挤，在原金鳌玉蝀桥的南侧，增建另一座新桥，将旧有的‘金鳌’‘玉蝀’的两个牌坊搬到新、旧两桥的桥头间空地。新、旧两桥作为上、下两线，以解决交通困难；北海前的广

[1] 陈占祥接受笔者采访时的回忆，1994年3月2日。

[2] 陈占祥，《忆梁思成教授》，载于《梁思成先生诞辰八十五周年纪念文集》，清华大学出版社，1986 年 10 月第 1 版。

场稍加扩大，作为车辆分流；广场东侧与大高玄殿前相连，殿前两座花亭将给以保护。景山前的红墙改建为带漏窗的长廊，供游人坐憩。游人可以在这里前望故宫，后览景山。”[3]

这个设计图的线条画成之后，梁思成兴致勃勃亲自渲染，添色加彩。当时他疾病缠身，居然也和大家一起画了一个通宵。“天将破晓，只见梁先生不顾一宵未合眼的疲劳，仍然弓着身子一笔一笔地画着，终于以他高超的渲染技巧完成了1∶200的通长画卷，脸上露出十分愉快的微笑。”[4]

1950年10月27日，梁思成在病中致信北京市领导彭真、聂荣臻、张友渔、吴晗、薛子正，再次呼吁早日确定中央政府行政区方位，防止建设中的散乱现象。信中说：“现在北京三大基本工作区中之二——高等文教区及工业区——大致已确定；惟有中央政府行政区的方位尚悬而未决，因而使我会大部分工作差不多等于停顿。这一年来，中央政府行政区的机构与我会接洽的事务，大多是（a）拟用某一块地，向我们要，或（b）拟建某一座建筑，问我们应建何处。然而我们因为不知行政区定在哪里，不能答复。结果是各机关或不能解决问题，或各行其便，在分散在各处的现址上或兴盖起来，或即将兴盖。若任其如此自流下去，则必造成‘建筑事实’，可能与日后所定总计划相抵触，届时或经拆除，或使计划受到严重阻碍，屈就事实，一切都将是人民的损失。所以我们应该努力求得行政区大体方位之早日决定。”[5]

而在这时，决策者已对行政中心区的位置有了明确意见。曾担任彭真秘书的马句向笔者回忆道：“苏联专家提出第一份北京建设意见，聂荣臻见到后，非常高兴，送毛主席。毛主席说：照此方针。北京市的规划就这样定下来了，即以旧城为基础进行扩建。”[6]

[3] 同[2]注。

[4] 同[2]注。

[5] 梁思成，《致彭真同志，聂市长，张、吴副市长，薛秘书长信》，1950年10月27日，林洙提供。

[6] 马句接受笔者采访时的回忆，1999年8月20日。

城墙存废问题的讨论

就在梁思成为“梁陈方案”奔走的时候，已拱卫北京五百多年的明城墙正面对存与毁的抉择。

近代以来，在国内一些城市，拆城墙之议并不鲜闻，城墙多被视为城市发展的束缚。1912年至1914年，上海拆城墙筑路，被视为给城市经济的繁荣扫除了一大障碍。[7] 1928年，从西洋留学归国的哲学博士张武，提出《整理北京计划书》，建议拆毁城墙，以利交通。[8]

在解放战争中，一些城市被占领后，随之而来的就是城墙的拆除。在当年的《人民日报》上，时常可看到这样的报道：东明城解放后，经两万多市民的突击努力，仅三天的工夫，就把城墙平毁了。市民们高呼：“再也不叫你监禁我们了！”[9]

[7] 唐振常主编，《上海史》，上海人民出版社，1989年10月第1版。

[8] 《北京通史》第9卷，中国书店出版，1994年10月第1版。

[9] 《解放后的东明城》，《人民日报》，1946年6月15日第2版。

1915年的正阳门箭楼。清华大学建筑学院资料室提供。

"民主政府号召市民拆毁蒋军修筑的军事堡垒……两万多市民很快地拆毁了碉堡，平毁了城墙。他们兴奋地说：'碉堡拆掉了，砖石拿来盖房子，城墙和壕沟平毁了，好种粮食。'"[1]

对于北京城墙，"梁陈方案"作出这样的设想："今日这一道城墙已是个历史文物艺术的点缀……城墙上面是极好的人民公园，是可以散步，乘凉，读书，阅报，眺望的地方。(并且是中国传统的习惯。)底下可以按交通的需要开辟城门。"[2]

可是，拆墙派的声音越来越大，梁思成不得不为之一搏。

他抱病写了《关于北京城墙存废问题的讨论》一文，发表于1950年5月7日出版的《新建设》杂志，系统阐述了自己的观点，提出："城墙并不阻碍城市的发展，而且把它保留着与发展北京为现代城市不但没有抵触，而且有利。"

梁思成结合城墙的保护，将"梁陈方案"力求实现的"分区"及"有限度的市区"的原则进行了发挥："现代的都市计划，为市民身心两方面的健康，解除无限制蔓延的密集，便设法采取了将城市划分为若干较小的区域的办法。小区域之间要用一个园林地带来隔离。这种分区法的目的在使居民能在本区内有工作的方便，每日经常和必要的行动距离合理化，交通方便及安全化；同时使居民很容易接触附近郊野田园

[1] 《重见光明的杞县城》，《人民日报》，1946年9月1日第2版。

[2] 梁思成、陈占祥，《关于中央人民政府行政中心区位置的建议》，载于《梁思成文集》第四卷，中国建筑工业出版社，1986年9月第1版。

民国时期的广安门箭楼。清华大学建筑学院资料室提供。

之乐，在大自然里休息；而对于行政管理方面，也易于掌握。北京在二十年后，人口可能增加到四百万人口以上，分区方法是必须采用的。靠近城墙内外的区域，这城墙正可负起它新的任务。利用它为这种现代的区间的隔离物是很方便的。”

他建议，将城墙建设成“全世界独一无二”的“环城立体公园”。护城河“可以放舟钓鱼，冬天又是一个很好的溜冰场。不惟如此，城墙上面，平均宽度约十米以上，可以砌花池，栽植丁香、蔷薇一类的灌木，或铺些草地，种植草花，再安放些园椅。夏季黄昏，可供数十万人的纳凉游息，秋高气爽的时节，登高远眺，俯视全城，西北苍苍的西山，东南无际的平原，居住于城市的人民可以这样接近大自然，胸

西直门箭楼侧面近景。
罗哲文摄于1950年。

永定门城楼。
罗哲文摄于1952年。

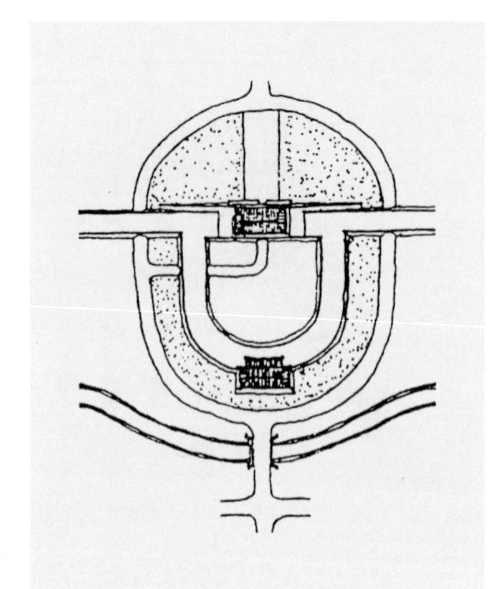

梁思成的西直门交通规划设想（王蒙徽根据郑孝燮谈话绘制）。（来源：《梁思成学术思想研究论文集》，1996年）

襟壮阔。还有城楼角楼等可以辟为陈列馆，阅览室，茶点铺……古老的城墙正在等候着负起新的任务，它很方便地在城的四周，等候着为人民服务，休息他们的疲劳筋骨，培养他们的优美情绪，以民族文物及自然景色来丰富他们的生活”。

对主张拆除者的观点，他针锋相对，逐一反驳。

主张拆除者说，城墙阻碍了交通。梁思成答：

这问题只在选择适当地点；多开几个城门，便可解决的。而且现代在道路系统的设计上，我们要控制车流，不使它像洪水一般的到处“泛滥”，而要引导它汇集在几条干道上，以联系各区间的来往。我们正可利用适当位置的城门来完成这控制车流的任务。

主张拆除者说，城墙是封建社会统治者保卫他们的势力的遗迹，我们这时代已用不着，理应拆除它。梁思成答：

这是偏差幼稚的看法。故宫不是帝王的宫殿吗？它今天是人民的博物院。天安门不是皇宫的大门吗？中华人民共和国的诞生就是在天安门上由毛主席昭告全世界的。我们不要忘记，这一切建筑体形的遗物都是古代多少劳动人民创造出来的杰作，虽然曾经为帝王服务，被统治者所专用，今天已属于人民大众，是我们大家的民族纪念文物了。

同样的，北京的城墙也正是几十万劳动人民辛苦事迹所遗留下的纪念物。历史的条件产生了它，它在各时代中形成并执行了任务，它

内城东南角箭楼。王军摄于2002年10月。

是我们人民所承继来的北京发展史在体形上的遗产。它那凸字形特殊形式的平面就是北京变迁发展史的一部分说明，各时代人民辛勤创造的史实，反映着北京的成长和文化上的进展。我们要记着，从前历史上易朝换代是一个统治者代替了另一个统治者，但一切主要的生产技术及文明的，艺术的创造，却总是从人民手中出来的；为生活便利和安心工作的城市工程也不是例外。

……

这个城墙由于劳动的创造，它的工程表现出伟大的集体创造与成功的力量。这环绕北京的城墙，主要虽为防御而设，但从艺术的观点看来，它是一件气魄雄伟，精神壮丽的杰作。它的朴实无华的结构，单纯壮硕的体形，反映出为解决某种的需要，经由劳动的血汗，劳动的精神与实力，人民集体所成功的技术上的创造。它不只是一堆平凡叠积的砖堆，它是举世无匹的大胆的建筑纪念物，磊拓嵯峨，意味深厚的艺术创造。无论是它壮硕的品质，或是它轩昂的外像，或是那样年年历尽风雨甘辛，同北京人民共甘苦的象征意味，总都要引起后人复杂的情感的。

正阳门城楼。王军摄于2002年10月。

苏联斯莫冷斯克的城墙，周围七公里，被称为"俄罗斯的颈环"，大战中受了损害，苏联人民百般爱护地把它修复。北京的城墙无疑也可当"中国的颈环"的尊号而无愧。它是我们的国宝，也是世界人类的文物遗迹。我们即承继了这样可珍贵的一件历史遗产，我们岂可随便把它毁掉！

主张拆除者提出，为什么不看拆除城墙的有利方面呢？城墙上的砖拆下来不正可协助其他建设吗？难道就不该加以考虑吗？梁思成答：

北京现残存的内城城墙敌台。王军摄于2002年9月。

这里反对者方面更有强有力的辩驳了。

他说：城砖固然可能完整地拆下很多，以整个北京城来计算，那数目也的确不小。但北京的城墙，除去内外各有厚约1米的砖皮外，内心全是“灰土”，就是石灰黄土的混凝土。这些三四百年乃至五六百年的灰土坚硬如岩石；据约略估计，约有一千一百万吨。假使能把它清除，用由二十节十八吨的车皮组成的列车每日运送一次，要八十三年才能运完！请问这一列车在八十三年之中可以运输多少有用的东西。而且这些坚硬的灰土，既不能用以种植，又不能用作建筑材料，用来筑路，却又不够坚实，不适使用；完全是毫无用处的废料。不但如此，因为这混凝土的坚硬性质，拆除时没有工具可以挖动它，还必须使用炸药，因此北京的市民还要听若干年每天不断的爆炸声！还不止如此，即使能把灰土炸开，挖松，运走，这一千一百万吨的废料的体积约等于十一二个景山，又在何处安放呢？主张拆除者在这些问题上面没有费过脑汁，也许是由于根本没有想到，乃至没有知道墙心内有混凝土的问题吧。

就说绕过这样一个问题不讨论，假设北京同其他县城的城墙一样是比较简单的工程，计算把城砖拆下做成暗沟，用灰土将护城河填平，铺好公路，到底是不是一举两得的一种便宜的建设呢？

由主张保存者的立场来回答是：苦心的朋友们，北京城外并不缺少土地呀，四面都是广阔的平原，我们又为什么要费这样大的人力，一两个野战军的人数，来取得这一带之地呢？拆除城墙所需的庞大的劳动力是可以积极生产许多有利于人民的果实的。将来我们有力量建设，砖窑业是必要发展的，用不着这样费事去取得。如此浪费人力，同时还要毁掉环绕着北京的一件国宝文物——一圈对于北京形体的壮丽有莫大关系的古代工程，对于北京卫生有莫大功用的环城护城河——这不但是庸人自扰，简直是罪过的行动了。

这样辩论斗争的结果，双方的意见是不应该不趋向一致的。事实上，凡是参加过这样辩论的，结论便都是认为城墙的确不但不应拆除，且应保护整理，与护城河一起作为一个整体的计划，善予利用，使它成为将来北京市都市计划中的有利的，仍为现代所重用的一座纪念性的古代工程。这样由它的物质的特殊和珍贵，形体的朴实雄壮，反映到我们感觉上来，它会丰富我们对北京的喜爱，增强我们民族精神的饱满。

这篇城墙保护“檄文”未能阻止拆除者的脚步。

从1952年开始，北京外城城墙被陆续拆除，办法是组织市民义务劳动，或动员各单位拆墙取砖取土。1953年8月12日，毛泽东在全国财经工作会议上说：“拆除城墙这些大问题，就是经中央决定，由政府执行的。”[1]

在完成“梁陈方案”，并为保护北京城墙倾力一搏之后，梁思成肺病恶化，一卧不起，连执笔都困难。[2]

[1] 毛泽东，《反对党内的资产阶级思想》，载于《毛泽东选集》第5卷，人民出版社，1977年4月第1版。

[2] 梁思成，《致彭真同志，聂市长，张、吴副市长，薛秘书长信》，1950年10月27日，林洙提供。

北京现残存的一段内城城墙。王军摄于2002年9月。

未获成功的申辩

病愈后的梁思成，于1951年2月19日、20日，在《人民日报》分两期发表了他写的长文《伟大祖国建筑传统与遗产》。在这篇科普性的文章里，梁思成介绍了中国古代建筑与城市营造的基本知识，呼吁"重视和爱护我们建筑的优良传统，以促进我们今后承继中国血统的新创造"。

他指出，"世界上现存的文化中，除去我们的邻邦印度的文化可算是约略同时诞生的弟兄外，中华民族的文化是最古老，最长寿的。我们的建筑也同样是最古老，最长寿的体系"，中国建筑的最大优点是"骨架结构"，这种构架法，不但满足了建筑的功能，而且还自然地显现了中国特有的建筑美。从建筑功能上看，不但可以灵活安排建筑空间，而且还具有极强的区域适应性，并是能够与现代建筑技术对接的。

他呼吁尽最大的能力来保护"世界上没有第二个城市有这样大的气魄"的北京城：

北京今日城垣的外貌正是辩证的发展的最好例子。北京在部署上最出色的是它的南北中轴线，由南至北长达七公里余。在它的中心立着一座座纪念性的大建筑物。由外城正南的永定门直穿进城，一线引直，通过整一个紫禁城到它北面的钟楼鼓楼，在景山巅上看得最为清楚。世界上没有第二个城市有这样大的气魄，能够这样从容地掌握这样的一种空间概念。更没有第二个国家有这样以巍峨尊贵的纯色黄琉璃瓦顶，朱漆描金的木构建筑物，毫不含糊的连属组合起来的宫殿与宫庭。紫禁城和内中成百座的宫殿是世界绝无仅有的建筑杰作的一个整体。环绕着它的北京的街型区域的分配也是有条不紊的城市的奇异的孤例。当中偏西的宫苑，偏北的平民娱乐的什刹海，禁城北面满是松柏的景山，都是北京的绿色区。在城内有园林的调剂也是不可多得的优良的处理方法。这样的都市不但在全世界里中古时代所没有，即在现代，用最进步的都市计划理论配合，仍然是保持着最有利条件的。

4月，梁思成在《新观察》杂志又发表《北京——都市计划的无比杰作》一文，同样是用通俗的语言，介绍了北京城的选址、近千年来的四次改建、河湖水系与城市营建的关系、城市格式、中轴线特征、交通系统及街道系统等，指出，"北京是在全盘的处理上，完整的表现出伟大的中华民族建筑的传统手法和在都市计划方面的智慧与气魄"，"证明了我们的民族在适应自然，控制自然，改变自然的实践中有着多么光辉的成就。这样一个城市是一个举世无匹的杰作"，"这是一份伟

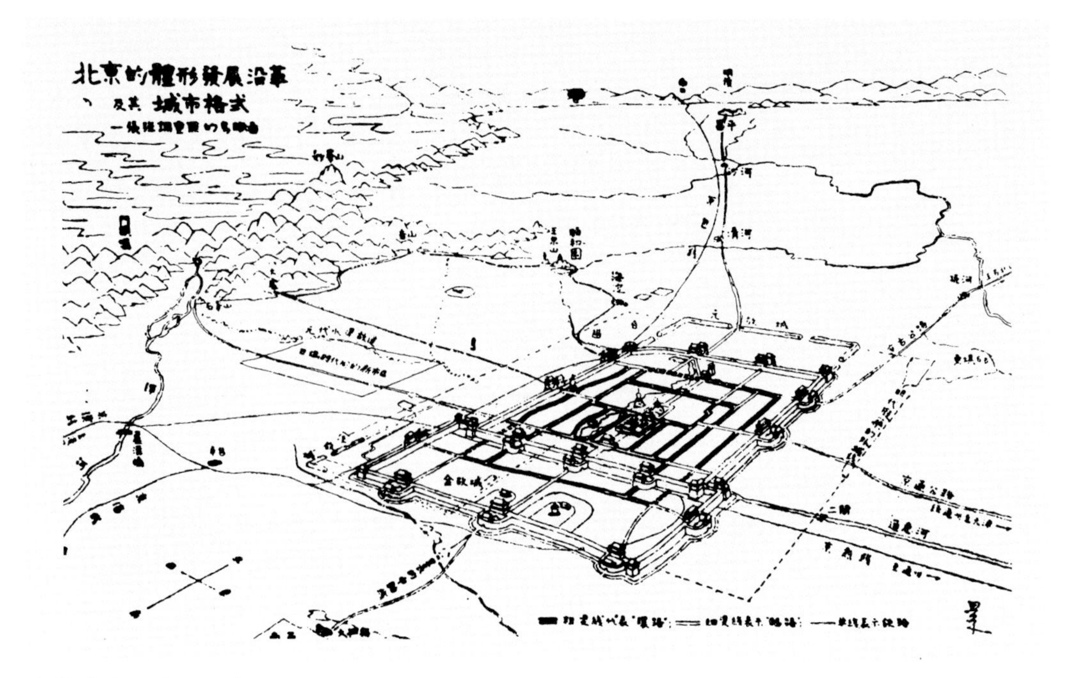

梁思成所绘北京体形发展沿革及其城市格式图。（来源:《梁思成文集》第四卷，1986年）

大的遗产，它是我们人民最宝贵的财产，难道还有人感觉不到吗？”

他描述了北京的城市格局给予人们的审美冲击：

我们可以从外城最南的永定门说起，从这南端正门北行，在中轴线左右是天坛和先农坛两个约略对称的建筑群；经过长长一条市楼对列的大街，到达珠市口的十字街口之后，才面向着内城第一个重点——雄伟的正阳门楼。在门前百余公尺的地方，拦路一座大牌楼，一座大石桥，为这第一个重点做了前卫。但这还只是一个序幕。过了此点，从正阳门楼到中华门，由中华门到天安门，一起一伏、一伏而又起，这中间千步廊（民国初年已拆除）御路的长度，和天安门面前的宽度，是最大胆的空间的处理，衬托着建筑重点的安排。这个当时曾经为封建帝王据为己有的禁地，今天是多么恰当的回到人民手里，成为人民自己的广场！由天安门起，是一系列轻重不一的宫门和广庭，金色照耀的琉璃瓦顶，一层又一层的起伏峋峙，一直引导到太和殿顶，便到达中线前半的极点，然后向北，重点逐渐退削，以神武门为尾声。再往北，又“奇峰突起”的立着景山做了宫城背后的衬托。景山中峰上的亭子正在南北的中心点上。由此向北是一波又一波的远距离重点的呼应。由地安门，到鼓楼、钟楼，高大的建筑物都继续在中轴线上。但到了钟楼，中轴线便有计划地，也恰到好处地结束了。中线不再向北到达墙根，而将重点平稳地分配给左右分立的两个北面城楼——安定门和德胜门。有这样气魄的建筑总布局，以这样规模来处理空间，世界上就没有第二个！

他提出，对北京城的保护，不

能只关注个体建筑，必须着眼于整体：

我们爱护文物建筑，不仅应该爱护个别的一殿、一堂、一塔，而且必须爱护它的周围整体和邻近的环境。我们不能坐视，也不能忍受一座或一组壮丽的建筑物遭受到各种各式直接或间接的破坏，使它们委曲在不调和的周围里，受到不应有的宰割。过去因为帝国主义的侵略，和我们不同体系，不同格调的各型各式的所谓洋式楼房，所谓摩天高楼，摹仿到家或不到家的欧美体系的建筑物，庞杂凌乱的大量渗到我们的许多城市中来，长久地劈头拦腰破坏了我们的建筑情调，渐渐地麻痹了我们对于环境的敏感，使我们习惯了不调和的体形或习惯于看着自己优美的建筑物被摒斥到委曲求全的夹缝中，而感到无可奈何。我们今后在建设中，这种错误是应该予以纠正了，代替这种蔓延野生的恶劣建筑，必须是有计划有重点的发展。

他再次呼吁保护北京城墙，并画了一幅城墙公园的想象图以表达他的理想：

城墙上面面积宽敞，可以布置花池，栽种花草，安设公园椅，每隔若干距离的敌台上可建凉亭，供人游息。由城墙或城楼上俯视护城河与郊外平原，远望西山远景或禁城宫殿。它将是世界上最特殊的公园之一——一个全长达 39.75 公里的立体环城公园！

梁思成认为：“北京是必须现代化的，同时北京城原有的整体文物性特征和多数个别的文物建筑又是必须保存的。我们必须‘古今兼顾，新旧两利’。”

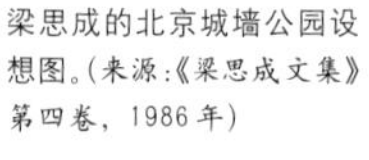

梁思成的北京城墙公园设想图。(来源:《梁思成文集》第四卷，1986 年)

建成于2002年9月的北京明城墙遗址公园。王军摄于2002年10月15日。

这时，他举出了苏联保护文物建筑的理论与事迹，介绍了被称为“俄罗斯的博物院”的诺夫哥罗德城的重建计划。苏联建筑院院士舒舍夫在他制定的计划中，在对城市进行现代化改善的同时，依照了古代都市计划制度，在历史文物建筑周围的空地布置花园，以便取得文物建筑的观景，将若干组文物建筑群作为国宝予以保留，给予历史性文物建筑以有利的位置，拒绝了庸俗的“市侩式”建筑，采取了被称为“地方性的拿破仑时代的”建筑，因为它是该城原有建筑中最典型的样式。

梁思成最后说：“怎样建设‘中国的博物院’的北京城……让我们向诺夫哥罗德看齐，向舒舍夫学习。”

在发表上述两篇文章之后，“梁陈方案”开始遭到事实上的否定。

虽经梁思成全力“抵抗”，东交民巷操场还是遵照苏联专家的意见，被占用兴建政府机关大楼了。

1951年8月15日，梁思成致信周恩来总理，希望能够“在百忙中分出一点时间给我们或中央有关部门作一个特殊的指示，以便适当地修正挽救这还没有成为事实的错误”。[1]

但是，这封信并未促成梁思成所希望的结果。很快，公安部、燃料部、纺织部、外贸部办公楼在这里盖出来了。大规模的建设看来不可避免地要在旧城内发生了。

梁思成陷入了复杂的心境，后来他甚至称毛泽东不懂建筑。原中国建筑学会秘书长汪季琦回忆道：

梁思成说：毛主席可以领导政治、经济，但他不懂建筑，是不能领导建筑的。针对此说，彭真讲：我们开始也是觉得自己是外行不能领导内行，可是后来想来想去还是觉

[1] 梁思成，《致周总理信——关于长安街规划问题》，载于《梁思成文集》第四卷，中国建筑工业出版社，1986年9月第1版。

占用东交民巷操场建设的原燃料部大厦。王军摄于2002年10月。

得只有外行才能领导内行，照你所说，毛主席在军事上也不能说是内行，他不会开坦克，也当不了士兵。比如梅兰芳他也只能唱青衣，他就唱不了花脸。可是他就可以当戏剧学院的院长。一个人不可能行行都会，但他是制定方针政策的人。[1]

❶ 夏路、沈阳，《访汪季琦》，1983年2月7日，未刊稿，清华大学建筑学院资料室提供。

拟定规划草案

“对于梁思成先生和我的建议，领导一直没有表态，但实际的工作却是按照苏联专家的设想做的。最后，东长安街部委楼的建设开始，纺织部、燃料部、外贸部、公安部都开始在这里建设。”陈占祥回忆道。[2]

建设已经开始，但城市的总体规划还没有正式确定，这严重影响城市建设有秩序地进行。城市占地过多过大，建设过于分散，市政基础设施和生活服务设施跟不上工作用房和住宅的建设，住宅建设速度与人口增长不成比例，由于没有统一管理，出现了“天上”（地上建筑）、“地下”（管道）乱打架的混乱局面。[3]

1952年春，北京市政府秘书长兼都市计划委员会副主任薛子正指示加快制定规划方案，如认识不同，可作两个方案报市委。于是，都市计划委员会责成陈占祥和华揽洪分别组织人员编制方案，于1953年春提出了甲、乙方案。这次规划编制的原则是：行政中心区在旧城。

华揽洪，华南圭之子，1912年生于北京，16岁赴法国留学。1936年从法国公益工程大学毕业，考入巴黎美术学院建筑系。毕业后，他

❷ 陈占祥接受笔者采访时的回忆，1994年3月2日。

❸ 董光器，《北京规划战略思考》，中国建筑工业出版社，1998年5月第1版。

在法国马赛设立建筑师事务所，完成了50多项大小不同的设计，曾在巴黎远郊区设计了一所兽医医院，当时是法国较少的现代建筑之一。[4]

1951年，已加入法国共产党的华揽洪，毅然抛弃了自己的建筑事务所和全部家产，携法国籍夫人及子女回国参加建设。在梁思成的提议下，他被北京市人民政府聘为都市计划委员会第二总建筑师。

在都市计划委员会，华揽洪与陈占祥是两个很特殊的人物——华揽洪的法文比中文强，陈占祥的英文比中文强，两个人都很洋派，且不说华揽洪还有一半波兰血统，他的夫人还是法国籍波兰人。

这两位洋派学者，都很有个性，在一些学术问题上，经常发生分歧。但争论归争论，交情归交情。

不知是受了父亲的影响，还是痴迷于现代建筑，华揽洪也主张拆除北京城墙。在编制总图的过程中，陈占祥跟他闹翻了。

陈占祥回忆说："我们两个私人关系很好，但也有争论。在总图上，华揽洪主张把城墙拆了，我坚决反对。城墙拆不拆是关系到总图怎么做的事，我说绝对不能拆，争吵得不得了，很厉害。干脆分成两个方案吧，华揽洪做甲方案，我做乙方案。"[5]

在甲方案中，华揽洪对旧城的原有格局作了较多的改变，把东南、西南两条对外放射干道斜穿入外城，与正阳门大街交汇于正阳门。东北、西北两条放射道路分别从内城东北、西北部插入新街口与北新桥，并引铁路干线从地下插入中心区，总站

建筑师华揽洪像。

[4] 杨永生主编，《中国建筑师》，当代世界出版社，1999年6月第1版。

[5] 陈占祥接受笔者采访时的回忆，1994年3月2日。

华揽洪设计的巴黎郊区兽医医院（1939年建成）。（来源：杨永生主编，《中国建筑师》，1999年）

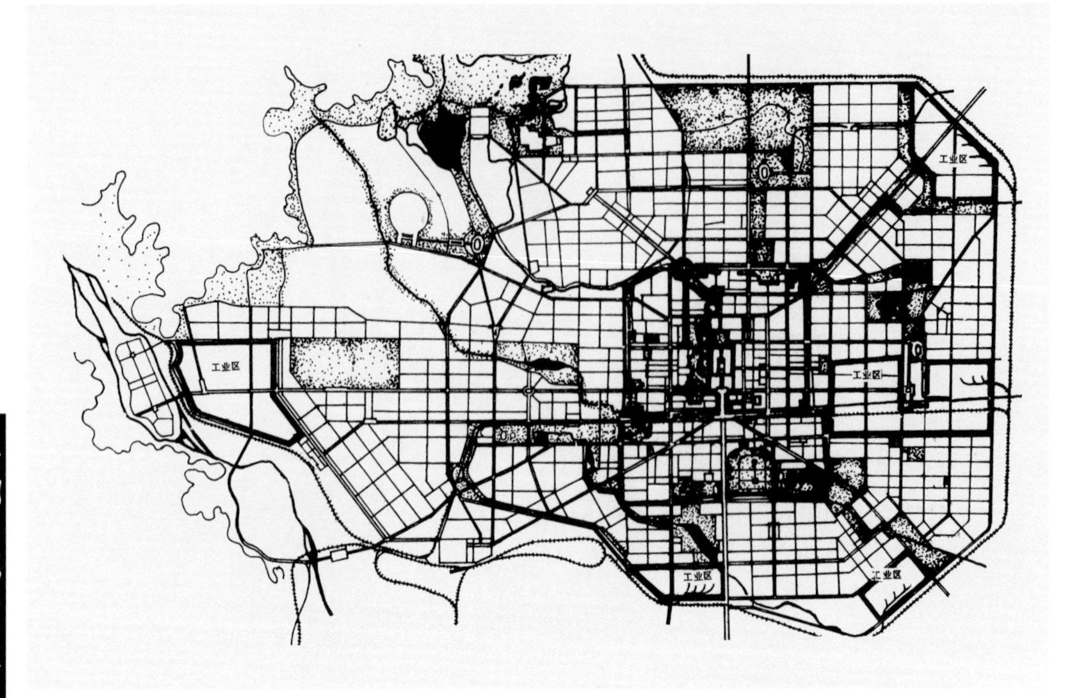

北京市总体规划(甲方案)。(来源:《建国以来的北京城市建设》，1986年)

仍设在前门外。

在乙方案中，陈占祥则完全保持了旧城棋盘式道路格局，放射路均交于旧城环路上。铁路不插入旧城，把总站设在永定门外。

对于城墙，两个方案作了全部保留、部分保留、只保留城门楼和全部拆除等多种设想。

对于行政办公区，甲方案主张适当分散布置。乙方案则主张集中在平安里、东四十条、菜市口、磁器口围合的范围内形成行政中心。[1]

从主张在旧城以西建设行政中心区到"集中在平安里、东四十条、菜市口、磁器口围合的范围内形成行政中心"，陈占祥作出了妥协。

回忆起这段往事，陈占祥仍能感受到当时的压力。"我与华揽洪在城墙的问题上发生争论，后来领导知道了，派人来调查，开座谈会，说你们争吵保不保城墙，城墙的问题实际上是你们阶级感情的问题。这很吓人啊！所以一下子我被孤立起来了，跟我做规划的3个人，这一下就散了。"[2]

1999年6月，已定居巴黎22年的华揽洪，以87岁的高龄抵北京参加第20届世界建筑师大会，与笔者谈起这段往事，他的感受与陈占祥有很大不同："'梁陈方案'体现了梁思成的一个思想，就是想原封不动保留古城，作为一个历史城、博物馆城，认为要是中央机构放进旧城，里面就太多了，于是另开一个市中心，把行政中心区放在西边。这我不同意。苏联专家的意见许多我不同意，但有一点同意，就是他们提出北京格局强烈，轴线强，应沿着轴线、格局发展。"

[1] 董光器，《北京规划战略思考》，中国建筑工业出版社，1998年5月第1版。

[2] 陈占祥接受笔者采访时的回忆，1994年3月2日。

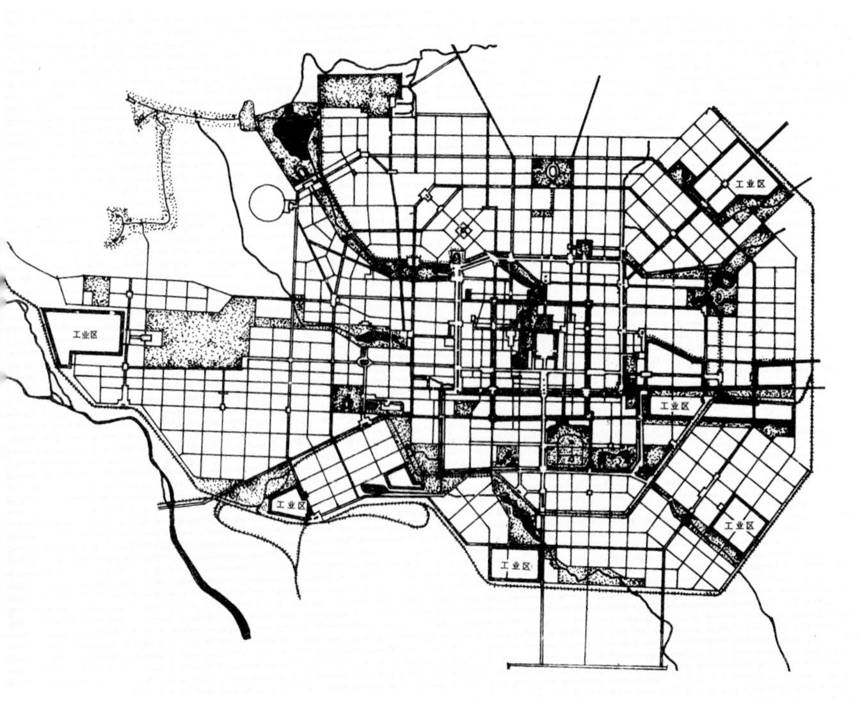

北京市总体规划(乙方案)。(来源:《建国以来的北京城市建设》,1986年)

甲方案中行政办公区分散建设的想法,与华揽洪的法国情结有关。他向笔者追忆道:“我当时觉得中央的行政各部门,没有必要集中在一个地区或一条街上,这可能受巴黎的影响,巴黎就是外交部在这儿,内务部在那儿。当时,我觉得分散一些,人流不那么集中,各区中有一个重点建筑物和机构,可以丰富各个区。”

关于城墙的存废,华揽洪说:“我父亲华南圭主张全拆,梁思成主张全保,我主张拆一半。我认为,要使城内外打成一片,只从交通上看,开几个豁口就够了;但从体形上看,整个城墙的存在,等于把旧城与发展的部分隔开了;而从城墙总的形状看,又不能全拆掉。”[3]

华揽洪对“梁陈方案”有这样一层理解,即梁、陈二位希望“原封不动保留古城”,这至今仍代表了建筑学界不少人的观点。

发生这样的判断,起因于梁思成将北京城比喻为“中国的博物院”,而这后来被批评者指为“使北京旧城原封不动的成为‘中国的博物馆’”,[4]“现代化新城与破旧落后的旧城长期共存,说不过去;旧城62平方公里,不是一个小城堡,原封不动地保留成为一个博物馆和文物区也是不可能的。”[5]

当年与梁思成在都市计划委员会共事的陈干,在晚年仍然评论说:把旧北京封存起来当建筑艺术陈列馆,听起来的确动听,但做起来却寸步难行。不说别的,光说垃圾这一项,当陈列馆的设计就是空中楼阁。当年东西长安街的南侧,垃圾堆有两层楼高,远远望去如同城墙。如果按照梁公的方案,集中精力去

[3] 华揽洪接受笔者采访时的回忆,1999年6月22日。

[4]《北京市城市建设总结草稿(摘录)》,1962年12月15日,载于《建国以来的北京城市建设资料》(第一卷 城市规划),北京建设史书编辑委员会编辑部编,1995年11月第2版。

[5]《建国以来的北京城市建设》,北京建设史书编辑委员会编辑,1986年4月第1版。

开辟新区，把旧城封存作艺术陈列馆，古建筑固然精美，但在垃圾堆和污泥浊水上欣赏，于中国人的脸面上又能有多少光彩？[1]

吴良镛、刘小石为梁思成作了辩解："对于北京旧城的改造他并不是主张一切都保留原状。用他的话说就是：不是连'泰山石敢当'那块界石都不准动。而是为适应新的需要进行改造，而又力求保存有价值、有意义的历史面貌，不要弄得面目全非，破坏其珍贵的历史价值。"[2]

事实上，梁思成远远没有"僵化"到连那堆垃圾也不能动的程度。1952年12月，他在科普出版社出版的《人民首都的市政建设》一书中，为北京市建国3年以来清运垃圾、整治水系、改变"晴天是个香炉，雨天是个墨盒"的街巷状况，在卫生工程、交通工程等方面取得的成就而赞叹，并称："今天所已经完成的，事实上已是史无前例的市政建设，但比起将来的远景，实在只是一个极微小的开端而已。"

1957年7月14日，他又在《人民日报》发表文章说："在北京解放后的一年中，从城里清除了明、清两朝存下来的三十四万九千吨垃圾，清除了六十一万吨大粪。这是两件小事，却是两个伟大的奇迹，是令我们可以自豪的两件伟大的小事。"[3]

梁思成遗孀林洙[4]还记得当年他为自己的辩护：

思成说："他们认为陈列馆就是把北京当古董保存起来，我没有这个意思。我和陈占祥共同拟的《关于中央人民政府行政中心区位置的建议》，就是考虑到北京将是新中国的首都，是要发展的城市。有人批判我的规划思想是立足于古城的保护，而不立足于北京城的发展。对北京这样全世界独一无二的古城，它的规划当然要立足于古城的保护，而规划工作本身正是由于北京市发展的需要。如果不考虑北京的发展，也就不必去搞什么发展规划了。我绝不是认为保护古城，旧城就一点不能动了。像龙须沟这样的地区当然必须改造，但是像西长安街上金代的庆寿寺双塔，为什么一定要把它拆掉？为什么不能把它保留下来，作为一个街心小绿地看一看，如果效果不好再拆还不迟嘛。莫斯科红场前的道路就在离红场不远处，为避开一个古建筑拐了个弯，这就是尊重历史。"[5]

但是，"梁陈方案"在一些人的眼里，成了"僵化"与"守旧"的代名词。

富有戏剧性的是，由华揽洪、陈占祥分头主持的甲、乙两个方案，虽然已与"梁陈方案"相去甚远，却也遭遇到类似的"误读"。

在向市政建设局及中共北京市各区委征求对甲、乙两方案的意见时，绝大部分人主张拆掉城墙，认为要保护古物，有紫禁城就够了。并提出"中央主要机关分布在内环，[6]将党中央及中央人民政府扩展至天安门南，把故宫丢在后面，并在其

[1] 《陈干文集——京华待思录》，北京市城市规划设计研究院编，1996年。

[2] 吴良镛、刘小石，《〈梁思成文集〉序》，载于《梁思成文集》（一），中国建筑工业出版社，1982年12月第1版。

[3] 梁思成，《我为什么这样爱我们的党？》，《人民日报》，1957年7月14日第2版。

[4] 梁思成与林洙于1962年6月17日结婚。——笔者注

[5] 林洙，《建筑师梁思成》，天津科学技术出版社，1996年7月第1版。

[6] 内环，即一环路，指北京旧城内连接菜市口、新街口、北新桥、蒜市口的环形道路。——笔者注

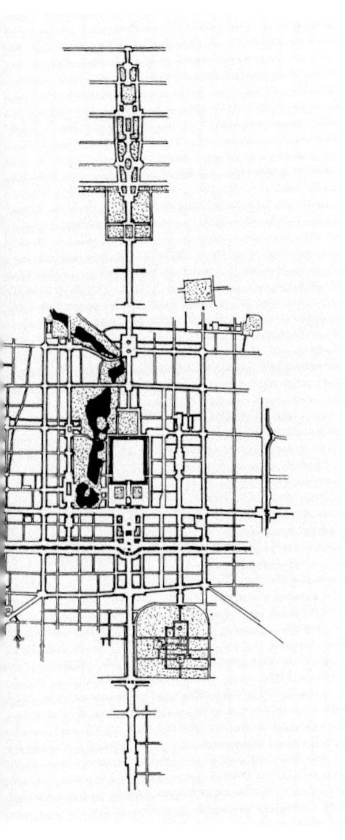

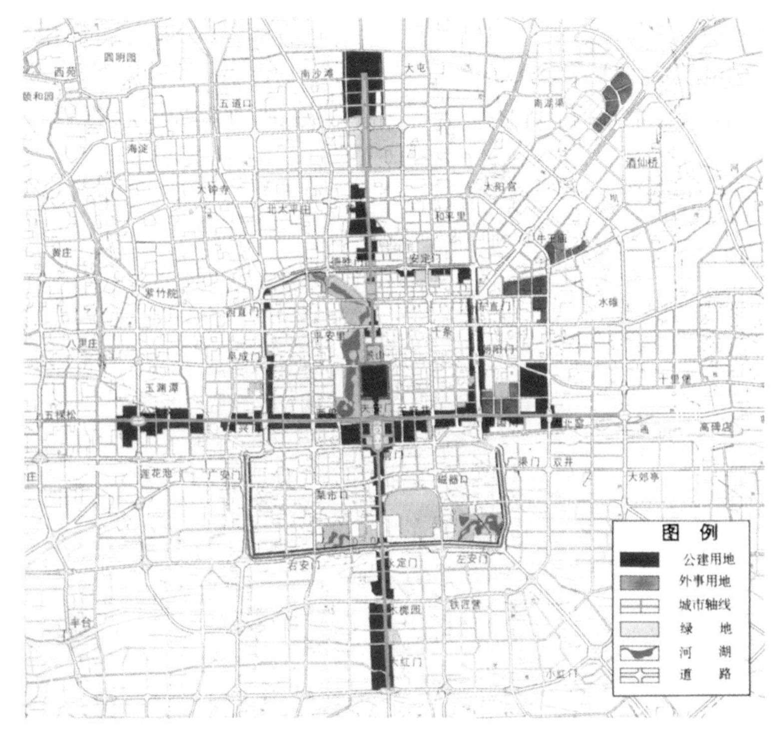

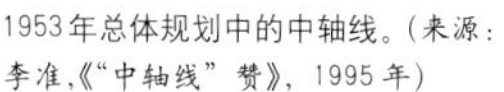

1953年总体规划中的中轴线。（来源：李准，《"中轴线"赞》，1995年）

北京市区调整改造图（1991—2010年）中可见城市中轴线的延伸。（来源：《北京城市总体规划》，1992年）

四周建筑高楼，形成压打之势"。[7]

1953年8月，梁思成奉命代表都市计划委员会向北京市人民代表汇报了甲、乙两个规划方案。

与梁思成以往的观点比较，能够看出这是一个具有妥协性的发言。他接受了中央行政区在天安门广场附近建设的"事实"，也接受了"城市建设是为生产服务的"的提法；在建筑高度问题上，他也退了一大步，不再坚持大部分房屋应是两三层的，提出有的建筑也可以盖到四五层、六七层，个别地区也可以有计划、有限度地盖到十几到二十几层。

但是，他强调必须要有通盘的计划与设计，"一个城市也可以说是一个庞大的'工厂'，假使计划得不好，它会影响到它的'生产'和'工人'的健康的。"[8]

他表现了一种现实主义的态度。在"梁陈方案"中，他与陈占祥提出以西郊中央行政中心区为核心，设计新的城市中轴线的设想。而在这次发言中，眼看中央行政区要在旧城里面建设了，为形成城市优美的空间秩序，他转而提出保持和发展旧城中轴线，向南延伸至南苑，在永定门外建设一个特别客车分站，主要任务是"作为各地和各国来北京的贵宾和代表团的出入站。贵宾代表们在永定门下了火车，或从南

[7]《有关市政建设局及各区委对北京市总体规划草图甲乙两方案的意见》，1953年7月17日，转引自高亦兰、王蒙徽，《梁思成的古城保护及城市规划思想研究》，《世界建筑》杂志，1991年第1至5期。

[8] 梁思成，《关于首都建设计划的初步意见》，未刊稿，林洙提供。

苑下了飞机，可以坐着汽车，顺着笔直的马路，直达天安门广场。这样的计划就更加强调了现有的伟大的南、北中轴线”。[1]

这个主张后来被苏联专家巴拉金画入北京城市规划总体构图之中，成为北京坚持至今的一项市区布局原则，被认为“找出了既保护好旧城原有格局又发展原有规划思想的关键所在”。[2]

可是，梁思成的让步，也未能使甲、乙两个方案得到理解与支持。有关部门的领导认为它们“在有些问题上和党对改造与扩建首都的意见不一致，如何对待城墙与古建筑，工业区分布与道路宽度等许多重大原则问题上争议分歧很大”。因而都没有被通过。[3]

在梁思成作上述发言之前，1953年6月，中共北京市委成立了一个规划小组，聘请苏联专家指导工作，在党内研究北京的规划问题，对甲、乙方案进行综合修改，提出总体规划。梁思成、陈占祥、华揽洪从此不再参与总体规划的编制。

这个小组在动物园畅观楼办公，被大家称为“畅观楼小组”。11月，“畅观楼小组”提出《改建与扩建北京市规划草案的要点》，中共北京市委同时写出报告，上报中央。

北京市委向中央提出报告，介绍了规划草案的制定过程：

从一九四九年起，本市都市计划委员会即着手进行首都的规划工作。当时苏联专家阿布拉莫夫、巴兰尼克夫等同志曾提供许多宝贵意见，批判了“废弃旧城基础，另在西郊建设新北京”以及“北京不能盖高楼”等错误思想。几年来，都市计划委员会也做了许多准备工作，对北京的规划进行了多次讨论，并在今年春天，提出了两个规划草案。由于都市计划委员会的某些技术干部，在有些问题上和我们改建与扩建首都的意见不一致，尤其是在对待城墙与古建筑物的问题上，各方面议论纷纷，分歧很大。为了及早制订一个规划方案，以适应首都建设的迫切需要，并为了在讨论与研究过程中避免引起一些无谓的争论，在今年六月下旬，我们又指定了几个老干部，抽调少数党员青年技术干部，在党内研究这个问题。市府有关各局的党员负责干部都参加了研究，在都市计划委员会所提出的两个方案的基础上，制订了这个规划草案——这是第三次修正草案。[4]

《改建与扩建北京市规划草案的要点》是中共北京市委第一次上报中央的城市规划意见，它对北京城作出这样的评价：

北京是我国著名的古都，在都市建设及建筑艺术上，它一方面集中地反映了伟大中华民族在过去历史时代的成就和中国劳动人民的智慧，具有雄伟的气魄和紧凑、整齐、对称、中轴线明显等优点，但另一方面，也反映了封建时代低下的生产力和封建的社会制度的局限性。它是在阶级对立的基础上发展起来

[1] 梁思成，《关于首都建设计划的初步意见》，未刊稿，林洙提供。

[2] 李准，《“中轴线”赞——旧事新议京城规划之一》，载于《北京规划建设》，1995年第3期。

[3] 高亦兰、王蒙徽，《梁思成的古城保护及城市规划思想研究》，载于《世界建筑》杂志，1991年第1至5期。

[4] 《改建与扩建北京市规划草案的几个问题》，载于《行程纪略》，北京出版社，1994年8月第1版。

的，它当初建设的方针完全是服务于封建统治者的意旨的。它的重要建筑物是皇宫和寺庙，而以皇宫为中心，外边加上一层层的城墙，这充分表现了封建帝王惟我独尊和维护封建统治、防御农民“造反”的思想。

在行政中心区位置的问题上，《规划草案的要点》明确提出设在旧城中心区：

北京是我们伟大祖国的首都，必须以全市的中心地区作为中央首脑机关的所在地，使它不但是全市的中心，而且成为全国人民向往的中心。

把城市的中心区扩展到新街口—菜市口—蒜市口—北新桥这一环，作为中央及市级的主要领导机关所在地（但不是所有领导机关都集中在这个地区，同时在这个地区亦要有必要的服务性企业、学校和住宅分布其中）。将天安门广场加以扩大，东起原东三座门，西起原西三座门（现有十一公顷，须扩大两倍到三倍左右），在其周围修建高大楼房作为行政中心。将中南海往西扩大到西黄城根一线，作为中央主要领导机关所在地。

《规划草案的要点》特别强调了在北京发展大工业的重要性：

我们的首都，应该成为我国政治、经济和文化的中心，特别要把它建设成为我国强大的工业基地和技术科学的中心。现在北京最大的弱点就是现代工业基础薄弱，这是和首都的地位不相称的，是不利于首都的社会主义建设和社会主义改造工作的，也是不利于中央各工业部门直接吸取生产经验来指导工作的。因此，在制定首都发展的计划时，必须首先考虑发展工业的计划，并从城市建设方面给工业的建设提供各项便利条件。

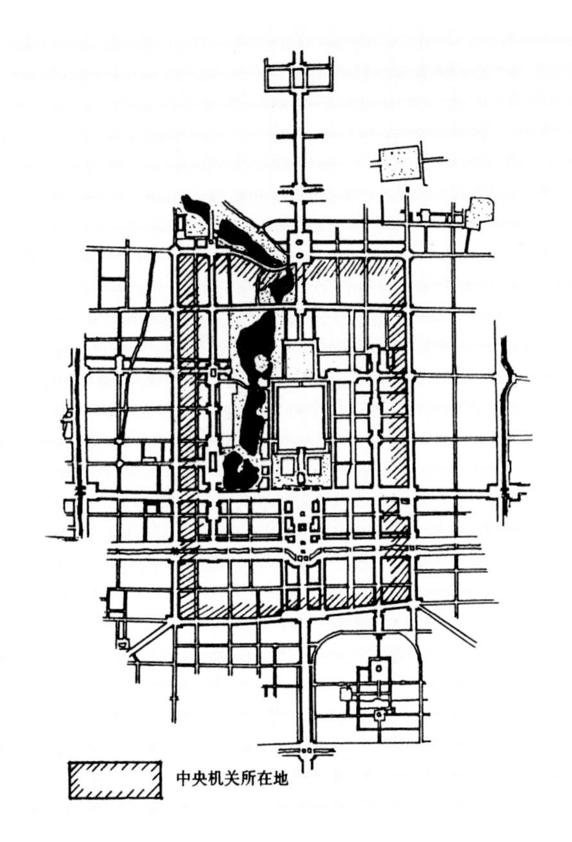

1953年规划中的中央机关所在地（行政中心）。（来源：李准，《“行政中心”析》，1995年）

如何改造旧城？《规划草案的要点》提出“要打破旧的格局所给予我们的限制和束缚”：

在改建和扩建首都时，应当从历史形成的城市基础出发，既要保留和发展它合乎人民需要的风格和优点，又要打破旧的格局所给予我们的限制和束缚，改造和拆除那些妨碍城市发展的和不适于人民需要

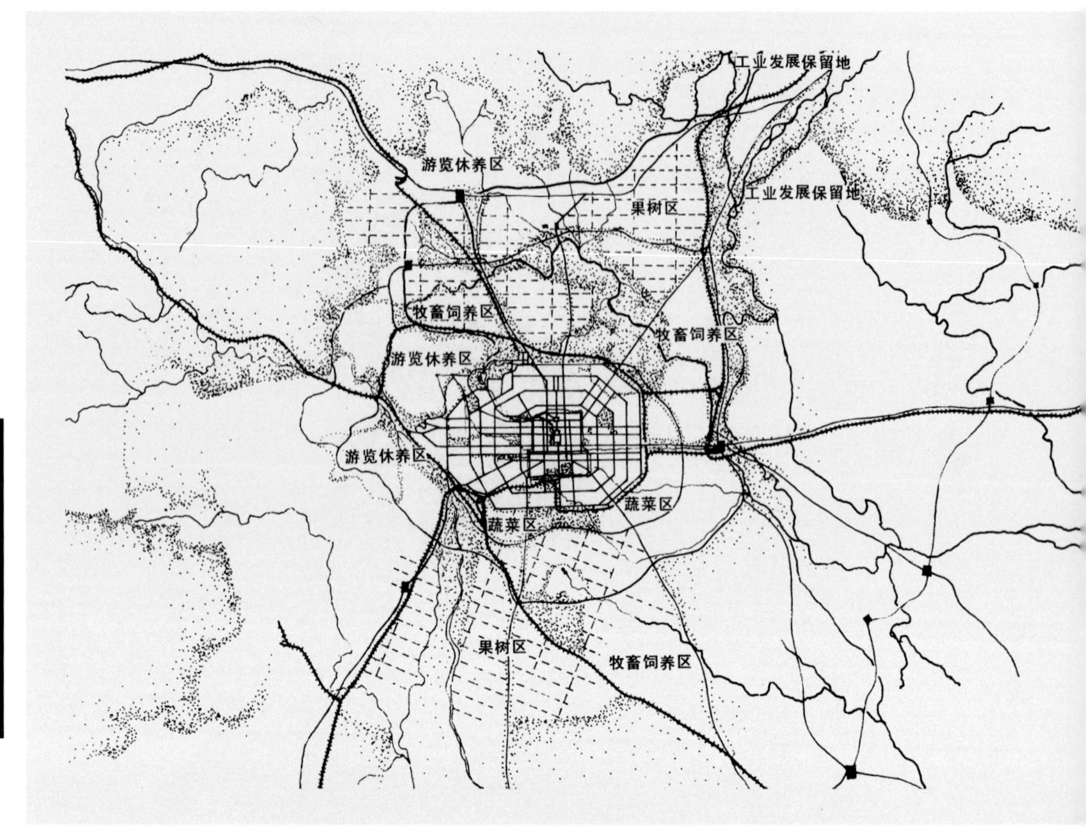

北京市规划草图——郊区规划(1954年修正稿)。(来源:《建国以来的北京城市建设》,1986年)

的部分,使它成为适应集体主义生活方式的社会主义城市……对于古代遗留下来的建筑物,我们必须加以区别对待。对它们采取一概否定的态度显然是不对的;同时对古建筑采取一概保留,甚至使古建筑束缚我们的发展的观点和做法也是极其错误的。目前的主要倾向是后者。[1]

关于城墙的存废,报告称,“关于城墙是否保留以及对某些古代建筑物的处理办法,一向争论很多,这次尚未作具体规划”。

持续近三年的中央人民政府行政中心区位置及北京城市发展方向的争论,就这样被研究解决了。

这意味着,“梁陈方案”寿终正寝。

对北京市委另起炉灶搞规划,梁思成、陈占祥表示不满,同样被排斥在外的华揽洪心情也不平静。

1954年5月29日,薛子正秘书长在都市计划委员会召开座谈会,梁、陈、华三位的发言火气甚大。以下内容是根据梁思成工作笔记整理的。

陈占祥说,他已不知规划工作如何做了,自己是谈得多,做得少,与资产阶级思想有关。他与华揽洪是建筑思想不统一,但有具体工作时较好些,他们合作的月坛南街就做得痛快,否则影响团结。几年来他采取分散的原则编制规划,当时

[1] 《改建与扩建北京市规划草案的要点》,载于《建国以来的北京城市建设资料》(第一卷 城市规划),北京建设史书编辑委员会编辑部编,1995年11月第2版。

也是必需的。以后建设宿舍、住宅，应以市民为对象，干部亦应当作市民看。拨地要先做好规划，争取主动。他对市委的意见是，做了小的，未做大的。市委做了许多具体规划，但这是小的，大的是计划部分，应把总的方针任务更多地明确一下，这样对工作的帮助可能更大一些。

华揽洪随后发言，提出规划编制工作的问题是指导思想不明确，当前与远景的关系应该有所分析，革命也要分步骤、看情况。例如，规划的年限问题，苏联是15年到20年，我们应该伸缩性大些，20年到30年。可是去年的规划草案一提20年，二提还是20年，这是如何决定的？应该解释一下。又如，复兴门外的果木园，城区内不是必需的，可灵活使用，但秘书长不同意，又未解释，工作思想不明确。又如，甲、乙方案编制之后，拟做丙方案，但做了交秘书长，无下文。许多重要建筑今天尚无条件做，今天最好的，明天是次好的，应将建筑质量明确认识一下。甲、乙方案无论在深度上或与建设工作的联系上，都是走了第一步，方案出去后，总图搬到市委去了。市委也未继续，似停下来了。在建筑艺术问题上，如何处理政治领导与创造者的关系？创作不能脱离领导意图，领导至少反映部分群众意见，但可能有部分个人趣味。自己对集体创作体会不深，感到领导指示太具体，不如让建筑师自己改。在工作中，自己是想伟大光荣的，但整个的热情不够。

薛子正解释道，目前情况下，明

北京市规划草图——总图（1954年修正稿）。（来源：《建国以来的北京城市建设》，1986年）

知要浪费，明知要牺牲，但也不能跳过这一步。今后要加强都市计划委员会工作，规划与设计要统一起来；都市计划委员会与市建设局应合并为首都建设委员会；市委设总体规划处，设计与局部规划合一。

梁思成在发言中说，他对把规划编制工作拿到党内做的方式很有意见，目前工作中最大的困难是没有政策、没有领导，经济建设情况也不知道，只好道听途说，希望得到明确指示，因为自己直到今天仍不知计划。在这样的情况下，审查建筑方案，是狗咬耗子不解决问题，在都市计划委员会内部，他与薛子正的意见又不一致。现在都市计划委员会已不起作用了。自己的思想状况是，1949年不知请示、报告，不知依靠党，热情但主观；1950年生病休养，与实际脱节；1953年6月以后，对规划编制工作插不进手，自己也就知难而退了。“畅观楼小组”是脱离实际，脱离群众。

都市计划委员会企划处黄世华的发言，点到了梁、陈、华三位的痛处。他说，1949年梁思成主张行政中心在城外，与苏联专家不一致，是否影响了梁思成的工作？华揽洪来后，陈、华意见不一致，影响总图工作。甲、乙方案提出后，总图又转到市委做，是否因陈、华意见不一致，故如此做？影响干部情绪。[1]

梁、陈、华三位的不满情绪，经过一段时期的蓄积，在三年后的整风运动中爆发出来，并引发一场触目惊心的故事。这是后话。

[1] 梁思成工作笔记，1954年5月29日。林洙提供。

新房子盖到哪儿去了

形势的发展并不像梁思成、陈占祥的反对者直到今天还认为的那样——“梁陈方案”不被接受，是由于经济上不可行，“以旧北平市而言，1949年的国民生产总值只有3.8亿元，国民收入仅1.9亿元，失业与半失业者超过30万人，像龙须沟那样的贫民窟数以十计——那里的居民生活在水深火热之中。如果在这种情况下中央提出来要在那一片空地上大兴土木，建设国家新的行政中心，不但经济上力不从心，政治上亦将丧失民心，所以事情是不能这样做的。”[2]

事实上，定都北京后的几年间，政府机关并未停止过建设，规模也不小。从梁思成当年给周恩来及北京市领导写的信中，均可见一斑。那么，在实践中，这些大楼建在旧城内经济还是建在旧城外经济呢？

历史档案向人们解答了这个问题——

1954年5月，北京市建筑事务管理局局长佟铮在华北城市建设座谈会上，介绍了解放以来北京的城市建设情况，深为许多单位不愿进城而苦恼。

他说：“解放以后的新建筑有三

[2] 《陈干文集——京华待思录》，北京市城市规划设计研究院编，1996年。

分之二建在了郊外，最远的离天安门16公里。看来不符合‘城市的扩建或改建应由近及远、由内向外的紧凑发展’原则。但当时客观上存在着不少问题。”

佟铮提出的首要问题是“拆房问题”：“1952年国家政务院曾明令公布，要求建设不能影响市民居住。而北京市建筑密度平均为46%，最高的达70%。要拆房不可能不影响市民居住。其次是建设单位怕麻烦、怕花钱、怕耽误时间，情愿去郊区建。”

他还举出：“建设单位申请建筑用地，往往要求用地大，地点地形合适和风景好，还要省事：不拆房，不垫土，土地拿过来就能用并且要保留大片发展用地。如军委复外用地，在1953年前，连办公室、宿舍等用房也要求保留发展用地。因此，造成全市的新建筑稀稀落落，星罗棋布。”“到1953年底，新建筑在城内的仅占三分之一，而且多藏在小胡同里，致使人们有‘不知道新房子都盖到哪里去了’的反映。”[3]

可见，当时在旧城人口与房屋已相当密集的情况下，大规模改造旧城并兴建行政办公楼所涉及的房屋拆迁问题，由于“麻烦”、“花钱”、“耽误时间”，而被许多单位视为畏途，于是许多部门“情愿去郊区建”。

在同年10月16日国家计委就北京市委《改建与扩建北京市规划草案的要点》向中央提交的报告中，也有这样的表述：“改建旧城区的主要困难之一，是拆迁与安置居民的问题。旧城内大部分地区建筑密度与人口密度过高。改建时须拆除建筑物与迁移居民的数目很大。据粗略估算，建筑一百万平方公尺的七层楼房，需拆除旧房屋十八万至二十万平方公尺，迁移居民大约二万至三万人。这不仅要解决迁移居民的居住问题，而且要影响其中许多人的职业问题（如手工业者、商贩等）和生活问题（如子女就业等），这是一个重大的社会问题。所以，以往几年北京市扩建多于改建，是有它的客观原因的。”[4]

1956年10月10日，彭真在北京市委常委会上发言说：“一直说建筑要集中一些，但结果还是那么分散，这里面有它一定的原因，有一定的困难。城内要盖房子，就得拆迁，盖在城外，这方面的困难会少一些。”[5]

而在1958年6月23日，北京市委关于北京城市建设总体规划初步方案向中央提交的报告中，也有这样的表述：“从1954年起，开始在西长安街、朝阳门大街、宣武区西半部进行重点改建。由于拆房过多，安置居民困难很多，费用也大，从1956年下半年起，就基本停止了改建。有些高等学校和中小型工厂，本来放在城内是合理的，但是要拆大量房子（例如1952年至1953年间，在西北郊兴建的钢铁、矿业等十个学院，就用地六百多公顷，相当于三十个中山公园，如果拆房修建，就

[3]《1954年前后的北京建筑管理工作》，载于《党史大事条目》，北京城市规划管理局、北京市城市规划设计研究院党史征集办公室编，1995年12月第1版。

[4]《国家计委对于北京市委〈关于改建与扩建北京市规划草案〉意见向中央的报告》（摘录），1954年10月16日，载于《建国以来的北京城市建设资料》（第一卷　城市规划），北京建设史书编辑委员会编辑部编，1995年11月第2版。

[5] 彭真，《关于北京的城市规划问题》，1956年10月10日，载于《彭真文集》，人民出版社，1991年5月第1版。

需拆房十八万间左右),只好在城外建设。同时，为了尽量少拆房子，城内改建多是选择房屋密度低、质量差的地段，因而也就形不成比较完整的新街道和住宅区。”[1]

1962年，北京市对建国以来13年城市建设进行总结，在解释“旧城改建速度缓慢”时，举出理由：“鉴于旧城空地基本占完,改建将遇到大量拆迁，国家财力有限，改建速度不可能太快。”[2]

[1]《北京市委关于北京城市建设总体规划初步方案向中央的报告（摘录）》，1958年6月23日，载于《建国以来的北京城市建设资料》（第一卷 城市规划），北京建设史书编辑委员会编辑部编，1995年11月第2版。

[2] 董光器，《北京规划战略思考》，中国建筑工业出版社，1998年5月第1版。

当年“梁陈方案”的反对者，还有一个理由，即认为在旧城内建设行政中心,可利用原有的基础设施，因而是经济的。

可是，当时旧城的基础设施，排水系统多为明清留下来的，自来水、电力等也只是在民国时期初步发展，要对这些设施进行“利用”，也必须加以改造或新建，同样需要花钱。事实上，许多办公大楼进入旧城之后，基础设施接济不力，已成为一大问题。在北京市1962年对新中国成立以来13年城市建设的总结中，就有这样的记载：

城区改建中，市政建设与房屋建筑的配套发展还不够，其中最突出的问题是，有些地方盖了一些大楼，但没有埋设相应的供水干管，造成供水紧张。例如，朝内大街、猪市大街两侧盖了许多大楼，如冶金部、文化部、华侨大厦等，用水量较原来平房用水成倍增长，但仍使用原有管径为100毫米的管道供水，因而形成由王府井大街北口到南小街的区域性供水压力下降，勉强维持二层楼房有水。全城区在用水高峰季节供水压力不足的建筑约有350万平方米左右。城区还有不少严重积水地点，有不少道路卡口交通不畅，热力煤气管道还只是开始建设，远不能满足需要。另一方面，城区已经埋设了大量的市政地下管线，到1961年底约有1750公里，相当于解放初期的四倍。在许多地方，为了少拆房，把管线埋设在原有胡同和窄小的便道下，造成管线曲折，将来成片改建时，有些管线还很可能要废弃掉。目前大部分能埋设管线的便道和胡同下面都已挤满了管线，近期再要埋设较大的地下管线势必要拆房或者掘路。[3]

[3]《北京市城市建设总结草稿（摘录）》，1962年12月15日，载于《建国以来的北京城市建设资料》（第一卷 城市规划），北京建设史书编辑委员会编辑部编，1995年11月第2版。

“梁陈方案”对上述问题已有预见。

梁思成与陈占祥列出在城内建造政府办公楼的费用有7项：1.购买民房地产费；2.被迁移居民的迁移费（或为居民方面的负担）；3.为被迁移的居民在郊外另建房屋费，或可鼓励合作经营（部分为干部住宅）；4.为郊外居民住宅区修筑道路并敷设上下水道及电线费；5.拆除购得房屋及清理地址工费及运费；6.新办公楼建造费；7.植树费。

他们同时列出在城外月坛与公主坟之间建造政府行政中心的4项费用：1.修筑道路并敷设上下水道及电线费；2.新办公楼建造费；3.干部住宅建造费；4.植树费。

两相比较，不难看出，在新区建设房屋要比在旧城内经济许多。

对于利用旧城区的水电等基础设施问题，两位学者认为：在城外建设行政中心区，“不增加水电工程上的困难而是发展”，“不必改良修理已过分不适用及过分繁复的旧工程系统”，“现在城内的供电线路已甚陈旧，且敷设不太科学；自来水管直径已不足供应某些地区（如南城一带）的需要；下水道缺点尤多。若在城外从头做起，以最科学的，有计划的，最经济的技术和步骤实施起来，对于北京的水电下水道都是合理的发展。”[4]

事实上，直到今天，仍然是建新区比改旧城少花钱。现在，北京市旧城区危改的征地拆迁费约占危旧房改造区开发成本的50%以上。其中，仅拆迁安置用房费用就占45%左右；而在新区建设中，征地拆迁补偿约占成本的14%左右，要低得多。[5]

50年的实践证明，对“梁陈方案”的否定，也并没有如人们想象的那样把天安门广场附近建成“行政中心区”。在长安街上建设部委办公楼是北京市历次总体规划提出的设想，但由于拆迁等实际困难，在那里建成的部委办公楼并不多，而不少单位却占据了文物建筑，如全国政协占用并搬迁了顺承郡王府，教育部占用了郑王府，军委办公厅服务处占用了大高玄殿等。对于政

北京旧城办公用地状况图。（来源：张祖刚，《北京旧城保护规划几个原则问题的探讨》，1982年）

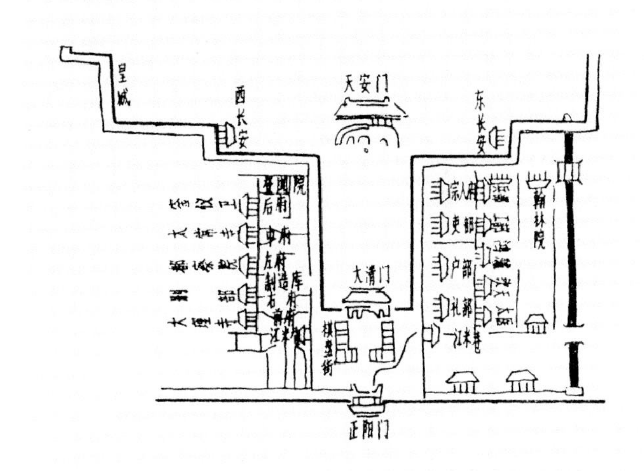

清“五府六部”机构布置图。（来源：张祖刚，《北京旧城保护规划几个原则问题的探讨》，1982年）

[4] 梁思成、陈占祥，《关于中央人民政府行政中心区位置的建议》，载于《梁思成文集》（四），中国建筑工业出版社，1986年9月第1版。

[5] 李坚，《加快北京市的住房商品化进程关键在于理顺北京市商品房价格构成，规范管理手段》，1997年8月28日，北京市政协提供。

府机关建设出现的严重分散的现象，原国家经委曾流传一个顺口溜："二三六九中，全城来办公！"抱怨国家机关分散在二里沟、三里河、六铺炕、九号院和中南海5个地方，机关工作十分不便。

而这些现象正是当年"梁陈方案"极力避免的。

其实，即使是以北京市现在的经济实力，要进行大面积的旧城改造也是非常困难的。而在20世纪50年代的经济条件下，北京市仅能集中力量完成龙须沟改造这样的小型"样板工程"，对其他房屋则只能采取"充分利用"的办法。但是，在急于进行大规模旧城改造的思想支配下，传统四合院居住区被判了"死刑"，房管部门和居民普遍忽视对原有旧建筑物的维修与保养，导致破旧危房面积不断增加。

解放以来，经过1958年的经租[1]及六七十年代的"文化大革命"，四合院被挤入大量人口，许多单位或居民在四合院空地上搭建平房或增建简易楼房，结果，四合院逐渐成了大杂院，危房也大幅度增加。1974年的一次大雨竟然倒塌旧城房屋四千多间，可见当时危房问题的严重程度。

据文献记载，解放初期，北京旧城内共有房屋1700多万平方米，其中住宅1100万平方米，绝大多数为平房。当时危房只有80多万平方米，仅占房屋总量的5%左右，其中住宅约60万—70万平方米。根据1990年北京房管部门的统计，旧城内平房总量为2142万平方米，其中危房1012万平方米，占平房总量的50%左右。[2]

如果改造旧城是经济的，并能够迅速完成的，就很难解释这一窘境。

实际情况是，当年一些挤到旧城来建设的单位，为降低建设成本、保证进度，不得不以较低的标准来拆迁安置居民。在20世纪50年代北京旧城的大规模改建中，大量居民被拆迁到在左安门外、右安门外等地搭建的简易平房区里。直到20世纪80年代，这些地区才被政府纳入改善的范围，有的地方的改造今天才刚刚开始。

"澳大利亚首都堪培拉1911年就规划好了，那个时候它也是没钱呀，但人家规划好以后逐步实现了。"林洙说，"'梁陈方案'你可以一点点盖啊，你在东西长安街上建办公楼不也是这样吗？不也是到现在也没有盖完吗？"[3]

陈占祥则引用一句西方谚语对此加以评论："罗马又不是一天盖出来的。"[4]

[1] 即对城市私人出租房屋进行的社会主义改造。基本政策原则是，改造的起点城区为15间或建筑面积225平方米以上的出租房屋；郊区为10间或120平方米以上的出租房屋。改造的形式是由国家经租，即纳入改造范围内的私房由国家统一经营收租、修缮，按月付给房主相当原租金20%至40%的固定租金。对房主的自住房一般维持现状，原自住房较少的给予适当增加。到1966年9月不再发给固定租金。至此，经租的房屋全部被划为全民所有制的房产。——笔者注

[2] 方可，《探索北京旧城居住区有机更新的适宜途径》，清华大学工学博士学位论文，1999年12月。

[3] 林洙接受笔者采访时的回忆，1994年7月5日。

[4] 陈占祥接受笔者采访时的回忆，1994年3月2日。

“大屋顶”辩

张开济的两次检讨

1952年，在“梁陈方案”确定的行政中心区位置——公主坟至月坛之间，中央“四部一会”办公楼开始大规模建设。当时，这个项目的正式名称叫“三里河行政中心工程”，规划建筑面积大约是现在已建成的9万平方米的10倍，达到八九十万平方米，主楼为国家计划委员会大楼，居行政中心的中央，周围为各部委办公楼。

三里河行政中心工程是1952年开始规划的，两个设计单位被邀请提交规划方案，北京市设计院的方案被苏联专家穆欣选中，该院总工程师张开济成为这项设计的主持人。

此项建设与“梁陈方案”有诸多相似之处。今天，建筑界一些人士仍认为，如果最终的八九十万平方米的政府办公楼建成，中央多数部门的建房问题就可以在这里解决了，旧城内就不必大兴土木了。

三里河行政中心的建设，与毛泽东关于国家机关分散布局的战备思想有关。

1950年10月，抗美援朝战争爆

原计划的三里河行政中心主楼模型。张开济提供。

原计划的三里河行政中心总平面模型。张开济提供。

发，毛泽东下令中央机关分散建设，要“乔太守乱点鸳鸯谱，天女散花”，以防敌机集中轰炸。[1]1954年，中共北京市委向中央提交第一期城市建设计划，其中提出国家机关办公楼项目，分布在三里河、百万庄、朝内大街和西单北大街等多个地点。[2]但这并不意味着行政中心设在旧城的方针被否定，天安门广场及东西长安街仍是中央行政机构的主要建设地点。

在国家机关“大分散”的布局中，三里河只是一块“小集中”。

1949年12月，苏联市政专家组组长阿布拉莫夫在与梁思成、陈占祥辩论时，透露了毛泽东的一项决定：“政府机关在城内，政府次要的机关设在新市区。”[3]1953年8月，梁思成奉命在北京市各界人民代表大会上作《关于首都建设计划的初步意见》报告，也有“次要的行政部门在西郊和新市区”的提法。

可见，三里河行政中心应该是为次要的行政机关建设的。可是，以当时的建设规模与国家计委等部门的规格来看，这项工程又是举足轻重的。

张开济对笔者说，这项工程是当时的国家计委领导人高岗力主兴建的，工程中途下马也与高岗有关。[4]

高岗（1905—1954）是在中国共产党内有很高地位的高级领导干部，新中国成立后担任中央人民政府副主席，同时兼任中共中央东北局书记、东北人民政府主席、东北军区司令员兼政治委员，有“东北王”之称。

从1952年8月到1953年初，中共西南局第一书记邓小平，东北局书记高岗，华东局第一书记饶漱石，中南局第三书记邓子恢，西北局第二书记习仲勋，先后奉调进京担任党和国家的领导职务。其中邓小平为政务院副总理，高岗为国家计划委员会主席，饶漱石为中共中央组织部部长，邓子恢为中共中央农村工作部部长，习仲勋为中共中央宣传部部长。当时的国家计委与政务院平行，直属中央人民政府领导，有“经济内阁”之称。因此，高岗的地位和权力均在其他几位之上，一时有“五马进京，一马当先”之说。[5]

高岗进京之后，三里河行政中心工程就上马了。

陈占祥参与了工程的土地划拨工作，当时他正为民族宫、电报大楼和一些中央机关涌入旧城，在长安街上建设而苦恼。后来，在1957年“反右”运动中，他因参与了三里河行政中心工程，被批判为“打算用偷天换日的办法在三里河地区搞个新中心”，“深切痛恨的是我们贯彻了‘重点改建城区’的方针，而没有执行把市中心区摆到西郊去的‘陈占祥方针’”。[6]

1954年2月6日至10日，中共七届四中全会在北京举行。会议揭露和批判了高岗和饶漱石的反党分裂活动，一致通过毛泽东建议起草

[1] 马句接受笔者采访时的回忆，1999年8月20日。

[2] 李准，《“行政中心”析——旧事新议京城规划之二》，《北京规划建设》，1995年第4期。

[3]《苏联市政专家组组长阿布拉莫夫在讨论会上的讲词（摘录）》，载于《建国以来的北京城市建设资料》（第一卷　城市规划），北京建设史书编辑委员会编辑部编，1995年11月第2版。

[4] 张开济接受笔者采访时的回忆，1998年7月30日。

[5] 林蕴晖，《高岗进京》，载于《百年潮》杂志，1999年第8期。

[6]《建筑学报》，1957年第9期。

三里河行政中心第一期修建部分东西立面草图。张开济提供。

的《关于增强党的团结的决议》。[7] 8月17日，高岗自杀身亡。

同年10月16日，国家计委就中共北京市委《改建与扩建北京市规划草案的要点》向中共中央提交报告，提出停止建设“四部一会”工程，赞同《草案》提出的行政中心区建在旧城的原则，并认为这具有“重大的政治意义”：“一般行政机关的办公房屋及其他重要的公共建筑，似应尽可能地集中在旧城区内建设。例如四个工业部与国家计划委员会的房屋，原来确定在旧城外建设并已建筑了一部分，今后可以停止在城外继续发展，改在旧城建设。这样，几年之后，北京市的面貌就会有很大改变。这不仅是经济问题，并且有重大的政治意义。”[8]

“现在大家都知道‘梁陈方案’，认为它没有被采纳是北京错过的第一次机会。可北京还错过了第二次机会，这就是三里河行政中心工程。”张开济从城市规划的角度评论道，“当时这项工程只盖出了西南的一个角，只有9万平方米，即现在的‘四部一会’。这个地方的建筑设计水平怎么样，我不说，但要是这样盖下去，政府机关就出来了，等于

[7]《中国共产党历史大事记》(1919·5—1990·12)，中共中央党史研究室编，人民出版社，1991年9月第1版。

[8]《建国以来的北京城市建设资料》(第一卷 城市规划)，北京建设史书编辑委员会编辑部编，1995年11月第2版。

三里河“四部一会”办公楼群西立面。张开济提供。

三里河"四部一会"办公楼群中未能修建"大屋顶"的建筑。张开济提供。

整个政府西移了，长安街上不见得都盖部委楼了。"[1]

后来，张开济为这项工程作了两次检讨。"一次是因为建筑采用了大屋顶。这是苏联专家要加的，我一开始设计的是改良了的屋顶，没这么大。苏联专家要求做大，就成了这个样子。1955年国内建筑界曾吹起了一个以批判大屋顶为主的反浪费运动。这时候快要竣工的'四部一会'的建筑群由于具有一定的民族形式又'在劫难逃'了。当时两幢配楼已经完全竣工。剩下一幢主楼的大屋顶尚未盖顶，不过大屋顶所需琉璃瓦都已备齐并且运到顶层了。于是是否要完成这最后的大屋顶就成了一个问题。作为该工程的主持人，我当然就不能不表态，可是我刚在《人民日报》发表文章检讨了自己作品中搞复古主义的错误。若是要坚持盖这个最后的大屋顶，就怕人家批评我口是心非，言行不一。于是就违心地同意不加大屋顶，并设计了一个不用大屋顶的顶部处理方案，一个自己也很不满意的败笔。后来'反浪费运动'已经时过境迁了。许多同志，其中包括彭真同志看到这个'脱帽'的主楼都很不满意，批评我当时未能坚持原则，这个批评我倒是愿意接受的。不过当时我个人即使坚持了，这个大屋顶可能也是'在劫难逃'的，因为李富春同志当时既主管这个工程，同时又领导'反浪费运动'，因此他在大屋顶这个问题上，也必须以身作则，只好大义灭'顶'了。

"总之，为了'四部一会'工程，我先是检讨自己不该提倡复古主义，后来又反省自己在设计中缺乏整体思想，不能坚持原则，来回检讨，自相矛盾，内心痛苦，真是一言难尽！"[2]

[1] 张开济接受笔者采访时的回忆，1998年7月30日。

[2] 张开济，《从"四部一会"谈起》，《建筑报》，2000年4月4日第11版。

中国传统与现代主义

在建筑语言中，屋顶有平顶和坡顶之分，并无“大屋顶”之说，但自从1955年展开了“对以梁思成为首的复古主义建筑理论的批判”[3]之后，这个对中国传统式建筑屋顶带有贬义的称谓，就可以写进教科书了。

新中国成立之后，曾对现代主义建筑极力推崇的梁思成，“突然”成为中国民族风格新建筑的坚定倡导者。这是许多熟悉他过去建筑思想的人难以理解的。

1924年至1927年，梁思成留学美国宾夕法尼亚大学建筑系，受教于著名的学院派大师保罗·菲利蒲·克雷，受到严格的古典主义学院派建筑训练。但是20世纪20年代正是西方现代建筑运动开始蓬勃发展的时期，格罗皮乌斯的“包豪斯”学派已经建立，1923年柯布西埃发表了《走向新建筑》，1919年至1924年期间，密斯·凡·德·罗提出了玻璃和钢的高层建筑示意图。这个形势引起了梁思成的关注。

1928年梁思成创建的东北大学建筑系仍沿用了宾夕法尼亚大学的教学模式，但他已开始思考现代主义建筑的合理性。他的这种思索在1930年他与张锐提出的《天津特别市物质建设方案》中显现端倪：“加强中国旧有建筑以适合现代环境，必有不相符之处”，“所有近代便利，一经发明，即供全世界之享用。又因运输便利，所有建筑材料方法各国所用均大略相同。故专家称现代为洋灰铁筋时代，在这种情况之下，建筑式样，已无国家地方分别，但因各建筑物功用之不同而异其形式。日本东京复兴以来，有鉴于此，所有各项公共建筑，均本此意计划。简单壮丽，摒除一切无谓的雕饰，而用心于各部分权衡proportion[4]及结构之适当。今日之中国已渐趋工业化，生活状态日与他国相接近。此种新派实用建筑亦极适用于中国。”[5]

1935年，他在《建筑设计参考图集序》中，又提出“欧洲大战以后，艺潮汹涌，一变从前盲目的以抄袭古典为能事的态度，承认机械

[3]《建筑学报》，1955年第1期。

[4] 中译为比例。——笔者注

[5] 梁思成、张锐，《天津特别市物质建设方案》，1930年，北洋美术印刷所。

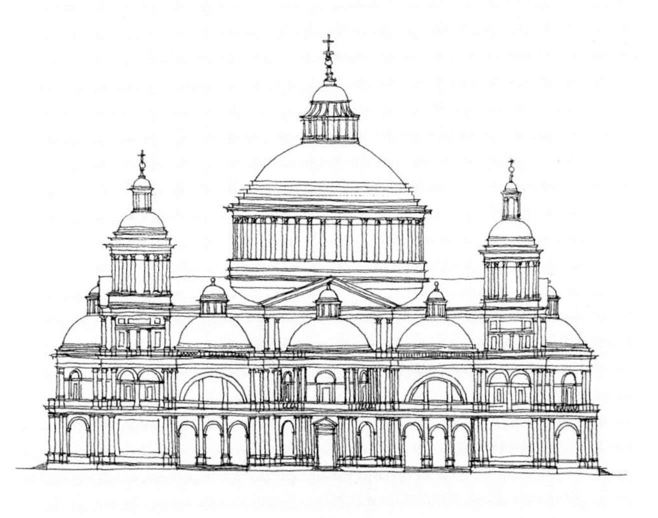

梁思成在美国留学时所绘西方古典建筑钢笔画作业（20世纪20年代）。

柯布西埃1922年绘制的一反古典主义传统、可大量生产的工人住宅。（来源：柯布西埃著、陈志华译，《走向新建筑》，1991年）

北京协和医院。王军摄于2002年10月。

及新材料在我们生活中已占据了主要的地位。这个时代的艺术，如果故意的避免机械和新科学材料的应用，便是作伪，不真实，失却反映时代的艺术的真正价值。所谓‘国际式’建筑，名目虽然笼统，其精神观念，却是极诚实的；在这种观念上努力尝试诚朴合理的科学结构，其结果便产生了近年风行欧美的‘国际式’新建筑。其最显著的特征，便是由科学结构形成其合理的外表。”

在这篇文章中，他还对在华外国建筑师采用中国传统建筑屋顶式样设计的北平协和医院、燕京大学、济南齐鲁大学、南京金陵大学、四川华西大学等予以批评，指出：“他们的通病则全在对于中国建筑权衡结构缺乏基本的认识的一点上。他们均注重外形的摹仿，而不顾中外结构之异同处，所采用的四角翘起

原燕京大学校舍。王军摄于2002年10月。

的中国式屋顶，勉强生硬的加在一座洋楼上；其上下结构划然不同旨趣，除却琉璃瓦本身显然代表中国艺术的特征外，其他可以说是仍为西洋建筑。”[1]

梁思成还将他的这种想法投入了实践。1934年和1935年，他与林徽因以现代主义建筑手法设计了北京大学地质馆和女生宿舍楼，这被誉为“是由中国建筑师设计的体现

南京中山陵碑亭。清华大学建筑学院资料室提供。

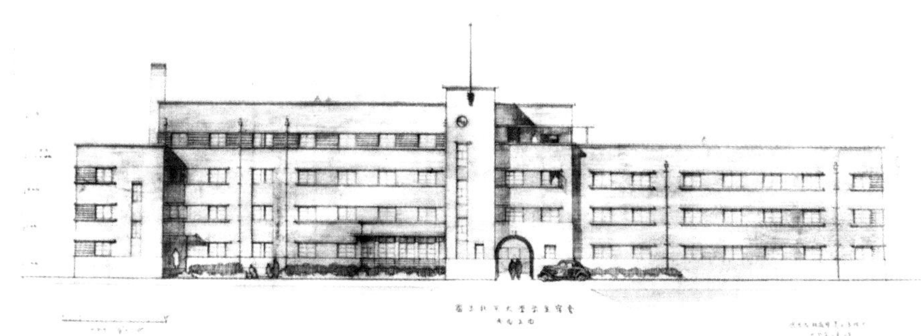

北京大学女生宿舍楼立面设计图。清华大学建筑学院资料室提供。

林徽因、梁思成1935年设计的北京大学女生宿舍楼。清华大学建筑学院资料室提供。

现代主义建筑风格的早期作品之一。它已从集仿主义（包括对西方巴洛克风格或中国自身民族建筑形式的仿写）中摆脱出来，甚至已无新艺术运动影响的痕迹。它所注重的是功能和合理，建筑形式已成为内部功能的自然反映。它所体现的是20年代刚刚得以充分发展的现代主义建筑的基本原则，这在当时的中国建筑中是不多见的。”[2]

[1] 梁思成，《建筑设计参考图集序》，载于《梁思成文集》(二)，中国建筑工业出版社，1984年8月第1版。

[2] 《中国近代建筑总览·北京篇》，中国建筑工业出版社，1993年12月第1版。

担任联合国大厦设计顾问的梁思成在讨论方案。（来源：*The Architectural Forum*，1947年6月）

联合国大厦设计图。这是世界上首幢使用玻璃幕墙的建筑。（来源：*The Architectural Forum*，1947年）

1946年至1947年，梁思成赴美考察讲学，接触了柯布西埃、格罗皮乌斯、莱特、尼迈耶、沙里宁等现代主义建筑大师，多方交流切磋，使他对现代主义建筑有了更深的理解。

1944年，梁思成在《为什么研究中国建筑》一文中，对协和医院一类的“宫殿式”建筑又予以批评：“‘宫殿式’的结构已不合于近代科学及艺术的理想……它是东西制度勉强的凑合，这两制度又大都属于过去的时代。它最像欧美所曾盛行的‘仿古’建筑(Period Architecture)。因为糜费侈大，它不常用于中国一般经济情形，所以也不能普遍。”[1]

但是，在对现代主义建筑倍加称赞之时，梁思成也在思索如何创造中国的新建筑。在1930年《天津特别市物质建设方案》中，他与张锐在提倡现代主义建筑的同时，又真诚地希望“今日中国之建筑……势必有一种最满意之样式，一方面可以保持中国固有之建筑美而同时又可以适当于现代生活环境者”。他们在天津市行政中心楼的方案设计中，仍然采用了中国式屋顶的手法，可见在梁思成的眼里，最重要的建筑是应该体现民族风格的，而其他一般性建筑，则应“尽量采取新倾向之形式及布置”。

[1] 梁思成，《为什么研究中国建筑》，载于《中国营造学社汇刊》，1944年10月，七卷一期。

这种看似矛盾的心理，在他于1935年和1944年写的《建筑设计参考图集序》、《为什么研究中国建筑》中，体现得更为真切。在前一篇文章中，他在批评协和医院等半中半洋的建筑之后，又指出现代主义建筑与中国传统建筑有许多共通之处，主要体现在它们的构架方法，“所用材料虽不同，基本原则却一样——都是先立骨架，次加墙壁的”，中国古代建筑的“每个部分莫不是内部结构坦率的表现，正合乎今日建筑设计人所崇尚的途径”，因此，“这正该是中国建筑因新科学，材料，结构，而又强旺更生的时期，值得许多建筑家注意的”，“我希望他们认清目标，共同努力的为中国创造新建筑”。❷

而在《为什么研究中国建筑》一文中，梁思成在尖锐批评“宫殿式”建筑的同时，又肯定它们“是中国精神的抬头，实有无穷意义”，认为“无疑的将来中国将大量采用西洋现代建筑材料与技术……如何接受新科学的材料方法而仍能表现中国建筑特有的作风及意义，老树上发出新枝，则真是问题了”。

梁思成提醒中国建筑师应该“提炼旧建筑中所包含的中国质素”，参考“我们自己艺术藏库中的遗宝”并“加以聪明的应用”，“不必削足适履，将生活来将就欧美的部署，或张冠李戴，颠倒欧美建筑的作用。我们要创造适合于自己的建筑”。他还特别指出，现代主义建筑虽然在世界各国推行，“但每个国家民族仍有不同的表现。英、美、苏、法、荷、比，北欧或日本都曾造成他们本国特殊作风，适宜于他们个别的环境及意趣。以我国艺术背景的丰富，当然有更多可以发展的方面。新中国建筑及城市设计不但可能产生，且当有惊人的成绩。”❸

其实，在这两篇文章之前，梁思成在他的第一篇古建筑调查论文

1930年梁思成、张锐设计的天津特别市市立图书馆方案。（来源:《梁思成学术思想研究论文集》，1996年）

1930年梁思成、张锐设计的天津特别市市立美术馆方案。（来源:《梁思成学术思想研究论文集》，1996年）

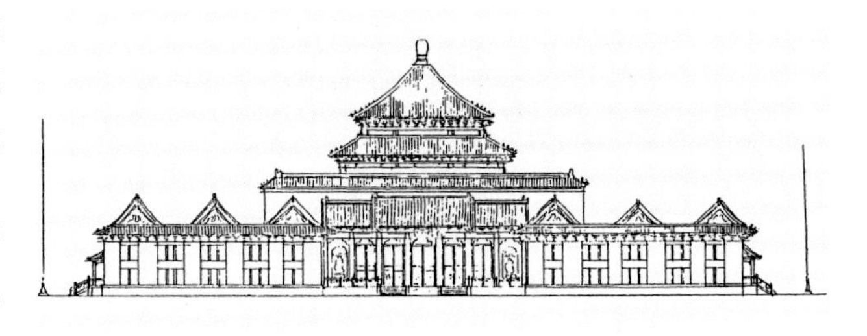

1930年梁思成、张锐设计的天津特别市行政中心楼方案。（来源:《梁思成学术思想研究论文集》，1996年）

❷ 梁思成,《建筑设计参考图集序》, 载于《梁思成文集》(二), 中国建筑工业出版社, 1984年8月第1版。

❸ 同❶注。

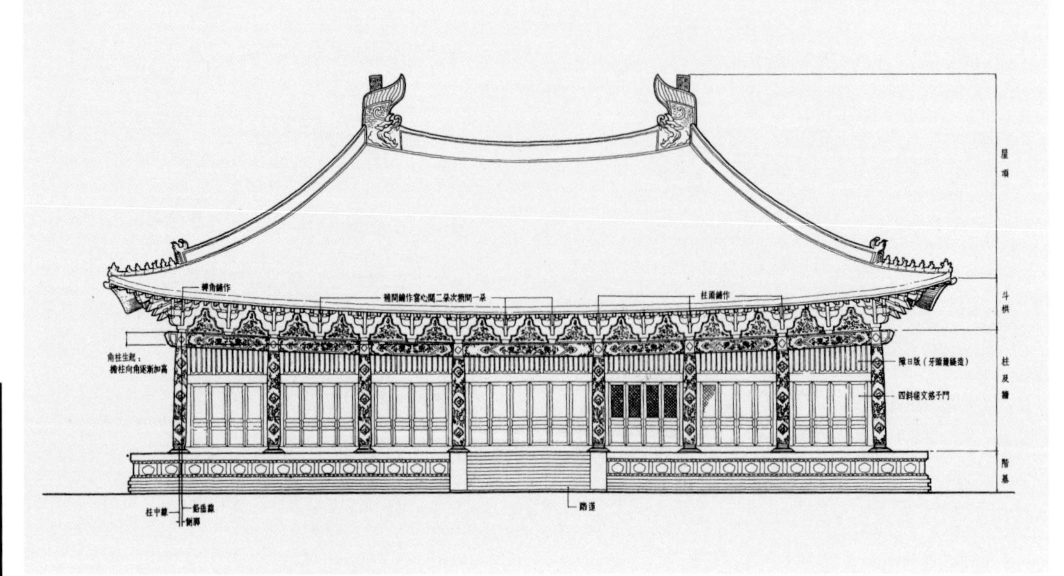

宋《营造法式》立面处理示意图。（来源：《中国古代建筑史》，1984 年）

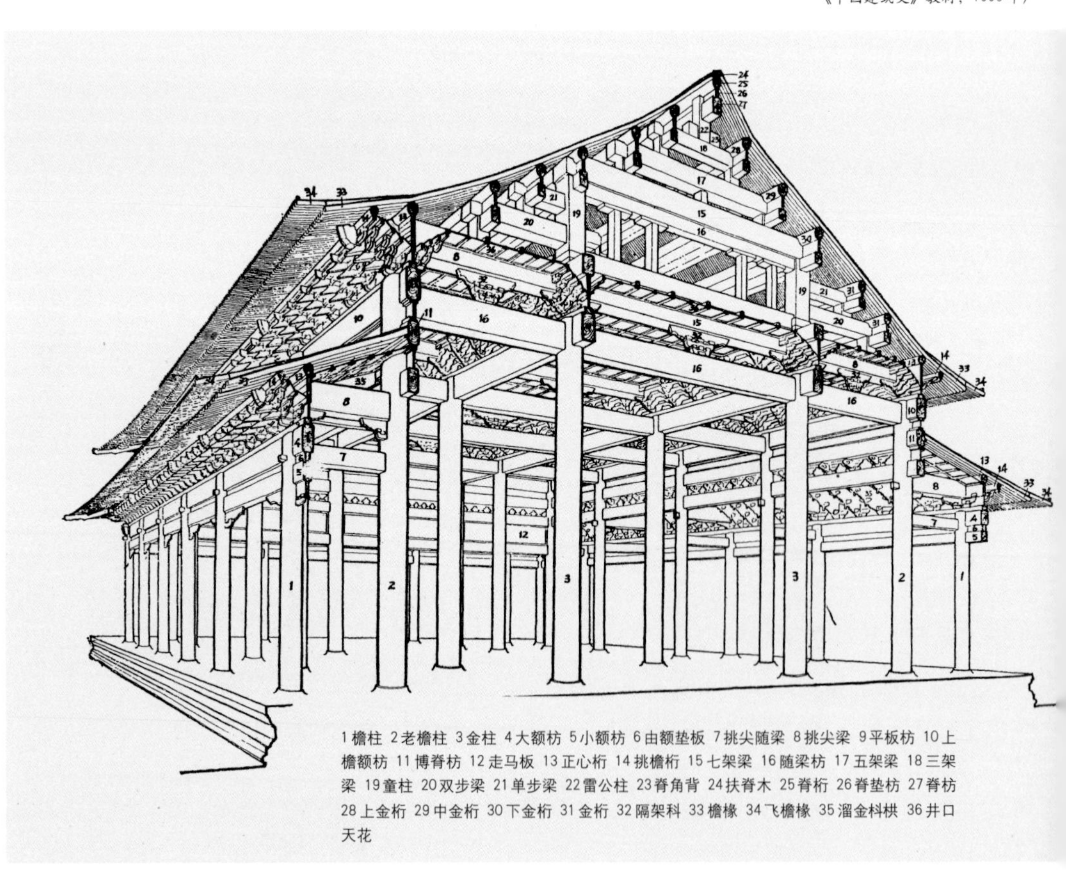

故宫太和殿梁架结构示意图。（来源：《中国建筑史》教材，1993 年）

梁思成、林徽因1937年发现的唐代木构建筑——山西五台佛光寺。王军摄于2001年10月。

——写于1932年的《蓟县独乐寺观音阁山门考》中，已经对中国传统建筑作出了这样的评价："我国建筑……其法以木为构架，辅以墙壁，如人身之有骨节，而附皮肉。其全部结构，遂成一种有机的结合。"

可见，梁思成对中国传统建筑的考察，正是从现代建筑理论着眼的；他对现代主义建筑的理解，又不是简单地设计一个方盒子式的建筑，而是希望它们也能够体现自己国家的风格，特别是中国古建筑与现代主义建筑同样采用框架法，都是"内部结构坦率的表现"，因此，是能够创造出具有中国风格的现代主义建筑的。

新中国成立后，梁思成学习《新民主主义论》，对"民族的，科学的，大众的文化"的论述产生强烈共鸣。1950年4月5日，他在致朱德总司令的信中说："我们很高兴共同纲领为我们指出了今后工作的正确方向：今后中国的建筑必须是'民族的，科学的，大众的'建筑"，"二十余年来，我在参加中国营造学社的研究工作中，同若干位建筑师曾经在国内作过普遍的调查。在很困难的情形下，在日本帝国主义侵略以前的华北、东南及抗战期间的西南，走了十五省、二百余县，测量，摄影，分析，研究过的汉、唐以来建筑文物及观察各处城乡民居和传统的都市计划二千余单位，其目的就在寻求实现一种'民族的，科学的，大众的'建筑。"[1]

[1] 梁思成，《致朱总司令信——关于中南海新建宿舍问题》，1950年4月5日，载于《梁思成文集》（四），中国建筑工业出版社，1986年9月第1版。

1950年2月，“梁陈方案”仍沿承了梁思成过去的观点，明确提出“中国建筑的特征，在结构方面是先立构架，然后砌墙安装门窗的；屋顶曲坡也是梁架结构所产生。这种结构方法给予设计人以极大的自由……这是中国结构法的最大优点。近代有了钢骨水泥和钢架结构，欧美才开始用构架方法。现在我们只须将木材改用新的材料与技术，应用于我们的传统结构方法，便可取得技术上更大的自由，再加上我们艺术传统的处理建筑物各部分的方法，适应现代工作和生活之需要，适应我们民族传统美感的要求，我们就可以创造我们的新的，时代的，民族的形式，而不是盲目的做‘宫殿式’或‘外国式’的形式主义的建筑。”[1]

1951年，梁思成又在《敦煌壁画中所见的中国古代建筑》一文中指出：“我们建筑的两个主要特征，骨架结构法，和以若干个别建筑物联合组成的庭院部署，都是可以作任何巧妙的配合而能接受灵活处理的。”在《伟大祖国建筑传统与遗产》一文中，他也这样提出：“这骨架结构的方法实为中国将来的采用钢架或钢筋混凝土的建筑具备了适当的基础和有利条件。”

在“抗美援朝”的大背景下，20世纪50年代初期，国内各界爱国主义情绪高涨，建筑界在苏联专家穆欣的提议下，1952年以“反对结构主义”的名义，批判了“毫无民族特色的”现代主义建筑，并认为这是“资产阶级世界主义和无产阶级国际主义的斗争在建筑理论、建筑思想领域里的反映”。[2]而在此前，1949年9月，苏联专家在北京与梁思成第一次见面时，就提出建筑要做“民族形式”，并说，“要像西直门那样”，还画了箭楼的样子给梁思成看。[3]

尽管如此，梁思成与陈占祥在4个月之后提出的“梁陈方案”里，仍是以现代建筑的形式，设计了他们所理想的位于旧城以西的行政中心区。[4]这表明，梁思成虽然追求中国建筑传统与现代主义建筑的结合，但他的态度是谨慎的；在这种结合尚不成熟之前，他仍选择现代建筑形式；而对于北京旧城之外新建筑的风格，梁思成的思想是开放的。

但在苏联专家穆欣、巴拉金、阿谢普可夫等来到北京，一致强调“民族形式”之后，在当时特殊的环境之下，梁思成认为“方向明确了”，[5]就大胆地将酝酿已久的“创造中国新建筑”的设想，投入了实践。

苏联专家推崇民族形式，与斯大林的建筑理论有关。

1935年，在斯大林的领导下，苏联公布了《改建莫斯科市总计划的决议》，指出莫斯科必须在“历史形成的基础”上发展，“应用建筑艺术上古典的和新的优秀手法”，以“民族的形式”表达“社会主义的内容”。此后，苏联的党和政府设置了苏联

[1] 梁思成、陈占祥，《关于中央人民政府行政中心区位置的建议》，载于《梁思成文集》（四），中国建筑工业出版社，1986年9月第1版。

[2] 汪季琦，《回忆上海建筑艺术座谈会》，《建筑学报》，1980年第4期。

[3] 梁思成，“文革交代材料”，1967年12月3日，林洙提供。

[4] 同[1]注。

[5] 同[3]注。

建筑科学院，培养掌握马克思列宁主义和古代建筑传统的技术干部，并对现代主义建筑流派进行了“歼灭性打击”。现代主义大师柯布西埃设计的苏联轻工业部大楼，被批判为“莫斯科的疮疤”。

这场建筑理论的批判被上升到阶级斗争的高度，现代主义建筑流派被认为是资产阶级利用割断历史的形式主义的艺术来模糊阶级斗争意识和民族意识；在建筑领域中，“形式主义”、“结构主义”也同样被看成是为资产阶级服务的。因此，所谓建筑形式的“斗争”就成了激烈的阶级斗争。

在这样的背景下，苏联专家来到北京指导建筑设计，必然要清算“结构主义”，必然要把“民族形式”放在突出位置。苏联专家维拉索夫甚至说，看见上海就愤怒。[6]意为上海的西洋式建筑太多了。而在清华大学建筑系指导教学的苏联专家阿谢普可夫，更是要求学生在民族形式建筑设计方面打下坚实基础，要像爱女朋友那样爱民族形式。[7]事实上，北京许多建筑上的“大屋顶”都是负责审查图纸的苏联专家硬加上去的。

不能否认的是，苏联对现代主义建筑理论的批判，也包含了有价值的学术观点。1953年2月至5月，梁思成随中国科学院访苏代表团访问苏联，苏联建筑科学院院长莫尔德维诺夫院长对他说：“假使全世界到处都是玻璃方匣子，我们将生活得枯燥而乏味，生活得非常痛苦。”“每个民族的文化都有它自己的民族形式”，“民族的形式是根据每个民族的特点——它的语言、它的历史等等所形成的文化的形式”，“建筑师必须以艺术家的身份在他的作品中反映社会主义时代建设之伟大，而在解决社会主义时代的美的问题的时候，就应当利用各民族遗留下来的建筑遗产”。[8]

这些观点，均引起梁思成的共鸣。后来，现代主义建筑也正是反思了这些问题，才向尊重区域性文化特征的后现代主义进行了发展。

必须提出的是，苏联专家推行民族形式，当时在相当程度上得到了一些高层领导的认可。

1950年5月，在一次关于北京都市计划的会议上，中共北京市委书记彭真说，将中国旧东西一概否定，“五四”时须那样，现在不可。如戏剧文艺，仍有旧的要求，现在改良，暂时四不像，将来就像了。中西医也如此，建筑也如此。民族化要从民众的要求出发，要基本上是民族化的。北京市副市长吴晗说，苏联专家提到中国民族形式，应有自己建筑及都市的形式，符合中国人民性格、生活习惯、生活趣味，值得考虑。市政府秘书长薛子正还介绍道，苏联专家认为上海是不进步的。[9]

1952年，教育部部长钱俊瑞到清华大学作“教学改革”的动员报

[6] 梁思成工作笔记，1953年7月3日，林洙提供。

[7] 梁思成工作笔记，1953年12月，林洙提供。

[8] 梁思成，《访苏代表团建筑土木门的传达报告》，1953年，未刊稿，林洙提供。

[9] 梁思成工作笔记，1950年5月，林洙提供。

梁思成1953年4月至5月访问苏联时在工作笔记本上所作建筑与人物速写7幅。林洙提供。

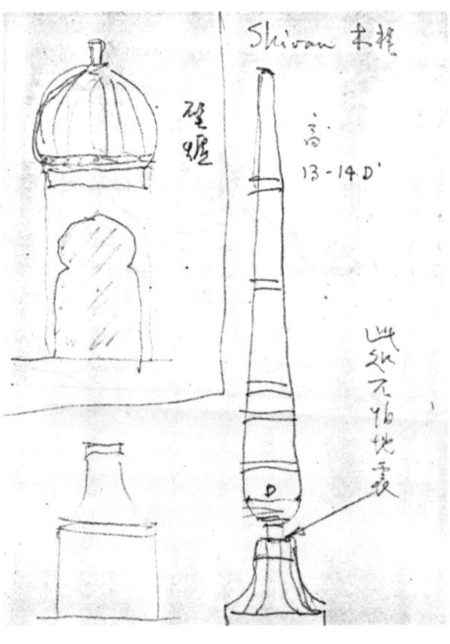

告，他遵循刘少奇的指示，提出：我们还没有经验，开头不妨先“教条主义”一下，把苏联模式整套搬过来再说。次年，梁思成访问苏联，对苏联建筑教育的体会是：“我在苏联许多建筑学院所见，除年限比美国长一或二年，由学校安排一些生产实习和设有教研组这一教学组织形式外，从教学大纲、课程设置到教

学内容、教学方法，可以说和资本主义国家的建筑院校完全一样。所不同者，在建筑形式方面，资本主义国家在三十年代已在搞‘现代建筑’，而苏联在五十年代初则搞‘民族形式’而已。”[1]

在民族情绪高涨及高层支持的情况下，苏联专家很自然地对中国的建筑界施加了巨大影响。在清华大学营建系教师的一次座谈会上，甚至有人提出，“大礼堂[2]将来必拆”。[3]

对于“学习苏联”，梁思成一开始怀有很大的抵触情绪。当时他认为“学习苏联同样是‘洋奴’的一套，不过换了一个‘俄国主子’罢了”。[4] 但由于在民族形式的问题上，苏联专家的态度与梁思成一致，梁思成在这方面也就逐渐心平气和了。

1952年12月22日，梁思成写了一篇文章登在《人民日报》上，题为《苏联专家帮助我们端正了建筑设计的思想》，有语云：

我在两个不同的工作岗位上接触过若干位苏联专家，其中两位曾给我以深刻的影响。一位是都市计划专家穆欣同志，他曾经随同苏联都市计划权威、建筑科学院舒舍夫院士共同工作过多年，有丰富的智识和经验。另一位是清华大学建筑系的阿谢普可夫教授——苏联建筑科学院通讯院士。他们来到中国的时间虽然不久，但对中国的城市建设和建筑已有了很大的贡献。

他们给我们在思想上的帮助可以概括为五个要点。首先而最重要的是建筑的任务要服务于伟大的斯

[1] 梁思成，“文革交代材料”，1967年12月3日，林洙提供。

[2] 清华大学大礼堂1913年由美国建筑师墨菲设计，为美国古典主义建筑。——笔者注。

[3] 梁思成工作笔记，1951年12月18日，林洙提供。

[4] 梁思成，“文革交代材料”，1969年1月30日，林洙提供。

清华大学大礼堂。王军摄于2002年10月。

大林同志所指出的“对人的关怀”的思想；其次是肯定建筑是一种艺术；因此，第三就要明确认识建筑和都市计划的思想性；其中包括第四，一个城市（乃至整个区域、整个国家）的建筑的整体性；和最后，同时也是极重要的，建筑的民族性。

这段时期，梁思成一直在思考如何尽快实现中国传统与现代主义的嫁接，这是他多年的理想。他提出了著名的建筑语言学和建筑可译论，将中国建筑构图元素与西方文艺复兴时的建筑词汇进行对比，探索构图规律。这确为独到的见解。在西方，直到20世纪七八十年代才把建筑学与符号学、语言学联系起来。[1]

这一可贵的理论探索，梁思成最初是在1952年9月26日北京市召开的建筑设计会议上提出的。在这次会议上，梁思成听取了苏联专家穆欣关于建筑民族形式问题的演讲，产生强烈共鸣，并作了发言，认为过去的那种“洋房中国帽”式的建筑，“问题在底下的洋房而不在瓦顶”，建筑创作要“掌握规律然后能获得自由”，而要“由感性认识提高到理性认识”，就必须研究“文法”，“要知道它的结构及制造过程”，就必须研究“词汇”。[2]

1953年访苏回国之后，梁思成在10月召开的中国建筑学会成立大会上，作《建筑艺术中社会主义现实主义和民族遗产的学习与运用的问题》专题报告，将建筑的民族形式上升到“阶级性”和“党性”的高度，并将建筑语言学和建筑可译论作了进一步发挥。

梁思成说：“每一个民族的建筑同一个民族的语言文学同样地有一套全民族共同沿用共同遵守的形式与规则，在语言文字方面，每个民族创造了自己民族的词汇和文法，在建筑方面，他们创造了一整套对于每种材料、构件加工和交接的方法或法式，从而产生了他们特有的建筑形式。”“如同用同一文法，把词汇组织起来，可以写出极不相同的文章一样，在建筑上，每个民族可以用自己特有的法式，可以灵活地运用建筑的材料、构件，为了不同的需要，构成极不相同的体形，创造出极不相同的类型，解决极不相同的问题，表达极不相同的情感。”

梁思成得出这样的结论：“凡是别的民族可以用他们的民族形式建造的，另一个民族没有不能用他们自己的形式建造的。”他还反思了自己过去对宫殿式建筑的指责，认为“我们过去曾把一种中国式新建筑的尝试称作‘宫殿式’，忽视了我国建筑的高度艺术成就，在民间建筑中的和在宫殿建筑中的，是同样有发展的可能性的。”[3]

他的这种理论探索是坚定的。1954年在《祖国的建筑》一书中，他强调：“只有在我们被侵略，被当作半殖民地的时代，我们的城市中才会有各式各样的硬搬进来的‘洋式’建筑，如上海或天津那样。”[4]

[1] 吴良镛，《〈梁思成全集〉前言》，载于《梁思成先生百岁诞辰纪念文集》，清华大学建筑学院编，清华大学出版社，2001年4月第1版。

[2] 梁思成工作笔记，1952年9月29日，林洙提供。

[3] 梁思成，《建筑艺术中社会主义现实主义和民族遗产的学习与运用的问题》，载于《新建设》杂志，1954年2月。

[4] 梁思成，《祖国的建筑》，载于《梁思成文集》（四），中国建筑工业出版社，1986年9月第1版。

退而求其次

很难把20世纪50年代初期席卷国内各地的所谓“大屋顶”式的建筑潮流，完全“归咎”于梁思成一人，除非完全无视苏联专家的影响及其当年“一边倒”的政治压力。

对这个问题，张开济在1957年5月的整风运动中曾这样评论道：

在解放后有一段相当长的时期，凡是有人对于某些苏联经验表示怀疑，或者认为某些资本主义国家的学术也不无可取，那么“立场观点有问题”，“思想落后”甚至于“思想反动”等等一堆大帽子都会扣到他头上去的。于是有些人明知有问题也不敢说，有些人只好将错就错，建筑界也不例外。拿我个人为例来说罢，我从来是并不赞成采用大屋顶的，但在解放后，就曾设计了不少有大屋顶的建筑，并曾为此作过检讨，我倒并未因此而感觉委屈，不过我深为遗憾的就是我若能得到一定的支持的话，这些大屋顶也许都可以避免的。因为所有这些大屋顶在最初草图上都是没有的，而是后来受了外界的压力与影响所加上去的。[5]

梁思成为什么遭遇这场批判？学术界已作出各种各样的评价与分析，但是，大家都忽略了一个事实，这就是在“梁陈方案”被否定之后，梁思成“退而求其次”了。

“退而求其次”这个提法，见于1954年12月北京建筑事务管理局地用组组长王栋岑写给北京市委的一份材料，其中说：

梁思成先生的观点在几年来是有些改变的：例如把旧城当成博物馆或把行政中心放到西郊建立新城的方案，他已经放弃了，对于建筑层数，也不再坚持只建两三层了，自己也还亲自动手画了一张他对高层建筑的理想大屋顶。对于文物，过去是“烂杏三筐，一个不舍”，只要是古建筑，土地庙也好，都算文物，要原封不动。现在是承认必须拆去一些了（如东、西交民巷牌楼），并且同意有的可以搬动原属“老祖宗”的位置，如大高殿前的音乐亭等。但是，这些改变，基本上是在现实面前不得不承认的，像行政中心，像层数，像某些严重妨碍交通的古建筑，都迫使他自己修改他的一些观点。但是，实质上他的思想是否改变了呢？没有。只是“退而求其次”罢了！如像行政中心在天安门附近，可以，但是房子不能高过天安门，要和天安门调和，要有大屋顶等。建筑层数不得不提高，于是他亲自动手，把各式各样的中国屋顶加在这个理想的高楼上……[6]

梁思成的“退而求其次”经历了两个阶段。他先是提出控制旧城区的建筑高度，这遭到了否定；之

[5] 《北京城市建设工作有哪些问题　市设计院建筑师在市委座谈会上各抒己见》，《北京日报》，1957年5月20日第1版。

[6] 王栋岑手稿，1954年12月，未刊稿，清华大学建筑学院资料室提供。

后，他转而提出保持“中国建筑的轮廓”。

高度之争，最早见于1949年11月聂荣臻主持的北京城市规划会议。这次会议上，苏联专家巴兰尼克夫提出了改造北京的设想，苏联专家团接着进一步阐述道：新的房屋要合乎现代的要求及技术发展的条件，在新市区建筑一至三层的房屋是不经济的，房屋层数越少，对下水道、自来水、道路等建设的费用及管理的费用越多。第一个改建莫斯科的总计划内，建筑的房屋，最少是六至七层。[1]

在笔者已找到的档案中，未记载梁思成直接对此事发表的具体意见，但在苏联市政专家组组长阿布拉莫夫的讲话中，我们还是看到了梁思成在这个问题上与他们发生了冲突，并了解到梁思成的一个态度——他是“建筑二、三层房屋的拥护者”。

阿布拉莫夫是这样说的：

我所了解的，梁教授是建筑二、三层房屋的拥护者。我们苏联的经验和所作的统计证明：五层房屋是最合算的房屋（如果包括建设生活必需的设备在内），每平方公尺面积的造价是最便宜的。其次是八、九层的房屋。我看不出在天安门广场要建筑二、三层的房屋而不建设五层楼房的理由。在莫斯科“克林姆宫”附近开始建筑三十二层的房屋，但“克林姆宫”并不因与这所房屋毗邻而减色，为什么北京不建筑五、六座十五到二十层的房屋。现在城内没有黑夜的影像，只有北海的白塔和景山是最突出的，为什么城市一定要是平面的，谁说这样很美丽？

中国旧技术只能在人工筑成的假山或山上造起比城还高的房屋，我相信人民中国的新的技术能建筑很高的房屋，这些房屋的建筑将永久证明人民民主国家的成就。

斯大林同志说过：历史教导我们，住的最经济的方式，是节省自来水、下水道、电灯、暖气等的城市。[2]

阿布拉莫夫称“中国旧技术只能在人工筑成的假山或山上造起比城还高的房屋”，这是对中国古代建筑极大的误解。

高楼在中国自古有之。春秋战国时期各诸侯相互比高，兴建了大量台榭、阁、阙。汉武帝时期，修建了100多米高的井干楼。唐武则天时期的明堂、天枢、天堂等也都是数十米、上百米高的庞大建筑。现在还留存着的河北定州北宋料敌塔就有84米高。梁思成于1933年9月调查测绘的山西应县辽代佛宫寺释迦塔，高67.3米，其精湛的构造技术，使其历经一次次大地震，屹立近千年而不倒，为世界现存最高的木构建筑。

建造高楼，确实需要高超的技术，但是评价一个城市的发展水平，又不能简单地以高楼的多少作为标准。

[1]《建筑城市问题的摘要》，载于《建国以来的北京城市建设资料》（第一卷 城市规划），北京建设史书编辑委员会编辑部编，1995年11月第2版。

[2]《苏联市政专家组组长阿布拉莫夫在讨论会上的讲词（摘录）》，载于《建国以来的北京城市建设资料》（第一卷 城市规划），北京建设史书编辑委员会编辑部编，1995年11月第2版。

梁思成1933年发现的山西应县佛宫寺释迦塔，建于辽清宁二年（1056年）。王军摄于2001年10月。

高层建筑虽有节约土地的经济性一面，但其内部拥挤、上下困难、设施费用大、阻碍邻里交往、难以消防救灾和预防犯罪等，都不利于生活。它的致命弱点还在于对人的健康不利。据日本医学专家调查，住在高楼内的儿童的身体和智力发育水平低于住在平房和低层房屋内的儿童，住在高楼内的老年人身体状况也相对较差。在“救救孩子，救救老人，少建高楼”的口号下，现在欧洲许多城市，已开始有计划地拆除高楼。

高层建筑在中国未有大的发

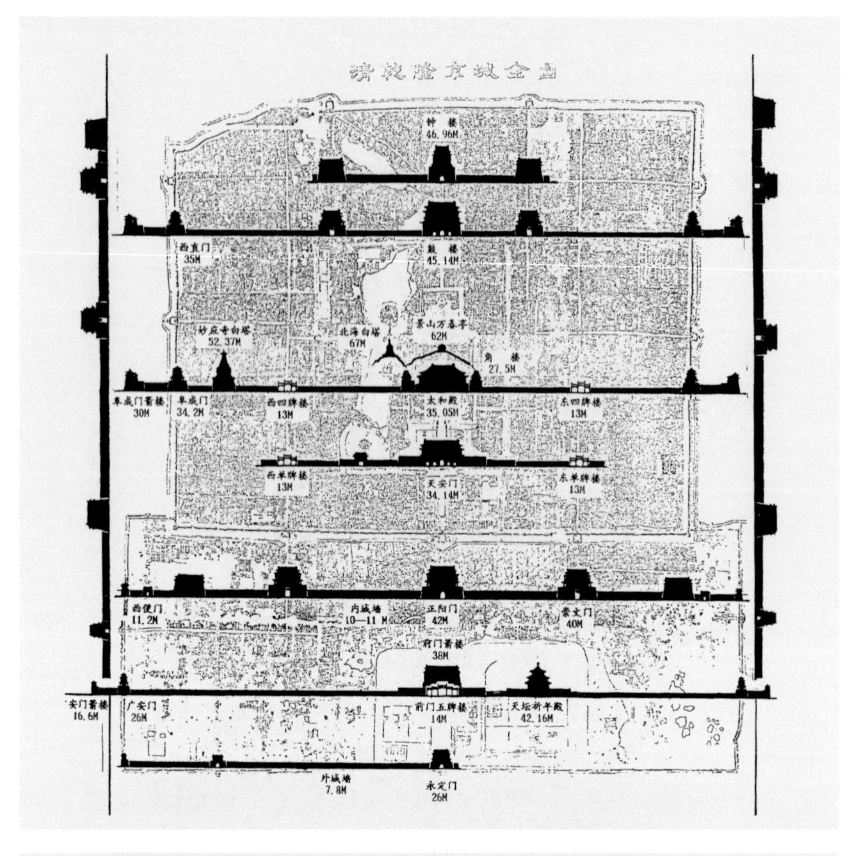

北京旧城建筑高度示意图。(来源：董光器，《北京规划战略思考》，1998年)

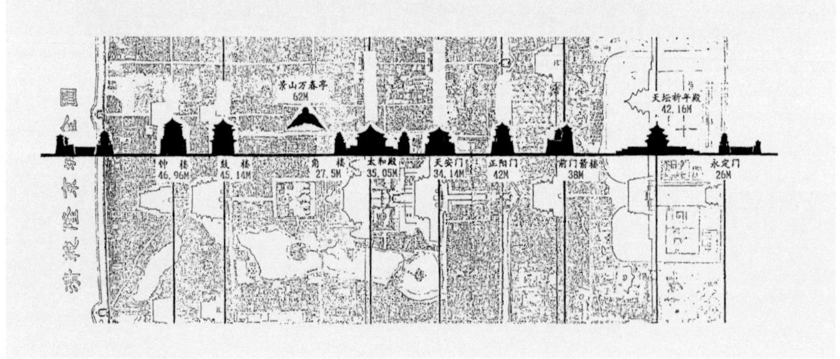

北京旧城中轴线城市轮廓示意图。(来源：董光器，《北京规划战略思考》，1998年)

展，有其深刻的文化原因。汉代对发展高楼就有过一场大辩论，结果以“远天地之和也，故人弗为”而作罢。[1]

梁思成成为“建筑二、三层房屋的拥护者”，缘于他对北京城市的整体认识。

北京旧城是个水平城市，在大片低矮的四合院民居中间有节奏地矗立着故宫、景山、钟鼓楼、妙应寺白塔、北海白塔、天坛以及各个城门楼等标志性建筑，城市空间平缓开阔，天际轮廓错落有致，这是北京特有的景观。

梁思成的本意是完整保护北京

[1]《罗哲文古建筑文集》，文物出版社，1998年3月第1版。

旧城，新建筑放到旧城之外发展。但是，这些新建筑非要挤入风格完整的旧城区，欲与故宫等古建筑争高，他只能提出控制新建筑的高度。

在结束与苏联人的辩论后，梁思成在与陈占祥起草的“梁陈方案”中，就有这样一段论述：

建筑物在一个城市之中是不能“独善其身”的，它必须与环境配合调和。我们的新建筑，因为根本上生活需要和材料技术与古代不同，其形体必然与古文物建筑极不同。它们在城中沿街或围绕着天安门广场建造起来，北京就立刻失去了原有的风格，而成为欧洲现在正在避免和力求纠正的街型。无论它们单独本身如何壮美，必因与环境中的文物建筑不调和而成为掺杂凌乱的局面，损害了文物建筑原有的整肃。

……我们在北京城里绝不应以数以百计的，体形不同的，需要占地六至十平方公里的新建筑形体来损害这优美的北京城。[2]

而在旧城之外他们规划的中央人民政府行政中心区，两位学者则认为建筑高度可以放开一些：

根据时代精神及民族的传统特征的建筑形体在西郊很方便的可以自成系统，不受牵制。如果将来增建四五层的建筑物亦无妨碍。[3]

但是，“梁陈方案”被否定了，新式建筑不可避免地要涌入旧城。梁思成只能成为一个强硬的“低层派”了。

当时，北京旧城内最高的建筑是中法银行于1917年建造的7层高的法式建筑——北京饭店（今饭店中楼）。梁思成说，这个饭店放在法国海滨还可值三分，可放在东长安街，简直是一个耻辱。[4]

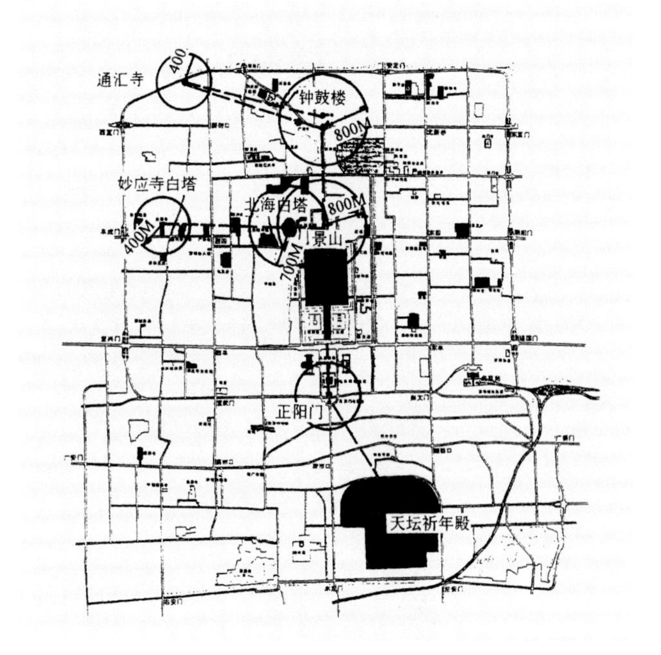

北京旧城区制高点视觉关系图。（来源：黄艳，《如何在改造旧城的同时保护其历史文化环境》，1996年9月）

[2] 梁思成，陈占祥，《关于中央人民政府行政中心区位置的建议》，载于《梁思成文集》（四），中国建筑工业出版社，1986年9月第1版。

[3] 同[2]注。

[4] 王栋岑手稿，1954年12月，未刊稿，清华大学建筑学院资料室提供。

老北京饭店。王军摄于2002年10月。

和平宾馆透视图。可见其与周围四合院民居群的反差。(来源:《杨廷宝建筑设计作品选》,2001年)

他提出天安门广场四周的建筑物高度不应该超过天安门的第二重檐口,不能超过故宫。他在1951年11月召开的北京市各界人民代表会议上提出,北京的房屋大部分应是两三层的。

在这个问题上,林徽因与他的态度完全一致。1951年9月19日,在都市计划委员会的会议上,林徽因提出,建筑高度必须"为皇宫所限"。[1]

但是,他们的主张并没有得到理解。在是否占用东交民巷操场建设政府办公楼的问题上,他们失败了;而在这些建筑的高度的问题上,他们同样也失败了。这些房屋最高的盖到了6层。

为迎接亚太和平会议在北京召开,1952年,建筑师杨廷宝在王府井金鱼胡同设计了和平宾馆,高达8层,在旧城区颇为显眼。杨廷宝与梁思成私交甚笃,他是梁思成在清华的学长,也是梁思成在美国宾夕法尼亚大学建筑系的学长,梁思成对他是极为敬重的。

但这幢建筑引起了梁思成的强烈不安。

在都市计划委员会审定图纸时,梁思成也不得不冒犯这位兄长了。他表示坚决反对和平宾馆的高度,并说建了高层"人家要骂我梁思成的"。[2]

和平宾馆还是照样盖出来了。

在节节败退之中,梁思成也进行了思考。

1953年2月至5月,他随中国科学院访苏代表团访问苏联,看到莫斯科也有限度地盖了几幢高楼,但由于是有计划地建造,形成了轮廓优美的高点,这正与西方城市那种无秩序的"攀高"形成反差。

[1] 梁思成工作笔记,1951年9月19日,林洙提供。

[2] 王栋岑手稿,1954年12月,未刊稿,清华大学建筑学院资料室提供。

他又退了一步：既然已经控制不住建筑的高度，与其混乱下去，还不如把一些地方的高度放宽一些，强调其计划性。

回国后，他在1953年8月召开的北京市各界人民代表大会上，作了题为《关于首都建设计划的初步意见》的发言，汇报了华揽洪、陈占祥分别完成的甲、乙两个总体规划方案。其中关于建筑的高度问题，他是这样表述的：

将来北京的房屋一般的以高两、三层为原则，另一些建筑可以高到四、五层，六、七层；而在各地区中，还要有计划、有重点地、个别地建立为数不多的，挺拔屹立的十几到二十几层高楼。莫斯科就是有计划地规定出八座位置适当，轮廓优美的高点，而不是无秩序地让高楼随处突出。因为人口密度的减低，房屋层数的加高，北京就可以得到更多的园林绿地。又因高楼是有计划、有限度地建造，高的建筑物便不至于像纽约那样使市中心街道成为看不见阳光，喘不过气来的深谷，而两岸摩天楼高低零乱，毫无节制。[3]

但是，甲、乙方案均未得到通过，梁思成在高度问题上作出的妥协，也未得到认可。

1953年11月，中共北京市委"畅观楼小组"提出了《改建与扩建北京市规划草案的要点》，认为天安门广场和主要街道两侧的建筑高度应在七、八层以上或者更高，"为了节约城市用地和市政设施投资，北京今后主要应盖近代化楼房。在目前时期其高度一般应不低于四、五层"，"在城市边缘的住宅区可降低至三层及三层以下，在休养区内可建筑平房或独院住宅"。[4]

这之后，提高建筑的高度，成为北京城市建设的一个努力方向。

1954年，北京市建筑事务管理局局长佟铮在华北城市建设座谈会上说：

层数高低有过争论：有人主张建低层，认为不能超过三层，也有人主张建高层，不低于三层。近两年来，主张建高层的多了，认为在首都，应该建高一点。1954年的方针是：除工厂、医院、托儿所以外，新建一般应建四、五层，少数可建三层。若把任务集中，变多数业主为少数业主，统一设计，统一改造，统一分配；并提前会计年度，头一年就把次年建筑的地点和设计都准备好，工作能较主动，层数也一定可以提高。[5]

眼看一幢幢高楼在旧城内拔地而起，梁思成只好再度"退而其求次"，寄望于通过实现"中国建筑的轮廓"来保全旧城。

在1955年批判"复古主义"的运动中，清华大学建筑系教师座谈会上的一份材料，披露了梁思成与林徽因推行所谓"大屋顶"的心态：

以什么建筑式样来批准图纸？梁先生的理论希望人家尽量保持旧

[3] 梁思成,《关于首都建设计划的初步意见》,1953年，未刊稿，林洙提供。

[4] 《改建与扩建北京市规划草案的要点》，载于《建国以来的北京城市建设资料》(第一卷　城市规划)，北京建设史书编辑委员会编辑部编，1995年11月第2版。

[5] 《1954年前后的北京建筑管理工作》，载于《党史大事条目》，北京市城市规划管理局、北京市城市规划设计研究院党史征集办公室编，1995年12月第1版。

的样子，林徽因先生说“照旧样子可以保险，不会破坏了过去已有的体形，新的弄不好就难免了”。建盖大屋顶可以和旧的建筑联系一起，否则好就会不伦不类（原文如此——笔者注）……[1]

梁思成的这种心态，还表现在1951年8月15日他致周恩来总理的信中。这时，梁思成已知无法阻挡各部委进入旧城占用东交民巷操场建设办公大楼了，只好请求周恩来关注这些建筑的民族风格问题：

这一次各部设计最初大体很简单，虽都保持中国建筑的轮廓，但因不谙传统手法，整体上还不易得到中国气味，这种细节本是可以改善的。但五月中旬我曾扶病去参加一次座谈会，提出一些技术上的意见，并表示希望各部建筑师互相配合，设法商洽修正进行。出乎意料之外，一个多月以后，各部因买不到中国筒瓦，改变了样式，其结果完全成为形形色色的自由创造，各行其是的中西合璧!! 本身同北京环境绝不调和，相互之间毫无关系。有上部做中国瓦坡而用洋式红瓦的，有平顶的，有作洋式女儿墙上镶一点中国瓦边的，有完全不折不扣的洋楼前贴上略带中国风味的门廊的，大多都用青砖而有一座坚持要用红砖的，全部错杂零乱地罗列在首都最主要的大街上。其中纺织部又因与地下水道抵触，地皮有四分之三不能用。贸易部建筑面积大大地超过了同空地应有的比例。在此情形之下，他们就要动工了！[2]

在1957年5月清华大学建筑系举办的整风座谈会上，梁思成为自己辩解道：

我对建筑形式上有一个主导思想，即反对在北京盖“玻璃方匣子”。我认为北京的建筑应有整体性和一致性。因为建筑从艺术的角度来说，有人把它比拟为凝固的音乐，所以需要先定一个音，然后使诸音和它取得和谐。北京是从旧城发展起来的，在城市里搞些“玻璃匣子”不合适。可是北京当时这种方匣子太多，很流行，我想用“矫枉必须过正”的办法扭转一下，大力提倡民族形式。[3]

1969年1月10日，已被打成“资产阶级反动学术权威”的梁思成被迫向“文革”工作组“交代”“大屋顶问题”，其中对自己当年的心迹表现得更为充分：

我窃据了都委会要职不久，就伙同右派分子陈占祥抛出那个以反对改建北京旧城为目的的《关于中央人民政府行政中心区位置的建议》，妄图在复兴门、阜成门外建设中央人民政府的行政中心，把旧北京城区当作博物馆那样保存下来。它刚刚出笼就被革命群众彻底粉碎了。于是，我就退一步把住审图这一关，蛮横专断地要送审单位在新建筑上加盖大屋顶。同时，我还抓住一切机会写文章，做报告，讲“中国建筑”，顽固地鼓吹：(1)建筑是艺术；(2)新中国的建筑必须有“民

[1]《清华大学建筑系思想学习自由发言》，1955年3月17日，未刊稿，清华大学建筑学院资料室提供。

[2] 梁思成，《致周总理信——关于长安街规划问题》，载于《梁思成文集》（四），中国建筑工业出版社，1986年9月第1版。

[3]《对过去进行的建筑思想批判和建筑界存在问题清华建筑系教师各抒己见》，《北京日报》，1957年5月30日第2版。

族形式”；（3）古代留下来的“文物建筑”必须尽可能照原样保存下来。1953、54两年间，在我的宣扬推销下，“大屋顶”的妖雾已弥漫全国各地，周总理在人大一届一次会议上对各地的豪华建筑提出严厉批评。这时候，伟大领袖毛主席已指示对大屋顶进行批判了。[4]

梁思成“想象中的建筑图”之“三十五层高楼”。（来源：《梁思成文集》第四卷，1986年）

梁思成1954年在《祖国的建筑》一书中画的两张想象中的建筑图，是他搞“大屋顶”的“铁证”。所绘建筑，包括35层的高楼，顶部都有中国式建筑屋顶造型。梁思成在说明中写道：“第一，无论房屋大小，都可以用我们传统的形式和‘文法’处理；第二，民族形式的取得首先在建筑群和建筑物的总轮廓，其次在墙面和门窗等部分的比例和韵律，花纹装饰只是其中次要的因素。”[5]

梁思成“想像中的建筑图”之“十字路口小广场”。（来源：《梁思成文集》第四卷，1986年）

王栋岑的汇报材料讲述了这两张图提出的经过：

照梁思成看，建筑物不论什么地点，也不论什么性质，都必须用大屋顶：东单的几个部，在审查建筑图样时，他建议各部加大屋顶，公安部、燃料部、纺织部没同意，贸易部迁就了，搞了个不伦不类的东西。他曾说过：东西长安街都应有大屋顶。他自己也做过两个高层建筑的图样，表示东西单两个广场周围都应该是这样的大屋顶，他对那个草图，自鸣得意，并把它制成了幻灯片，但送到市府之后（给薛秘书长看过）并无人重视，他为此抱怨说：为什么市府对它这么不重视，而清华就那么重视它？在他看，天安门广场周围，就更要大屋顶了，理由是不然与周围环境不调和。公安局的大屋顶，就是他强制加上的，据公安局说他们因此少建了四十多间房，而且搞的样子很难看，就连梁思成自己也承认只值两分……他曾固执地对我说：“虽然只值两分，但设计的方向是正确的。”[6]

[4] 梁思成，“文革交代材料”，1969年1月10日，林洙提供。

[5] 梁思成，《祖国的建筑》，载于《梁思成文集》（四），中国建筑工业出版社，1986年9月第1版。

[6] 王栋岑手稿，1954年12月，未刊稿，清华大学建筑学院资料室提供。

针对“浪费”的讨伐

对“大屋顶”的批判，是由毛泽东发起的。

“毛主席讲了‘大屋顶有什么好，道士的帽子与龟壳子’。把批判梁思成的任务交给了彭真。”汪季琦回忆说。[1]

于光远回忆道，“1955年在我参加的一次中宣部部长办公室会议上，陆定一部长传达中央政治局会议精神，决定要对梁思成建筑思想进行批判。陆定一说，因为梁思成的许多事情发生在北京市，他建议这件事由彭真同志负责。”[2]

由于“大屋顶”确与苏联专家的提倡及斯大林的建筑理论有关，所以这场批判直到1953年斯大林去世、赫鲁晓夫1954年11月在苏联第二次全苏建筑工作者会议上，作了《论在建筑中广泛采用工业化方法，改善质量和降低造价》的报告，在苏联建筑界掀起批判复古主义浪潮之后，才真正开始。

全苏建筑工作者会议刚一结束，北京市委就召集中央设计院、北京市设计院、清华大学建筑系等单位从事建筑工作和教学工作的共产党员，给予了“系统的指示”，“对建筑方面的反人民的、反动的形式主义、复古主义即资产阶级思想，作了严厉的批评。接着又学习了赫鲁晓夫同志在全苏建筑工作者会议上的讲话和我国建筑工程部设计与施工工作会议的有关文件”，建筑师们“思想上才醒悟过来，深深感到错误的严重”。[3]

而在此前，陈干与高汉[4]已打响了第一炮。

1954年8月30日出版的《文艺报》刊出他们合写的《〈建筑艺术中社会主义现实主义和民族遗产的学习与运用的问题〉的商榷》一文，对梁思成有关民族形式的论述予以批判，这篇长文认为梁思成的理论是“只看见语言与建筑相同之点而忽略其相异之点；只看见‘法式’对于材料的约束性而看不见材料对于‘法式’的决定性，因而把‘法式’强调到约制一切的高度。这可说是本末倒置的‘唯法式论’观点”。“梁先生对于建筑艺术阶级性的问题的理解，是比较抽象而混乱的。原因首先在于梁先生没有从正确的立场出发，以一定的观点和方法来批判自己过去的认识。”“我们果真以社会主义现实主义的观点来处理天安门广场，将毫不犹豫地主张拆除东西三座门，而绝不能主张将伟大的内容束缚于这已经失却效用和妨碍生活的形式之内。因为生活是主要的，首先的，是艺术形式的决定因素；艺术形式只能处于为它服务的地位。”“四合院虽好，却有一个根本的缺点，这就是建筑的主要立面都朝向院子，而在街道上只有墙，甚

[1] 夏路、沈阳，《访问汪季琦》，1983年2月7日，未刊稿，清华大学建筑学院资料室提供。

[2] 于光远，《忆彭真二三事》，载于《百年潮》杂志，1997年第5期。

[3] 沈勃，《关于北京市设计院在建筑设计中的形式主义和复古主义错误的检讨》，《人民日报》，1955年5月5日第2版。

[4] 陈干，时为中共北京市委办公厅城市规划小组成员；高汉，陈干之弟，时任中央新闻纪录电影制片厂会计科长。——笔者注

至连窗子也难得开一个。而今天要求把建筑的主要立面朝向街道，朝向城市，朝向人民。”“模糊观念之所以产生，可能是由于梁先生对自己的建筑思想尚缺乏严格的，历史的，系统的批判。”[5]

“严格的，历史的，系统的批判”，在1955年2月，经过一系列组织、筹划之后，正式开始了。

2月4日至24日，建筑工程部召开设计及施工工作会议，批判“资产阶级形式主义和复古主义思想”，认为这种倾向，“已造成很大的浪费”，必须“按照适用、经济和在可能条件下讲求美观的原则进行设计”。[6]

2月18日，在北京市人民委员会的会议上，彭真说：“关于建筑形式问题，我们在三年前就已经明白交代过，市政府主管部门不要强迫人家盖大屋顶的房子，同时，建筑物只要不妨碍都市总规划，就不要去管；现在，主管建筑部门的有些人，到处滥用职权，对建筑形式任意干涉，强迫人家盖大屋顶，或强迫人家‘这样’‘那样’，而市政府是没有给他们这种权力的。主管建筑的首长要对那些强迫人家盖大屋顶或其他滥用职权的事情进行严肃的检查和处理。”[7]

紧接着，《人民日报》于3月28日刊登社论《反对建筑中的浪费现象》，指出“建筑中浪费的一个来源是我们某些建筑师中间的形式主义和复古主义的建筑思想……他们往往在反对‘结构主义’和‘继承古典建筑遗产’的借口下，发展了‘复古主义’‘唯美主义’的倾向。他们拿封建时代的‘宫殿’‘庙宇’‘牌坊’‘佛塔’当蓝本，在建筑中大量采用成本昂贵的亭台楼阁、雕梁画栋、滥粉贴金、大屋顶、石狮子的形式，用大量人工描绘各种古老的彩画，制作各种虚夸的装饰。有的建筑装饰的造价竟占总造价的百分之三十。这些建筑不但耗费了大量的金钱，而且大都有碍实用；又因

《人民日报》1955年3月18日刊登的讥讽“大屋顶”的漫画。

《北京日报》1955年3月28日刊登的讥讽“大屋顶”的漫画。

[5] 陈干、高汉，《〈建筑艺术中社会主义现实主义和民族遗产的学习与运用的问题〉的商榷》，载于《文艺报》，1954年8月30日第16号。

[6] 《建筑工程部召开设计及施工工作会议，揭发浪费和质量低劣现象》，《人民日报》，1955年3月3日第1版。

[7] 《北京市人民委员会举行首次会议》，《人民日报》，1955年2月22日第1版。

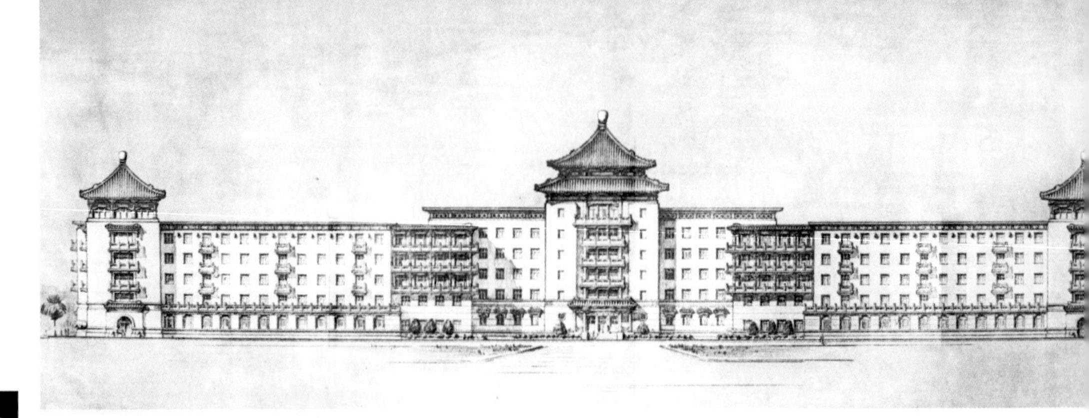

地安门机关宿舍大楼正面立视图。清华大学建筑学院资料室提供。

地安门机关宿舍大楼一角。王军摄于2002年10月。

大量采用手工作业，无法采用工业化建筑方法，也就推迟了建筑的进度”。[1]

同日，《人民日报》开辟《厉行节约、反对基本建设中的浪费》专栏，在长达半年的时间里，对地安门宿舍大楼、中央民族学院、“四部一会”、重庆大礼堂、西郊招待所等民族形式建筑进行批判，建筑师张镈、张开济、陈登鳌及北京市设计院副院长沈勃、建筑工程部北京工业建筑设计院副院长汪季琦等纷纷登报检讨。

而在另一条“战线”上，在中宣部的协助下，北京市在颐和园畅观堂集中了几十人写批判文章。彭真强调，批判必须是充分说理的，不要随便上纲上线，要认真地学习，认真地研究，不要讲外行话。梁思成认为共产党不懂建筑，要让他知道我们可以学懂。[2]

数十篇批判文章很快完成并打出了清样，中宣部副部长周扬参加了北京市委的一次会议，对此发表了意见：“马列主义最薄弱的环节是美学部分，中国对马列主义美学的研究更少，你们写了这些文章，连我这个外行都说不服，怎么能说服

[1] 《反对建筑中的浪费现象》，《人民日报》，1955年3月28日第1版。

[2] 于光远，《忆彭真二三事》，载于《百年潮》杂志，1997年第5期。

这样一个专家呢？关于民族形式，原来有的东西就有民族形式的问题，原来没有的就没有民族形式的问题。建筑在我们国家发展了几千年，当然有民族形式的问题，比如我们原来没有汽车，所以就没有民族形式的问题，可是一把刀子就有民族形式的问题，拿出一把刀就可以看出是日本的腰刀还是缅甸的刀；又如话剧，我们国家没有，按理说应该没有民族性的问题，由田汉等人从日本带回的话剧，开始有点学西洋，比如表示惊诧一耸肩，而这就不是中国人的习惯，中国人看了就笑，就不能接受。建筑肯定是有民族形式的问题，批判的文章我的意见还是

中央民族学院学生宿舍。王军摄于2002年10月。

原为苏联专家提供服务的北京西郊招待所（今北京友谊宾馆）。王军摄于2002年10月。

重庆大礼堂。王军摄于2000年10月。

不要发表，我们只能批判浪费，从理论上我们还没有依据，这方面的理论我们要派人去研究。”[1]

不过，还是有一篇文章在1955年10月2日出版的《学习》杂志上登出来了，这就是因提出“自然科学有没有阶级性”而得到中宣部理论处副处长于光远关注，并被其招至门下的清华大学毕业生何祚庥[2]所写的《论梁思成对建筑问题的若干错误见解》。

这篇文章共分5个部分，标题分别为：“梁思成颠倒了建筑学中‘适用、经济和在可能条件下讲求美观’的原则”、“梁思成所提倡的‘民族形式’实际上就是复古主义的主张”、“所谓建筑上的‘文法’、‘词汇’论乃是一种形式主义的理论”、“梁思成的建筑理论是直接违反总路线的错误理论”、“梁思成的错误思想根源——资产阶级唯心主义”。

何祚庥批判梁思成在对待古代建筑的问题上，“采取了一种无原则、无批判的态度……旧北京城的都市建设亦何至于连一点缺点也没有呢？譬如说，北京市的城墙就相当地阻碍了北京市城郊和城内的交通，以致我们不得不在城墙上打通许许多多的缺口；又如北京市当中放上一个大故宫，以致行人都要绕道而行，交通十分不便。”

他还对“梁陈方案”进行了批判，指出“梁思成对于古代建筑物的这些错误观点，是不能不反映到他的实际主张上的。如所周知，梁思成曾提出要把北京城整个当作一个大博物院来加以保存，还提出城市建设的方针，应该是‘古今兼顾，新旧两利’。他并曾一再顽固地反对拆除天安门前三座门，反对拆除西四、东四的牌楼。可是，梁思成的这些错误主张，却是一再在实践中破产，遭到广大人民的反对。”

建筑界的火力更为猛烈。《建筑学报》接连三期刊登批判梁思成的文章，其中有陈干、高汉写的第二篇批判文章《论梁思成关于祖国建筑的基本认识》，明确提出，“报纸所揭露出来的形式主义建筑所产生的严重浪费，正是实践效果对于梁先生的理论及其创作路线所作最准确的检验。因此，就其实质而论，梁先生所创导的建筑理论及其创作路线不能不是反动的。”

文章试图证明“梁思成先生所鼓吹的，关于我国旧建筑的特点及其发展规律的理论，是一种不易理解的形式主义者的说教”，“他是割断了建筑与社会基础及其上层建筑的关系来理解旧建筑的；同时，他是割断新建筑与我国在过渡时期的经济条件和社会生活状况的关系来理解新建筑的”。“梁先生所谓的‘祖国的建筑’（除赵州桥而外）基本上只不过是直接或间接地为封建统治阶级服务的建筑；对作为祖国建筑的根基，那千百年来直接地普遍地为劳动人民自己服务的民间建筑，竟装聋作哑毫无论述。”

他们认为，“复古主义”和“复

[1]《访问汪季琦》，1983年2月7日，清华大学建筑学院资料室提供。

[2] 傅宁军，《何祚庥：一个忠实于科学的科学家》，载于《传记文学》杂志，1999年第5期。

古主义建筑”表现着“已经死亡了的社会意识”；“旧基础上建造起来表现着旧意识的建筑”，虽然“包含着劳动人民的无限智慧”，“但这一点不能构成为一切旧建筑必须完整保留、不许改造和不许拆除的理由”。建筑界“如不在研究旧建筑和创造新建筑的工作中宣传辩证唯物主义思想和反对资产阶级唯心主义思想，就会走投无路。这正是我国建筑界长期艰巨的历史任务，也是当前重大的政治任务”。[3]

对梁思成刺激最大的批判文章，当属曾与他在中国营造学社并肩作战11年的著名古建筑学家刘敦桢所写的《批判梁思成先生的唯心主义建筑思想》。刘敦桢指出，梁思成“片面强调艺术忽视适用和经济的错误偏向”，在思想本质上是“资产阶级唯心主义思想的具体表现”，“关于保护古代建筑纪念物方面，梁先生提出所谓‘古今兼顾，新旧两利’的方针，而在实际工作中几乎为保存古物而保存古物，不顾今天人民的需要与利益，反对改变原来城市的面貌，严重地妨碍国家建设事业的发展”。[4]

在清华大学建筑系，批判梁思成的座谈会连续召开，周卜颐甚至批判“梁陈方案”是“破坏遗产”：“梁先生要在西郊建设北京，计划保留旧城，结果是让旧城逐渐死亡，这不是爱护遗产，而是破坏遗产，违反城市发展规律，与唯物主义的城市建设毫无共同之处。”[5]

1929年梁思成、林徽因测绘沈阳北陵。林洙提供。

在这场批判发动之前，梁思成就病倒了，1955年1月2日住进了同仁医院。紧接着，病危的林徽因也住进了他隔壁的病房。

在这之前，林徽因为梁思成作了最后的辩护，见王栋岑写给薛子正的信：

薛秘书长：

十二月三日梁先生病了，我和陈占祥到清华去看他，林徽因谈到：

1.有人说梁思成是复古主义，我觉得梁先生真冤枉。

2.有人说专家和他（指梁）相同的意见，他就引证，不同的意见他就不说了。

3.民族学院和海司[6]何尝是梁

[3] 陈干、高汉，《论梁思成关于祖国建筑的基本认识》，载于《建筑学报》，1955年第1期。

[4] 刘敦桢，《批判梁思成先生的唯心主义建筑思想》，载于《建筑学报》，1955年第1期。

[5] 周卜颐，《批判以梁思成先生为首的错误建筑思想》，1955年3月24日，未刊稿。

[6] 即海军司令部。——笔者注

梁思成设计的林徽因墓。清华大学建筑学院资料室提供。

思成给他们搞的？而且民族学院的大屋顶也增加不了那么多造价，汇报不真实，不知是谁汇报的。

此外，她还提到什么大学生两层卧铺等等。我觉得很可疑，为什么那天晚上在市委所谈的她多知道了？梁先生当时也说：

1.建筑形式一头是西洋的，一头是中国的，有人的设计是偏于西洋的，有人的设计是偏于中国的，他用手比画着说："我认为正确的设计应该在这里"，他用手势摆在两头的正中间。

2.他觉得很奇怪为什么屋顶一定要这样△？而这样⏢(有点曲线)就不成！

最后林徽因说：梁思成爱护文物不同于张奚若等，张是单纯出于爱好，而梁思成并不是这样……我们在学习上很努力，比如对这次《红楼梦》的研究，我们都很认真，哪一个文件都没有放过。

林徽因谈话时态度仿佛很镇定，不像每次那样激动……[1]

在医院里，这一对病弱的夫妻相依为命。同济大学建筑系教授吴景祥回忆道：

在一次批判会之后，我曾一齐陪梁先生到北京同仁医院去看望林徽音[2]夫人。那时林夫人重病在身已是气息奄奄，见到梁先生，谁都说不出来，二人只是相对无言，默默相望。我看了也不觉凄然泪下。徽

[1] 王栋岑致薛子正信，1954年12月，未刊稿，清华大学建筑学院资料室提供。

[2] 林徽因原名林徽音，1935年3月，她与梁思成在《中国营造学社汇刊》合作发表《晋汾古建筑预查纪略》，首次以"林徽因"署名，从此不再用原名，以免与当时另一位作家"林微音"相混淆。——笔者注

人民英雄纪念碑细部。王军摄于2002年10月。

人民英雄纪念碑。王军摄于2002年10月。

音夫人不久也就逝世了。[3]

4月1日，林徽因与世长辞。

梁思成以悲痛的心情设计林徽因之墓，墓碑下方，安放着一块汉白玉花圈浮雕，它是林徽因生前为人民英雄纪念碑设计的一个样品。

陈占祥赴同仁医院看望苦痛不堪的梁思成——

他在病床上还向我再三强调说，他惟一的愿望是为了继承和发扬民族的文化遗产，所以，他是不会放弃自己的学术思想的。他还以此鼓励我。[4]

5月，彭真把梁思成从医院接到家里谈了一个下午，关于"大屋顶"问题，两人发生了争论。

最后彭真给梁思成看了一些统计数字，以表明因为采用"大屋顶"给经济带来了"惊人的浪费"。彭真说：我们的国家还很穷，应当精打细算，处处节约。[5] 彭真还拿当时报纸上赫鲁晓夫批评苏联建筑复古主义的报道给梁思成看，说"赫鲁晓夫同志都这样说，你该服气了吧？"[6] 梁思成表示愿意公开检讨。

在梁思成1955年5月零星的笔记中，可以看到彭真在这次谈话中的观点：

最大人民利益是真理标准，最大人民利益是历史发展的必然趋势。群众观点。

……

适用＝人民利益。

离开经济，讲建筑美是主观唯心。

经济基础是普遍真理……

听其人观其行看实践。

过去建筑师为统治阶级服务，可不考虑经济。心中无群众。对旧的，是批判的，是发展的。民族形式——物质上、精神上有用的，都要。

各民族都要，按今天的需要。

对人民负责，对国家负责。

小心建筑沙文主义。

取之尽锱铢，用之如泥沙。

是生产中不可少的工具。

艺术是从属的。

……

穆欣谈国民经济听不见，只听见艺术。

[3] 吴景祥，《怀念梁思成先生》，载于《梁思成先生诞辰八十五周年纪念文集》，清华大学出版社，1986年10月第1版。

[4] 陈占祥，《忆梁思成教授》，载于《梁思成先生诞辰八十五周年纪念文集》，清华大学出版社，1986年10月第1版。

[5] 于光远，《忆彭真二三事》，载于《百年潮》杂志，1997年第5期。

[6] 梁思成，"文革交代材料"，1967年12月3日，林洙提供。

林徽因逝世后，梁思成在颐和园谐趣园养病时留影。林洙提供。

……[1]

5月27日，梁思成抱病写出《大屋顶检讨》，称自己对建筑界的“浪费”现象负有责任：

解放以来六年多的期间，我并没有做过任何一座房屋的具体设计，但在清华大学的教学工作和首都的都市规划工作中，以及通过写文章(包括主编《建筑学报》)、在各处讲演、做报告等社会活动方式，我却在一贯地传播着一套建筑“理论”。这“理论”严重地影响了许多建筑师的设计思想，引导他们走上错误的方向，造成了令人痛心的浪费。

……

最近两年来，陆续出现了如西郊招待所那样的建筑，虽然它们有很多严重缺点，如造价贵，平面有毛病，结构不合理等等，但是，我总是“原谅”那些缺点，认为“总的方向”是对的，缺点只是“小问题”。我还嫌那样的建筑太少，嫌它还“不够好”。我明知党对于我的“理论”是不同意的，但我还是长期地、顽固地坚持我的主张，自认为是在“坚持真理”，自认为是“光荣的孤立”！

……

我认为党对革命是内行，对建筑是外行。我竟然认为这个领导六亿人民翻了身的党不能领导建筑……我像一个对学校没有信心的母亲一样，“不放心”把自己的“宠儿”“建筑”交给党……[2]

11月，梁思成病愈。建筑工程部就“复古主义”、“形式主义”问题，召开若干次约二三十人的批判会。当时已收到各方面批判梁思成的文章近百篇。

12月，《新建设》杂志刊出高汉与陈干合写的第三篇批判文章《论“法式”的本质和梁思成对“法式”的错误认识》，矛头直指梁思成倾尽毕生精力从事的《营造法式》研究。

在1954年发表第一篇批梁文章后，陈干与高汉从市委听到一条意见，大意是，不解决“法式”问题，就不能把问题彻底解决。他们即下决心“从头研究‘法式’问题”，“历时一年终于搞清了产生‘法式’的历史和社会背景”。[3]

他们努力论证宋朝编修《营造法式》与王安石变法之间的关系，在

[1] 梁思成笔记，1955年5月，林洙提供。

[2] 梁思成，《大屋顶检讨》，未刊稿，林洙提供。

[3] 高汉，《云淡碧天如洗——回忆长兄陈干的若干片段》，载于《陈干文集——京华待思录》，北京市城市规划设计研究院编，1996年。

《营造法式》中发现了阶级斗争。

他们希望“画出‘营造法式’或‘法式’原有的面貌。这样的工作可能有助于探求在时髦的外衣下掩盖着混乱的、糊涂的、错误的建筑思想的梁思成先生（以及被他所代表的复古主义者），究竟是在什么地方失足的”。

他们称梁思成“歪曲了‘法式’的本意，阉割了‘法式’的精髓”，“他在斯大林和毛泽东同志，以及一些苏联专家的著作中寻找论据，以他们的词句来装点自己。就这样他以各种巧妙的方法和堂皇的形式，不断地宣传他的观点和方法，终于形成了一股片面强调‘民族形式’的逆风。实质上这正如某些同志说过的，他已经把‘适用、经济和可能条件下的美观’的党的原则，按照他自己的意志改造成为‘美观和可能条件下的适用和经济’。这就是梁思成先生隐藏在写着‘民族形式’和‘法式’这几个大字的布幕后面的实质”。[4]

[4] 高汉、陈干，《论“法式”的本质和梁思成对“法式”的错误认识》，载于《新建设》杂志，1955年12月号。

1955年底，梁思成又写出一篇检讨稿，被印成小样分送批判会讨论。

1956年2月3日，梁思成在全国政协二届二次会议上，宣读了这篇检讨稿，称自己过去二十余年中写的许多关于中国建筑的调查报告、整理古籍、中国建筑历史、都市规划和创作理论的文章和专著，是主观唯心主义、形而上学的，他所提出的创作理论是形式主义、复古主义的。“7年以来，我对于党的一切政治、经济、文化的政策莫不衷心拥护，对于祖国在社会主义改造和建设上的每一伟大成就莫不为之三呼万岁。但在都市规划和建筑设计

梁思成1955年在颐和园谐趣园养病时所绘水彩写生——霁清轩门。梁从诫提供。

上，我却一贯地与党对抗，积极传播我的错误理论，并把它贯彻到北京市的都市规划、建筑审查和教学中去，由首都影响到全国，使得建筑界中刮起了一阵乌烟瘴气的形式主义、复古主义的歪风，浪费了大量工人农民以血汗积累起来的建设资金，阻碍了祖国的社会主义建设，同时还毒害了数以百计的青年——新中国的建筑师队伍的后备军。”“我以为自己是正确的，党是不懂建筑的，因而脱离了党，脱离了群众，走上错误的道路。”“党领导六亿人民解放了自己，又领导着我们在社会主义改造、经济和文化建设的战线上赢得了一个接着一个的胜利。没有党的领导，这一切光辉成就是不可思议的。‘党领导政治、专家领导技术’的思想是完全错误的。党对技术的领导是丝毫无容置疑的。”

他还称“梁陈方案”的提出，是“由于我的思想感情中存留着浓厚的对封建统治阶级的‘雅趣’和‘思古幽情’，想把人民的首都建设成一件崭新的‘假古董’，想强迫广大工人农民群众接受这种‘趣味’，让他们住在一个保持着北京原有的‘城市风格’的城市里”。[1]

对这场突如其来的政治批判，梁思成还是有些想不通。

多年后，他回忆道：批判开始时，他“还不知道问题的严重程度，也未意识到自己就是这问题的罪魁祸首，还认为那是苏联专家极力主张的，是建设单位这样要求的，设计人员也是自己找上门来的，我只是把我所知无保留地‘帮助’他们而已”。后来，才知道，“那是建筑界一场严峻的阶级斗争的开始”。[2]

梁思成的好友金岳霖对他说：“你学的是工程技术，批判了艺术的一半，还留下工程的一半，至少还留下一半‘本钱’。我却是连根拔掉，一切从新(原文如此——笔者注)学起。要讲痛苦，我比你痛得多，苦得多。但为了人民，这又算什么呢？”[3]

但是，梁思成还是心有不甘。

14年后，他仍这样追忆道：“我既无股票，又无房产，怎么会是资产阶级？”[4]

[1] 《梁思成的发言》，《人民日报》，1956年2月4日第6版。

[2] 梁思成，“文革交代材料”，1967年12月3日，林洙提供。

[3] 梁思成，《一个知识分子的十年》，载于《中国青年》杂志，1959年10月1日第19期。

[4] 梁思成，“文革交代材料”，1969年1月10日，林洙提供。

哲匠之惑

长安左门与长安右门的拆除

就在梁思成对自己进行“社会主义改造”的时候，对北京旧城所进行的“社会主义改造”，却使他陷入深深的困惑。

就在城墙存废的讨论余波未了之时，在天安门前，一场“遭遇战”开始了，这就是长安左门与长安右门[1]的拆、留之争。

今天，我们在开国大典的纪录片里，还能看到在天安门东西两侧的这两幢明代建筑的身姿。它们与天安门城楼、中华门共同围合成了一个“T”字型宫廷广场。但是，这两个门，被认为妨碍了交通和游行活动而需被拆除。

主张拆除者认为，“每年有几十万人民群众雄壮的队伍在这里接受毛主席的检阅。但在东西三座门没有拆除之前，它们在交通上妨碍了这样重要的活动。”[2]“节日游行阅兵时，军旗过三座门不得不低头，解放军同志特别生气。游行群众眼巴巴盼着到天安门前看看毛主席，但游行队伍有时直到下午还过不了三

[1] 此二处当时被人们习惯地称作东、西三座门。据北京市文物研究所顾问张先得考证，真正的东、西三座门位于长安左门与长安右门之外，分别位于现南池子南口以东、南长街南口以西，始建于清乾隆十五年。长安左门、长安右门形制雄伟，与中华门相似，均建于明代。东、西三座门形制较小，为通行车辆，民国初年曾予改建，其外观与南池子、南长街门洞相似，其改建工程也是与开辟南池子、南长街门洞同时进行的。东、西三座门及红墙是1950年被拆除的，参见吴良镛《天安门广场的规划和设计》，载于《城市规划设计论文集》，北京燕山出版社，1988年。——笔者注

1950年的长安左门。（来源：《北京旧城》，1996年）

1952年的长安右门。（来源：《北京旧城》，1996年）

[2] 陈干、高汉，《〈建筑艺术中社会主义现实主义和民族遗产的学习与运用的问题〉的商榷》，《文艺报》，1954年8月30日第16号。

座门，看不着毛主席。”[1]

梁思成与林徽因想方设法阻止拆除行动。今天，文化界仍流传着这样一个故事：林徽因说，如果要拆三座门，她就到那里上吊！

林洙回忆道：

拆东、西三座门梁思成反对，因为他认为天安门形成这么一个广场，东、西三座门起了很大作用。但是东、西三座门是北京市人民代表大会通过要拆的，当时提出的原因是妨碍交通，尤其是妨碍游行队伍。他们特别希望游行队伍迈着整齐的步伐笔直地走过东、西长安街。有三座门在这里，游行队伍就要绕过三座门，或从门洞里通过，队伍肯定是要乱的。

他们就开人民代表大会，找了很多三轮车夫来控诉三座门的血债，说他们多少多少人在这里出了交通事故，一定要把三座门拆掉。这时，施工队伍已经摆好了，准备就绪了，你这边一举手他那边就动工了。[2]

讨论拆除长安左门与长安右门的北京市各界人民代表会议，是1952年8月11日至15日召开的。原《北京日报》记者杨正彦参加了这次会议并回忆道：

林徽因代表梁思成发言。当时会场设在中山公园内的中山堂，这里没有固定座位，只能运去大批的软椅，为了代表便于出入，不得不留出若干条通道。林徽因一上台，就以她雄辩的口才先问各位代表：台下的椅子为何要这样摆？还不是为

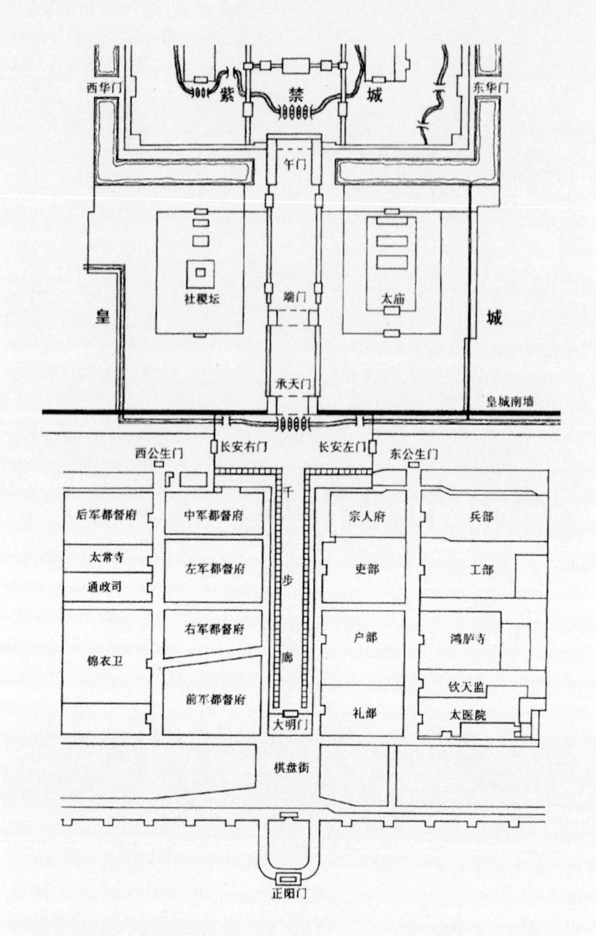

明北京城午门至正阳门平面图。（来源：《侯仁之文集》，1998年）

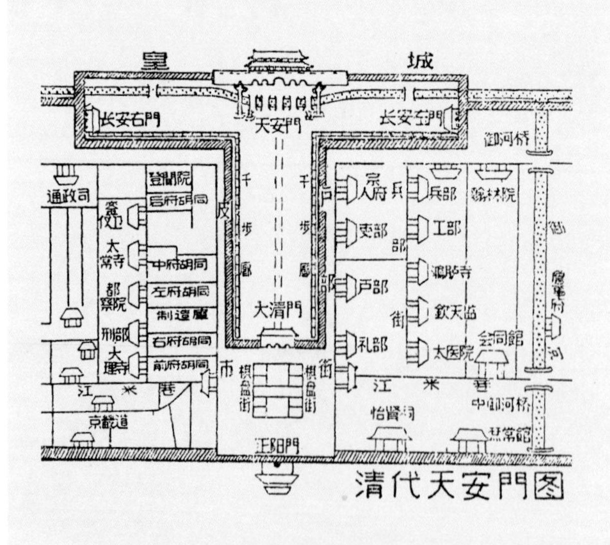

清代天安门图。（来源：《赵冬日作品选》，1998年）

了交通方便！如果说北京从明代遗留下的城墙妨碍交通，多开几个城门不就解决了？她这番话在代表中起了很大的煽动作用，因为当时矗立在天安门前东西两座“三座门”对来往车辆和行人实在不太方便，每年都在此处发生几百起车与车相撞或者车与人相撞的事故，市委市政府早已下决心先将这两座“三座门”迁移，施工力量都已准备好，单等代表会议一举手通过，就立即动手。彭真同志考虑到那天会场的情绪，怕一时很难通过，便立即召开代表中的党员会，要求大家一定服从市委的决定，举手同意先拆除天安门前的两座“三座门”，由于代表中党员居多数，这项决定便这样被通过了。一夜之间这两座“三座门”就不见了。[3]

长安左门与长安右门经大会表

[1] 清华大学土木建筑系编，《教学思想讨论文集（一）》，1965年1月，清华大学建筑学院资料室提供。

[2] 林洙接受笔者采访时的回忆，1994年7月5日。

[3] 杨正彦，《最大的一件蠢事》，载于《北京纪事》杂志，2000年第5期。

1954年的中华门。（来源：《北京旧城》，1996年）

东、西三座门于1950年被拆除。此图为东三座门，尽端可见长安左门，摄于1935年10月2日。张先得提供。

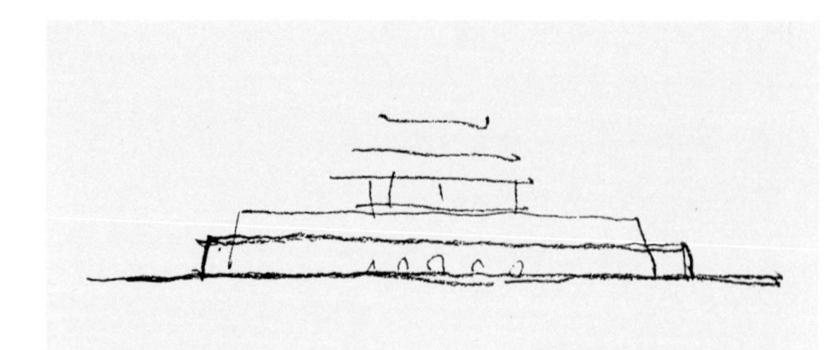

梁思成1958年工作笔记本上所绘天安门城楼改建草图。此项工程酝酿多年，曾计划于迎接国庆十周年天安门广场改造时进行建设，但因种种原因未能实施。林洙提供。

决被判“极刑”，一夜之间被夷为平地。而梁思成却在这次会议上，当选北京市人民政府委员会委员。[1]

这场“遭遇战”，持续了近三年之久。

开国大典之后，毛泽东主席提出改建天安门城楼，在城楼前建检阅台，以接近群众。[2] 与此同时，拆除长安左门与长安右门的计划被提出，梁思成被令对此进行研究。

梁思成之子梁从诫回忆道：

天安门曾经要改造过，后来搁置起来了，而且方案是强迫梁思成做的。毛主席嫌在天安门顶儿上离群众太远，又比了一下说列宁墓离游行群众是多高，天安门太高了，高高在上不好，所以要在天安门下面，就是现在跨在金水桥上搞一个矮台子，二层台，这个图、草图我都看过。要搞一个二层台，天安门的门洞就变得非常之长，它的前面就等于伸出一个台阶式的东西，台阶和门洞是连着的，上面也是汉白玉栏杆，让毛主席在上面挥手。这个东西出来就顶到金水河了，把金水桥都占了。当时梁思成还煞费苦心，没办法，这是中央定下来的。梁思成就想方设法让它从正面看还不是感觉太离谱，想方设法让加上去的台子变成原天安门城楼的一部分，一个有机的组成部分。[3]

虽然做出了这个方案，但是梁思成还是想方设法不让它实施。

1952年5月22日，他致信彭真，认为所能做出的方案，“都是既不能

[1] 《北京市各界人民代表会议闭幕》，《人民日报》，1952年8月15日第1版。

[2] 梁思成1953年8月在北京市各界人民代表大会上所作的《关于首都建设计划的初步意见》中，有这样一句话：“天安门的阅台还要改建，使我们更靠近毛主席。”——笔者注

梁思成工作笔记中关于天安门改建问题致彭真函稿（1952年5月22日）。林洙提供。

英雄碑 52-5-22

1. 办公地点：急需找临时房屋．长久的自盖？
2. 办公室干部：1-联系人员　2-会计出纳．
3. 经费：1. 办公室经费：干部薪金是否由会付？办公及工作室房屋及设备．
　2-工程费：各单位（大款项）通过办公室经主委批准核定．各单位自发自己的经费？
4. 技术人员调用问题．由各组负责人提名通过人事部调用．
5. 各专门委员会．由召集人提名，由会聘请．
6. 碑身大石 13×2.5×1 m　100T．要不要？问题在大．

致彭市长函稿　关于天安门　52-5-22

彭真市长：关于天安门改建问题，连日来我同陈占祥、华揽洪几位同志反复研讨，觉得我们所能拟出的方案，连同做套城的方案在内，都是既不能好好解决问题，又损害了天安门的[illegible]办法，因此实在未敢草率从事。即使说做套城，估计六月初旬开工，接着就是雨季，九月底完工的把握很小，深怕耽误了国庆检阅典礼，所以我请求将改建工程再延至明年。我们在一个月之内，将三四个（包括整个天安门广场四周建筑的整体）方案草稿拟出，将各种方案不同的优点缺点提出，同时奉上，请你予以比较分析，作出决定，我们就遵照你的指示去做施工设计。我们用几个月的时间做准备工作，明年五月二日立即动工，保证在九月中旬完成。希望得到你的允许。至于三座门的拆除，也请现在决定采用哪一种方案后再动手。八月开始拆除，（拆除只需十几天工夫，）都不晚。此外关于改修天安门顶棚，安装电梯，和重修西侧门等项工程的预算，希望能早日批准。此致敬礼。

建筑专门委员会：加强．要召集两大公司讨论确定形式方针．套城是否动工？

好好解决问题又损害了天安门的办法，因此实在未敢草率从事。”眼看在各方面的巨大压力之下，长安左门与长安右门已难免一拆，梁思成建议“请延至决定采用哪一种方案后再动手”。[4]

他争取到了短短几个月的“研究”时间，并立即在5月31日召开的天安门改建工作会议上提出：“三座门迁至何处？”[5]

他希望把这两处建筑迁移重建、异地保护，可这只是一厢情愿。

孔庆普，现北京市市政工程管理处桥梁所退休总工程师，当年北京市建设局养路工程事务所综合技术工程队队长，参加了拆除长安左门与长安右门的行动。他向笔者追述道：

人们常说的天安门前的三座门，实际上是长安左门和长安右门。长安右门是由建设局拆的，我参加了。东边的长安左门是由建工局负责拆的。

拆长安左门与右门，当时民主人士不同意。因为它确实影响交通，影响广场扩建，经过几次研讨，意见统一了，同意拆除，但是要求把部件保留下来，移到别的地方重建。为此，彭真主持会议，梁思成要求移建在广场里面，多数人不同意建在广场里。市里领导人也不同意移到广场里面去，因为当时要把天安门广场建成世界上最大最雄伟的广场。多数人认为广场内放入一些孤立的建筑物是不适当的。

梁思成对拆长安左门与右门意见很大。北京市建设局王明之局长有一次跟我们讲，梁教授说长安左门是他的左膀，长安右门是他的右臂！

拆的那一天，我们建设局的人在中山公园，建工局的人在劳动人民文化宫。下午4时，我们正准备吃饭，接到通知：市里的各界代表会议开完了，决定拆了。我们就立即动手，用了一天一夜拆完。我们文明施工，瓦件都是人工一块一块地拆，拆下来的部件，运到中华门北侧，东边摆长安左门的，西边摆长安右门的。

我们用吊车拆，吊车是解放前北平工务局的，是美国制造的，建工局没有吊车，就搭着架子拆。我们差一点出事故，在吊基座石时，由于石件太重，吊车差点儿倒了。吊车转臂时，大臂突然向右倾斜，有一年轻工人，抓起大绳的一头，勇敢地爬上吊臂，把绳子系紧，我们好不容易才用绳子把吊杆拉了回来。

拆的时候很费事，因为要一件件地拆，无论拆什么都不许往下扔。我们是使用木槽一件件地往下溜瓦，下面用草垫子接着。大的构件，如吻兽等，就装筐用绳系着顺下来。晚上，由于探照灯晃眼，我们用烧煤油的汽灯照明。到第二天下午，长安左门与右门都拆完了，天黑前路面已修补平整。

拆下来的料移交给房管局了，听说故宫博物院用了一些。基座的石料我记得在中华门北侧摆了好些年。

[3] 梁从诫接受笔者采访时的回忆，1993年11月11日。

[4] 梁思成工作笔记，1952年5月22日，林洙提供。

[5] 梁思成工作笔记，1952年5月31日，林洙提供。

听说拆的时候，梁思成、吴晗、柴泽民等都去了。领导说市长们都在这儿，行动要有秩序。[1]

当年的那一幕，陈占祥记忆犹新："梁先生哭了……"[2]

在梁思成眼里，长安左门与长安右门是北京旧城的精华——建筑中轴线不可或缺的部分，因为"从正阳门楼到中华门，由中华门到天安门，一起一伏，一伏而又起，这中间千步廊御路的长度，和天安门面前的宽度，是最大胆的空间处理，衬托着建筑重点的安排"。[3]而在天安门前这"最大胆的空间处理"上，长安左门与长安右门起着关键作用。

如果"梁陈方案"能被采纳，如果长安街及天安门广场周围能够不作为行政中心所在地，人们考虑这两幢北京少有的明代建筑时，也许就会是另外一种结局。

对于长安左门与长安右门所引出的北京交通事故问题，梁思成事先也作过考虑。其实，他才是"控诉"车祸之最佳人选。

1923年5月7日，梁思成与弟弟梁思永乘摩托车参加北京学生举行的"国耻日"纪念活动，行至南长街出口处，被北洋军阀陆军次长金永炎的汽车撞伤，急送协和医院治疗，诊断为左腿股骨复合性骨折，三次手术后始康复，从此左腿比右腿短了约一厘米。他为此休学一年，出国留学不得不推迟。

由于身体受伤，梁思成从小立志"做一个军人"来救国的理想破灭，遂决心学习欧美建筑学的知识，以应用于祖国。这次车祸，给梁思成留下了严重的后遗症。40岁左右，他受伤的脊椎患软骨硬化病，忍受着中枢神经受压的剧痛，不得不改在内业工作，并长期身穿铁马甲支撑腰部。

对于北京的交通及车祸问题，梁思成是较早发言的一位。1949年5月8日，他以一个"有二十七年经验的老司机，曾经在欧美、南洋和本市领过司机执照，而又是研究都市计划的建筑师"的"双层资格"，对北平车祸问题的解决提出建议，认为要防止车祸，应该治本。"治本的方法，有动的和静的两方面。动的方面，就是管理和指挥的问题……静的方面就是将本市的街道，尤其是交叉路口加以改善，增加安全设备，务使车辆交错时不致互相挤撞，或伤害行人。"他还特别指出，"'静'的方面，是属于都市计划的问题。这方面的工作是将主要的街道和交叉路口，加以改善……这种工作须先作车辆数量和动态的调查统计，以及对于将来的预测，然后计划道路网或道路系统，改造道路交叉口，增辟城门洞等等。"[4]

可见，梁思成对于改善交通的设想，一是加强交通管理，二是要有合理的都市计划，要在科学分析的基础上，通过道路系统来解决。在后来的"梁陈方案"中，他又与陈占祥将这一思想进行了发挥，提出

[1] 孔庆普接受笔者采访时的回忆，2002年1月9日。

[2] 陈占祥接受笔者采访时的回忆，1994年3月2日。

[3] 梁思成，《北京——都市计划的无比杰作》，1951年4月，载于《梁思成文集》（四），中国建筑工业出版社，1986年9月第1版。

[4] 梁思成，《北平市的行车与行人》，《人民日报》，1949年5月8日第2版。

应通过合理的分区及居住与就业的平衡，“经济地解决交通问题，减轻机械化的交通负担”。这种思想，在今天仍是具有现实意义的。

如果我们再从这个层面来看长安左门与长安右门的存废，思考的空间是不是会更大一些呢？

吴晗发难

1950年11月，北京市决定拆除明清北京皇城的西城门——西安门，以改善交通，准备会都开了，就要动手了，西安门却意外地于当年的12月1日凌晨被大火烧毁。孔庆普回忆道：

我记得是在1950年初冬，那时我还是北京市建设局道路科的工务员，头一天我们都开会准备拆西安门了，第二天一早，科长对我们说，不用拆了，夜里给烧了！科里的一位同志上班时路过西安门，看见了。

火是从西安门的南头烧起的，那里面住着清洁队，他们夜里取暖，不慎失火，就跑到附近居民家借水来灭火。那时候，普遍还没有自来水，居民们都是打井里的水，存在自家的水罐里，这点水哪救得过来？他们那儿也没有电话，报火警也难。

对西安门，市公安局交通管理处意见很大，认为影响交通，即使不拆，周围也得修路。后来，市里决定拆除。[5]

1950年12月3日《人民日报》刊登了关于此事的报道，西安门被焚毁事件，被表述为“西安门市场失火”，“西安门过道之大部分”被烧毁，并称“火警发生的原因系起于西安门南旁摊贩临二十六号住户王朝宗家，王朝宗是经营干果、纸烟、火柴等易燃物品的摊贩”。[6]

这次火灾事故的责任人究竟是谁？孔庆普坚持认为就是清洁队。他说，当年在建设局听传达时上面就是这么讲的，而清洁队当时归公安局管。当时西安门南侧为道路，周围没有住户，因此，外面的火很难

[5] 孔庆普接受笔者采访时的回忆，2002年1月25日。

[6]《棚户最易引起火警　京西安门市场失火　市场棚户应接受教训防火防特》，《人民日报》，1950年12月3日第2版。

民国时期的西安门。（来源：《北京老城门》，2002年）

1952年的东长安街牌楼。(来源:《北京旧城》,1996年)

烧到里面来。

笔者注意到,《人民日报》的那篇稿件是由北京市公安局的宣传部门提供的。难道公安局是要推卸自己的责任?以当时的情况来看,这种可能又极小。

姑且就把这个疑问留在这里吧。反正,西安门被一把火烧没了,这把火还帮了拆除工人的忙。

对古建筑的大规模拆除开始在这个城市蔓延。

牌楼昔日曾是北京城里街道上的重要建筑物,它装点并衬托着市容的美。清末,跨于街道上的木牌楼,计有前门外五牌楼、东交民巷牌楼、西交民巷牌楼、东公安街牌楼、司法部街牌楼、东长安街牌楼、西长安街牌楼、东单牌楼、西单牌楼、东四牌楼(4座)、西四牌楼(4座)、帝王庙牌楼(2座)、大高玄殿牌楼(2座)、北海桥牌楼(2座)、成贤街牌楼(2座)、国子监牌楼(2座)。临街的牌楼有两座,一是大高玄殿对面的牌楼,二是鼓楼前火神庙牌楼。

民国时期拆除了东单牌楼和西单牌楼,并将部分牌楼改建为混凝土结构,它们是前门外五牌楼、东交民巷牌楼、西交民巷牌楼、东四牌楼、西四牌楼、成贤街牌楼、国子监牌楼、北海桥牌楼。

1950年9月初,在天安门道路展宽工程中,北京市建设局拆除了东公安街和司法部街牌楼,石匾由文化部文物局收存。这是新中国成立后第一次拆牌楼。

也就在这个月,为配合国庆活动,北京市建设局养路工程事务所对东、西长安街牌楼进行了油饰。政务院遵照周恩来总理指示精神，发文给北京市人民政府，要求保护古代建筑等历史文物。市政府随即要求建设局对城楼、牌楼等古代建筑的状况进行调查，并提出修缮计划。

当年参加这项工作的孔庆普向笔者追述道：

1950年，有市民反映城墙有一些地方坏了，需要修缮。薛子正秘书长要建设局管这件事。从那时起，我具体做这项工作，即维修城墙、城楼、塔、牌楼、影壁等社会公共建筑。

那时，铁狮子胡同的影壁墙上面，还有"反内战反饥饿"、"美国佬滚回去"等标语，我们都要负责清理掉。只要人民来信反映这些事，到建设局，我们都要负责。我当时是建设局工务员，主管桥梁维修，兼养路工程事务所综合技术工程队队长。

我们对城楼、牌楼做了保护性处理后，写了个报告。市里要求进一步调查，以便更好地加以修缮。建设局老工程师林是镇管这个事，我是帮他跑腿儿的。林先生老了，跑不动了，我年轻，就帮他外出调查，那时没有专车，自行车也没有，就坐内环线的有轨电车。

写完报告，10月中旬报给张友渔副市长，张副市长跟吴晗副市长说，你去找梁思成，告诉他北京要修城楼、牌楼。梁思成非常高兴。

11月下旬的一天，在市府东大厅开完会后，薛子正对建设局副局长许京骐说："修缮城楼的事，总理批了，政务院还将拨一部分款子来。总理说：'毛主席很关心北京的古代建筑和历史文化古迹，城楼和牌楼等古代建筑是我们祖上劳动人民留下来的瑰宝，应注意保护好，我们的国家现在还很穷，需要花钱的地方很多，修缮工程暂以保护性修理为主。'估计拨款不会太多，先编制一个修缮计划和预算，等政务院拨款后再具体安排。"

那时，文化部下面有一个北京文物整理委员会，简称文整会，俞同奎是负责人。

就城墙、牌楼修缮问题，市政府给文整会去函，挂上了钩，明确此事由北京市建设局主办，文整会协助。这样，林是镇、俞同奎管这件事了。

两家单位从1951年起开始共同调查，文整会搞设计、做预算，建设局负责招标、发包、监理工程。建设局的王怀厚是专职监理员，他跟我是林是镇的助手。

1951年1月上旬，建设局和北京文整会拟定出城楼和牌楼修缮工程实施方案。4月中旬，由养路工程事务所综合技术工程队对东、西长安街牌楼进行全面维修，完全按照古代建筑修缮工程技术程序进行操作。

4月25日，市政府通知建设局：政务院拨给北京市修缮城楼工程款15亿元（旧币），牌楼修缮工程，由建设局年度投资内列支，修缮从简。于是建设局将牌楼修缮工程改为维修工程，投资压缩近半。

但一年没有修完，弄不了这么多。1951年底，我们又写出二期古建修缮报告，但没有批下来。[1]

这之后，风向陡转。

1952年5月，北京市开始酝酿拆除牌楼，此问题由公安局交通管理处首先提出。他们认为，大街上的牌楼附近交通事故频繁，牌楼影响交通是导致交通事故的主要原因，建议建设局养路工程事务所拆除牌楼。

这一年，在文津街北京图书馆门前发生一起严重的交通事故。原北京市城市规划管理局总建筑师李准回忆道：

那里的交通环境的确不好，自北海大桥下桥向西正逢下坡道路，车速一般较高，经过通视条件稍好的金鳌牌楼后即面临原北京图书馆门前附近的"三座门"。它有3个门洞，开间不大，一般只能通过一部汽车，再向前又遇到向北的弯道，行车视线受到较大的障碍。当时一部汽车自东向西疾驶，但快要进三座门时突然发现转弯过来的另一部汽车迎面驶来，这位司机看到迎面来的车里有前苏联专家乘坐，在已无法采取任何措施躲避的情况下，这位司机出于对"老大哥"的尊重，毫不犹疑地把车撞在三座门的门垛上，专家的车有惊无险地顺利通过，这位司机却失去了年轻的生命。当时，这类事故已有多起，很显然，道路间建筑物与交通的矛盾已达到非常尖锐的地步，应该迅速合理地予以解决。[2]

1953年5月，北京市的交通事故简报称："女三中门前发生交通事故4起，主要是因为帝王庙牌楼使交通受阻所致。牌楼的戗柱和夹杆石多次被撞，牌楼有危险。东交民巷西口路面坡度过陡，又有牌楼阻碍交通，亦属事故多发点。"[3]

5月4日，中共北京市委就朝阳门、阜成门和东四、西四、帝王庙前牌楼影响交通的问题向中央请示：拟拆掉朝阳门、阜成门城楼和瓮城，交通取直线通过；东四、西四、帝王庙牌楼一并拆除。5月9日，中共中央批准了这个方案。并指出进行此项工程时，必须进行一些必要的解释，以取得人民的拥护。

北京市副市长吴晗担起了解释拆除工作的任务。梁思成与吴晗发生了激烈的争论。梁思成认为，城门和牌楼、牌坊构成了北京城古老的街道的独特景观，城门是主要街道的对景，重重牌坊、牌楼把单调笔直的街道变成了有序的、丰富的空间，这与西方都市街道中雕塑、凯旋门和方尖碑等有着同样的效果，是街市中美丽的点缀与标志物，可以用建设交通环岛等方式合理规划，加以保留。

据吴良镛回忆，梁思成一次当着吴晗和市政府秘书长薛子正的面，对周恩来说："我对这两位领导有意见，他们不重视城楼的保护"。[4]

当年在国务院工作的方骥回忆

[1] 孔庆普接受笔者采访时的回忆，2002年1月9日。

[2] 李准，《"文物保护"议——旧事新议京城规划之三》，载于《北京规划建设》，1995年第5期。

[3] 引自孔庆普，《北京牌楼及其修缮拆除经过》，载于《建筑百家回忆录》，中国建筑工业出版社，2000年12月第1版。

[4] 吴良镛，《一代名师　名垂青史》，载于《梁思成先生诞辰八十五周年纪念文集》，清华大学出版社，1986年10月第1版。

起梁思成与吴晗的一次冲突：

梁先生为了旧都多保留一些有价值的牌坊、琉璃宫门等古建筑，在扩大的国务院办公会议上，和自称“改革派”的吴晗同志争得面红耳赤，记得有一次，吴晗同志竟站起来说：“您是老保守，将来北京城到处建起高楼大厦，您这些牌坊、宫门在高楼包围下岂不都成了鸡笼、鸟舍，有什么文物鉴赏价值可言！”气得梁先生当场痛哭失声，这都是我们这些在场作记录的同志耳闻目睹的事实。[5]

吴晗像。

1953年的一个夏夜，林徽因与吴晗也发生了一次面对面的冲突。

那是文化部社会文化事业管理局局长郑振铎邀请文物界知名人士在欧美同学会聚餐。席间，郑振铎感慨道，推土机一开动，我们祖宗留下来的文化遗物，就此寿终正寝了。林徽因则指着吴晗的鼻子，大声谴责。同济大学教授陈从周回忆道，虽然那时林徽因肺病已重，喉音失嗓，“然而在她的神情与气氛中，真是句句是深情。”[6]

梁思成致信中央领导，认为以“纯交通观点”来决定牌楼存废是片面的，应该从城市整体规划的角度来考虑文物保护以及避免车祸的办法，例如可建设交通环岛，将牌楼保留为街心景观等。另外，不同情况区别对待，如历代帝王庙前的一对牌楼“所在的一段大街，既不拐弯也不抹角，中间一间净宽6.20m，

[5] 方骥，致中国历史文化名城保护委员会的信，2000年1月，未刊稿。

[6] 陈从周，《怀念林徽因》，载于《陈从周散文》，同济大学出版社，1999年7月第1版。

拆除前的历代帝王庙牌楼。罗哲文摄于1954年。

足够两辆大卡车相对以市区内一般的每小时20km的速度通过，不必互相躲闪，绝对不需要减低速度；若在路面中线上画一条白线，则更保绝对安全。两旁的两间各净宽5.15m，给慢行车通过是没有问题的。”“我们绝没有丝毫的‘思古幽情’，我们是尊敬古代劳动人民卓越的创造，要我们的首都每一条街道更能够生气勃勃地代表新民主主义、社会主义时代的伟大面貌。片面强调‘交通’，借口‘发展’来拆除文物，确有加以考虑的必要。”他建议对古建筑进行调查，立法分级保护，“把文物组织到新的规划中，而不应用片面的理由或个人的爱恶轻率地决定文化遗产的命运。”[1]

交锋越发激烈。

1953年7月4日，北京市建设局奉市政府指示，牵头组织关于交民巷和帝王庙牌楼拆除问题座谈会。会议同意拆除交民巷的两座牌楼。关于帝王庙牌楼，文物部门的意见是最好能够保留，或易地重建。

8月20日，吴晗主持会议，讨论北京文物建筑保护问题。薛子正、梁思成、华南圭、郑振铎、林徽因、罗哲文、叶恭绰、朱兆雪等出席。

郑振铎态度强硬地说：“如有要拆除的最好事先和社会文化事业管理局联系，由中央决定，不应采取粗暴的态度。”

但吴晗绵里藏针：“全国性的问题请示中央决定。”

这是不是意味着，只要不是“全国性的问题”，就不需要“请示中央决定”呢？

林徽因提出，“保护文物和新建筑是统一的。保护旧的是为新建筑保存优良的传统”，“北京的九个城门是对称的，如一旦破坏，便不是本来的基础了。再如天坛只保存祈年殿其他都拆掉也不是保存文物的办法”。她认为民居建筑的保存也是重要的方面：“艺术从来有两个传统，一个是宫殿艺术，一个是民间艺术，后者包括一些住宅和店面，有些手法非常好，如何保存这些是非常重要的。”

梁思成在发言中指出，“北京市的发展是要在历史形成的基础上发展，一定要保存历史形成的美丽城市的风格。有些单位（如公安、交通、经济部门）考虑得片面”，“在保护古文物建筑工作上，首都应起示范作用，慎重是必要的”。

他搬出了苏联经验，提出“在莫斯科建设中，古建筑在原则上尽量保存下来”。他还以“土地私有”讥讽破坏文物建筑的行径：“北京各机关好像有‘土地私有’的观念，在他们自己的范围内爱拆爱建，一点不考虑整体。”

可是，吴晗作答：“在处理中应尊重专家的意见，但专家不能以为自己的意见必须实现。”[2]

会后，由北京市人民政府与文化部社会文化事业管理局等部门共同组

[1] 梁思成，《关于拆除东四、西四牌楼给领导的信》，1953年8月12日，转引自高亦兰、王蒙徽，《梁思成的古城保护及城市规划思想研究》，《世界建筑》杂志，1991年第1至5期。

[2] 《关于首都古文物建筑保护问题座谈会记录摘要》，1953年8月20日，罗哲文提供。

拆除前的东交民巷牌楼(1954年)。罗哲文提供。

织的联合调查小组，对北京城区的牌楼及其他一些古建筑进行调查。

最后，对牌楼作出了保、迁、拆三种处理方式，即在公园、坛庙之内的可以保下来；大街上的除了成贤街和国子监的4座外，全部迁移或拆除。

不幸的是，“文化大革命”期间，吴晗与郑振铎组织的这次对牌楼调查测绘的所有资料，全部遗失。被迁至陶然亭公园的东、西长安街牌楼，也大约在1971年9月，被江青下令拆除。

1953年12月20日，吴晗主持召开首都古代建筑处理问题座谈会。他在总结发言中说：“座谈会已取得一致意见的几处古代建筑处理意见：第一，景德坊[3]先行拆卸，至于如何处理，另行研究。第二，地安门的存废问题以后再研究，先拆去四周房屋10间，以解决交通问题。第三，东、西交民巷牌楼可以拆除。”

由于梁思成的坚持，周恩来总理不得不亲自出面找他做工作。梁思成与周恩来恳谈了几乎两个小时，并极富诗意地描述了帝王庙牌楼在夕阳斜照，渐落西山时的美丽景象。周恩来则以“夕阳无限好，只是近黄昏”作答。[4]

孔庆普主持拆除了历代帝王庙

[3] 即历代帝王庙牌楼。——笔者注

[4] 林洙，《建筑师梁思成》，天津科学技术出版社，1996年7月第1版。

景德坊和东交民巷牌楼。他向笔者追忆了当年梁思成向这两处牌楼告别的情景：

市里对梁思成先生非常尊敬。1954年3月6日，我们开始拆东交民巷牌楼，脚手架都搭好了，第二天接张友渔副市长通知："交民巷牌楼暂停施工，等梁教授看完后再拆。"我们当天晚上又把脚手架拆下来，把杉槁等放在中华门前面。可是，等了两天仍不见梁先生来，我们就报告局秘书室，12日由秘书室出车接来梁先生，由我在现场接待。

梁先生只看了东交民巷牌楼，他说，这两座牌楼都是改造过的，是混凝土牌楼，已不属于古代建筑，既然影响交通，拆就拆吧。他还问长安街牌楼的情况，问什么时候拆，说要是拆也应该挪到别的地方再建起来，东、西长安街牌楼是古建筑，都是木质的、老的。我说，东、西长安街牌楼计划在"五一"前拆完，6月15日上汛前，计划拆完东、西四牌楼。他没再说什么就走了。

梁先生走后，我向局里汇报，说梁先生没说什么，还说东交民巷牌楼已不是古建筑。局里又向市里汇报，市里就指示，动手吧。没过几天，市政府又来通知：长安街牌楼暂缓拆除，东、西四牌楼拆否未定，另行通知。

后来，这几处牌楼还是被拆除了。长安街牌楼是8月21日下午7时正式开工的，两座牌楼同时施工，25日凌晨做到场光地净。东、西四牌楼在12月21日同时开工拆除，26日凌晨6时，两处同时做到场光地净。

历代帝王庙牌楼也是我们拆的。1954年1月8日，我们开始准备拆卸。10日，梁思成先生来到现场，这是他自己去的，当时我们正在搭脚手架。他就在旁边看，见到我问这两座牌楼计划什么时候拆完？照了相没有？拆下来的部件存在哪里？重建的地点定了没有？我说，相片已照了，立面、侧面、局部、大样都有。上级布置是拆卸，要求操作仔细，力争不损坏瓦件，木件不许锯断，立柱和戗柱必要时可以锯断。拆下的部件暂存于帝王庙内，由文整会安排，重建地点尚未确定。据文整会俞同奎同志说，民族学院拟将牌楼迁建于校园内。

梁先生说，北京的古代牌楼属这两座构造形式最好，雕作最为精致，从牌楼的东面向西望去，有阜成门城楼的衬托。晴天时还可以看到西山，特别美，尤其是傍晚落日的时候。为争取保留这两座牌楼，他曾给周总理写信，总理很客气，说夕阳无限好，只是近黄昏。唉！也难说！这里的交通问题确实也不好解决。

拆这座牌楼，是因为它影响交通。支撑牌楼的戗柱，老被车撞。可梁先生说，这座牌楼被挪了就没有意义了。他还问我，牌楼的木件腐朽程度如何？我说，经初步检查，木构件大部分腐朽很严重，拆卸时尽力小心吧。梁先生最后说，感谢！感谢！这次来主要是向牌楼告别。

之后，我又陪他到历代帝王庙里去看，当时这个庙被女三中用着，后院东房已腾出来摆牌楼拆下来的料。梁先生很满意。

以前我还真不知道帝王庙牌楼是构成一幅美景图画的主体呢。此后就天天等待梁先生所说的美景的出现。晴天和晚霞都出现了，只是牌楼已被脚手架包围，无法为美景留影了。[1]

中国文物学会会长罗哲文向笔者回忆道："拆历代帝王庙的牌楼，梁思成先生痛哭了好几天，名为拆迁，但事先并未落实迁建地点，拆下一堆料后来也不知去向；大高玄殿门前原有两个习礼亭，是一个院子，习礼亭与故宫角楼相仿，比角楼还漂亮，也被拆了，说是拆迁，但是，拆到哪儿？没定下来，也是拆下一堆料，后来不知去向，没准在'文革'中被当成了柴火烧掉了。"[2]

后来，毛泽东对上述争论定了这样的调子："北京拆牌楼，城门打洞也哭鼻子。这是政治问题。"[3]

以下是从1954年1月开始的北京牌楼被大规模拆除的过程：

1954年1月8日，北京市建设局养路工程事务所开始拆卸历代帝王庙景德坊，20日拆卸完毕。

3月15日，建设局养路工程事务所开始昼夜施工拆除交民巷牌楼，21日清晨东牌楼场光地净，25日清晨西牌楼场光地净。

4月中旬，拆除打磨厂西口、织染局西口、船板胡同西口和辛寺胡

[1] 孔庆普接受笔者采访时的回忆，2002年1月9日。

[2] 罗哲文接受笔者采访时的回忆，1998年9月18日。

[3] 李锐，《"大跃进"亲历记》，上海远东出版社，1996年3月第1版。

民国时期的大高玄殿牌楼。清华大学建筑学院资料室提供。

同南口的4座小牌坊。

8月21日下午7时，长安街牌楼拆卸工程正式开工，两座牌楼同时施工，25日凌晨4时做到场光地净。全部木件、瓦件、石件等，运至陶然亭公园北门内分类放置。

11月27日，市政府批准拆除大井砖牌楼。12月9日开始拆除，20日拆完。

12月15日，市政府下达通知，要求于春节前将东四牌楼、西四牌楼、大高玄殿牌楼及北海三座门拆卸完毕。

东、西四牌楼于12月21日同时开工拆除，26日凌晨6时，两处同时做到场光地净。拆下的石匾由文化部社会文化事业管理局收存。

改造前的北海大桥（1950年）。（来源：《北京旧城》，1996年）

1955年1月2日开始拆除北海三座门，6日晨拆完。

1月8日，大高玄殿两座跨街的牌楼拆卸工程开工，1月14日完工。

5月下旬，北京市人民委员会对房管局下达拆除正阳桥牌楼任务。6月12日开始拆除，21日拆完。

11月，金鳌玉蛛牌楼在北海大桥加宽工程中被拆除。

1956年5月28日至6月10日，在景山前街道路加宽工程中，大高玄殿对面牌楼及习礼亭被拆除。同期被拆除的还有北上门等古建筑。

至此，北京城内所剩跨于街道上的牌楼仅有4座，即两座成贤街牌楼和两座国子监牌楼。此后再未拆过牌楼。[1]

梁思成也有为数不多的成功，例如北京团城的留存。

团城，明、清两朝皇家园林的重要建筑，因其平面为圆形，周围

已迁至陶然亭公园内的西长安街牌楼。罗哲文摄于1956年。

正在搭架准备拆除的东四牌楼。（来源：《北京旧城》，1996年）

[1] 孔庆普，《北京牌楼及其修缮拆除经过》，载于《建筑百家回忆录》，中国建筑工业出版社，2000年12月第1版。

北京现仅存的 4 处跨街牌楼之一——成贤街牌楼。王军摄于 1996 年。

1956年梁思成（右二）参加全国科学规划制定工作期间在中南海与周恩来（左一）交谈。林洙提供。

以城砖垒砌，成为一座带雉堞的砖城。新中国成立之初，文化部文物局（1951年10月至1955年5月称文化部社会文化事业管理局）就在团城上办公，而这处名胜竟也险些被以“改善交通”的名义拆除。

在讨论拆除团城的会议上，梁思成愤怒了。他说：干脆填平三海，踏平故宫，修一条马路笔直地穿过去得了！[1]

他说服了苏联专家，又找到周恩来，恳请其阻止拆除行动。1954年6月，周恩来赴团城调查，决定道路拐弯，保下了这处重要文化遗产。

团城保住了，团城迤西的金鳌玉蛛桥怎么办？梁思成与陈占祥提出如下方案：

原金鳌玉蛛桥不动，在其南面

[1] 刘小石接受笔者采访时的回忆，2000年12月25日。

文化部社会文化事业管理局工作人员1953年在团城上的合影。前排左二为郑振铎，右三为罗哲文。罗哲文提供。

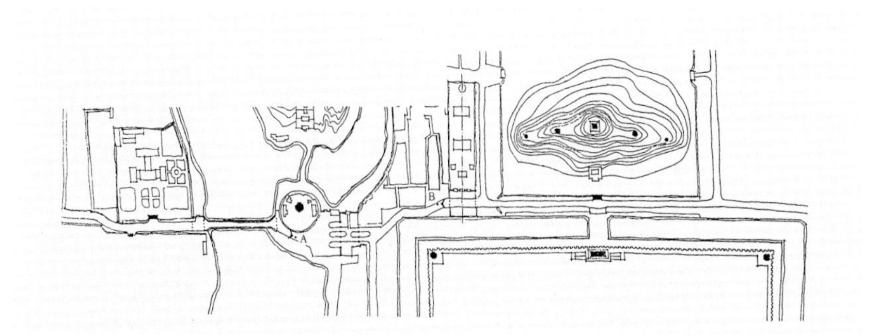

20世纪50年代初期北海大桥地段状况。(来源:《梁思成学术思想研究论文集》,1996年)

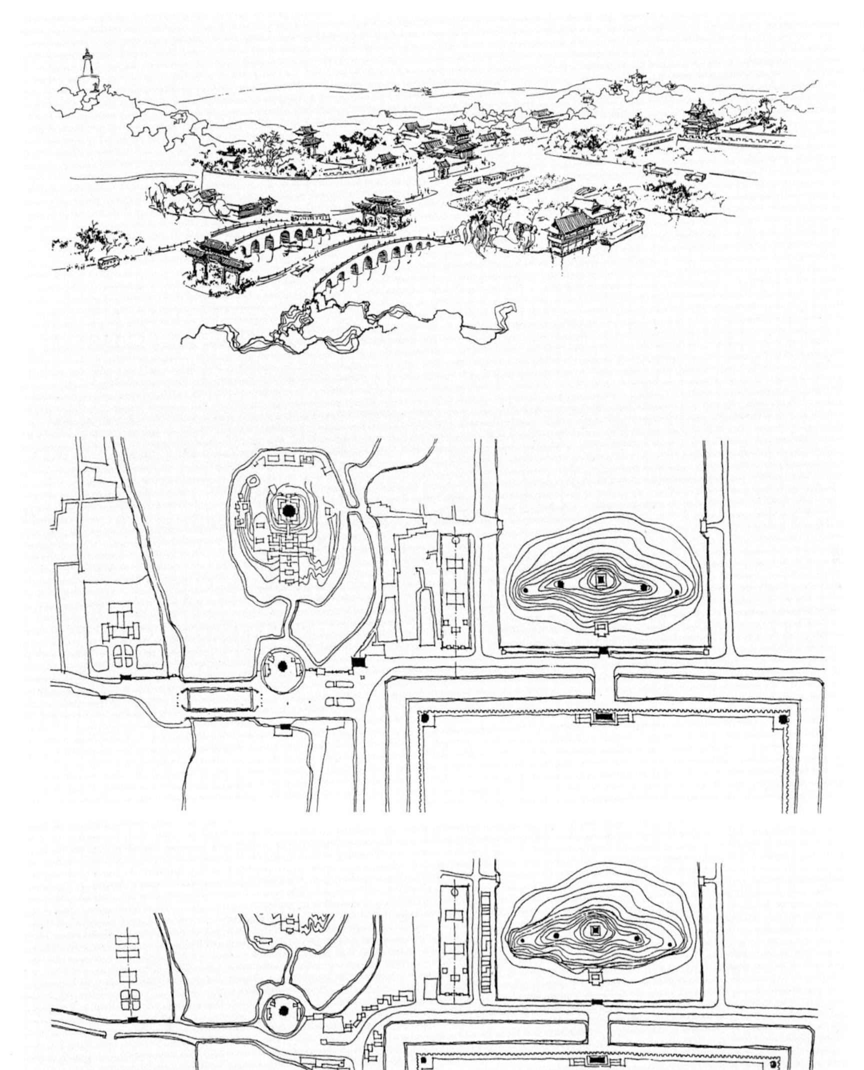

梁思成、陈占祥的北海大桥地段改造方案的鸟瞰图与平面图。王蒙徽根据陈占祥谈话整理绘制。(来源:《梁思成学术思想研究论文集》,1996年)

苏联专家的北海大桥改造方案。(来源:《梁思成学术思想研究论文集》,1996年)

再建一座新桥，将交通分为上下两单行线，把两座牌楼移至两桥之间，南桥正对故宫之角楼，改造北海公园前广场，在正对北长街处设一个酒楼，将景山南墙开漏洞，墙前设廊子，便于游人休息观景。

后来，梁思成又指导清华大学建筑系教师关肇邺做了一个改进方案。特点是：新桥较宽，能容交通上下行，原金鳌玉蛛桥仅作步行之用。[1]

可是，这个方案未获采纳。最后实施的，是苏联专家提出的拆掉原金鳌玉蛛桥，在原位置重建一座新桥的方案。尽管如此，团城还是保住了。

对梁思成来说，这样的成功来得太少了。

在都市计划委员会，人们经常听到他的呼吁：现在当务之急是如何保留地安门，否则又要被动了！[2]

地安门是中轴线上重要的文物建筑，为保留它，梁思成提出交通环岛方案。但是，1955年初，地安门还是被拆了。

大马路就是这样所向披靡。

西长安街上始建于金代的双塔

[1] 高亦兰、王蒙徽，《梁思成的古城保护及城市规划思想研究》，载于《世界建筑》杂志，1991年第1至5期。

[2] 王栋岑手稿，1954年12月，未刊稿，清华大学建筑学院资料室提供。

[3] 《北京考古四十年》，北京市文物研究所编，北京燕山出版社，1990年1月第1版。

拆除前的地安门。（来源：《北京旧城》，1996年）

完成道路改建后的团城和北海大桥（1956年）。（来源：《北京旧城》，1996年）

庆寿寺，元大都修筑城墙时遵元世祖忽必烈诏令："远三十步环而筑之",使之得以保存。[3] 但在1954年，它碍了马路的事，被令拆除。梁思成建议将其保留为街心环岛，以丰富道路景观，遭到众人反对，特别是遭到交通工程师的强烈抵制。在这种情况下，梁思成提出了他称为"缓期执行"的方案，建议将双塔寺保留一段时间，看看效果如何，再定存废。这也未获成功。很快，这处珍贵的古建筑即被拆毁。

1957年11月14日，吴晗写了一篇文章，抨击"右派分子"认为文物保护"今不如昔"的言论，称北京市的党、政领导对文物保护工作是十分重视的，其中提到："为了解决城市发展，交通流量的拥挤，我们拆除了东四牌楼、西四牌楼、羊市大街的景德坊以及长安街的几座牌楼，在拆除前，都经过了慎重的研究讨论，征询了专家的意见，彭

双塔寺之一塔。罗哲文摄于1952年。

梁思成的双塔寺保护想象图。(来源：关肇邺，《积极的城市建筑》，1988年)

真同志曾几次到东四、西四看过，才决定拆除，拆除以后所有材料都分别妥善保存。另外在修理国子监、孔庙以前，在拆除大高殿牌楼和习礼亭以前，彭真同志都十分关心，在百忙中，亲自看过，才作出决定。”[1]

这样的“重视”，显然不能让梁思成满意。

当时，部分领导认为：“改造北京还是少保留一些旧东西好，像故宫可以保留下来，让后代看看过去的情形，有一些东西可以不要就不必保留了。”[2]而长安左门、长安右门、地安门、牌楼等古建筑之被拆除，被认为是“今后彻底迅速地改建旧城的一个良好的开端”。[3]

甚至有人认为故宫也可以改造，还做了方案。这是后话。

梁思成想不通，竟认为毛泽东“自食其言”。[4]

他被令必须批判地吸取建筑遗产，必须看到城市和建筑是革命的，发展的。

可他硬说自己的主张正是“批判地吸取遗产的精华”，就是“革命的”，就是“发展的”。

他对彭真直言：“在这些问题上，我是先进的，你是落后的。”“五十年后，历史将证明你是错误的，我是对的。”[5]

大院自成小天下

在除旧布新的过程中，梁思成等规划学者深感困惑的不仅仅是文物保护的问题，同时困扰他们的还有在现实与计划之间，那似乎是无法逾越的“鸿沟”。

1949年9月19日，梁思成致信聂荣臻，对一些单位未获得都市计划委员会同意就随意兴建的现象提出批评，指出“这种办法若继续下去，在极短的期间内，北平的建设工作即将呈现混乱状态，即将铸成难以矫正的错误”。

他希望聂荣臻“以市长兼市划会主委[6]的名义布告所有各级公私机关团体和私人，除了重修重建的建筑外，凡是新的建筑，尤其是现有空地上新建的建筑，无论大小久暂，必须先征询市划会的意见，然后开始设计制图。这是市划会最主要任务之一，（虽然部分是消极性的）若连这一点都办不到，市划会就等于虚设，根本没有存在的价值了”。[7]

当时，各机关为解决办公问题，陆续占用城内空房较多的王府，如卫生部占用了醇亲王府、解放军机关占用了庆亲王府、国务院机关占用了礼亲王府、全国政协占用了顺承郡王府、教育部占用了郑亲王府、国务院侨办占用了理亲王府、国务院机关占用了惠亲王府、外贸部占用了廉亲王府等。

而在城外西郊，大幅土地一下子就被部队分完了，形成一个个大院，如海军大院、空军大院、国防

[1] 吴晗，《北京市的文物保护工作》，《北京日报》，1957年11月14日第3版。

[2] 吴玉章的意见，见《周总理、中央负责同志、中共八大代表、人大代表对北京规划的意见》，1956年。转引自高亦兰、王蒙徽，《梁思成的古城保护及城市规划思想研究》，载于《世界建筑》杂志，1991年第1至5期。

[3] 《北京市城市建设总结草稿（摘录）》，1962年12月15日，载于《建国以来的北京城市建设资料》（第一卷 城市规划），北京建设史书编辑委员会编辑部编，1995年11月第2版。

[4] 梁思成，“文革交代材料”，1968年3月4日，林洙提供。

[5] 梁思成，《大屋顶检讨》，1955年5月27日，未刊稿，林洙提供。

[6] 市划会，即都市计划委员会的简称；主委，即主任委员。——笔者注

[7] 梁思成，《致聂荣臻同志信》，1949年9月19日，载于《梁思成文集》（四），中国建筑工业出版社，1986年9月第1版。

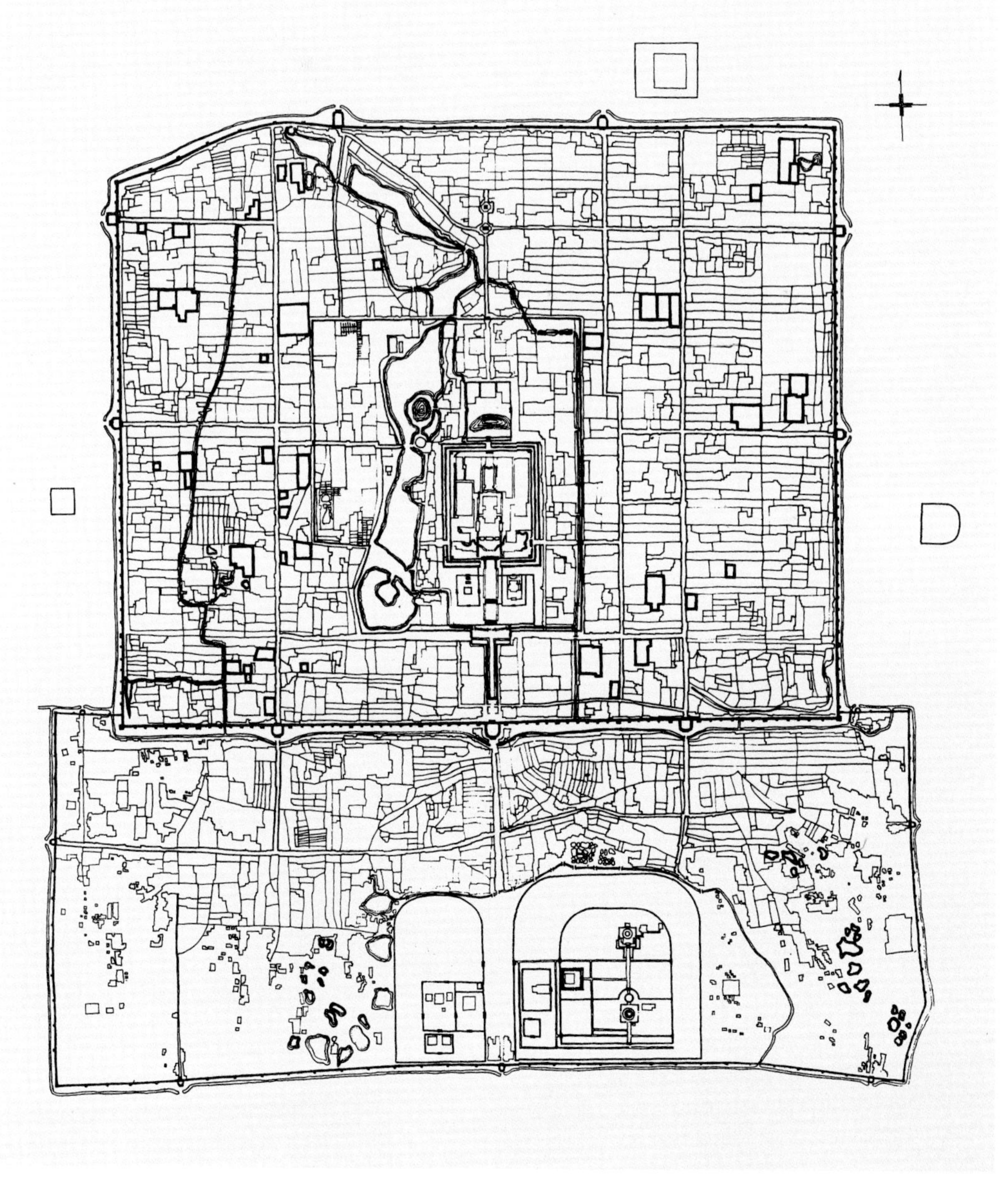

《乾隆京城全图》中的王公府第位置图。
（来源：《建筑历史研究》，1992 年）

学院大院等；而在西北郊的文教区，民族学院、中国人民大学等一圈就是一大片，形成了“谁盖楼中央就拨钱，谁就跑马占地”的现象。

由于各部门来头都很大，疲于招架的都市计划委员会几成“拨地委员会”了。一位部队首长竟在薛子正的办公室质问王栋岑：“你们要

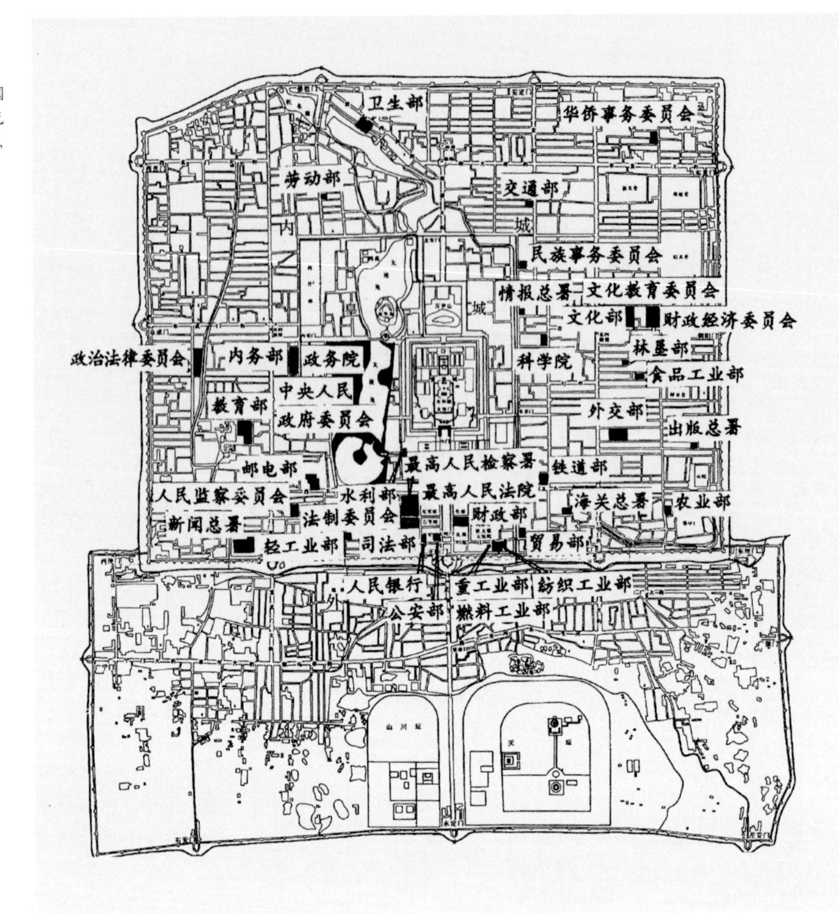

建国初期在北京旧城的国家机关分布图。(来源:董光器,《北京规划战略思考》,1998年)

我们的用地计划,这涉及军事机密,能告诉你们那么具体吗?我们的发展规模,连我们自己都说不出,你们能估计出来吗?”王栋岑哑口无言,只好要多大地块,就给多大地块。[1]

1952年12月22日,梁思成在《人民日报》发表《苏联专家帮助我们端正了建筑设计的思想》一文,借苏联专家穆欣之口,对各自为政“圈大院”的现象予以批评:“现在有许多建筑还保持着半封建半殖民地的色彩:每个单位都用围墙把自己围起来,自成一个小天下。”

1953年1月31日,梁思成在北京市政府的一次学习会上,听到作家老舍对“赶任务”的抱怨:“文艺干部不惟无时间写,更严重的是没有时间念书。要有生活,有理论。市府任何部门有任何运动,就向文艺部门要东西,如向百货公司要一打铅笔一样。婚姻法给了两个月,也只是婆婆打媳妇而已,要写媳妇如何反抗,两个月不够的。不如写一出永久有价值的恋爱剧,而不必按婚法第X条、第Y条写。望给文艺工作者一些自由,做出好东西,不要太逼着赶任务。”[2]

他在笔记本上写下这样一句话:“我们的总平面图也如此。”[3]

[1] 王栋岑,《我在都委会工作的回顾》,载于《规划春秋》,北京市城市规划管理局、北京市城市规划设计研究院党史征集办公室编,1995年12月第1版。

[2] 梁思成工作笔记,1953年1月31日,林洙提供。

[3] 同[2]注。

就像陈占祥的老师贺尔福把苏联描绘成“计划工作者的天堂”一样，梁思成自从解放前读到苏联建筑学者窝罗宁所著《苏联卫国战争被毁地区之重建》一书后，也对社会主义制度充满了向往。

1949年新中国建立，梁思成无比振奋，认为城市规划的黄金时代到来了。梁从诫回忆道：

1949年，我父亲兴奋得不得了，我母亲病成那样，也是同样的兴奋，因为他们认为社会主义制度是一个有计划的制度，只要有一个统一的规划，大家都会遵守，而不是像资本主义制度那样各干各的。我父亲当时认为，在资本主义条件下，城市规划很难实现，土地是私有的，你要规划，对不起，这块地是我的，我要盖成什么样是我的权利，国家不能干预。他认为只有在社会主义条件下，土地是公有的，一切活动都是计划性的，这样才有可能来通盘规划一个城市，使这个城市能够按最科学、最合理的方式来加以总体规划、总体建设。而在资本主义国家，一条街他要盖成十样八样你都拿他一点儿办法也没有，他有法律保护，那是他的私有财产。只有共产党才能解决这个问题。[4]

[4] 梁从诫接受笔者采访时的回忆，1993年11月11日。

1951年，梁思成曾这样追述当时的心境：

使我留在北京不走的原因，一方面是由于我对反动政府已不存丝毫幻想，另一方面幻想着“社会主义”。我从研究都市计划的理论开始，我以为自己是一个拥护社会主义的人。我不只赞成计划经济，并且希望它表现在区域、城乡、都市、住宅等计划上……我自己认为在思想上同共产党是接近的，所以愿意留在这里等共产党来。[5]

[5] 梁思成，《我为谁服务了二十余年》，《人民日报》，1951年12月27日第3版。

梁思成对土地公有制的推崇，与他的父亲梁启超大相径庭。

1906年，梁思成5岁的时候，父亲梁启超与孙中山进行了一场激烈

恭亲王府平面图。（来源：《建筑历史研究》，1992年）

梁启超55岁像。林洙提供。

的论战，这被现在的一些史学家称作以梁启超为代表的“资产阶级改良派”与以孙中山为代表的“资产阶级革命派”的论战。

在这场论战中，孙中山等人明确提出以土地国有的方式，实现平均地权的政治主张，而梁启超表示坚决反对，认为自己有“扫荡魔说”的“义务”，写了两篇文章予以反驳。

梁启超从分析土地私有制产生的历史和原因入手，提出土地私有制是历史的产物，“土地自共有制度递嬗而为私有制度，实有历史上之理由，而非可蔑弃者也”。[1]在他看来，私有制是现代社会一切文明的源泉，“盖经济之最大动机，实起于人类之利己心。人类以有欲望之故，而种种之经济行为生焉。而所谓经济上之欲望，则使财物归于自己支配之欲望是也。惟归于自己之支配，则使自由消费之、使用之、移转之，然后对于种种经济行为，得以安固而无危险”。这种经济行为产生的效果是，“非惟我据此权与人交涉而于我有利也，即他人因我据此权以与我交涉亦于彼有利”。因此，“今日一切经济行为，殆无不以所有权为基础，而活动于基上。人人以欲获得所有权或扩张所有权故，循经济法则以行，而不识不知之间，国民全体之富，固已增殖”。[2]

梁启超还结合社会主义对土地国有论进行了评论，认为剥夺了个人土地所有权将导致国民经济与“个人勤勉殖富”的“两败俱伤”的局面：“若将所有权之一观念除去，使人人为正义而劳动，或仅为满足直接消费之欲望而劳动，则以今日人类之性质，能无消减其劝勉赴功之心，而致国民经济全体酿成大不利之结果乎？”“今一旦剥夺个人之土地所有权，是即将其财产所有权最重要之部分而剥夺之，而个人勤勉殖富之动机，将减去泰半。故在圆满之社会主义，绝对不承认财产所有权，而求经济动机于他方面者，固可行之；若犹利用此动机为国民经济发达之媒，而偏采此沮遏此动机之制度，则所谓两败俱伤者也。”[3]

[1] 梁启超，《驳某报之土地国有论》，载于《饮冰室合集》，中华书局，1989年版。

[2] 梁启超，《再驳某报之土地国有论》，载于《饮冰室合集》，中华书局，1989年版。

[3] 同[2]注。

梁思成在“土地国有”这个问题上，走向了父亲的反面。

显然他的认识角度是与父亲截然不同的，他既没有从土地私有制的历史渊源入手，也没有从经济发展的欲望动机入手，更没有从建立在私有财产之上的社会契约入手，他在这个问题上，也丝毫没有孙中山“平均地权”的政治主张，他只是朴素地从自己的规划与建筑本行出发，就认为土地公有制比土地私有制好，社会主义比资本主义优越。

但是，1949年之后，北京城市建设中出现的条块分割、各自为政的无计划状况，却使梁思成忧心忡忡，他试图寻找答案。

1953年梁思成访问苏联。归国后，他写文章极力称赞苏联城市建设体现了社会主义制度的优越性：

没有规划就建造起来的城市不可能为有计划的经济服务，犹如一个没有按照生产计划和科学的生产过程建造起来的工厂不能为生产服务一样。现在苏联全国所有的城市、村庄，都是有建设和发展的计划的。而这些城市村庄的规划，都是遵照斯大林同志的城市建设原则进行的。例如乌拉尔河上的马格尼托哥尔斯克，西伯利亚西部的新西比尔斯克，就是无数斯大林式城市的两个例子。

在这样的城市中，工业区都放在居住区的下风和下游，使煤烟和污水都不侵入居住区。居住区与工业区都适当地隔离开来，同时又极方便地联系起来。不但居住区和市中心区都有高度绿化的街道、广场和公园，而且工厂中也种植了幽美的花草、树木。居住区中，都按人口中的学龄儿童的比例分布学校，使儿童在几分钟内就可以步行到学

梁思成1953年访问苏联时在工作笔记本上所绘列宁草庐。林洙提供。

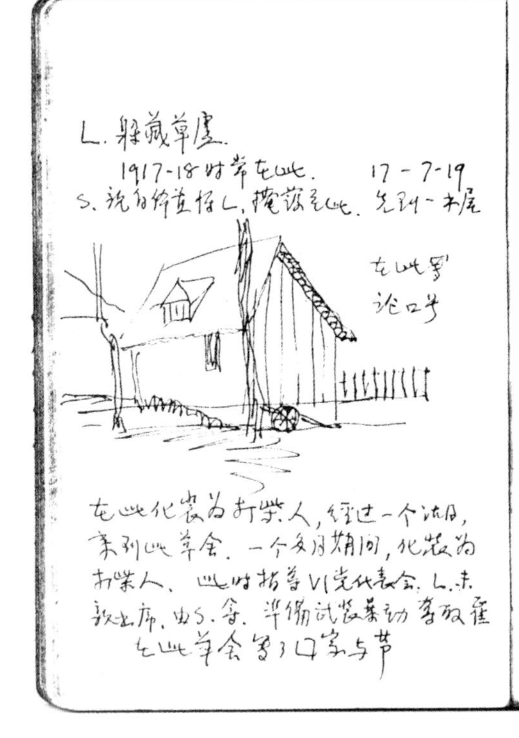

校，而且不必通过车辆繁密的交通干道，确保儿童的安全。此外，还按人口比例分布医院、幼儿园、托儿所、文化宫、图书馆、商店、剧院、运动场、小型公园等，使得每一个居民在住处附近就能得到文娱、福利、休息和生活必需品的供应。这样处处为国家的经济，为生产，为劳动人民生活的需要而规划建造的城市，惟有社会主义制度下才有可能，在资本主义制度的私有财产和个人自由主义惟利是图的制度下是不可能实现的。[1]

1957年，梁思成再次呼吁重视苏联城市建设经验：

在苏联，城市规划是国民经济计划的继续，是与有计划地发展生产及提高劳动人民生活的各项巨大的社会主义共产主义建设配合进行的。由于消灭了阶级压迫和剥削，消灭了土地私有制，城市才有了可能作为一个整体来统一规划，统一建造，统一管理。这是资本主义制度下不可能的。[2]

可是，长期以来，缺乏计划的发展，难以得到有效控制。

1954年，中共北京市委向中央提交报告，指出"在城内有空就挤、遍地开花，在城外则各占一方、互不配合，现在这种现象，必须停止"。[3]

1964年，国务院副总理李富春向中央提交《关于北京城市建设工作的报告》，指出，"由于建设计划是按'条条'下达，各单位分别进行建设，北京市很难有计划地、成街成片地进行建设，至今没有建成一条完整的好的街道。许多单位总想自成格局，造成一些地区建设布局的不合理和建筑形式的不谐调。不少单位圈了很大的院子，近期又不建设，造成用地的严重浪费"。[4]

1982年，《北京城市建设总体规划方案》提出，"今后不能再搞'大院'，要打破自立门户'大而全'、'小而全'的格局"。

到20世纪80年代末，北京市在重新编制城市总体规划的时候，规划工作者发现，北京的各种大院，已达2.5万个。

[1] 梁思成，《面向共产主义的苏维埃城市和建筑》，《中国青年报》，1954年3月12日。

[2] 梁思成，《学习苏联城市建设和建筑的经验》，《人民日报》，1957年11月14日第7版。

[3]《加强首都建设的计划性和统一性》，1954年11月，载于《行程纪略》，北京出版社，1994年8月第1版。

[4] 董光器，《北京规划战略思考》，中国建筑工业出版社，1998年5月第1版。

书生意气

“鸣放”中的辩白

经历了1955年的那场批判，林徽因逝世之后，梁思成就很少发言了。

他对中国建筑学会秘书长汪季琦说：“总有一天我要组织一个废话协会，我任会长，我的废话是最多的。”[1]

他后来回忆道：“自从建筑思想批判以后，除了作为‘任务’接受下来，并按交代下来的‘精神’交卷外，我没有写过任何有关建筑问题的文章。我以为这样总可以不至于再犯错误了。”[2]

1955年2月，北京市成立都市规划委员会。4月，经中央批准，苏联城市建设9人专家组到京。随后，又请来苏联地铁专家组，帮助进一步研究和编制北京城市总体规划。原都市计划委员会的工作到此结束。虽然梁思成仍被委任为新的都市规划委员会的副主任，但他从此不再具体过问北京市城市总体规划方案的编制了。

1957年2月27日，梁思成参加最高国务会议扩大会议，听取毛泽东主席作《关于正确处理人民内部矛盾》报告，从此加入到鸣放运动之中。

次日，在小组讨论会上，梁思成就百花齐放、百家争鸣问题发言，认为批判“形式主义”与“复古主义”后，出现了在强调结构、功能的借口下，走向另一种形式主义的问题，建筑界出现了片面节约的现象，这是“不适用，不美观。只廉价，而不经济”，最终使“注意美观”的“可能条件”，变成“不可能条件”。[3]

4月26日，梁思成参加了一个关于中国建筑的座谈会，再次就1955年的大批判发言，提出民族形式主要不是形式问题，而是内容的问题。民族形式建筑创作，要从生活开始，研究平面、结构，再上升到情感。针对那次批判中许多人声

[1] 《访问汪季琦》，1983年2月7日，未刊稿，清华大学建筑学院资料室提供。

[2] 梁思成，“文革交代材料”，1969年1月10日，林洙提供。

[3] 梁思成工作笔记，1957年2月28日，林洙提供。

讨他把民族形式“公式化”，梁思成辩解道，“没有公式，永远不会有，历史上有，将来永远不会有”。他重申，城市规划必须研究城市结构，在古建筑的保护方面，必须做到新旧配合，讲求整体性。他还大胆提出建筑史的研究，“不必硬套社会发展史”。[1]

4月27日，“整风运动”正式开始。

5月17日，梁思成参加北京市委召开的“党内党外”问题座谈会并发了言。他一方面说自己“辜负了党的信任”，一方面又试图为过去的都市计划委员会辩护，说“都委会想争取党领导，不知如何争取，但党中央也未更好地帮助”。

接着他又说，3年来城市总体规划的编制，“党自己抓，有成绩”，但是，规划的编制，一是“将旧人差不多全部甩开”，编制人员是“党员加娃娃”；二是“过于保密，没有群众基础，生米做成熟饭，难再提意见”；三是对技术问题，“领导有时干涉太多”。[2]

他对双塔庆寿寺的拆除和音乐堂的续建等表示不解。中山公园内的音乐堂，是日伪时期建的，最初只有露天设施，为的是临时使用。解放后，为了挡风，建了围墙，后来又加了个屋顶，搞来搞去，成了一个体形庞大的永久性设施，对社稷坛和故宫造成严重破坏。

在这次座谈会上，梁思成还以“有职无权”来描述自己在都市规划委员会的状况，自嘲道，这是由于“我不掌握政策方针，水平低，做不出正确决定”。同时他又不满地说：为什么一些“极小的”事情他也不能决定，比如人民英雄纪念碑的碑座问题？

他令人吃惊地以“大鸣特鸣乱鸣”来评价1955年对建筑思想的批判，并说在那次建筑思想批判中，彭真叫他少写文章，他至今也不想写了，“一事不做两鬓颁，也没有学习”。[3]

赶巧的是，同日，《北京日报》刊登《畅谈民族形式和保存古建筑——梁思成先生访问记》，梁思成在这篇“访问记”里继续为自己辩护。

关于建筑的民族形式问题，梁思成仍坚持自己过去的观点：“古往今来，人民制造出的一切物件，都有它自己的民族形式，就连一张桌子，一把刀子也不例外。”“所谓民族形式是吸引人们思想感情的东西，今天的建筑，无论它是一个厂房或是一个托儿所，还是一所房屋，而房屋是人类自古以来就有的东西，所以在建筑上也就要求表现出自己的民族特征来。问题在于，建筑师能不能认识民族传统；能不能正确运用民族传统的问题。北京的有些新建筑，人们可以看到建筑师把梁头当成雀替来处理，就好像把一条中国的绣花裙搭在一架钢琴上，显得极不协调。这当然不是什么民族形式！”“反对人们把错误的东西都

[1] 梁思成工作笔记，1957年4月26日，林洙提供。

[2] 梁思成工作笔记，1957年5月17日，林洙提供。

[3] 同[2]注。

说成是民族形式，并因此来否定民族形式的态度。”

对于“大屋顶”这个新名词，梁思成表示不解：“直到今天，我还搞不清‘大屋顶’的定义是什么！照一些人的看法，好像有脊、有坡、有檐、有点曲线的就是‘大屋顶’。其实一般说来，屋顶是有坡顶和平顶两种（圆顶也是一种坡顶），有的出檐，有的不出檐；有的有曲线，有的没有曲线。同样出檐，只有一条比较不显著的脊，但没有曲线的坡顶，就不是‘大屋顶’吗？我实在搞不清。我虽然喜欢琉璃瓦大屋顶，但是我的意见是：使用琉璃瓦以前，先要改进琉璃瓦的生产和施工方法。目前，制造琉璃瓦还和几百年前一样，还要用特定某某山生产的材料做釉子；轧压干子土还要用牛的蹄子来捣拌；施工还要在望板上抹十五公分泥，在这种情况下建筑师硬要设计琉璃瓦大屋顶，那岂不是自寻烦恼！”

他感叹道：“建筑中出现了‘复古主义’应该由我负责，因为我写了《清代营造则例》，整理了李明仲的《营造法式》，责任我是要负一部分的，谁叫我搞了这两本书呢！我也不能担负全部责任呵！”他翻出《清式营造则例》一书，指着序言里的最后一句话让记者看：“尽信书不如无书。”他又打开一套《营造法式》，指点着说：“你瞧，上面写着‘随宜加减’，瞧，又是‘随宜加减’！没有哪个人要建筑师在今天把它当做公式，生搬硬套呀！这两本书，在当时历史条件下，是前人总结的一套预制构件和标准设计的经验，利用它可以加速施工，便利估工估料，还可以保证一定的艺术水平和整体性、一致性。现在，情况不同了，但我们如能学习它，咀嚼它，对今天的建筑还是有好处的。”

他反对有些人认为在建筑中要讲究民族形式就得提高造价的看法，“我绝不相信经济与美观是对抗性的矛盾。建筑师如能创造性地运用民族形式，不一定非多花钱，非加上许多装饰不可”。他以儿童医院为例：“这几年的新建筑，比较起来，我认为最好的是儿童医院。这是因

北京儿童医院。王军摄于2002年10月。

北京儿童医院细部。王军摄于2002年10月。

北京儿童医院水塔。王军摄于2002年10月。

为建筑师华揽洪抓住了中国建筑的基本特征，不论开间、窗台，都合乎中国建筑传统的比例。因此就表现出来中国建筑的民族风格。”“儿童医院虽说并不是十全十美的建筑，但是它既表现了民族风格，也基本上满足了使用的要求，它也没有什么很大的浪费。儿童医院建筑重要的缺点，是它的大门与整个建筑不协调，这是薛子正硬要华揽洪修改设计的结果。”

梁思成又婉转地提出：“有些建筑为了更美好一些，可能要多花一些钱。对于多花的一些钱，人们就可能有两种不同的看法。一种说法是：‘仅仅多花这么一点钱，就把建筑处理得这样美，很值得！’另外一种说法可能是：‘为了追求建筑艺术，竟然多花了这么多钱，可不值得！’这就牵涉到我们对个别建筑在艺术处理上的不同要求了！”

对于古建筑的保护，梁思成认为：“在做城市规划的时候，既应该照顾城市的将来，也应该照顾到城市的历史。做规划设计的人要有很强的整体观念，把必须保存的古建筑有机地组织到城市整体里来，使古建筑在现代的城市里成为积极因素，而不能把古建筑看成是包袱，一味地以卸掉包袱为快。有些人一谈到建设社会主义城市，就强调现代化。其实，看一座城市是否现代化，也要看它是否把历史遗产组织到整体里。一座改建的城市，如果把古建筑都拆掉了，那不是什么现代化的城市，而是‘暴发户’的城市。”

他提到双塔庆寿寺、历代帝王庙牌楼等古建筑被拆除的情况，认为北京在处理古建筑问题上是有错误的：“西长安街展宽马路，把元代建的双塔寺拆掉，[1]这是一个极端的错误。这两座塔如果保存下来，不

[1] 原文如此。此塔寺建于金代。——笔者注

但毫不妨碍交通，而且会给西长安街增加风采。塔的四周如果栽种些花草，可以使它成为一个美丽的岛。然而市人民委员会却把它拆除了。为什么拆除呢？市人民委员会也可能说：'这是群众要求拆除的！'可是另外也有群众不赞成拆除呵！这两座塔存在了六百多年，为什么不容许它继续存在三年五载或一年半载，让它在路中间存在一个时候，听听群众的意见！如果那时候广大群众真是都要求拆除它，那我就没有一点意见，事情不是这样做的，我不了解市人民委员会为什么那样匆匆忙忙地拆掉它，结果反而使展宽的街道落得个'大而无当'。拆掉许多房子（包括双塔）让在全聚德吃烤鸭的人停汽车，群众恐怕也有意见吧。

"展宽西颐路的时候，把民族学院前面的一座小庙也拆除了，这我也不同意。我认为把小庙留在上下行道中间，不但增加风趣，而且可以利用它的十一间房，作为公共汽车乘客候车室，或者用做自行车修理站，这对群众也是有好处的。再如女三中门前的帝王庙的牌楼，也应该保留，但是拆除了。现在我还是主张等到按照规划继续改建这条街道时，把原来的牌楼恢复起来，连同现有影壁，放在一个街心岛上，将马路分为上下行道……也许有人会说：城市要建高楼，高楼中间留着低矮的牌楼多难看，这不是理由。请问大楼中间为什么还建喷水池和雕像？喷水池和雕像不也是低矮的小东西吗？在城市改建中对古建筑采取'秋风扫落叶'的方式，我是反对的。

"有人会因此责备我，说我是'复古主义者'，说我有'思古之幽情'，对于这样的责备我不能接受。我觉得我自己只是对民族遗产有着强烈的感情，但绝不是颂古非今。我一向认为我既能欣赏古建筑，也喜欢城市里一切新的好的东西。我站在纽约港口的轮船上，一方面看得到它的杂乱无章，一方面也会欣赏它壮丽的轮廓线。我喜欢英国的设计得极为美丽的流线型电话，也喜欢莎士比亚故居。俄罗斯的，乌兹别克的建筑，我也学会了欣赏。有人说我喜欢的只是皇宫里的玩艺，这也不是事实，其实我最不喜欢的是宫廷艺术，特别是清乾隆、慈禧的宫廷艺术。"

他从桌案上拿来一幅蓝色土布十字针花的围嘴，从沙发背上拿来一块十字花枕头布对记者说："我也喜欢这些云南、四川的民间刺绣呵！欣赏艺术不能有成见，应该放宽胸襟，既不能一看大屋顶就说是封建，也不能只爱大屋顶就反对'摩登'的东西。

"过去有人批评我，说我要把北京城当成历史博物馆保存下来，所有古建筑都不同意拆除。对这种批评，我可不能不喊冤。西便门是我批准拆除的。大高殿前面的牌楼是那样精美，可是我也赞成拆除，因为这些地方的古建筑不拆除，就再也无法进行建设了，这属于你死我活的矛盾。而上面所说的拆除的古建筑，情况却不是这样。我主张保留城墙原因也是如此。北京的城墙，作为历史遗迹看，它是世界上独一无二之宝呵！在规划中并不是一个不能处理的难题。是否能把它处理好，也是对做北京规划的人的一个考验。

“解放以后，在建筑问题上我和党的意见还未取得一致。为这个问题，我曾经和彭真同志争论了若干年。他批评我对建筑的看法，简直是个暴君；然而我却认为真理是在我这一方面。现在回想起来，我过去对于建筑问题，确实忽视了经济因素，这是完全错误的。但是其他的一些意见，我还是保留的。”[1]

1956年12月，梁思成与胡愈之一起到沈阳，与当地知识分子座谈，梁思成说：“我和彭真很熟悉，为了北京市的建设问题争得不休，我说现在你不采纳，五十年以后，事实会证明我是对的。彭真说你若是皇帝，一定是个暴君。现在看起来，我的观点中有的是不对头，但我敢于争论。一个人没有主见是不行的。”

他介绍了自己敢于争辩的事例，鼓励大家勇于发表己见：“我这顶形式主义、复古主义的帽子，已经戴了数年，现在看起来，我的意见也不完全错。”[2]

整风期间，梁思成还在一些会议上发表了这样的讲话：“党在社会主义革命和社会主义建设方面已取得巨大成就，假使在建筑方面也有‘正确’的理解，就一切完满无缺了。”[3]“在建筑的艺术形象方面，觉得还不够好，应该做得更好些，应使我们的城市面貌具有鲜明的民族特色。”“在艺术形象上，党还‘不懂’。只要在这一点上搞好了，就十全十美了。”[4]

尽管梁思成为自己鸣不平，但是在清华大学建筑系1957年5月下旬召开的座谈会上，有的教师仍然

[1]《畅谈民族形式和保存古建筑——梁思成先生访问记》，《北京日报》，1957年5月17日第3版。

[2] 谢泳，《梁思成百年祭》，《记忆》（第二辑），中国工人出版社，2002年1月第1版。

[3] 梁思成，“文革交代材料”，1968年11月，林洙提供。

[4] 梁思成，《反右斗争时的思想》，1968年2月20日，未刊稿，林洙提供。

北京西郊招待所（现北京友谊宾馆）。王军摄于2002年10月。

原交通部大楼。清华大学建筑学院资料室提供。

认为，那一次批判是正确的，但是不彻底，草草了事，建筑中的形式主义根本没有解决。

莫宗江教授对此唱了反调。他认为，批判复古主义是需要的，但在这件工作里有很多错误，有些后果很坏。党的领导不懂建筑业务，却用政治和行政命令来解决学术思想问题，搞得很粗暴，结果，从此没人敢谈建筑思想理论问题，怕以后再揍到自己头上来。当前建筑界迟迟未鸣与此有关。

他还说，过去因批判民族形式而否定了继承中国古典建筑遗产，因批判唯美主义而不再考虑建筑艺术问题，结果在建筑中产生了单纯经济观点，以简陋表示其符合党的政策。这种因建筑质量低下而造成的浪费也是很惊人的。

相当一部分教师为梁思成抱不平，认为过去搞“大屋顶”时，一些领导干部也大力支持这件事，事后这些领导干部不好好检查自己，把复古主义的责任都推到梁思成的身上，这是不公正的。

梁思成参加了这次座谈会并发了言。

他说，北京的很多“大屋顶”建筑是他批准的，对于这一点，他是要负很大的责任的。那次批判复古主义只是批判掉了一个“大屋顶”，并没有批判掉建筑中的形式主义，只是转了一个方向，硬搬西洋古典的东西或玻璃方匣子，仍然是形式主义地抄袭搬用。

他不同意那种一提到美便是唯

正阳门城楼现状。王军摄于2002年10月。

美主义的说法："建筑是有美的问题存在的。凡是有体有形的东西，都存在美的问题。城市有没有轮廓线呢？连地皮都有轮廓线，何况城市？轮廓线和城市面貌是一个在任何情况下都客观存在的事实。既有轮廓线就应予以艺术的处理。当然，我们不能从轮廓线出发去进行设计，但认为搞轮廓线就是错了，这是不能同意的。"

他又说，搞街景也是这样，城市有面貌就得处理。有人不敢提美，这不会有好结果，这是建筑思想批判的偏差。

最后，他又老调重提，称"党不懂建筑"。

他说明这句话的意思是党不懂建筑艺术技巧，"对建筑的空间、比例、色彩全然不知"，"我们并不要求党的领导同志懂这些，而是要求他们知道建筑上存在这样的技巧而信任建筑师。希望党不要像过去那样自己不懂而又用行政命令决定一切"。他建议在建筑设计中加强民主集中制，建筑师可以征求群众的意见，但最后取舍还由建筑师来决定。

梁思成的话引起许多教师的共鸣。建筑系秘书黄报青表示同意梁思成的建议，认为反对行政干涉不等于反对党的领导；党的领导是掌握政策、方针和思想，而不应作具体的干涉。

大家普遍认为当前建筑水平太低，忽视建筑的艺术性是一个大问题。还有的教师认为北京市委在制订总体规划时"不走群众路线，有关门主义作风"，"城市规划的学术性很强，应当听取中国专家的意见"。[1]

[1]《对过去进行的建筑思想批判和建筑界存在问题　清华建筑系教师各抒己见》，《北京日报》，1957年5月30日第2版。

在《北京日报》5月17日刊登的对梁思成的专访中，梁思成称赞华揽洪设计的儿童医院，是“这几年的新建筑”中“最好的”。因为，华揽洪“抓住了中国建筑的基本特征”。梁思成还指出，儿童医院的大门没有设计好，是薛子正行政干预的结果。

可是，华揽洪并不领情。他致信《北京日报》编辑部，针对那篇专访中梁思成的观点提出4条意见：

第一，梁先生在谈到民族形式时过分强调了建筑必须表现民族特征，我以为将建筑表现形式摆在创作的第一位是不恰当的。琉璃瓦的改进在将来条件具备时未必不可以考虑，但不论是目前还是将来，用最经济的方法解决千百万人的居住问题和生活问题，总是处于首要地位。在建筑表现形式上，给予一定的民族风格是创作上应该努力的方向之一，但是在工艺造型上，如梁先生所举的一些例子，却是很勉强的。

第二，梁先生对儿童医院艺术效果的估计是过分夸大了。虽然这个设计在使用方面，除了几个主要缺点外，基本上是符合要求的，在许多空间处理上做了某些努力，也有一定的局部的效果，但不能说没有由于追求形式而造成的浪费，例如水塔的处理，多余的窗子，复杂的线条等。我是这座建筑的设计人，曾经就这个问题检讨过，现在也不准备翻案。在大门处理的设计过程中，是有过争论的，但作为设计人来说，自己还是要对全部建筑负责的。

第三，我基本上同意梁先生所提的关于城市规划中新旧的有机组合的原则。但是梁先生所举的例子和处理的办法是不深入的，因而也就没有足够的说服力。建筑师的责任应该是以具体的设计方案来说明原则性的意见，不能永远停留在概念上。

第四，为了使“争鸣”“齐放”获得真正的效果，应该以严肃的态度对待学术上的问题，对所谓“民族特征”的具体表现可以有完全不一样的结论，抓住一些表面现象，强调若干概念性的观点，而不深入设计中的具体矛盾的做法对我国建筑事业的进展是不会有很大好处的。[2]

[2]《关于梁思成先生对建筑的主张　华揽洪工程师来信提出意见》，《北京日报》，1957年6月3日第2版。

1915年被拆除瓮城并在城楼两侧增建券洞后的正阳门城楼。清华大学建筑学院资料室提供。

《北京日报》6月3日在第2版刊登这封来信，同日在同一块版上，在这封来信的左侧，又登出一篇关于华揽洪的父亲华南圭的报道，在这篇报道中，华南圭对梁思成提出的保护北京城墙的建议予以反驳。兹附如下：

对于北京城墙去留的问题，华南圭以旧作专论两篇，交给本报表示意见。他在文中举出四十条理由，说明拆除北京城墙有很多好处。其中主要之点有：（一）拆除城墙可以使城内城外打成一片，消除城郊隔阂。（二）从城市整体规划着想，拆除城墙以后，城内外的建筑风格容易达到配合和调和。城墙存在，则妨碍首都整体规划。例如，国际饭店、新侨饭店都因为受到城墙的妨碍，正门不得不面对狭窄的小路。假使城墙不存在，则这两座旅馆就能面对滨河大路，风格之壮丽，非笔墨所能形容。（三）北京整体规划，需要一条环形大路。而城墙地基下的土壤，就是很坚固的路床，利用它筑路省工省时省钱。另一方面是拆除城墙后可以展宽绿化的护城河，其规模之壮，风景之美，将是世界无匹。（四）拆除城墙有很大的经济意义，北京内外城墙，总长约八十华里，高约十公尺，厚度平均以十公尺计，皮厚假定三公尺，则拆去城墙可以得到土方二百八十万立方公尺，用这些土可以填北京坑洼地面七十万平方公尺。拆下的砖约有一百二十万立方公尺，合四丁砖六万万块。此外还可以腾出一百二十万平方公尺的地面，若建六层高楼，可以得到七十万间的建筑面积。

华南圭在论述中还批判把城墙也看成是古建筑而要求保留的说法。他说，对待遗产应区别精华与糟粕，如三大殿[1]和颐和园等是精华应该保留，而砖土堆成的城墙则不能与颐和园等同日而语。他也不同意把城墙顶辟作花园的主张。他说："园在墙顶，人民则不易享受，灌溉大成问题。由地面走上城顶，须以一百余级踏步，老人孕妇，都没有这个力气。"[2]

《北京日报》在同一天、同一版，登出华氏父子跟梁思成"争鸣"的文章，也许是一次巧合。人们却能明显感到，华氏与梁思成之间的那道鸿沟。

[1] 指故宫的太和殿、中和殿、保和殿。——笔者注

[2]《以市人民代表身份视察北京城市总体规划 华南圭认为北京城墙应该拆除》，《北京日报》，1957年6月3日第2版。

修建中的北京明城墙遗址公园。王军摄于2002年9月。

早春过后的风暴

对于1957年的这场政治风暴，书生们是始料不及的。

就在这场风暴骤至之前，他们刚在1956年经历了一季人生中罕见的春天。

1956年是新中国成立初期国民经济发展速度最快的一年。第一个五年计划的结束在时间上虽尚差一年，可主要指标已提前完成。1956年1月，资本主义工商业社会主义改造高潮，首先在北京、天津、上海三大城市兴起。仅用半个月，北京就完成公私合营，并于1月15日召开北京市各界庆祝社会主义改造胜利联欢大会，彭真宣布，“我们的首都已经进入了社会主义社会”。[3]毛泽东8月30日在中国共产党第八次全国代表大会预备会议第一次会议上，以诗人的气质宣称，再过五六十年完全赶超美国。[4]

知识的价值被重新审视。1956年1月14日，关于知识分子问题的中央会议隆重开幕。周恩来作《关于知识分子问题的报告》，提出向科学进军的口号，并把知识分子中的“绝大部分”纳入了“工人阶级的一部分”。[5]

3月，中共中央政治局批准成立国务院科学规划委员会，负责1956年至1967年的“十二年科学远景规划”。梁思成应邀参加了这项工作，坚持把1955年惨遭批判的《营造法式》研究，纳入科学远景规划，也获得了成功。

在那个时候，读书人的心境正如费孝通1957年3月24日在《人民日报》发表的那篇《知识分子的早春天气》所描述的那样：“周总理关于知识分子问题的报告，像春雷般起了惊蛰作用，接着百家争鸣的和风一吹，知识分子的积极因素应时而动了起来。但是对一般老知识分子来说，现在好像还是早春天气。他们的生气正在冒头，但还有一点腼腆，自信力不那么强，顾虑似乎不少。早春天气，未免乍寒乍暖，这原是最难将息的时节。逼近一看，问题还是不少的。当然，问题总是有的，但当前的问题毕竟和过去的不同了。”

可仅过去几个月，费孝通的这篇文章就成了“反共反社会主义言论向党进攻的信号”。[6]

故事确实充满了戏剧性。

1956年4月28日和5月2日，毛泽东两次发表关于“百花齐放，百家争鸣”的讲话。

5月26日，中共中央宣传部部长陆定一在怀仁堂向两千多位自然科学家、社会科学家、医学家、文学家和艺术家，做了百花齐放、百家争鸣的动员。但大半年过去了，知识界反响平平。

[3]《在北京市各界庆祝社会主义改造胜利联欢大会上 北京市市长彭真的讲话》，《人民日报》，1956年1月16日第2版。

[4] 毛泽东，《增强党的团结，继承党的传统》，载于《毛泽东选集》第5卷，人民出版社，1977年4月第1版。

[5] 周恩来，《关于知识分子问题的报告》，载于《周恩来选集》下卷，人民出版社，1984年11月第1版。

[6]《人民日报》，1957年7月14日第1版。

张奚若像（摄于20世纪60年代）。张文朴提供。

1957年2月27日，毛泽东召开最高国务会议第十一次扩大会议，就“如何处理人民内部矛盾的问题”，召集各方面人士一千八百多位，足足讲了4个钟头，提出“百花齐放，百家争鸣，长期共存，互相监督”的口号，“共产党可以监督民主党派，民主党派也可以监督共产党”。[1]

4月27日，中共中央发出《关于整风运动的指示》，提出向“三大主义”，即主观主义、官僚主义、宗派主义宣战。

5月1日，毛泽东征求张奚若对工作的意见。张奚若即把平日感觉归纳为：“好大喜功，急功近利，鄙视既往，迷信将来”，两周后提了出来。

这位在北平围城之时，带解放军干部请梁思成绘文物地图的政治学家，从1952年起担任了7年教育部部长。1956年，在一次学习会上，他就放了一炮：“喊万岁，这是人类文明的堕落。”[2]

性情耿介的张奚若在1957年5月13日中央统战部召开的民主人士座谈会上，发表如是评论：“第一，在对党外人士方面，宗派主义的产生有其历史背景。一部分共产党认为‘天下本来是咱家打下来的’，于是天下老子第一，以革命功臣自居。他们对党外人士有一种看法：现在革命成功了，给你一碗饭吃，算是很不错了；不仅给你饭吃，而且还给你官做，已经很客气了。这只不过是为了政治团结，何况你并不高明，这一点你知道，我也知道。这样，他就产生了权威思想，采取了自古以来的当权者的做法：‘一朝权在手，就把令来行。’第二，对群众方面，非请教不可时，跟群众合作。到重要关头，就采用孔夫子的哲学：‘士可使由之，不可使知之’。”[3]

他在猛批“三大主义”之后，还补充道：“共产党除了这三大主义以外，还要加上一条——教条主义。有些共产党员知识水平低，经验不够，为了想把事情办好，就搬用教条。他们把教条看作惟一的蓝图、惟一的字典、惟一的本钱、惟一的倚靠。”“如果产生三大主义的基本原因还存在，将来三大主义还会换另一种形式出现，‘野火烧不尽，春风吹又生’。因此，共产党员经常洗脸，去掉灰尘是必要的。”[4]

[1] 毛泽东，《关于正确处理人民内部矛盾的问题》，载于《毛泽东选集》第5卷，人民出版社，1977年4月第1版。

[2] 《张奚若文集》，清华大学出版社，1989年9月第1版。

[3] 《张奚若在中央统战部座谈会上说　教育部教条主义为患大矣》，《文汇报》，1957年5月14日第1版。

[4] 同[3]注。

两天后，他又在统战部的座谈会上，提出共产党的工作存在“四种偏差”——“好大喜功，急功近利，鄙视既往，迷信将来”。有语云：

好大喜功分两方面。第一是大：一种是形体之大，另一种是组织之大。形体之大最突出，很多人认为，近代的东西必须是大的，大了才合乎近代的标准。拿北京的一些新的建筑物来说，北京饭店新楼礼堂，景山后街的军委宿舍大楼，西郊的“四部一会”办公大楼，王府井百货大楼，这些从外表看来，似乎是很堂皇，而实际上并不太合用。很多人对“伟大”的概念不大清楚。伟大是一个道德的概念，不是一个数量的概念。体积上尺寸上的大，并不等于精神上的伟大。大是大，伟大是伟大，这两个东西并不相等。可是，他们把形体之大误会为质量之大，把尺寸之大误会为伟大。另一种是组织之大，就是庞大。很多人把庞大叫做伟大。在他们看来，社会主义等于集体主义，集体主义等于集中，集中等于大，大等于不要小的。由于有这个基本思想，所以工商业组织要大，文化艺术组织要大，生活娱乐组织形式也要大。不管人民的生活和消费者的需要如何，只要组织规模大才过瘾。本来这些工商业和社会组织者是为人民服务的，但现在这个办法不管人民的实际需要，好像人民为他们服务。

为什么这些人喜大呢？除刚才说的把尺寸上的大和精神上的大未分开而外，还有一种是幼稚的表现，也是思想笼统、脑筋简单的表现。

第二，急功近利。这个态度与好大喜功似乎是不一致的，实际上一面是好大喜功，另一面又是急功近利。急功近利的一种表现就是强调速成。在某种情况下速成是需要的，但要把长远的事情用速成的办法去做，结果是不会好的，事情应该分长远与一时的，百年大计与十年小计自有不同。急功近利，不但对有形的东西如此，对无形的东西，尤其对高深的学问，也是如此。现在高等学校培养人才的办法，似乎没有充分认识到这一点，以为大学毕业，作了副博士、博士就差不多了，其实除了个别人以外，一般的还差得很远。旧学问如此，新学问也如此。

第三，鄙视既往。历史是有继承性的，人类智慧是长期积累起来的。但许多人却忽视了历史因素，一切都搬用洋教条。他们把历史遗留下来的许多东西看作封建，都要打倒。他们认为，新的来了，旧的不能不打倒。其实，我们的历史给我们留下了丰富的文化遗产，而他们对中国历史和新社会都很少了解。

第四，迷信将来。当然，将来要比现在好。但不能说将来任何事情都是发展的。将来有的发展，有的停滞，有的后退，有的消灭。而发展也有不平衡的，不是机械地等速度地发展。总之，将来的事情，不是不分青红皂白、事无巨细都是发展的。因此，否定过去，迷信将来，都是不对的。[1]

民革中央常委陈铭枢与张奚若深有同感，他写了一封信批评毛泽东，用语与张奚若相似："好大喜功，喜怒无常，偏听偏信，鄙夷旧的。"

毛泽东在中南海冷眼观察着这些文人的一举一动。

就在张奚若猛批"四种偏差"后的第二天——5月16日，中央统战部部长李维汉突然宣布统战部民主人士整风座谈会休会4天，21日恢复开会。理由是要成立一个小组，把大家所谈的问题加以排队，准备以后继续开会。

1986年出版的李维汉所著《回忆与研究》一书，公开了紧急休会的秘密：

在民主党派、无党派人士座谈会开始时，毛泽东同志并没有提出要反右，我也不是为了反右而开这个会，不是"引蛇出洞"。两个座谈会反映出来的意见，我都及时向中央常委汇报。五月中旬，汇报到第三次或第四次时，已经放出一些不好的东西，什么"轮流坐庄"、"海德公园"等谬论都出来了。毛泽东同志警觉性很高，说他们这样搞，将来会整到他们自己头上，决定把会上放出来的言论在《人民日报》发表，并且指示：要硬着头皮听，不要反驳，让他们放。在这次汇报之后，我才开始有反右的思想准备。那时，蒋南翔同志对北大、清华有人主张"海德公园"受不住，毛泽东同志要彭真同志给蒋打招呼，要他硬着头皮听。当我汇报到有位高级民主人士说党外有些人对共产党的尖锐批评是"姑嫂吵架"时，毛泽东同志说：不对，这不是姑嫂，是敌我……及至听到座谈会的汇报和罗隆基说现在是马列主义的小知识分子领导小资产阶级的大知识分子、外行领导内行之后，就在五月十五日写出了《事情正在起变化》的文章，发给党内高级干部阅读……这篇文章，表明毛泽东同志已下定反击右派的决心。[2]

在《事情正在起变化》一文中，毛泽东用了"诱敌深入，聚而歼之"这个军事术语，他所惯常的战斗激情开始燃烧，"现在大批的鱼自己浮到水面上来了，并不要钓。这种鱼不是普通的鱼，大概是鲨鱼吧，具有利牙，欢喜吃人。人们吃的鱼翅，就是这种鱼的浮游工具。""我们还要让他们猖狂一个时期，让他们走到顶点。他们越猖狂，对于我们越有利益。"[3]

风暴骤然而至。

6月8日，中共中央发出毛泽东起草的《关于组织力量准备反击右派分子进攻的指示》。同日，《人民日报》在头版头条登出社论《这是为什么？》，调子骤变："在'帮助共产党整风'的名义之下，少数的右派分子正在向共产党和工人阶级的领导权挑战，甚至公开叫嚣要共

[1]《中央统战部继续举行座谈》，《文汇报》，1957年5月16日第4版。

[2] 李维汉，《回忆与研究》，中共党史资料出版社，1986年4月第1版。

[3] 毛泽东，《事情正在起变化》，载于《毛泽东选集》第5卷，人民出版社，1977年4月第1版。

产党‘下台’。他们企图乘此时机把共产党和工人阶级打翻，把社会主义的伟大事业打翻，拉着历史向后倒退，退到资产阶级专政，实际是退到革命胜利以前的半殖民地地位，把中国人民重新放在帝国主义及其走狗的反动统治之下。”“这一切岂不是做得太过分了吗？物极必反，他们难道不懂得这个真理吗？”

梁思成的名字出现在这一天《人民日报》第二版头条上，他的文章《整风一个月的体会》，足足登出一整个通栏。而在同一天的《北京日报》第二版，也刊出梁思成的同名文章。显然，是计划好了的。

在这篇文章里，梁思成写下了这两句长久被人们感叹的话语：“拆掉一座城楼像挖去我一块肉；剥去了外城的城砖像剥去我一层皮。”有言曰：

从我个人在工作中同党的接触来说，我对党不满的地方是很多很多的。由于党的某种工作方法或作风而令我吃的苦头也真不小，使我彷徨、苦闷、沉默。例如在北京城市改建过程中对于文物建筑的那样粗暴无情，使我无比痛苦；拆掉一座城楼像挖去我一块肉；剥去了外城的城砖像剥去我一层皮；对于批判复古主义的不彻底，因而导致了片面强调节约，大量建造了既不适用，虽然廉价但不经济，又不美观的建筑，同时导致了由一个形式主义转入另一个形式主义，由复中国之古转入复欧洲之古，复俄罗斯之古；在北京市的都市规划过程中，把“旧”技术人员一脚踢开，党自己揽过来包办一切的关门主义……等等。在节约声中，北京市委盖了那座不可一世的，大而无当的，铺张浪费

建成于1956年的北京市委办公大楼。王军摄于2002年10月。

的，里面是复欧洲之古的，外面像把里子翻出来的洗澡间的市委大楼，[1]我很有意见。我尤其不满意党在许多措施中专断独行，对许多学术性的分歧意见用狂风暴雨来刮得人、淋得人连气都喘不出来，更不用说话了。是的，我对党是有很多不满的。

[1] 指这幢大楼的外墙贴了瓷砖。——笔者注

但此后，他语锋一转，“我从来没有忘记：是谁领导六亿人民解放了自己”，并举出抗美援朝、铁路建设、石油开采等一系列成绩，认为“成绩是主要的，缺点是次要的”，“许多许多缺点都揭发出来了。这不是‘糟得很’而是‘好得很’……可以对症下药了，这些缺点就将得到改正”，“这是六亿人民所应额手称庆的大喜事”，“我不但丝毫没有对党失望，失去信心，相反地它增强了我对党的信心”。

最后，他表示，“正当党的缺点被无情地揭发出来的时候，我却要说：中国共产党是一个伟大的党！是一个最可爱的党，我知道你有缺点，也不怕你有缺点，并且还要尽情地、无情地继续揭发你的缺点，也将尽我的一分力量帮助你整掉它。我最后还要加一句：我还要把我的一切献给你！”

这篇文章被认为是“知识分子第一篇反右文章”，但在“文化大革命”中，梁思成为此付出了惨痛代价。

在1966年中共北京市委被打倒之后，梁思成被迫交代“旧北京市委”是怎样向他“泄露天机”，让他写出这篇文章，从而使他这个“大右派”“漏网”的。

对此，梁思成一再予以否认，声明这篇文章没有经过任何人的安排，是他自愿而为。可那时，没人相信这位“资产阶级反动学术权威”的话。

梁思成无意中成为了反右派斗争中著名的“左派”，并被委以重任，参加各种反右斗争大会。

1957年6月26日《人民日报》登出一篇对梁思成的专访。梁思成称“自己的政治水平太低了”！“许多矛盾摆在那儿，就是看不出来问题，或是看出点什么来，又提不到理论的高度，这不是政治水平低是什么？”“就像知道机关枪在哪儿，却不会放一样。”

他还说，“阶级斗争的知识，我们这些人就根本谈不到有什么‘水平’了。全国五百万知识分子，恐怕还都在幼儿园里，能上初小一二年级的恐怕仅是寥寥数人而已。”

他感叹道：“党的领导同志们经过三四十年实际的锻炼，受过严峻的生活的考验，他们才是阶级斗争的高级知识分子。”[2]

[2] 《梁思成谈毛主席报告读后感 勇敢地站出来同右派分子斗争》，《人民日报》，1957年6月26日第2版。

在这一年7月召开的一届人大四次会议上，梁思成与他的建筑界同仁杨廷宝、林克明、朱兆雪作了一次联合发言，其中的一段显然出自梁思成的手笔，他又在为北京城墙等历史文化遗产的保护而呼喊：

梁思成（前排右一）1932年6月赴河北宝坻调查辽代建筑广济寺三大士殿，与助手及当地人员合影。这处建筑在1947年宝坻解放后被拆除，木料被拿去修建该县十三区的白龙港大桥。林洙提供。

在许多旧城市的改建中和在新厂矿的选址和建设过程中，我们认为对于历史遗留下来的文物建筑没有得到应有的重视。例如在北京、西安、洛阳等城市，在规划、选址和建造过程中对于地上和地下的文物虽然已给予一定的重视，但由于对“文物”的认识不太一致，地上的文物建筑很多都被不必要地拆除了；许多地下的历史遗址也被破坏了。有些地方甚至于看中了一些文物建筑的“经济价值”，而忽视了它们更大的、无可补偿的历史、艺术价值，做出了因小失大、“焚琴煮鹤”的事情。河北宝坻县广济寺的一座辽代大殿被拆去修成潴龙河上的公路桥；浙江龙泉县的三座宋塔被拆去修公路；[1] 北京外城的城墙以及数不尽的县城都因它们的城墙有“经济价值”作为理由之一而被拆除了。吉林省无数县城村镇的庙宇，真正具有还可使用的经济价值的，却又以破除迷信为理由而被拆毁了。广州光孝寺的建筑，在保护文物的正确方针下重修起来，却又在不正确的使用方针下受到了损害。

许多城市的规划和改建说明，规划人员只把一些文物建筑当作留之无用，弃之可惜的包袱，无可奈何地把它们保存下来，认为它们是城市发展中的绊脚石，恨不得一下子把它们都铲除得一干二净。他们没有认识到许多文物建筑在构成一个城市时的积极因素，没有把它们有机地组织到新城市的规划中来丰富城市居民的生活，来丰富社会主义城市的面貌。问题在于我们城市规划人员是不是能够正确处理城市发展过程中新旧间的矛盾的问题。若能很好地处理，文物建筑就不但不妨碍城市的发展，而且会给城市锦上添花。我们希望文物建筑的问

[1] 此事件详情见1957年5月26日《文汇报》报道，题为《龙泉副县长张恢吾等拆毁古塔受停职处分》。全文如下：

【本报杭州25日电】浙江省龙泉县拆毁古塔事件已经查清，今天举行的浙江省人民委员会会议决定，把拆塔事件的决策人、龙泉县副县长张恢吾先予停职，并建议龙泉县人民代表大会罢免他的副县长职务。

对于拆塔的执行者、当时的县人民委员会民政科长、现任县人民法院院长王衍信，会议也决定先予停职，建议县人民代表大会给予罢免。

龙泉县在1950年1、2月间为了修建城区街道和桥梁需用砖石，张恢吾、王衍信等就看上了建于北宋的崇因寺双塔和建于五代的金沙寺塔。塔内所藏的一百多卷唐宋写经、木刻经卷和唐宋彩色佛像画绝大部分均被付之一炬；塔内所藏的唐宋钱币“开元通宝”和“太平通宝”有六七十斤，小银塔一座，鎏金古钱一枚和银牌等，均被出卖给人民银行和供销社熔化。

这次拆塔事件于去年12月揭露以后，龙泉县人民委员会进行了检查和检讨，并采取了多种方法，追回了一部分拆塔时丧失的文物。

与此同时，浙江省人民检察院会同省监察厅组成检查组，先后两次到龙泉县作了历时45天的调查，省检察院认为这次拆塔使大批珍贵文物受到不可弥补的损失，事情很严重，但是考虑到拆塔者的动机是为了筑路，是为人民公益办事，发生这次令人痛心的事件，主要是由于他们平时对国家保护文物政策学习不够，分不清什么是文物，什么是废物，事后他们都认识了错误，并积极设法追回散失的文物，因此浙江省人民检察院决定不追查张恢吾、王衍信的刑事责任。

经周恩来总理指示得以保留的北京正阳门箭楼。王军摄于2002年10月。

经周恩来总理指示得以保留的北京正阳门城楼。王军摄于2002年10月。

题能够得到地方政府、建设单位和规划设计人员的重视。我们尤其希望得到国务院的重视。

八年来我们在城市规划工作中已经积累了相当丰富的经验，但是我们对这些经验还没有很好地总结。我们建议城市建设部要把这些经验很好地总结一次。[2]

可没过多久，《北京日报》登出一篇读者建议，题为《把城墙管理起来》：

北京内城城墙长期没有很好地管理，现在城墙顶上长了很多蒿草、树叶。城墙顶面的海墁已破坏，很多地方沉陷、裂缝（大的有两公寸宽），城墙局部鼓闪，女儿墙和垛口松动，到雨季经雨水浸泡、冲刷，常发生塌滑事故。去年雨季里，由东直门到德胜门一段城墙，塌滑四处，西直门以南有一处城墙塌落三十公尺。前门、安定门等门洞，一到雨天就漏雨。

外城城墙拆除了很大部分，但很多地方砖拆去了，还留下很不整齐的土墙，雨季也有塌滑危险。

我建议把城墙很好地管理起来，明确规定哪单位要利用城墙的砖，经批准后，应该先尽危险段落或是近期有开辟豁口可能的地方拆除，并最好能把墙土拉走，如暂时不能拉走，也要做些防止土方塌滑、防止行人接近的措施（三月里，一个人到拆去砖的城墙里挖黄土，土方塌落，被压死），以免发生危险。对于不准备拆除的城墙，要进行一次普遍检查和修缮，特别是沿城墙有住户和附近有道路的段落，更有必要，以免塌滑，而保安全。[3]

这就是当年被拆除之中的北京城墙的状况。在这场“人民战争”中，有人付出了生命的代价。而这位读者的建议，却是怎样把城墙拆得更好。

[2]《建筑工作者担负着光荣而艰巨的任务》，《人民日报》，1957年7月21日第11版。

[3]《把城墙管理起来》，《北京日报》，1957年8月14日第3版。

张奚若未被划为右派，是个太大的意外。毛泽东虽表现了君子的雅量，却对他提出的那16个字耿耿于怀。

1958年1月中旬，毛泽东在南宁会议上说："'好大喜功'，看什么大，什么功，是反革命的好大喜功，还是革命的好大喜功。不好大，难道好小？中国这样大的革命，这样大的合作社，这样大的整风，都是大，都是功。不喜功，难道喜过？'急功近利'，不要功，难道要过？不要对人民有利，难道要有害？'轻视过去'，轻视小脚，轻视辫子，难道不好？北京、开封的房子，我看了就不舒服，青岛、长春的房子就好。我们不轻视过去，迷信将来，还有什么希望？""古董不可不好，也不可太好。北京拆牌楼，城门打洞，也哭鼻子。这是政治问题。"[1]

1958年1月28日，毛泽东又在第14次最高国务会议上说："有一个朋友说我们'好大喜功，急功近利，轻视过去，迷信将来'，这几句话恰说到好处，'好大喜功'，看是好什么大，喜什么功？是反动派的好大喜功，还是革命派的好大喜功？……南京、济南、长沙的城墙拆了很好，北京、开封的旧房子最好全部变成新房子。'迷信将来'，人人都是如此，希望总得寄托在将来。这四句话提得很好。"[2]

毛泽东说张奚若，说到了北京城。此后，北京市迅速制定了一个十年左右完成旧城改建的计划，这是后话。

[1] 李锐，《"大跃进"亲历记》，上海远东出版社，1996年3月第1版。

[2] 引自朱正，《1957年的夏季：从百家争鸣到两家争鸣》，河南人民出版社，1998年5月第1版。

两位著名的反对派

1955年北京市都市规划委员会成立后，陈占祥与华揽洪这两个"冤家"，相继调入北京市城市规划管理局设计院工作，均担任副总建筑师。同时，陈占祥担任设计院第五室的副主任，华揽洪担任第六室的主任。

对于这次工作调动，陈占祥很不满："调到设计院，我是带着对都委会一肚子怨气去的。"[3]华揽洪的火气更大，后来，有关领导请他回都市规划委员会工作，他说："砍我的头也不去。"[4]

1957年春，都市规划委员会提出《北京城市建设总体规划初步方案》。梁思成说，这个方案的制定，是"把'旧'技术人员一脚踢开，党自己揽过来包办一切的关门主义"。[5]

陈占祥、华揽洪也不嘴软。

陈占祥说，《初步方案》是"少数所谓专家搞的"，是"站在云层深处，看不到人间疾苦"，是"天书"，"引起了凡人多少苦恼"；华揽洪则称之为"闭门造车"，"没有做过任何典型研究工作"，"是形式主义的典型表现"。[6]

在"整风"运动中，陈占祥写

[3] 《建筑学报》，1957年第11期。

[4] 同[3]注。

[5] 梁思成，《整风一个月的体会》，《人民日报》，1957年6月8日第2版。

[6] 参阅《建筑学报》，1957年第9期、第11期；《北京日报》，1957年7月24日。

1957年北京地区规划示意图——远景规划。(来源:《建国以来的北京城市建设》,1986年)

了一篇题为《北京总体规划和城市建设》的文章,言辞尖刻地提出,《初步方案》"脱离实际","没有多大指导作用","只不过是海阔天空,令人兴奋的远景","北京市都市规划委员会在各项市政工程设施规划方面做了许多具体而繁重的工作,但这些大量的工作却是围绕着一个以脱离现实基础的思想为指导的总体规划来进行的"。

他还说,北京的城市建设"缺乏当年龙须沟那么一股劲","城市建设与群众利益不像从前那样密切了"!他反对《初步方案》中街坊的划分和房屋层数的一般规定,认为这是"抱着天书不肯放,硬把未来作今朝","总体规划这些方格子算是将来社会主义首都街坊基本体形啦。为了保证它的实施,今天房屋的层数平均是四、五。不管在哪里宿舍不是四层就是五层,这据说是社会主义……硬把人们搬到高楼是主观主义高度的表现……把城市的建筑层数把持在平均四、五层是

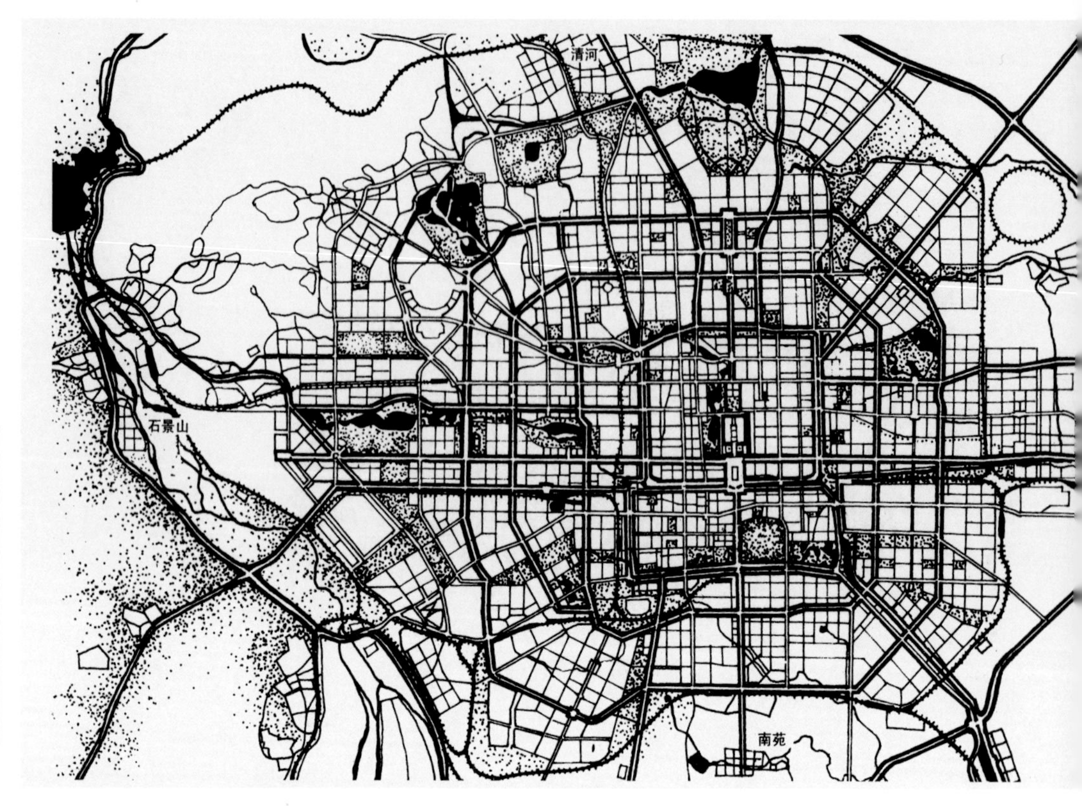

1957年北京市总体规划方案——远景规划。（来源：《建国以来的北京城市建设》，1986年）

把城市建设问题简单化了，这谈不到主观主义而是无知”，“就那张画满了方格子的总图上指出一些方格子来分割划拨是乱点鸳鸯谱”。

他抱怨改建城区“房子拆多了”，他把将办公、宿舍、生活福利用房放在一起建大院，称为“封建割据”、“公家土地私有制”、“已经没有社会主义优越性了”，认为，“总体规划指导着城市建设的作用是有计划的盲目性”，应该“按照目前城市生活现实所碰着的问题，根据可能条件来合理地组织城市的生活”。他还提出，北京市应该成立地产公司，把土地按地区写出价格，越到中心区地价越高。[1]

华揽洪呢？

他写了一篇“万言书”，题为《谈谈民用建筑设计工作中的几个问题》。

在这篇文章里，他批评《初步方案》是只做远景，不做近期计划，不但不能指导当前建设，而且会造成很大浪费。他认为，应该“新陈代谢，循环建设”，而不是“一次设计，分期建设”，因为“对三五年内即能完成的短期工程……我们对于它的内容、使用要求和工程质量标准等等，都可以作一个比较确实的估计和安排……如果考虑的年限更多一些（十五年、二十年甚至更多），那末，‘一次设计，分期建设’的说法就很不正确了……这个问题特别反映在城市规划中”。“把二三十年甚至五六十年以后才能形成的道路、广场、公共建筑物的位置、层数、性

[1] 《建筑学报》，1957年第9期、第11期。

质、内容等一一加以确定，实际上，这种想法是做不到的……做了也是形式主义的典型表现”。

他还认为，“党不重视居住建筑”，“居住建筑远远不够”，“解放以后到1956年止，北京市新建筑约等于旧北京的全部建筑面积，但是人口增加了三倍，每人所能分配到的平均面积却比解放前降低了30%，这样说来是今不如昔了”！“居住建筑与公共建筑增长的比例轻重倒置了”，“公共福利建筑是个非常不够的小数字”，“直接服务于居民的商店、食堂、澡堂子、客栈太少了。另一方面却把大学、研究所、办公楼、大使馆等一律列入消费性建筑”。

他批评北京城市建设脱离国情地讲气魄，“楼要高大，街要宽阔”，“把庞大当成伟大”，认为“公共建筑面积可以省去1/3”，因为它们是“借口政治任务”，“借以夸耀政治效果和装饰门面”；他还提出，“目前长安街不能改建，因为技术水平不高”。[2]

清华大学建筑系请陈占祥评定学生作业，他却借题发挥，再次把北京城市总体规划比作“天书”，认为它忽视近期，不调查不研究，脱离现实，脱离群众。他要求学生体验生活，了解国情，要研究洗澡堂、茶馆、天桥，并到清朝的营房、蓝靛厂吸取住宅区设计的趣味，要在“六必居”酱缸、卖蜂糕的车子上吸取设计灵感。他批评北京同仁堂在扩大营业面积改装门面时破坏了原来的气氛。

他在设计院贴了一张大字报，题为《建筑师还是描图机器？》，有言曰：

建筑设计应当是创造性的脑力劳动，这是我们这一行的基本特征。不承认这一基本特征准出毛病。

这多少年来我们设计了多少万的建筑平方米。速度是超音速，按理说这么多的设计实践早应锻炼出不少大师来，旧社会里即使是成功的建筑师一生的业务很可能勉强地抵上我们院内一组一年的任务。瞧瞧我们的作品，屈指算算向科学进军的日益在缩短着期限，真是令人心疼。这些散布在美好大地上的官方建筑——这是上海某些同行送给我们的帽子，指我们设计的呆板无味，死气重重而言，看来这帽子很合适——群众看不上眼，亦用不惯，我们自己何尝满意。长此以往尽管平方米足够吓倒任何先进国家，离开国际水平依然甚远，至于几年赶上，我看休想！

这么大的功绩应当归功于巨大的组织工作居然把建筑师变成了描图机器！[3]

华揽洪呢？

这位推崇现代主义建筑理论的建筑师，对搞民族形式的苏联建筑发表了这样的评论：“在莫斯科大街上不能睁眼，苏联建筑太恶劣。”“苏联建筑是积木。”“苏联展览馆真坏，

[2] 参阅《建筑学报》，1957年第9期、第11期；《北京日报》，1957年8月21日。

[3] 《建筑学报》，1957年第9期。

由苏联建筑师设计、1954年建成的苏联展览馆（今北京展览馆）。王军摄于2002年10月。

是形式主义，是18世纪过时的作品。”[1]

1957年5月，他参加了北京市委组织的市设计院建筑师座谈会，竟提出首都的城市建设成绩是次要的，失败是主要的；他对市委近几年来没有征求他对北京城市总体规划一些问题的意见表示不满，提出，所有国家都设有专门检查城市总体规划的技术机构——技术检查委员会，成员是由兼职的干部担任，而北京几年来一直没有这样的审查机构。

他说，有些领导干部看不起技术人员，不注意听取他们的意见，不要技术人员过问党对建筑的方针政策。他在四年间曾三次向党的领导提出意见，第一次和第二次都没有回音，第三次虽然有了回音，但是很不能令人满意。发生这样的事一方面是因为党在技术和政治相结合的问题上，认为没有必要来同我们讨论。另一方面是因为党的一些负责同志认为政治可以解决一切。这种看法是不对的。马克思列宁主义可以指导一切，但不能代替一切。过去建筑上所犯的复古主义毛病是和某些领导干部的教条主义、愣搬苏联建筑艺术理论分不开的。

他还认为，甚至对于有关建筑创作上的基本问题，党也不考虑我们的意见。譬如“适用、经济，在可能的条件下注意美观”的说法就是有问题的。他主张把这话改成：“在适用、经济的基础上讲求美观。”因为建筑艺术不能作为一个后贴上的东西看，而必须与它的适用和技术条件联系起来考虑。美观的主要因素不在于装饰，而在于比例。

华揽洪说，近年来北京市委和各建筑主管部门对建筑有偏大、偏高、偏多的现象，脱离了当前一般人民的生活水平。有些单位还以政治任务为借口，大盖办公楼。他对市委新建的办公楼提出批评。他还

[1] 《北京日报》，1957年8月21日第2版。

认为解放以来，北京建了很多房子，但住宅建筑只占百分之四十左右，比例太少了。[2]

5月底，华揽洪在家中接受了《文汇报》记者刘光华的采访，对1952年由苏联专家发动的国内建筑界批判“结构主义”的运动表示不解：“‘结构主义’这个名词在欧美建筑家的词汇中是找不到的。有一段时期，我们许多人都被扣上一个‘结构主义’的帽子，但至今这些批评我们的人也没有说出他的确切涵义。”

“几年来我们国家建筑的‘标准’一直摇摆不定。总的说来，我认为一般建筑的‘标准’过高，已严重地脱离了我们的经济条件和人民生活水平，完全不符合于过渡时期的要求‘用最少的钱，办必要的事’。”

“全国各城市(特别是新建的工业城市)的住宅问题已迫及眉睫，不容延宕了。可是有关方面对这个没有给予应有的注意。就拿北京来说，解放后盖了1800万平方米，等于过去几年北京建筑面积的总和。[3] 但是，同时期北京的人口却增加到原有的3倍。并且新建筑中只有40%左右是居住建筑，尚分配给新增加的人，每人只摊得到2.5平方米，还搁不下一张中型的木床。这些人的居住问题，全靠发掘原有房屋的潜力，挤着住来解决的。七八口人挤在一间小屋里住的情形是司空见惯的事。不仅北京如此，各大城市也都有同样的情况。”

“旧社会遗留下来的劳动人民的恶劣居住情况还没消除，随着工业化而来的城市人口急剧增加的新问题又摆到面前了。当前的急务是如何用最快、最省的办法来修建更多的住宅，然而，今天我们却把大多数的资金和设计力量都放在高楼大厦方面。像北京，由于强调首都的‘特殊要求’，不但修建了过多的特殊公共建筑和机关办公楼，并且修建了许多远超过实际需要的富丽大厦。北京一带头，各地自然也就跟着走，造成一股歪风，带来了难以估量的损失。”

[2] 《北京城市建设工作有哪些问题》，《北京日报》，1957年5月20日第1版。

[3] 原文如此，疑为刘光华笔误或被印错。1800万平方米的建筑面积与1949年北京城区约2000万平方米的建筑总量相当，华揽洪的原话应该是“解放后盖了1800万平方米，等于过去北京建筑面积的总和”。——笔者注

北京市委办公大楼一角。王军摄于2002年10月。

他猛烈批评了新建的贴有乳黄色瓷砖的北京市委办公楼，认为这是在中央一再号召“勤俭建国”的情况下，仍然“放手花钱”的一个“突出例子”：“这幢大楼是按1000人设计的，全部建筑面积共23000平方米，合每人23平方米，超过国家所规定的定额二倍多，并远远高过国外许多高级办公楼的定额。每层楼的高度为4米(也超过一般办公楼的标准)，许多房间是双层高度的，为了避免显得过于高敞，特地搞了个假顶来将天花板降低1.5米。空间的处理丝毫没有从经济角度着眼，仅进口的两个大厅和主要楼梯的体积就有10000平方米，等于一个18班的完全中学或200间普通房间的建筑体积。

“整幢大楼是钢筋混凝土的，但是还用很多的砖墙包起来，只有5层高，却装了一组电梯(一般来说5层楼是没有必要装电梯的)，面砖是特地从东北订制来的，大厅和主梯上所镶嵌的大理石则购自山东，在今天号召节约木材的时候，那里全部房间都铺了高价的硬木地板，主要房间全装了2.2米高的硬木护墙，厕所和盥洗室的墙壁并镶了1.8米高的瓷砖。为了讲究气派，五金设备做得特别大。许多纯装饰性的设备都是铜质的，违反了国家‘节约用铜’的规定，图书室里还装了4盏毫无必要的漂亮宫灯，每盏价值2400元。

“必须指出，这幢楼是在1955年设计，1956年施工完成的，也就是说在反对大屋顶反对铺张浪费的高潮以后设计和动工的。但这幢楼不但标准高得惊人，而且已达到当前铺张浪费的最高峰——它的浪费程度的严重性，已远远超过过去被批判了的许多高楼大厦。”

最后，华揽洪对记者说：“为了加速我们的社会主义建设过程，必须立即考虑降低现有各项建筑的标准。不能再盖那些富丽堂皇的大楼了，不容许再浪费国家宝贵的资金来追求所谓的气派。其实，建筑艺术表现的美不美，或者是否合乎民族风格，并不取决于高价的材料，复杂的结构和外形，一些毫无用处的装饰。而在于艺术布局，在于比例的恰当，这在低标准的情况下也是同样可以做到的。”[1]

刘光华写成了这篇专访，题为《不能光顾盖高楼大厦了》。但未及发表，刘光华就被打成了右派。

陈占祥、华揽洪在劫难逃。

“陈华联盟”

陈占祥先被“揪”了出来。

《北京日报》1957年7月24日登出大字号标题文章《反击建筑界右派分子对党的恶毒进攻　陈占祥反社会主义言行遭痛斥》。

文章说：“近几天来，城市规划

[1] 刘光华，《不能光顾盖高楼大厦了》，《建筑学报》，1957年第9期。

管理局和城市规划管理局设计院的工作人员，批判了右派分子温承谦和丁用洪的反动言论以后，对右派分子陈占祥的反对社会主义的言论开始进行揭发和斗争。”“右派分子陈占祥自封为‘城市规划专家’，几年来却一直没有好好工作，反而恶毒地攻击党对首都城市规划工作的领导，他对于中共北京市委这几年来对首都总体规划所进行的领导工作和都市规划委员会在苏联专家组帮助下所进行的城市规划工作，肆无忌惮地进行了恶毒的攻击。”“解放以来，北京市的城市建设坚决执行了为生产服务，为劳动人民服务，为中央机关服务的方针，取得了巨大成就，全市人民都为之欢欣鼓舞，而陈占祥却把这些成绩一笔抹煞”，“他不但在设计院内到处散布反对党对城市规划工作领导的言论，破口大骂总图，进行煽动，而且利用到外地参观的机会，进行活动，企图推翻北京市的总体规划初步方案。他还写了一篇大字报，诬蔑党把工程技术人员当做描图机器，并且叫嚣要给设计人员以更多的‘自决权’等等。陈占祥的这些反党反社会主义言论，激起了规划管理局、规划管理局设计院工作人员的极大愤慨。”

在7月24日召开的北京市第二届人民代表大会第二次会议上，陈占祥与钱端升、钱伟长等“右派分子”一块遭到“围剿”。

北京建筑界热闹了起来。

北京市城市规划管理局设计院批判陈占祥的大字报一张张贴了出来，总工程师们也加入到这场“斗争”中；北京市都市规划委员会所有工作人员也如临大敌，连日纷纷集会“批驳”陈占祥的“反社会主义言论”，对陈占祥“全盘否定两年来苏联专家和中国同志辛勤劳动的成绩，反对党对城市规划工作的领导以及推翻总图的阴谋”，表示“无限愤慨”，纷纷贴出大字报进行“质问”。[2]

这场“斗争”的初步“战果”是，华揽洪的“阴谋”也“彻底暴露”，而且所谓陈占祥与华揽洪“结成”的“反党联盟”被“揭发”出来。

8月14日，《北京日报》开出专栏《把城市建设部门中的右派分子都揭发出来！》，陈占祥被定性为“建筑界的政治野心家”，“最近这一周，右派分子陈占祥是市城市规划管理局设计院大字报上的中心人物。在七十三篇大字报中，就有五十篇是向陈占祥开火的。大家揭露出这个自命为不被党所重用的‘城市规划专家’，实际上是一个建筑界的政治野心家和不学无术的吹骗专家，是建筑界的‘李万铭’[3]。”[4]

都市规划委员会分区规划组副组长沈永铭也跟着遭殃，他被指为“混入党内的右派分子”，“在建筑界右派分子陈占祥等掀起推翻北京市规划总图阴谋活动的时候，沈永铭

[2]《反击建筑界右派分子对党的恶毒进攻　陈占祥反社会主义言行遭痛斥》，《北京日报》，1957年7月24日第4版。

[3]《人民日报》1956年8月31日《北京市中级人民法院公审政治骗子李万铭》报道：

据新华社30日讯　北京市中级人民法院今天公开审判政治骗子李万铭。李万铭在人民法庭上被判处有期徒刑十五年，并剥夺政治权利五年。

在检察员宣读起诉书后，审判长根据起诉书一一发问，政治骗子李万铭用低沉的声音承认了他的全部罪行。

李万铭供认：他从1949年就开始进行诈骗，不久即被识破，判刑三年，释放后又继续进行诈骗，一直到1955年1月10日被逮捕。在这段时间内，他先后跑了十几个城市，闯了十几个重要机关，骗取了模范共产党员、战斗英雄的称号和科员、科长、秘书主任、副处长等职务。

在检察员和辩护律师辩论了李万铭的犯罪性质后，审判长宣布判决。他指出，李万铭的罪行很严重，但他在被逮捕后尚能坦白认罪，故判处他有期徒刑十五年，并剥夺政治权利五年，犯罪所得赃物全部没收。

[4]《陈占祥是建筑界的政治野心家》，《北京日报》，1957年8月14日第2版。

《北京日报》1957年8月21日刊登的攻击“右派分子”的漫画《来多少，加多少——某些右派分子的检讨》。

与他们里应外合，鼓动人张贴大字报，把市委在1953年成立的规划小组说成是‘宗派主义’，是把‘原都市计划委员会的干部打入了地狱’；诬蔑现在编制出来的规划总图是‘阻碍了建设’。在建筑学术问题上，沈永铭也一直与党对抗。他诬蔑党‘常常用组织措施和行政手段来解决技术问题，有些人一点不懂业务却偏要做主’。”[1]

8月21日，《北京日报》又在显著位置登出文章《陈占祥华揽洪结成反党联盟》，称陈占祥、华揽洪“一贯仇视党对北京城市建设和总体规划的领导，认为市委加强对总体规划工作的领导是宗派主义。在整风期间，他们除了四处点火之外，并针对总体规划和城市建设向党进攻”。

中国建筑学会北京分会连续召开扩大理事会，“揭发”和批判这个“反共、反社会主义”的“联盟”。

陈占祥被指为“主要从城市规划方面来攻击党”，“恶毒地抹煞首

都八年来的建设成就”，“污蔑设计院是官僚机构，并声言要粉碎它”，“企图把设计院拉回到私人建筑事务所的资本主义道路上去”。

华揽洪被指为“主要从党的建筑方针、政策方面来攻击党”，“扮成一副关心群众的模样，歪曲事实”，“攻击首都的城市建设”，“向

[1]《陈占祥是建筑界的政治野心家》，《北京日报》，1957年8月14日第2版。

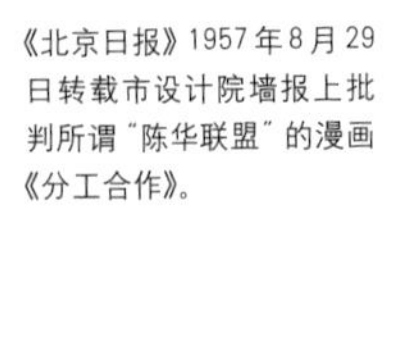

《北京日报》1957年8月29日转载市设计院墙报上批判所谓“陈华联盟”的漫画《分工合作》。

党提出了一条资产阶级的城市建设路线，即新陈代谢地盲目自发地进行城市建设”，“反对党在建筑方面提出的‘适用、经济，在可能条件下注意美观的原则’，反对在党领导下制成的北京总体规划，并要推翻它”。

这个“联盟”被定义为：“为达到他们的反党目的，陈占祥和华揽洪在大鸣大放期间结成反党联盟，订出了‘陈攻规划，华攻建设’的计划。”[2]

华揽洪被迫在中国建筑学会北京分会的扩大理事会议上作了检讨，承认他和陈占祥是“同盟合谋”，“但不交代具体事实”。[3]

[2]《城市建设必须有领导有计划　首都建筑界批驳陈华联盟的恶毒阴谋》，《人民日报》，1957年8月23日第2版。

[3]《陈占祥华揽洪结成反党联盟》，《北京日报》，1957年8月21日第2版。

《北京日报》1957年8月29日转载市设计院墙报上批判所谓“陈华联盟”的漫画《一场误会》。

8月22日，中国建筑学会北京分会在中山公园举行了一个有三千多人参加的批判大会。批判者向陈占祥发出最后通牒：“社会主义大门是向你敞开着的，你们必须放下武器，举起双手，彻底交代；否则，你们将自绝于人民！”[4]

8月27日，批判大会继续举行。规模更大了，达到三千八百多人。华揽洪成为主攻目标。

“梁思成是阿Q式地了解中国建筑”——华揽洪说过的一句话，成了他“一贯打击别人，抬高自己，一心要称霸建筑界”的一大“罪证”。

“揭发”出这个“罪证”的人，却是梁思成在建筑界的一位老对手。

华揽洪挨批之前，市委一位领导曾把华揽洪的那篇“反动文章”拿给梁思成看，问有没有问题。梁思成说看不出有什么问题。[5]

一切都充满了戏剧性。

批判会接连不断，火力更加猛烈。到9月4日，大小会议已开了7次，40多人发言。陈占祥、华揽洪仍很“顽固”。

《人民日报》的报道称：“华揽洪和陈占祥对中共北京市委加强对总体规划的领导，一直仇恨。他们到处散播说中共北京市委是‘宗派主义’。直到最近，当他们的造谣污蔑被一一戳穿以后，他们仍一口咬定他们反对的是中共北京市委领导总体规划的‘宗派主义做法’。这种做法，引起到会建筑师的激愤，质问的条子像雪片似地送到主席台上。”[6]

首都建筑界反右派斗争终于

[4]《建筑学报》，1957年第9期。

[5] 梁思成，“文革交代材料”，1966年8月21日，林洙提供。

[6]《首都建筑界展开大论战　华揽洪陈占祥恶意攻击首都建设的种种谬论——一破产》，《人民日报》，1957年9月5日第2版。

"大获全胜"。

10月22日,《北京日报》报道说:"北京建筑界经过三次大会和九次小会的辩论,已将陈占祥和华揽洪联盟的反党、反社会主义言行完全驳倒。这个联盟的华揽洪和陈占祥已开始低头认罪","通过辩论,北京建筑界人士初步明辨了大是大非,受到一次深刻的教育"。[1]

陈占祥被迫写出《我的右派罪行》。

在这份"认罪书"里,他把自己比作"'英国制造'的商品",称自己在都市计划委员会工作时所犯的"最大罪恶"是在编制甲、乙两方案时,与华揽洪"闹不团结","不断地捣乱";他还提到了"梁陈方案",称"我公开地反对把行政中心放在城里天安门附近。很明显的只有帝国主义才会希望我们首都原封不动站在老地方,而我却提出了这样的主张来反对苏联专家的方案"。他还说,自己抱怨旧城改造"推光头",是"恶毒"的,把建筑师比作"描图机器",是"反党反社会主义"。[2]

华揽洪以《低头认罪》为题,作出书面检讨。

他为接受《文汇报》记者的采访付出了代价,称"我在《文汇报》访问记中,无耻的抬高自己,把自己伪装成一个以往被歧视,以后被公认的'大师'。打着'勤俭建国'的旗子,说党给自己建房子浪费严重,用夸大设计缺点,用不符事实的数字和情况恶意地攻击市委大楼,把它与住宅和学校作出能挑拨党群关系的对比"。他还说,写"万言书",是"想表现自己比党还高明",自己"攻击北京的总图","不信任"甚至"看不起"苏联专家,是"极端自高自大的反党思想"。[3]

[1]《首都建筑界反右派斗争大获全胜》,《北京日报》,1957年10月22日第2版。

[2]《建筑学报》,1957年第11期。

[3] 同[2]注。

一对"冤家"

"我与华揽洪在甲乙方案问题上、在拆不拆城墙的问题上,争吵得厉害。后来,一块儿被打成'陈华联盟',很滑稽!"陈占祥向笔者追忆道。[4]

其实,这一对"冤家"真正地"联盟",只有过一次。

那是在1954年,陈占祥、华揽洪来到北京市城市规划管理局设计院后,联手设计了北京月坛南街的建筑。陈占祥设计立面,华揽洪设计平面。

建成后,这条街被取名为"社会主义大路"。

到晚年,陈占祥仍为他能够得到这次难得的创作机会而兴奋。

他对笔者说:"一条街的建筑要和谐、美观又实用,既要有统筹的平面计划,还要有周到的立体设计。社会主义的优越性就体现在整体上。这条大街的建筑有变化,但又是统一的。可惜在'文革'中,建筑上

[4] 陈占祥接受笔者采访时的回忆,1994年3月2日。

月坛南街。王军摄于2002年10月。

月坛南街细部。王军摄于2002年10月。

的雕刻被毁了，但整体面貌仍保存了下来。我们搞建筑的，就怕看自己的旧作品，但我今天看了，觉得很自豪。”[5]

可是，这个作品，在1957年他被打成右派时，成了一个罪证：“陈占祥是怎样搞建筑设计的呢？要他拿出作品来可难啦。陈占祥自己吹嘘月坛南街大楼的立面是他自己设计的，实际上是他从苏联书籍上描下来的。”[6]

华揽洪在这条大街南侧设计的儿童医院也遭到类似的“抨击”：“据了解内幕的同志揭发，平面是从外国杂志抄来拼凑的，立面也有出处。”[7]

这样的“揭发”，对于读书人来说，是致命的。

这一对“冤家”，还对一些学术

[5] 同[4]注。

[6]《建筑学报》，1957年第9期。

[7] 同[6]注。

北京儿童医院水塔。王军摄于2002年1月。

问题进行过探讨。

1956年10月25日，《北京日报》发表了华揽洪的一篇题为《沿街建房到底好不好》的文章。

华揽洪说，根据北京市城市规划管理局和市建筑工程局的负责人在北京人大一届四次会议上的发言，再同以往城市规划里所指出的参考范例、拨地方式所经常造成的局面联系起来看，沿街建房，特别是沿着主要干道大批建造楼房，几乎已经成为一种原则了。目前已建成的几条新街道，如右安门大街、礼士路、阜外大街等，也证实了这一点。沿街建商场、百货公司等，问题不大；沿街建办公楼虽不理想，但还可以说得过去。但沿街建造居住房屋的后果是：居民受街上噪音干扰，不能很好休息；在南北向马路上，有一大批房子朝西，冬天受西北风吹，夏天受西晒。

他反问：为什么非如此不可？这样做，是不是为了经济？如果经济，究竟经济多少？因此带给居民严重的不方便不舒适，值不值得？

北京儿童医院细部。王军摄于2002年10月。

这样做，是不是会使城市更美观一些？按照沿街建房原则建成的阜成门外大街、右安门大街等并不美。“我不相信这样一个道理：必须把建筑物放在一个不合适的朝向，必须给居民以不良好的卫生条件，才能造成美丽的城市！”

他还指出，这是欧美各城市好几百年以前的老办法，虽然在某些地方形成了很美丽的街景，但是这个方式已经充分证明是不适合于现代人民生活的。这种方式在一些大城市里早已形成不可补救的恶劣局面。难道今天我们还有拿它作为“先进经验”来推广的必要吗？

华揽洪的文章，在北京建筑界引起一场大讨论。《北京日报》一时间收到各种讨论文章五六十篇，赞成者有之，反对者有之。报社选登了8篇，其中就有陈占祥的。

陈占祥在题为《对西单到复兴门大街的期望——并论“沿街建房到底好不好”》的文章中指出，假使我们把主要街道只看成是安置办公大楼的惟一地方，也就是说：重要的干道放重要的机关，次要的干道放次要的机关，那未免把事情弄得太简单化了。今天的北京饭店，每逢宴会，大量的车辆出入，以致造成东长安街的交通堵塞，大家不都有深刻印象吗？

陈占祥同时又认为，为了怕街道噪音太大，就不愿沿街建房，采取避而远之的办法，这也未免太绝对化了。过分夸大街道的噪音这一弊端，无形中就会把街道单纯地看成是机动车辆行驶的通道，势必产生不管街道的具体情况如何而把沿街建房一概回避的偏向。

他以西单至复兴门大街为例，提出一个“折中”方案：这条街是东西长安街的延伸，是东西主要交通干道，又是游行大道。凡是吸引大量车辆的公共建筑，都应当尽可能避免建在这条街上。在这条街上可让全国各大企业多设立些陈列所式的办事处，使人们从橱窗中看到建设成就。陈列所的上层可以是高级公寓式的住宅，并且就让它排成周边式吧。这条街，四通八达，很热闹，这些房子一年两度看游行看焰火是个好地方。希望在这里有地方喝口茶，吃点心，瞧瞧来往行人而感到生活的可爱。

可见，陈占祥对华揽洪的意见，有赞成的一面，也有保留的一面。

在对待旧城区新建筑的风格问题上，他们俩态度也不一致。

1952年，在苏联专家发起的国内建筑界反“结构主义”运动中，杨廷宝在北京王府井金鱼胡同设计的和平宾馆成了批判的靶子。这幢8层高的建筑，为长方体造型，外观简洁，功能适用，是当时北京少有的现代派建筑。

崇尚现代主义的华揽洪，在1957年第6期《建筑学报》上发表文章，为和平宾馆被批判鸣不平。他从建筑的标准与底层平面布局、旅

和平宾馆。清华大学建筑学院资料室提供。

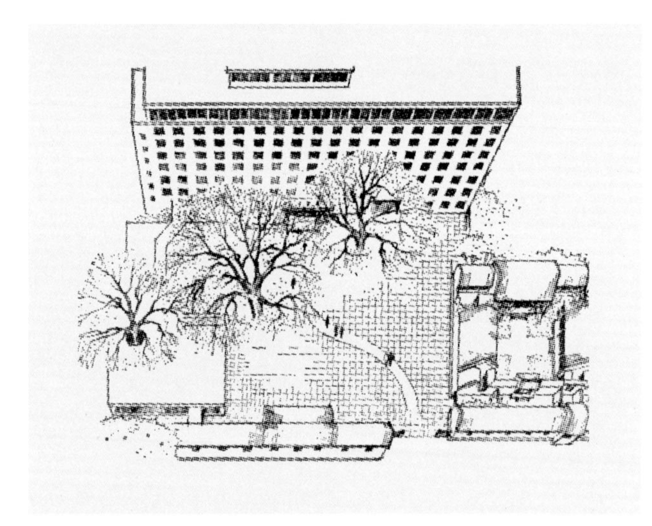

和平宾馆鸟瞰示意图。（来源：《中国建筑史图说·现代卷》，2001年）

馆大厅、建筑外形及细部等方面，对这个建筑进行了细致研究，认为建筑师“用了许多许多巧妙的办法来解决了很多（几乎是全部）实用问题。实际生活证实了这一点。而在某些部分它把近代建筑的新的，有利的手法（也就是先进经验）很适当地加以应用了”。“和平宾馆是解放初期设计的。由于当时的学术思想比较模糊，以及随后盛行的复古主义追求豪华的倾向，所以在当时我们建筑界未能正确的去吸收和平宾馆的优点，反而在‘结构主义’的片面批评之下，将其优点也一概抹杀了。”

就单体建筑设计来说，和平宾馆无疑是优秀的。但在梁思成的眼里，这样的建筑似乎放在旧城之外更合适。对此，陈占祥也颇为认同。1952年6月16日，他在都市计划委员会召开的建筑技术座谈会上提出，建筑的“美观”应改为“民族性”，这样“更明确”。[1]

1952年，首都剧场计划在王府

[1] 梁思成工作笔记，1952年6月16日，林洙提供。

井北侧建设，这是北京解放后兴建的第一座正规剧场，梁思成坚持要突出“民族形式”。

陈占祥向梁思成建议，剧场屋顶平面是解决屋顶造型的关键，我国建筑屋顶平面基本上是条形平面，很少有复杂的组合。我们应当突破单一的条形平面屋顶，参考西方建筑中诸如19世纪英国住宅建筑、拜占庭建筑、文艺复兴时古典式教堂和高直建筑等屋顶的处理手法，进行创新。梁思成接受这一建议，并要陈占祥先画一个草图。

陈占祥设计了一个由13座传统屋顶造型组合的剧场方案，其外观恰似后来兴建的平壤大剧场。这个方案得到梁思成与林徽因的赞赏，并以此向领导汇报。然而，方案并没有得到认真的讨论，仅因为有了“大屋顶”，就被简单地否定了。

陈占祥还与梁思成共同努力，使进入旧城的新建筑体现民族风格。

王栋岑的汇报材料说：

一九五二年六月间，邮电部要建电信大楼，他（指梁思成——笔者注）和陈占祥一致提出，建筑设计应具有民族形式……设计者把设计图送来给他们看，他们认为没有民族形式，梁思成最后并亲自动手另给画了一张草稿，戴了个大屋顶。这个大屋顶邮电部和设计者都不同意，而梁思成又坚持非要不可。双方争执不下，不得已，张副市长把它提交市府集体办公讨论，并请吴副市长主持，这才勉强商得梁思成的同意，不再坚持搞大屋顶了。[2]

但是，这两位学者还是出现了一些分歧。

梁思成坚决反对“方匣子”式的建筑出现在旧城，主张以“中国建筑的轮廓”为北京建筑“定音”。陈占祥虽然极表赞同也进行了实践，但梁思成认为他应该更加彻底。

对于旧城之外的建筑，梁思成与陈占祥的思想是开放的，但也有一些差异。

梁思成称赞了华揽洪在复兴门外设计的现代主义风格的儿童医院，但是他更看重的是这个现代建筑“抓住了中国建筑的基本特征，不论开间、窗台，都合乎中国建筑传统的比例。因此就表现出来中国建筑的民族风格”。

可是，陈占祥在与华揽洪合作的“社会主义大路”的设计中，却在建筑的立面借用了西方古典主义手法。

对此，梁思成颇为不解。他曾多次表示，反对在北京搞西洋古典。

虽然陈占祥的设计融合了中国建筑的细部，但梁思成仍对陈占祥说：“我们走的是两条路线”。王栋岑的汇报材料说：

陈占祥作的月坛南街，征求梁思成的意见，因为没有大屋顶，梁思成说：“我们走的是两条路线，我根本不提意见。”他屡次表示过都委会不应作这样的图样。南河沿的设计是梁思成领导陈占祥作的，把一个剧院加了好几个大屋顶，但同一

[2] 王栋岑手稿，1954年12月，未刊稿，清华大学建筑学院资料室提供。

条街上的其他建筑，陈占祥有的给加了屋顶，有的没有加，他因此又对陈占祥说：我们走的是两条路线！照他的意见是加上飞檐五米的大屋顶。[1]

[1] 王栋岑手稿，1952年12月，未刊稿，清华大学建筑学院资料室提供。

对于梁思成的不满，陈占祥是能够理解的。他也许觉得他们之间的分歧只是程度问题，而非方向问题。

陈占祥的建筑思想与他在英国所受的建筑教育有很深的联系。在利物浦大学建筑系里，每一个设计项目总是把建筑放在地区环境里研究。陈占祥完成建筑学的学业后，又进修城市设计，城市设计的英文是Civic Design，Civic这个词的本意带有礼貌的内涵。按照Civic Design的要求，新建筑必须尊重周围的环境，在旧城区里盖新楼，就必须与历史风格相协调。

有了这样的学术背景，陈占祥与梁思成自然能够走到一起。

其实，真正与梁思成在建筑设计上走"两条路线"的是华揽洪，从华揽洪对和平宾馆的极力褒扬就可以看出，而华揽洪又是如此痛恨"复古主义"。

但梁思成与陈占祥似乎也没有办法。虽然他们以现代主义建筑手法设计了西郊行政中心区，但他们却无法容忍把这种风格的建筑搬到故宫周围来。他们搞"大屋顶"实有难言的苦衷。

有趣的是，华揽洪在法国就读的巴黎美术学院，很长时间一直是西方古典主义的重镇，曾对梁思成就读的美国宾夕法尼亚大学建筑系产生深刻影响。

但是，华揽洪1936年来到这所学校时，学院派势力已被20年代兴起的现代主义建筑学派取代。这可能是华揽洪对古典主义"离经叛道"的渊薮。

与新建筑材料、新生活方式有机结合的现代主义建筑是极具魅力的，梁思成也谙其精髓，希望实现它与中国传统的嫁接。

可是，在20世纪50年代那样的环境里，这只能是一个奢望。

"低头认罪"之后，华揽洪被从一级建筑师降到三级，只能做一些无关紧要的小设计。

3年后，他见到了前来中国访问的童年好友英籍作家韩素音。

韩素音的父亲周映彤，是华南圭的挚友，也是中国著名的土木工程专家；母亲玛格里特·丹尼斯，是比利时人。华揽洪与韩素音家庭背景相似，又是世交。

他们见面时，正值"三年困难时期"。韩素音回忆道，由于华揽洪的妻子是法国人又是外国专家，所以他们的食品供应有额外的定量。屋里很暖和，饭菜也很丰富。

这时，华揽洪的父亲华南圭刚刚去世。他们谈起了许多关于父辈的话题。

"中国是每一个受教育的中国人所追求的目标。"韩素音说。

“你某种程度上太中国化了。”华揽洪说，“你的一切反映，全部感情……我有时候感到，是你从来没有离开过中国，并住在中国；而我，1951年归来，却仍是个外国人。”[2]

“文革”期间，华揽洪不甘寂寞，设计了现在被国内城市广泛采用的机动车与自行车分流的城市立交。为此，他给中共北京市委书记吴德写过一封信。

1979年，华揽洪得到平反。而在两年前，他已携全家定居巴黎。

1999年6月22日，刚刚从巴黎抵京参加第20届世界建筑师大会的华揽洪，心情平静地向笔者回忆起那场批判：

我被打成右派，一个主要原因是我提出苏联建筑设计与城市规划不好，主张搞西方现代建筑。那时，对苏联是“一边倒”，苏联的什么都好，不管是建筑设计还是城市规划，都是苏联第一。实际上，苏联建筑艺术和城市规划，相当落后，相当于西方古典主义的做法。他们实际上也在学西方，但学的是西方老的一套。一直到赫鲁晓夫上台后，才有了一个大变化。我被打成右派，说是因为我反对苏联等等。可实际上，那时苏联在那方面已经开始转变了。

陈占祥的遭遇更为不幸。

在交代完“罪行”后，他就被下放到京郊昌平的沙岭种树去了。体力劳动一干就是5年多。1962年，他回到设计院情报所当了一名外文编译员。

1979年，他与华揽洪一同被平反。

这之后，他终于又回到了规划设计岗位，被调到国家城建总局城市规划研究所（现中国城市规划设计研究院）担任总规划师。这时，他已63岁了。

1988年1月，他应邀赴美国讲学，先后担任加州伯克利大学摄政王教授（UC Berkeley Regents' Professor）、康奈尔大学和锡拉丘兹大学访问教授，密苏里州堪萨斯大学授予他“埃德加·斯诺教授”

[2] 韩素音，《吾宅双门》，中国华侨出版公司，1991年12月第1版。

被划为右派后在北京市建筑设计院工作期间的陈占祥。陈衍庆提供。

(University of Missouri-Kansas City Edgar Snow Professor) 称号。

在美国的大学讲坛上，他讲了两年零四个月。

美国人劝他留下来，他拒绝了。女儿也劝他在美国安度晚年，可他坚决要回去。

他说："我如果想留在国外，1946年就可以留下了。那时我还年轻，还可以打拼天下。既然那时我都回去了，现在又为什么留下？我已被耽误20多年，剩下的时间不多了，我特别想利用我身体还好的时候，多做点事情。"[1]

1986年，梁思成诞辰85周年，陈占祥写了一篇文章缅怀他的知音：

1957年以前，在全国大好形势下，我与梁先生一起工作的那几年，真是我一生中值得回忆的岁月。此后，由于个人的遭遇，虽然我不能同梁先生保持以前那样的亲切关系，但是梁先生从未由于我"右派"身份而对我有所顾忌。他还是一如既往，真诚相待……

在"反右"斗争中，梁先生多次主持中国建筑学会召开的批判"陈华联盟"大会。但每次会后，梁先生对我总是鼓励多于批判。我记得非常清楚，当我被指为"右派"后，梁先生见我说的第一句话是："占祥，你为什么这样糊涂啊？"

六十年代中期，大搞设计革命，我写了一篇学习毛主席《在延安文艺座谈会上的讲话》和结合设计革命的未署名的文章。梁先生看到后，他对人说，这篇文章一定是陈占祥写的。此话通过别人又传到我这里，使我很有感触。尽管多年的人为隔离，但梁先生毕竟是了解我的。[2]

[1] 陈愉庆接受笔者采访时的回忆，2001年4月8日。

[2] 陈占祥，《忆梁思成教授》，载于《梁思成先生诞辰八十五周年纪念文集》，清华大学出版社，1986年10月第1版。

蓝图初展

总图绘定

遭到梁思成、陈占祥、华揽洪猛批的《北京城市建设总体规划初步方案》，在1957年3月，经中共北京市委常委会讨论通过后，北京市又对它进行了一年多的调整与补充。

1958年6月，中共北京市委一面以草案形式把修改后的《方案》印发各单位研究，一面上报中央。

北京市委在给中央的报告中提出："北京不只是我国的政治中心和文化教育中心，而且还应该迅速地把它建设成一个现代化的工业基地和科学技术的中心。这个规划方案，就是在这样的前提下制定的。这个问题多年来没有解决，现在解决了。"

这个报告根据中央和毛泽东主席的指示，提出了一个十年左右完成北京旧城拆除改建的计划："虽然解放以来我们盖的新房已经有二千一百万平方公尺，而城内古老破旧的面貌还没有从根本上得到改变。根据中央和主席最近的指示，我们准备从1958年起，有计划地改变这种状况，北京城内80%以上是平房，而且多数年代已久，质量较差，还有相当数量已成危险建筑，每年都要倒塌几百间以至上千间，比起上海和天津，改建起来是比较容易的。而且从改善城市交通的需要来看，也必须对城区进行改建。我们初步考虑，如果每年拆一百万平方公尺左右的旧房，新建二百万平方公尺左右新房，十年左右可以完成城区的改建。"[1]

可就在这时，全国形势发生重大变化。1958年8月，中共中央作出关于在农村建立人民公社问题的决议，全国进入"大跃进"和人民公社运动的高潮。在这种情况下，北京市又对《初步方案》作了重大修改，于1958年9月草拟了《北京市总体规划说明（草稿）》提交市人民委员会审核。

[1]《北京市委关于北京城市建设总体规划初步方案向中央的报告（摘录）》，1958年6月23日，载于《建国以来的北京城市建设资料》（第一卷 城市规划），北京建设史书编辑委员会编辑部编，1995年11月第2版。

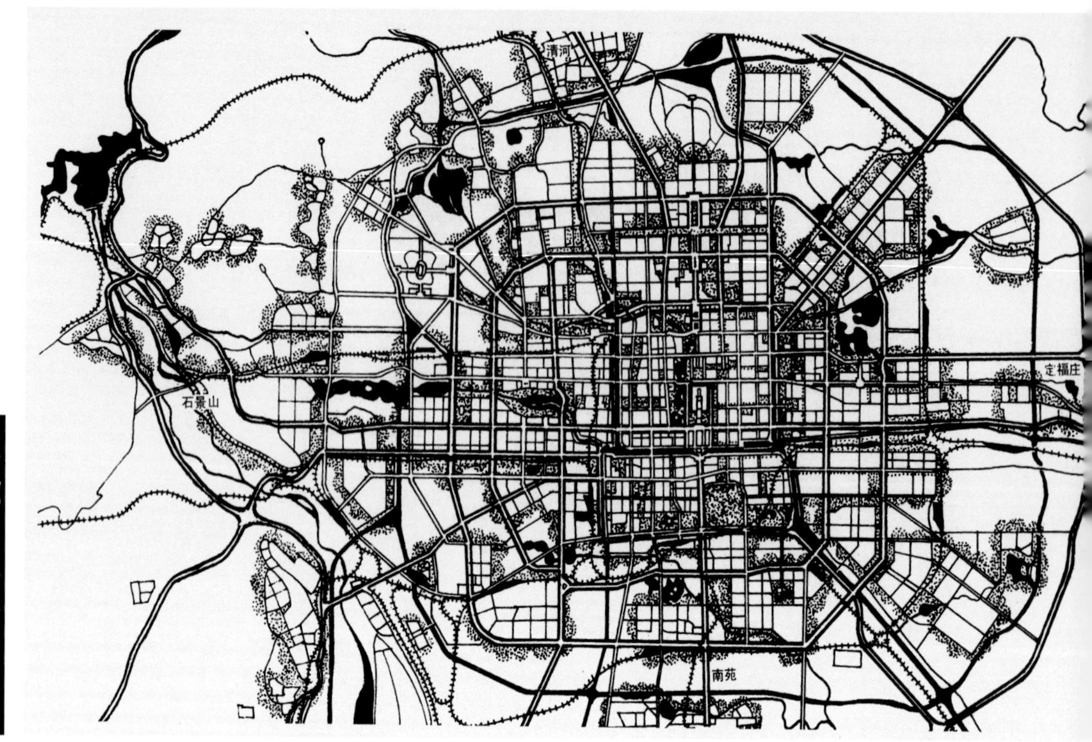

北京市总体规划方案(1958年)。(来源:《建国以来的北京城市建设》,1986年)

这个修改方案，仍将北京的城市性质定义为:“北京是我国的政治中心和文化教育中心，还要把它迅速地建设成为一个现代化的工业基地和科学技术中心。”

方案在指导思想上，突出了城市建设将“着重为工农业生产服务，特别为加速首都工业化、公社工业化、农业工厂化服务，要为工、农、商、学、兵的结合，为逐步消灭工农之间、城乡之间、脑力劳动与体力劳动之间的严重差别提供条件”。

方案提出，要对北京旧城进行“根本性的改造”，“坚决打破旧城市对我们的限制和束缚”:

旧北京的城市建设和建筑艺术，集中地反映了伟大中华民族在过去历史时代的成就和中国劳动人民的智慧。但是旧北京是在封建时代建造起来的，不能不受当时低下生产力的限制，而当时的建设方针又完全是服从于封建阶级的意志的，它越来越不能适应社会主义建设的需要和集体生活的需要，也和六亿人民首都的光荣地位极不相称。因此，一方面要保留和发展合乎人民需要的风格和优点；同时，必须坚决打破旧城市对我们的限制和束缚，进行根本性的改造，以共产主义的思想与风格，进行规划和建设。把北京早日建成一个工业化的、园林化的、现代化的伟大社会主义首都。

对旧城所进行的“根本性的改造”，包括“故宫要着手改建”、“城墙、坛墙一律拆掉”、“把城墙拆掉，滨河修筑第二环路”:

要迅速改变城市面貌。在五年内，天安门广场、东西长安街以及其他主要干道要基本改建完成，并逐步向纵深发展。宣武区及崇文区也要成片地进行改建。拆些房屋，进行绿化。

在居住区里选择适当位置，拆些房屋，建设一些无碍卫生的工厂，以便利居民就地参加劳动生产。

展宽前三门护城河，拆掉城墙，充分绿化，滨河路北侧修建高楼。故宫要着手改建。把天安门广场、故宫、中山公园、文化宫、景山、北海、什刹海、积水潭、前三门护城河等地组织起来，拆除部分房屋，扩大绿地面积，使成为市中心的一个大花园，在节日作为百万群众尽情欢乐的地方。

中心区建筑层数，一般是四、五层，沿主要干道和广场，应以八、九、十层为主，有的还可以更高些。

城墙、坛墙一律拆掉。

……

在城内把连结菜市口、新街口、北新桥、蒜市口的道路改建为第一环路；把城墙拆掉，滨河修筑第二环路……

中央人民政府行政中心区，仍设在旧城：

天安门广场是首都中心广场，将改建扩大为四十四公顷，两侧修建全国人民代表大会的大厦和革命历史博物馆。

中南海及其附近地区，作为中央首脑机关所在地。中央其他部门和有全国意义的重大建筑如博物馆、国家大剧院等，将沿长安街等重要干道布置。[1]

[1]《北京市总体规划说明（草稿）》，1958年9月，载于《建国以来的北京城市建设资料》（第一卷 城市规划），北京建设史书编辑委员会编辑部编，1995年11月第2版。

方案还提出，城市布局将采用分散集团式，集团与集团之间是成片的绿地；一些对居民无害、运输量和用地都不大的工业，可以布置

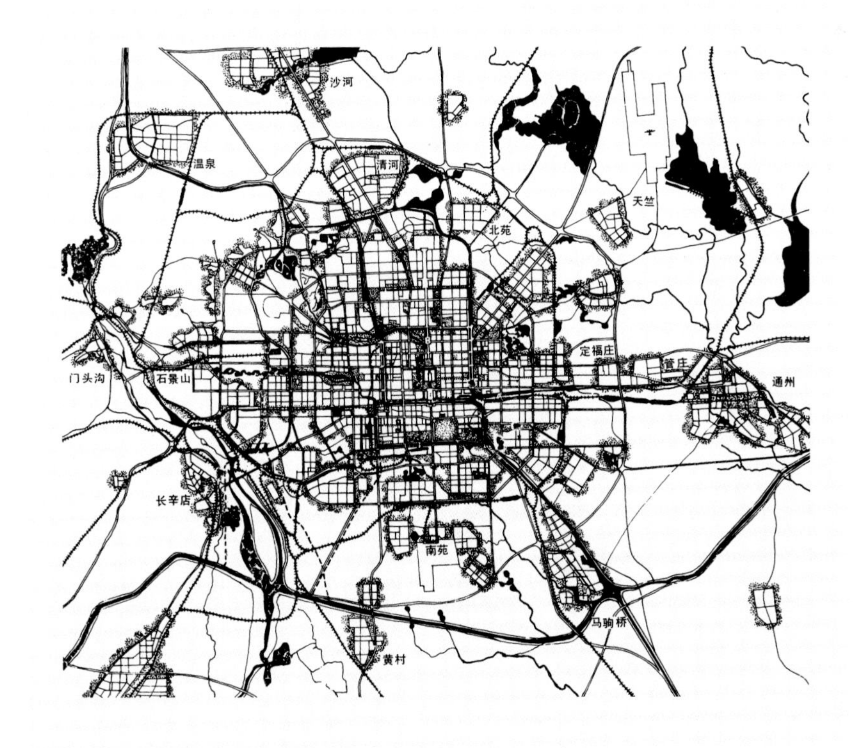

北京市总体规划方案（1959年）。（来源：《建国以来的北京城市建设》，1986年）

[1] 1958年1月，北京市都市规划委员会和北京市城市规划管理局正式合并，统称北京市城市规划管理局。——笔者注

[2] 陈干，《北京城市的布局和分散集团式的由来》，载于《陈干文集——京华待思录》，北京市城市规划设计研究院编，1996年。

在居住区内；新住宅一律按照人民公社的原则进行建设；东西长安街、前门大街、鼓楼南大街要展宽到一百二十公尺至一百四十公尺，并向外延伸出去；一般干道宽八十公尺到一百二十公尺，次要干道宽六十公尺到八十公尺，等等。

后又经过一年左右时间的修改，北京市于1959年8月把这一总体规划草案向中央书记处作了汇报，并报送毛泽东主席。由于国内外形势的变化，主要是"三年困难"和中苏矛盾公开化，这个草案没有得到中央正式批复，但是，"文化大革命"前的北京城市建设大体上是照此进行的。

方案的执笔者之一、时任北京市城市规划管理局[1]总图室主任的陈干，于1959年1月写了一篇文章，阐述草案的形成过程，并把"梁陈方案"称作"来自'右'边的干扰"，有言曰：

来自"右"边的干扰，主要表现为要把旧城原封不动地保存下来，作为世界最完整、最典型的封建帝都艺术陈列馆。为此提出在月坛至公主坟之间另建新城作为首都，以道路联系新旧两城的规划方案。这种干扰遭到了历史的否定……

为什么要把原封不动地保存旧城称之为来自"右"边的干扰呢？既已决定定都北京，旧城如果不能利用，大量建造新房又没有力量，即使有力量，一时也来不及，定都云云岂不成了子虚乌有？而且旧城污秽、破烂、肮脏，拥挤的地方很拥挤，空旷的地方又非常空旷，也都无从处理。从人民的立场来看，这样的首都成何体统？旧北京城的确是我们的瑰宝，但是在这样的氛围中欣赏这个瑰宝，对于正直人来说，于心何忍？[2]

在这篇文章中，陈干还明确表示支持拆除北京内外城城墙，理由是：不能"削足适履"，不能让"死人"管住活人。否则，就"违背宇宙万有的共同发展规律，即新陈代谢规律"，"人不能为文物活着，应当相反，文物要适应人的需要"。

1954年至1955年与高汉合写3篇批梁文章而闻名的陈干，1919年生于浙江省天台县，1945年毕业于重庆中央大学工学院建筑工程系；1949年7月抵北平参加都市计划委员会工作，在陈占祥领导下的企划处任助理工程师；1950年至1953年，任北京市都市计划委员会资料组组长；1953年7月，调入中共北京市委办公厅城市规划小组；1954年至1955年批判"复古主义"之后，任北京市都市规划委员会总图组副组长、组长，成为编制北京城市总体规划的主要技术人员。

刚抵北平时，陈干对梁思成十分敬重。

陈干之弟高汉向笔者回忆道："陈干带我到梁思成家里玩过，他们夫妇俩是才子佳人，对年轻人很热情。当时，陈干特别注意听梁思成

对北京建设的意见，大家对他很尊敬，我也这样。”[3]

但在日后的工作中，两人产生矛盾。

分配给陈干的第一项任务是参与筹备中华人民共和国开国大典，负责拟定整治天安门城楼和广场的规划，内容包括：确定升第一面国旗的旗杆和未来人民英雄纪念碑的位置；设计天安门城楼内部的装修和广场上旗杆的台座。

陈干认为，只要旗杆一竖起来，加上还要设观礼台，金水桥边的两对华表和狮子就显得摆得不是地方。如果要挪动它们的位置，就会和梁思成早就对他说过的原则相抵触。

据高汉回忆，到北平之初，陈干曾与同学专程拜访过梁思成。梁思成对他们说，整个北平城的平面设计，是一件伟大的艺术杰作。这个城市可以成为一个历史艺术陈列馆，像罗马、雅典那样。

陈干问梁思成：新中国首都要设在北平，这两者怎么调和呢？

梁思成答：第一，可以像美国的华盛顿，北平只是政治中心，不发展工业；第二，可以把行政中心放在西郊，即月坛以西、公主坟以东这大片空地上，北边可以发展到动物园，南边可以到莲花池。这样新旧分明，各得其便，互不干扰。[4]

“既然梁公的意思已经说得这样清楚，连新的行政中心都要为保护旧城让路，怎么能允许在故宫范围内挪动华表和狮子的位置，影响了它固有的格局呢？”在开国大典前，投入天安门广场整治与规划工作的陈干，一次着急地对前来看望他的弟弟高汉说。

他问高汉是否知道马、恩、列、斯当中，有哪一位讲过什么关于城市改造的话。只要能找到一句管用的，说不定就会给解决这个问题带来希望。

他们找来一本恩格斯的《自然辩证法》，发现其中一处讲到0的性质：0是任何定量的否定，但也有非常确定的内容；在解析几何中，只要它的位置一定下来，它就成为一切运算的中心，从而决定其他点和线的方向。

陈干极为兴奋，他对高汉说，按恩格斯对0的观点来分析，把北平内城作为一个坐标的话，0点就是紫禁城，城市其他部分，都要据此安排，所以有分明的中轴线、左右对称的格局、有相应的道路系统等。现在，时代变了，皇权成为过去。如果让北平作为新中国的首都，城市仍以紫禁城为中心，那跟过去还有什么区别？时代特点又何从体现？

他认为，新中国的首都，城市的0点应该定在天安门广场，说得更精确些，应定在升起新中国第一面国旗的旗杆位置上。

怎样实现0点从紫禁城向天安门广场的转移？陈干说，北平城的中轴线上承先秦时代的城市规划思想，所以0点仍然要在这根纵轴线上选定，当然横轴就要随着这0点南

[3] 高汉接受笔者采访时的回忆，1997年8月。

[4] 高汉，《云淡碧天如洗——回忆长兄陈干的若干片段》，载于《陈干文集——京华待思录》，北京市城市规划设计研究院编，1996年。

1950年的天安门广场。（来源：《北京旧城》，1996年）

移，这只能也必须是东西长安街了。这条大街未来的历史命运，就要被这0点所决定：打通、拉直、展宽恐怕都将是不可避免的，否则就难以和中轴线相称。在这个意义上讲，华表和狮子的位置挪一挪，换个地方，完全顺理成章。它们都必须离开旧的0点，对准新的0点重新定位。从把旗杆位置定下来那一刻起，新中国首都城市规划的中心就历史地被规定了；随之而来的，就将是整个北京城的改造和新中国首都在亚洲大地的崛起。[1]

陈干的"反抗"成功了，华表与石狮双双向斜后方挪动了位置。

之后，陈干担任北京市都市计划委员会资料组组长。

这时，正值梁思成、陈占祥的"梁陈方案"与朱兆雪、赵冬日的《对首都建设计划的意见》对峙之际。

由于在天安门广场整修时，有了对"0"的思考，陈干赞成将行政中心区放在旧城，他认为对旧城不敢动是缺乏自信的表现，胡乱动则是不懂历史和没有学问的表现。既然中古时代的先人们，能发扬民族文化的优秀传统建起北京城来，那么我们这一代人为什么就不能保存和发展好北京城呢？

他称"梁陈方案"的"致命弱点"在于：1.没有深刻认识"经济必然性"对建都问题具有决定性的

[1] 高汉，《云淡碧天如洗——回忆长兄陈干的若干片段》，载于《陈干文集——京华待思录》，北京市城市规划设计研究院编，1996年。

意义；2.对解放战争创造者的意愿也没有充分认识，而他们当时正是决定历史主导力量的代表。[2]

陈干希望通过长安街的规划建设，形成一条横贯城市东西的轴线，与传统城市中轴线相交于天安门广场，从而确定城市新的0点。后来，这成为北京城市规划的一大主导思想。在晚年，陈干为使长安街能够按规划建设，付出了生命的代价。这是后话。

梁思成、陈占祥是反对像长安街这样沿大街盖大楼的建设模式的。"梁陈方案"的一位主要反对者——赵冬日，也不赞成长安街东西轴线这种提法。

他与朱兆雪于1950年4月20日提出的《对首都建设计划的意见》，所畅想的与"南北中心线并美"的东西"新轴"，是一条像中轴线那样的建筑实轴，而不是一条两侧盖满大楼的马路。

时隔42年后——1993年1月，赵冬日在《建筑学报》发表了他的"新轴"方案，指出，目前天安门广场还未成为城市的"中心"，东西长安街也没有形成政治性与文化性中心，并且不是东西轴线：

多年来，一直寄希望于把东西长安街作为重点体现全国政治中心与文化中心，突出新中国的"首都风貌"。而且一直根据这一主题，按大干线进行构思与规划，并作为首都的"东西轴线"与古都的"南北轴线"并驾媲美。但是从它完成部分的建设来看，在一条干线上，难于体现出"首都"的政治与文化性质。加之多年来长安街上的个体建筑也没有按规划实施。除天安门广场、民族文化宫等个别地区外，从艺术角度要求，也不太理想。反之，如北京饭店东楼影响了古都风貌的完整。东西长安街本身也无法与"南北轴线"相比，因为它不是轴线，和前三门大街一样，只是一条大路。北京城的南北轴线上有内容，有城门、有广场、有宫殿等多层次建设，每一层次都构成一处景场，每处的景色各异，前后又互相呼应。人在不同的景色、不同的层次中移动，视觉伴随着动态开展，随场景的气氛、韵律、节奏而起伏与深入。其大小空间的变化都具有艺术性、统一性与整体性。这种风貌不是一条大干线及其建筑所能体现的。[3]

他的"新轴"方案是：东起建

[2] 同[1]注。关于"梁陈方案"之经济性问题，笔者已在本书第4章第5节加以论述。

[3] 赵冬日，《北京天安门广场东西地区规划与建设》，《建筑学报》，1993年1月。

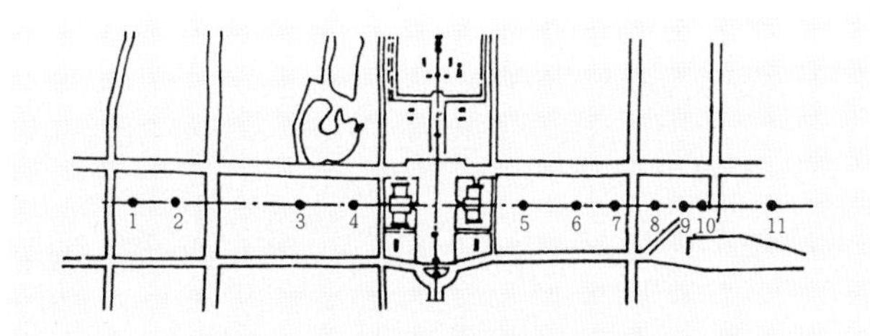

赵冬日北京东西轴线示意图。（来源：《赵冬日作品选》，1998年）

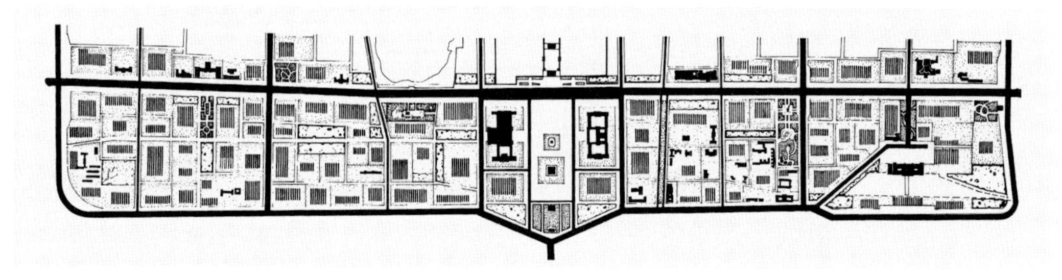
赵冬日北京东西轴线之功能分布图。1.文教系统；2.民委系统；3.国务院各部委系统；4.人大、政协系统；5.公检法系统；6.北京市委系统；7.卫生系统；8.科技城；9.邮电系统；10.运输系统；11.外交部。（来源：《赵冬日作品选》，1998年）

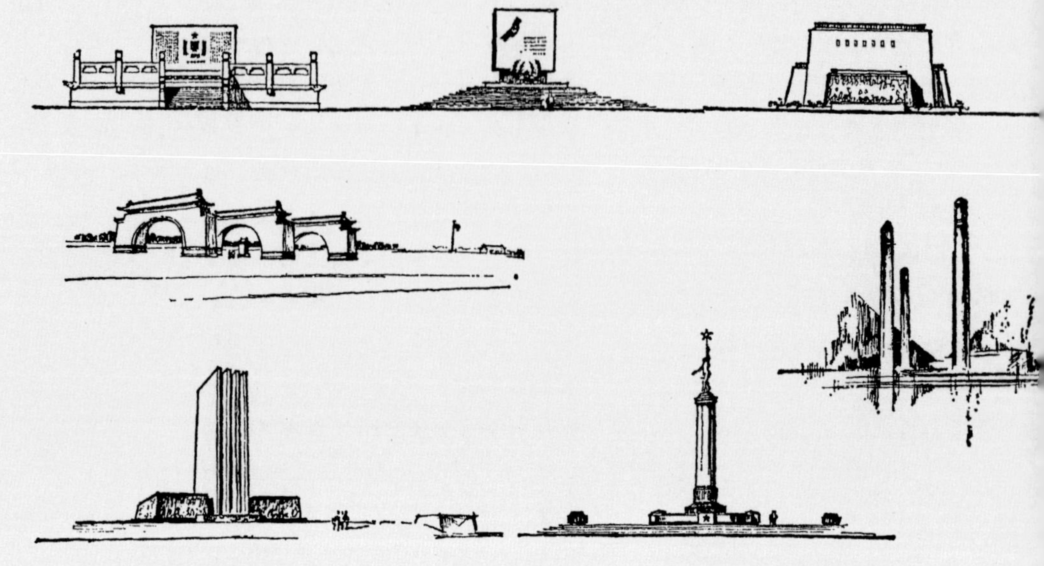

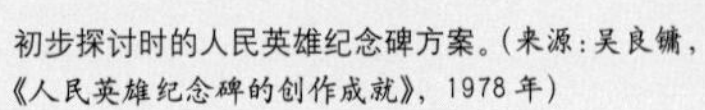

初步探讨时的人民英雄纪念碑方案。(来源:吴良镛,《人民英雄纪念碑的创作成就》,1978年)

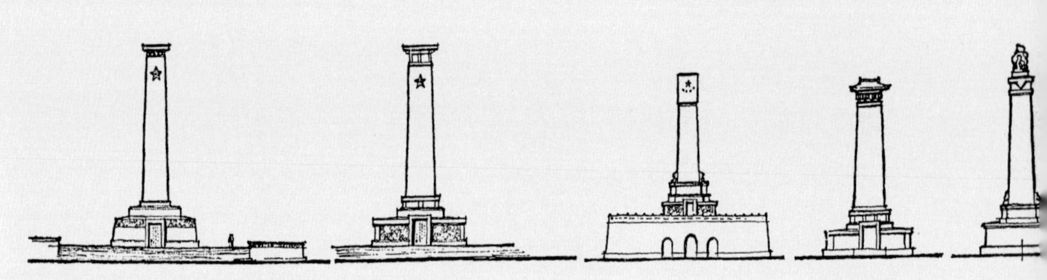

人民英雄纪念碑“高而集中”方案的过渡阶段图。(来源:吴良镛,《人民英雄纪念碑的创作成就》,1978年)

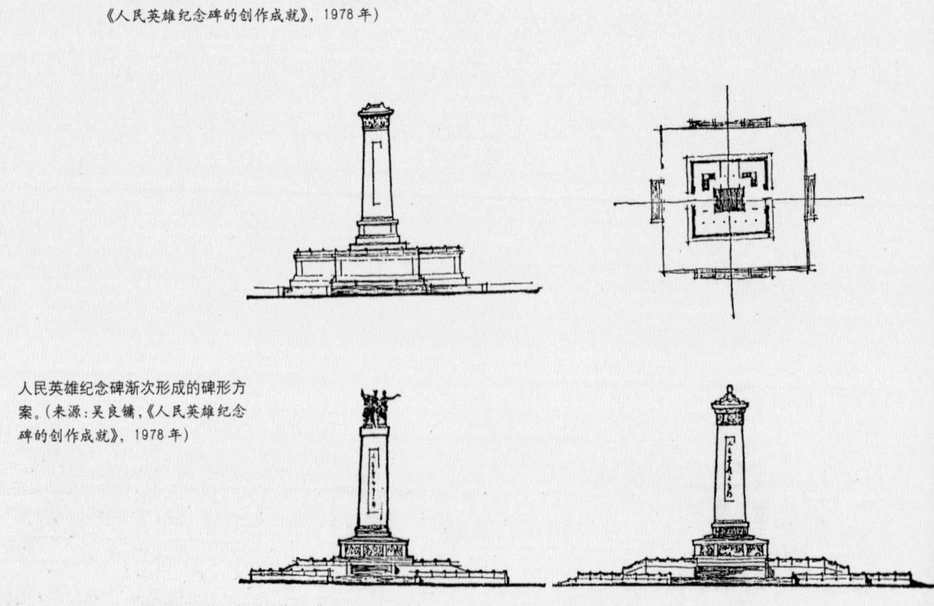

人民英雄纪念碑渐次形成的碑形方案。(来源:吴良镛,《人民英雄纪念碑的创作成就》,1978年)

国门南大街，西至复兴门南大街，轴心通过人民大会堂与中国革命、历史博物馆的中心线，分别向东西两方向展开，由一系列广场及重要建筑组成，其中心规划区，分为政府系列区、文化系列区、科技综合区三部分。

但这只是一个梦想，它被赵冬日坚持了半个多世纪。

陈干与梁思成的第一次真正意义上的“冲突”，发生在人民英雄纪念碑的设计过程中。

1949年9月30日下午，中国人民政治协商大会结束。会议一致通过了建造人民英雄纪念碑的提案，并通过了纪念碑的碑文。傍晚时分，毛泽东主席和全体与会代表来到天安门广场，举行了纪念碑破土奠基典礼。翌日，毛泽东主席在天安门广场宣告中华人民共和国成立。

北京市都市计划委员会随后向全国征集纪念碑设计方案。不久，收到方案约一百七八十份。大致可分为几个主要类型：1.认为人民英雄来自广大群众，碑应有亲切感，方案采用平铺在地面的方式；2.以巨型雕像体现英雄形象；3.用高耸矗立的碑型或塔型以体现革命先烈高耸云霄的英雄气概和崇高品质。在艺术形式方面，有用中国传统形式的，有用欧洲古典形式的，也有用“现代”式的。

接着，都市计划委员会邀请各单位、各团体的代表以及在京的一些建筑师、艺术家共同评选。平铺地面的方案很快就被否定了。于是用雕像形式还是用碑的形式就成为争论的焦点。

梁思成与陈占祥均力主以中国传统碑的造型为主体进行设计，但他们是少数派。陈占祥在晚年回忆道：

在西方，纪念碑是极多样化的：凯旋门、雕塑群、尖碑、立柱等等，不胜枚举。为设计人民英雄纪念碑，邀请了许多我国著名建筑师来京共同创作。除了一般西洋纪念碑设计方案，更多的是现代手法，根据设计人对人民英雄的不同解释提出了许多截然不同的造型设计，从抽象到具象，琳琅满目，完全没有共同语言。第一届中国人民政治协商会议通过的是要建立一座人民英雄纪念碑以及它的碑文，很清楚，主题词是“碑”。那么，我们对碑是非常熟悉的。当然要有一块碑，把碑文铭刻于上。可是这一最简便明了的设想，当时却被绝大多数设计人嗤之以鼻并讥讽地“建议”，此碑下应有“王八”驮着！在大家反对之下，都委会企划处黄世华同志自告奋勇为“碑”执笔。确实是极简单的构图，最后被周总理圈定为备用方案。设想图并非最终设计，对此需要精湛的加工。这是由梁思成教授和林徽因教授两位主持完成的。[1]

在梁思成、陈占祥、黄世华等的努力与周恩来的支持下，采用碑型得以通过，并明确了下述原则：

一、鉴于政协会议通过建碑，通

[1]《陈占祥自传》，未刊稿，陈衍庆提供。

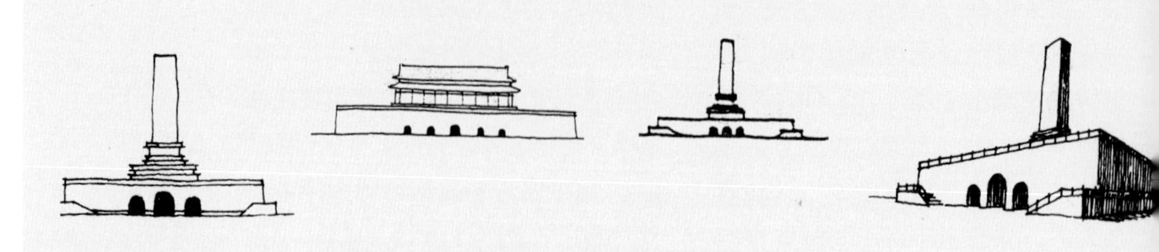

梁思成1951年8月29日致彭真信中所绘三个门洞纪念碑方案及其与天安门城楼比较图，他认为此方案问题颇多。(来源:《梁思成文集》第四卷，1986年)

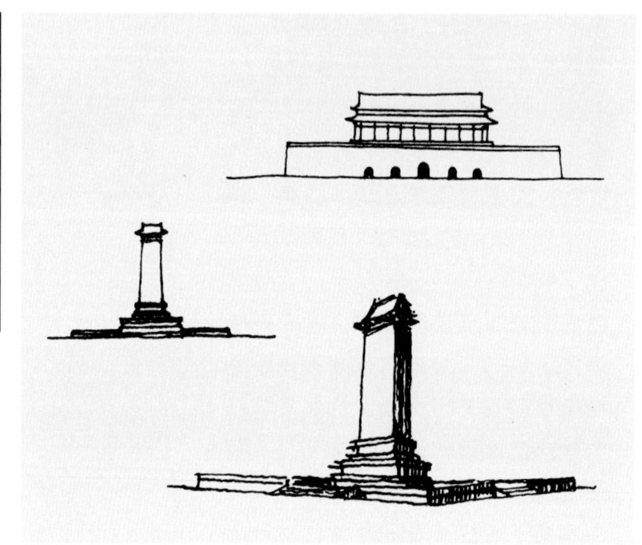

梁思成1951年8月29日致彭真信中所绘纪念碑理想方案及其与天安门城楼比较图。(来源:《梁思成文集》第四卷，1986年)

过了“碑文”，碑的设计应以“碑文”为中心主题，所以应采用碑的形式。“碑文”中所述的三个大阶段的英雄史迹，可用浮雕表达。

二、考虑到古今中外都有“碑”，有些方案采用埃及“方尖碑”或罗马“纪念柱”的形式，都难以突出作为主题的“碑文”。以镌刻文字为主题的碑，在我国有悠久传统。所以采用我国传统的碑的形式较为恰当。

三、中国古碑都矮小郁沉，缺乏英雄气概，必须以革新。

四、考虑到“碑文”只刻在碑的一面，其另一面拟请毛泽东主席题“人民英雄永垂不朽”八个大字。后来彭真又说周恩来总理写得一手极好的颜字，建议“碑文”请周恩来总理手书。[1]

此后，即由都市计划委员会参照已经收到的各种方案草拟“碑型”的设计方案，但雕刻家仍保留意见，认为还是应该以雕像为主题。

在探索各种方案的过程中，彭真说中央首长看到颐和园“万寿山昆明湖”碑，说纪念碑就可以采取这样一种形式；还说北海白塔山脚下不是也有这样一座“琼岛春荫”碑吗？根据这一指示，都市计划委员会开始进行设计。

1951年夏，都市计划委员会设计组提出一个方案，其特点是将碑体置于一个下开3个门洞的大平台上。设计人员还提出碑的上端的几种不同的处理手法，并画出3种草图。

据高汉回忆，这个方案主要设计者是陈干，当时得到北京市领导的欣赏，展览时，还专门做了一个大模型。[2]

可这时，梁思成的一封信使这一切发生了变化。

[1] 梁思成，《人民英雄纪念碑设计的经过》，1967年12月15日，载于《梁思成学术思想研究论文集》，中国建筑工业出版社，1996年9月第1版。

[2] 高汉接受笔者采访时的回忆，1997年8月。

8月29日，梁思成致信彭真，认为这个方案是“万万做不得的”，因为“有极大重量的大碑，底下不是脚踏实地的基座，而是空虚的三个大洞，大大违反了结构常理。虽然在技术上并不是不能做，但视觉上太缺乏安定感，缺乏‘永垂不朽’的品质，太不妥当了”。

梁思成具体指出，“现在的碑台像是天安门的小模型，天安门是在雄厚的横亘的台上横列着的，本身是玲珑的木构殿楼。所以英雄碑是石造的就必须用另一种完全不同的形体：矗立峋峙，雄朴坚实，根基稳固地立在地上。若把它浮放在有门洞的基台上，实在显得不稳定，不自然。也可说是很古怪的筑法”。“它的高台仅是天安门台座的具体而微，很不庄严。同时两个相似的高台，相对地削减了天安门台座的庄严印象。”

他还认为，这项设计在天安门广场内“塞入长宽约四十余米，高约六七米的大台子，就等于塞入了一座约略可容一千人的礼堂的体积，将使广场窒息，使人觉到这大台子是被硬塞进这个空间的，有硬使广场透不出气的感觉。由天安门向南看去或由前门向北望来都会失掉现在辽阔雄宏之感”，“碑台四面空无阻碍，不惟可以绕行，而且我们所要的是人民大众在四周瞻仰。无端开三个洞窟，在实用上既无必须，在结构上又不合理；比例上台小洞大，‘额头’极单薄，在视觉上使碑身漂浮不稳定，实在没有存在的理由”。

这封信对人民英雄纪念碑的设计产生重大影响。最后，三个门洞式的方案被否定，梁思成在信中随手画出的方案得以实施。

陈干的设计在即将大功告成之际就被梁思成否定了。知情人向笔

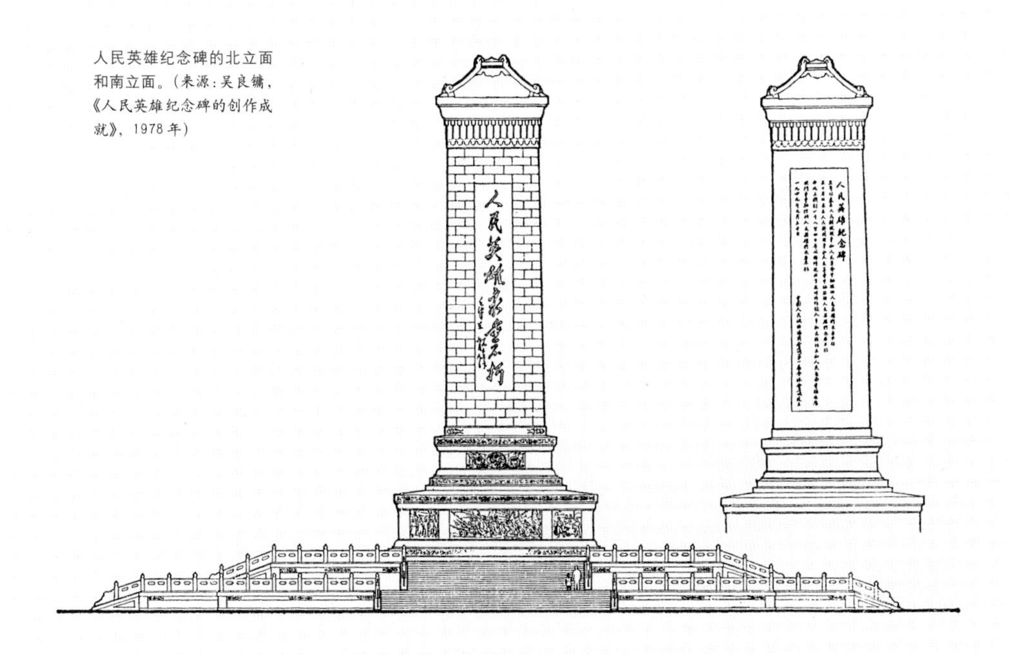

人民英雄纪念碑的北立面和南立面。（来源：吴良镛，《人民英雄纪念碑的创作成就》，1978年）

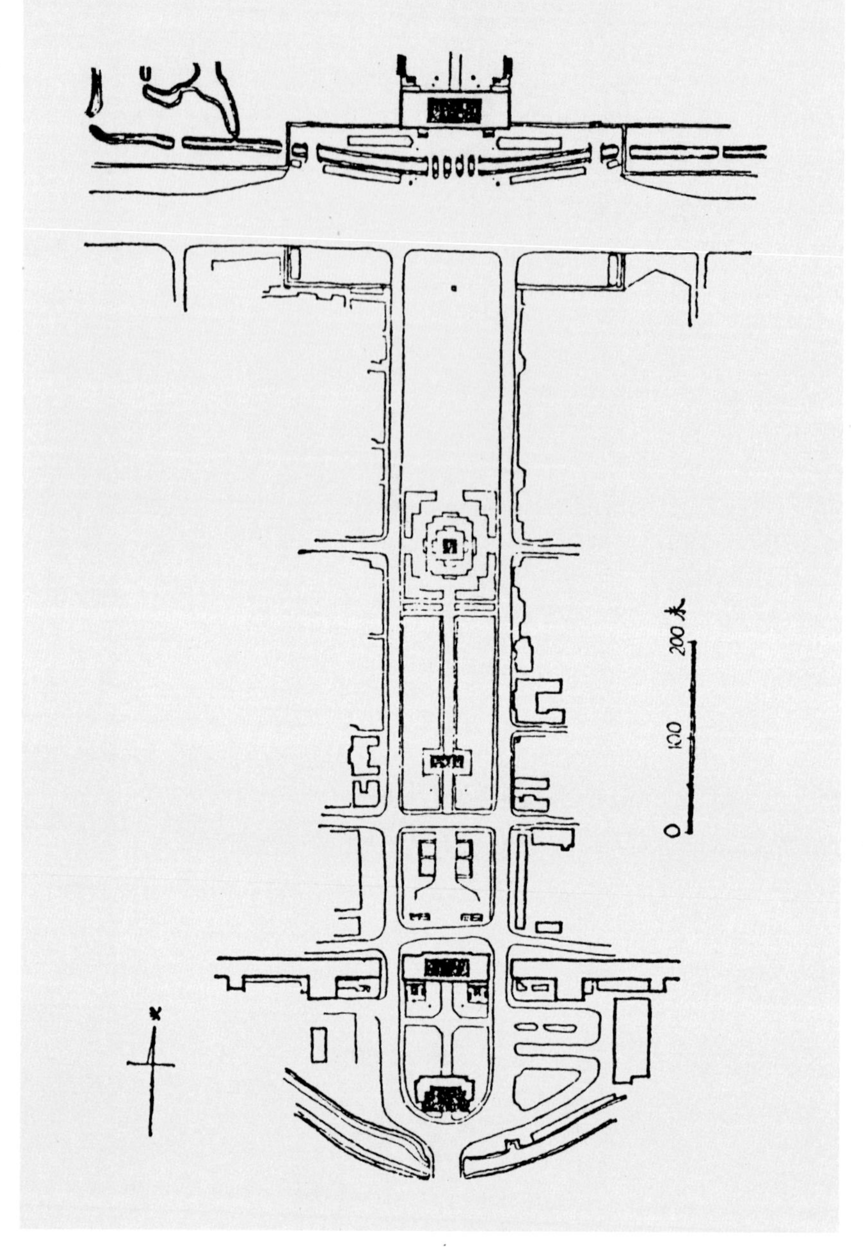

1958年人民英雄纪念碑建成时的天安门广场平面图。(来源：吴良镛，《人民英雄纪念碑的创作成就》，1978年)

者介绍，当时陈干的心情十分痛苦。

1954年，陈干在与高汉合写第一篇批判梁思成的文章时，曾说“吾爱吾师，吾更爱真理！”并表示，相信像梁公这样的大学者，一定会有容忍发表不同意见的雅量。

在《文艺报》登出这篇文章并引起轩然大波之后，梁思成就一病不起，这时，他还委托病弱的林徽因到西单横二条宿舍看望陈干，并送去一袋牛奶。

那时，病入膏肓的林徽因，在家里走动都得扶着桌沿了。

拆除城墙行动

书写北京的城市史与中国的现代史,1958年都是无法绕过去的,狂热的“大跃进”在这一年开始了。

话题还得从3年前讲起。1955年7月,毛泽东指责某些同志像“小脚女人”,社会主义建设应该以尽可能高的速度向前发展。

此后,随着对“右倾保守思想”批评的不断升级,农业合作化运动高潮掀起,短短几个月,农业合作化完成,迅速对其他经济领域产生影响。

1956年,《人民日报》元旦社论提出“多快好省”的要求。在此前后,批判“右倾保守思想”几乎成了党的文件和领导人讲话中必不可少的内容。

各方面的高指标一并压来,贪大求快,急躁冒进,使国家人力、物力、财力负担加剧,周恩来最先觉察到了危险。他在1956年2月8日的国务院全体会议上指出:“现在有点急躁的苗头,这需要注意。社会主义积极性不可损害,但超过现实可能和没有根据的事,不要乱提,不要乱加快,否则就很危险。”“领导者的头脑发热了的,用冷水洗洗,可能会清醒些。”[1] 5月11日,他又在国务院全体会议上强调,反保守、右倾从去年8月开始,已经八九个月,不能一直反下去了![2]

刘少奇也深有同感。5月,他主持中共中央召集的会议,正式讨论这方面的情况。会议确定了一条重要方针:经济发展要既反保守又反冒进,坚持在综合平衡中稳步前进。刘少奇交代参加会议的中宣部部长陆定一组织一篇《人民日报》社论,讲一讲这个问题。

社论稿完成后,刘少奇送毛泽东阅,毛泽东批了三个字:“不看了。”

6月20日,《人民日报》头版头条发表了这篇社论,题为《要反对保守主义,也要反对急躁情绪》。

一年后,毛泽东的不满情绪终于爆发:“这篇社论,我批了‘不看’二字,骂我的,我为什么看!”1957年10月9日,在中共八届三中全会闭幕会上,毛泽东对反冒进作了公开批评,认为这是“右倾”,是“促退”。

11月,毛泽东率中共代表团赴苏联出席各国共产党、工人党代表会议,会上苏联提出15年赶上和超过美国,毛泽东相应地提出15年赶上和超过英国。

带着这个“军令状”,毛泽东回到北京。在1958年1月、3月召开的杭州会议、南宁会议、成都会议上,毛泽东不断对反冒进提出尖锐批评,要求解放思想、破除迷信,提倡敢想、敢说、敢干,不迷信古人、不迷信教授、不迷信菩萨、不迷信

[1]《周恩来年谱》,中共中央文献研究室编,中央文献出版社,1997年5月第1版。

[2] 同[1]注。

外国人；8月，中共八大二次会议一致通过毛泽东提出的“鼓足干劲、力争上游、多快好省地建设社会主义”的总路线，发动了“大跃进”运动。这年夏季，中央领导人在北戴河避暑，毛泽东出了一个题目：粮食多了怎么办？农业部部长廖鲁言则向中国科学院的负责人提出，现在是农民能办到的事情，科学家办不到，科学现在已经显得无能为力。[1]

这期间，毛泽东在多次讲话中，对北京的城市面貌表示不满。本书在前面相关各章已有介绍，但笔者还是愿意在此集中一下——

1958年1月，在南宁会议上，毛泽东说：“北京、开封的房子，我看了就不舒服。”“古董不可不好，也不可太好。北京拆牌楼，城门打洞也哭鼻子。这是政治问题。”[2] 同月，在第14次最高国务会议上，毛泽东说：“南京、济南、长沙的城墙拆了很好，北京、开封的旧房子最好全部变成新房子。”[3] 同年3月，在成都会议上，毛泽东又说：“拆除城墙，北京应当向天津和上海看齐。”[4]

1958年4月14日，周恩来致信中共中央，传达国务院常务会议精神，提出，“根据毛主席的指示：今后几年内应当彻底改变北京市的都市面貌”。“今后每年由国家经济委员会增加一定数量的市政基本建设投资，首先把东、西长安街建设起来。今年先拨款在西长安街建筑一二幢机关办公用的楼房，即请北京市进行安排和列入规划。建成以后，由北京市统一分配使用。”“今后中央各机关所有在北京市、郊区内的办公用房和干部宿舍，除中南海地区范围以外，一律交由北京市统一管理、调剂和分配。”“在进行建设的时候，要注意布局的合理和集中，不要过于分散。同时，要注意和长远建设规划相结合。应当建筑什么，哪些应当先建筑，哪些应当后建筑，建成以后又如何使用，都要有明确的目的性。”“东单通往建国门的马

[1] 刘振坤，《春风秋雨二十年——杜润生访谈录》，载于《百年潮》杂志，1999年第6期。

[2] 李锐，《“大跃进”亲历记》，上海远东出版社，1996年3月第1版。

[3] 引自朱正，《1957年夏季：从百家争鸣到两家争鸣》，河南人民出版社，1998年5月第1版。

[4] 同[2]注。

民国时期的永定门。清华大学建筑学院资料室提供。

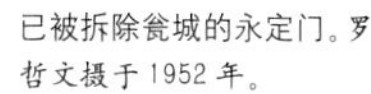
已被拆除瓮城的永定门。罗哲文摄于1952年。

路，要在今年拆通，请北京市列入今年的计划和着手进行。”[5]

正是在这样的背景下，北京市对1957年春提出的《北京城市建设总体规划初步方案》作了重大修改，提出了一个10年左右完成北京旧城改建的计划。

一群活泼的青年，
在拆运城墙上的砖；
阵阵的歌声笑语，
惊醒了古老的城垣。

古老的城垣，
一直沉睡了多少年！
荆棘遍体，
灰尘满面。
它充当过封建帝王的卫士，
忍受过帝国主义的炮弹；
在悠长的岁月里，
谁知道它满腔的辛酸？

今天，它翻身了，
奔向祖国建设的前线；
“我能为社会主义服务？
没想到有这么一天！
可不是，
哪见过这么光明伟大的世面？”

它像姑娘们一样年轻了，
丢开破烂的城堡，
一块块方砖，
从泥土中站起来，
阳光下露出笑脸。
它听年轻的姑娘说，
用它砌小高炉，
搞土煤气罐……
兴奋地跳得大高：[6]
决心在技术革新中，
做个新时代的好汉！[7]

这首诗是王栋岑写的，描述的是他与北京建筑工程学院的大学生，1960年4月16日参加拆除城墙义务劳动时的情境。

北京城墙的拆除，经历了一个

[5]《周恩来书信选集》，中央文献出版社，1988年1月第1版。

[6] 原文如此。——笔者注

[7] 王栋岑，《我在都委会工作的回顾》，载于《规划春秋》，北京市城市规划管理局、北京市城市规划设计研究院党史征集办公室编，1995年12月第1版。

1956年的永定门。张先得绘。

较长的过程。

20世纪50年代，外城城墙被彻底拆除；1965年修北京地铁，内城城墙开始被连根挖掉。

外城城墙是从1952年开始被陆续拆除的。

那个时候，有一位年轻人背上了他心爱的画夹，踏上孤独的旅程。他要为他所热爱的古城墙作最后的"遗照"。

在城墙被陆陆续续拆除的岁月里，这位年轻人以写实的手法绘制了大量古城楼水彩画，它们在今天已成为不可多得的研究北京古城墙的珍贵史料。1994年出版的《北京地图集》收录的23幅撼人心魄的古城门水彩画卷正选自其中。

当年这位为古城墙挥抹丹青的年轻人，今天已愈古稀，他就是北京市文物研究所顾问、北京电影制片厂一级美术师张先得。1995年，笔者拜访了张先得，写下这段文字：

他是我所见到的最地道的"老北京"：穿着一件中式褂衫，一口纯正的北京话，满脸老北京人特有的和气。

谈起城墙，张先得的眼里闪动着思绪。他没法忘记当年北京沦落于日寇之手时，由于家境衰落，年仅13岁的他不得不中途辍学，去天津当学徒。在天津，面对满街洋房，张先得想家、想北京。每次乘火车回家，从前门车站下车，正阳门像慈父一般召唤着这位游子归来；他没法忘记小时候他随父亲出城采蘑菇的情景，从高大的城楼下穿过，仰视着已满是锈迹的铁皮城门，他似乎感到自己永远也走不出这城门的雄视；还有他和小伙伴们上城墙玩耍的情景——城墙上长出碗口粗的酸枣树，雨燕在城楼里欢飞，城楼顶上长满荒草，弥漫着一种神秘而古朴的历史情调。“城墙是岁月的记忆，是时间的痕迹。城墙像一位老人，它身上的裂缝就像老人脸上的皱纹。我爱城墙就是爱它的古老，爱浓缩在它上面的北京城悠久的历史。”张先得动情地向我诉说着。

对于北京的老百姓来说，除了胡同、四合院，没有什么比城墙更让他们亲近的了。紫禁城是皇上的，王府是皇亲国戚的，城墙虽围护着这些权贵，也保卫着小老百姓。明清以来，永定河屡发大水，有好几次是城墙用它坚实的身躯挡住了洪水，全城老少幸免于难；明正统十四年，也先兵犯京师，兵部尚书于谦在德胜门大败敌军，大将军石亨挥舞铁斧，追杀来寇至阜成门外；在广渠门，袁崇焕正是有了城墙作依托，才大败清军，威震敌胆。

在以往老百姓的心中，城墙是不容割舍的；在北京这座古城里，城墙也是不容割舍的。这个伟大的城市，正是因为巍巍城墙的环抱，才成为一个不可分割的整体。

然而，从50年代开始，古老的城墙却被视为封建腐朽的东西遭到无情的批判。尽管有一介书生梁思成竭死为之辩护，可这并不能改变它最终的命运。

古城墙终于走到了它漫长岁月的尽头。先是开豁口、拆毁一些城门，再是如“蚂蚁啃骨头”般被逐段肢解、蚕食，最后干脆是“墙倒众人推”、连根挖掉。小人物张先得又能奈何什么？他只能拿起手中的画笔，在工作之余赶赴拆除现场，记载下古城墙的风烛残年。

张先得的这项工作是从皇城的

1957年只余城台的广渠门。张先得绘。

1957 年拆除中的外城西北角楼。张先得绘。

北门——地安门开始的。这里是他出生的地方。至今他仍清楚地记得，1955 年初拆地安门的时候，在拆除者的铁钎之下，在一堆瓦砾之中，那即将被砸毁的巨大的龙吻足有近两米之高。在这段时间里，张先得每隔一两天就要去看一次地安门，而每一次都使他越发地心碎。他痛苦地支起画夹，他的画笔在颤抖。

北京城墙的拆除，是从50年代初开始的。外城城墙在不到10年的时间里即被拆光。

在外城的城门中，永定门无疑是最重要的一座。因为它是世界上独一无二的北京雄伟的城市中轴线的起点。1956 年，张先得匆匆赶到永定门的时候，永定门已像一位孤苦的老人徒手等待着末日——它周围的城墙已被挖毁。强抑着悲伤，张先得画下了它那孤独残破的身躯……

这段时间是北京外城城墙最后的日子，张先得痛苦地挥动画笔，他的心与古城墙一同哭泣。[1]

在拆城墙这个问题上，梁思成等反对者是孤独的。

1952年北京市政府召开会议讨论工程项目，吴良镛表示可以通过城墙开券洞的办法解决交通问题，戴念慈认为"城墙可保留，可拆一段，保留一段"，北京市卫生工程局

[1] 王军，《张先得与北京古城门》，载于《瞭望》新闻周刊，1995 年 9 月 25 日，发表时略有删节。

1957年的右安门城楼。张先得绘。

局长曹言行则“主张拆城墙，砖做市建”。[2]

1957年5月，红学家俞平伯以人大代表身份赴北京市人民委员会考察，对北京城市建设工作发表意见，明确表示，“不同意拆除内城城墙”，“城市建设同保存古文物是有矛盾的，但是对这个问题应该全面考虑。城墙的存废，中央应当从全国范围考虑，确定保留哪几个城市的城墙，作为历史文物保存下来。从北京远景规划考虑，要发展地下交通，那末保存内城城墙并不妨碍交通”。他特别提出，“不同意拆除前三门”，“天安门所以显得突出和壮丽，是因为有一套东西互相配合陪衬起来的。如果把前三门拆掉，广场四周都变成了新建筑，那天安门就会显得孤单。”[3]

然而，在这次会议上，全国政协委员叶恭绰、陈公培、刘定五均认为北京城墙应该拆掉。陈公培认为，城墙应该拆除，但是要有计划地拆除。他曾经沿着四城城墙步行一圈，看到有些地方的城墙已经坍塌或损坏，有的城门楼也已经成了危险建筑物，所以迟早都要拆除。但是，目前还比较完整的城墙，如陶然亭和西便门一些墙段，现在应该绿化，加以利用。叶恭绰也同意有计划地拆除城墙。他建议先作计划，如可以考虑用前三门的城砖砌护城河两岸。刘定五认为，北京城墙应以拆除为原则，可以选择完整的墙段作为文物遗迹保存下来。[4]

1955年，在梁思成遭到批判之后，中国建筑学会召开会议。梁思成在清华和美国宾夕法尼亚大学的同班同学陈植为北京城墙的命运焦虑万分，他说，梁先生说话不方便了，现在得我们说了。很快，学会会员陶宗震写出了意见书，陈植率先签名，任震英等学者也签名响应，

1957年的安定门城楼。张先得绘。

但华揽洪拒绝参加。意见书交上去了。不久，上面有人发话：查一查是谁写的？幸亏学会秘书长汪季琦抹了稀泥。[5]

时任文化部副部长的郑振铎也是坚决反对拆除城墙者。1957年6月3日，他以辛辣的笔法，写了一篇题为《拆除城墙问题》的文章，发表于《政协会刊》，全文附下：

古老的城墙在古代是发挥了它的保卫人民生命、财产的作用的。在现代的战争里，城墙是没有什么用处了，于是有人主张拆除，也还有

[2] 梁思成工作笔记，1952年10月，林洙提供。

[3] 俞平伯等视察本市城市建设后发表意见，《北京日报》，1957年5月22日第1版。

[4] 同[3]注。

[5] 陶宗震接受笔者采访时的回忆，2001年6月2日。

1957年的德胜门箭楼。张先得绘。

人举出几十条理由来助长拆除之风的。我不是一个保守主义者。该拆除的东西，非拆不可的东西，那一定得拆，而且应该毫不犹豫的主张拆。可是城墙是不是非拆不可的一类东西呢？是不是今天就要拆除干净了呢？我主张：凡是可拆可不拆、或非在今天就拆不可的东西，应该“刀下留人”，多征求意见，多展开讨论，甚至多留几天、或几年再动手。举一个例。北海前面的团城，是北京城里最古老的古迹名胜之一。当决定要改宽金鳌玉蛛桥的时候，有好些人主张拆除团城，连根铲平，否则，这道桥就没法修宽。但经专家们的仔细研究的结果，团城是保留下来了，金鳌玉蛛桥的工程也按照计划完成了。这不仅不矛盾，而且还相得益彰，为北京市维护了这个十分美好的风景地，同时，也绝

1957年的东直门城楼。张先得绘。

对地没有妨碍交通。

许多名胜古迹或风景区，都应该照此例加以十分的周到的考虑，予以同情的保护，万万不可人云亦云，大刀阔斧的加以铲除，像对付最凶狠的敌人似的，非使之从地图上消灭掉不可。要知道古迹名胜是不可移动的，都市计划是由专家们设计施工的，是可以千变万化，因地、因时、因人制宜的。最高明的城市计划的专家们是会好好地把当地的名胜古迹和风景区组织在整个都市范围之内，只显得其风景美妙，历史长久，激发人民爱国爱乡之念。只有好处，没有任何坏处。不善于设计的，不懂得文化、历史、艺术的人，则往往认为有碍建设计划，非加以毁坏不可。小孩们走路跌倒，往往归咎于路石，而加以咒骂踢打。仰面向天，大摇大摆的行者，撞到牌坊的柱子上了，就以为那柱子该死，为何不让路给他。古迹名胜或风景

1957年的内城东南角箭楼。张先得绘。

区是不会说话的，但人是会动脑筋的。如何技巧地和艺术地处理一个城市的整个发展的计划是需要很大的辛勤的研究，仔细的考虑，广泛的讨论，而绝不应该由几个人的主观主义的决定，就操之过急地判决某某古迹名胜的死刑的。人死不可复生，古迹名胜消灭了岂可照样复建！在下笔判决之前，要怎样地谨慎小心，多方取证啊。城墙也便是属于风景线的一类。“绿杨城郭是扬州。”(如今扬州是没有城的了！)城墙虽失去了“防御”的作用，却仍有添加风景的意义。今天拆除城墙的风气流行各地。千万要再加考虑，再加研究一番才是。除了那个都市发展到非拆除城墙不可的程度，绝对不可任意地乱拆乱动。三五百年以上的城砖，拿来铺马路，是绝对经不起重载重高压的。徒毁古物，无补实用。何苦求一时的快意，而糟踏全民的古老的遗产呢？[1]

苏联专家也站到了梁思成这一边。

[1] 郑振铎，《拆除城墙问题》，载于《政协会刊》，1957年第3期。

1957年的崇文门城楼。张先得绘。

1953年1月，穆欣在与梁思成等座谈北京规划建设时，明确提出，“城墙不应拆，应作利用及保存计划”。[1] 8月10日，巴拉金与梁思成、陈占祥等讨论北京城市总体规划的甲、乙、丙方案，对保留城墙的乙、丙方案表示赞赏。[2]

1955年，来京帮助编制城市总体规划的苏联专家勃得列夫，也向中共北京市委明确提出了保留城墙的建议。

“苏联的建筑师在规划改建一个城市时，对于文物建筑的处理是非常温存珍惜的。”梁思成在一篇文章中写道。[3]

虽然在整体保护北京古城的问题上，苏联专家与梁思成意见不一，但他们对个体文物建筑的保护是相当重视的。

反对拆城墙者的声音迅速被无情的现实湮没。

1956年，随着城市建设的展开，一些建设单位开始在外城施工现场附近就地取材，从城墙上拆取建筑材料。

同年7月16日，《人民日报》刊登署名汗夫的《拆除和兴建》一文，对梁思成等作了不点名批评：“去年，东西四牌楼拆除的时候，听说有人心疼得一夜睡不着觉，也有人大发感慨道：‘四牌楼，四牌楼，从今以后，徒有其名，连尸骨都找不到了……’”，“有的人爱古建筑，却

[1] 梁思成工作笔记，1953年1月，林洙提供。

[2] 梁思成工作笔记，1953年8月10日，林洙提供。

[3] 梁思成，《民族的形式，社会主义的内容》，载于《新观察》，1954年第14期。

不怎么热心新建筑，看到城墙拆豁口不顺眼，除掉了牌楼也不顺眼，总之，是破坏了他的习惯看法，于是对新建筑也无好感。由于对旧的留恋，产生了对新的冷淡，这冷淡遮住了他的眼，只往后看而不往前看。”“去掉旧的东西的时候，总难免有些人留恋不舍的，但是当他看到新的东西确比旧东西好时，那留恋就会被快慰代替，觉得那旧的原就该去掉了。这一变的关键在于想不想和肯不肯去爱新的东西，也就是在必要的关头有没有和旧习惯旧传统彻底绝缘的勇气。”[4]

同年10月9日，朝阳门城楼被拆除完毕。《北京日报》刊登的报道称：“这座城楼有二十四公尺高，墙身楼顶等共重约四千六百吨。由于年久失修，发现墙身多处下沉、裂缝，部分柱子向外歪斜，飞檐和柱子接榫处很多糟朽，南面楼门劈裂下来。如果不拆除，随时都有倒塌危险。为了保障来往行人的安全，以及防止楼坍后砸坏城楼东面（距离不足一公尺）的高压线，市人民委员会决定把它拆除。”[5]

朝阳门城楼正位于文化部大楼的东南角，文化部文物局的专家们从办公室的窗口就可以看见它，拆这座城楼给了他们极大的触动。罗哲文回忆道：

1954年最高当局决定拆北京城墙的时候（当时我们并不知道），不仅在社会人士、专家学者之间产生了分歧，就是在文物工作者之间也产生了不同的派别。少数人是主张拆的，多数人是不主张拆的。不主张拆的被称之为“城墙派”。当时文物处内，我和谢辰生、庄敏、臧华云等同志都是属于“城墙派”，并且

[4] 汗夫，《拆除和兴建》，《人民日报》，1956年7月16日第7版。

[5] 《保障行人安全　朝阳门城楼已拆除》，《北京日报》，1956年10月16日第2版。

张先得的第一幅北京城门写生画——1952年的地安门。

拆除前的朝阳门城楼。(来源：《北京旧城》，1996年)

还展开过公开辩论……引发争论的原因是，1956年要拆除朝阳门时，文物处的办公室正位于文化部大楼的东南角，从窗口正好可以看见要被拆的巍巍城楼。

……由于专家们呼吁保护，国务院曾经下文北京市政府和文化部共同召开专家会讨论，但北京市政府未曾理睬。文化部（由文物局起草）主动去函北京市政府，希望共同召开讨论会，但这个公文，主持工作的部长（党组书记钱俊瑞）不敢签，而是推请从不签发公文的部长沈雁冰签发了，而北京市政府仍未回应。至此，北京城墙的拆除成了定论，无人再提反对意见了。于是，各行各业、各个部门、各路人等，根据需要就可以去拆。[1]

从1956年5月到1957年5月，北京市共举办了4次城市规划汇报展览，参观人数共计1.6万余人。“关于城墙存废问题，不少‘八大’代表和来宾主张城墙还是拆了好。也有的明确提出，城墙可拆，城门楼不应拆；少数同志表示不应拆，或者持怀疑态度。”[2]

1958年8月9日，《人民日报》又登出署名王启贤的《束缚城市发展的城墙》一文，号召“用大家喜爱的义务劳动的形式”，“拔除”城

[1] 罗哲文，《安定门的拆除——一组旧照的回忆之二》，《中国文物报》，2001年2月21日第4版。

[2] 《党史大事条目》，北京市城市规划管理局、北京市城市规划设计研究院党史征集办公室编，1995年12月第1版。

墙“这个障碍物”：

生产管理方面的规章制度，如果不能随着形势的发展而改进，就不仅不能促进生产，还束缚了生产。然而生产力是最活动最革命的，你要束缚也束缚不住，最后终于被它突破。

城墙的情况也仿佛如此。它在过去对城市的建设也起着促进和保护的作用，但是现在显然已成了城市发展中的障碍了。以北京城为例，如今到处都是豁口就足以说明。

城墙开了几个豁口只是点的突破，并没有根本解决问题，还需要进一步彻底清除。特别是在目前节约建筑用地的号召下，城墙却占用了大量土地，这是可以充分发掘的潜在力量。

要拆城墙，特别是要拆北京的城墙，从保护文化古物的角度来说，不免容易产生一种惋惜甚至抵触的情绪。我想这里需要清醒地估计一下，文化古物需要保护，但也要看它的价值有多大，无论如何总不能影响当前的发展；天安门前面的三座门，还有各式各样的牌楼，不都已全部拆除了吗？那末对于一座到处是豁口的城墙又有何足惜呢？

让我们用大家喜爱的义务劳动的形式，拔除这个障碍物吧！[3]

在“大跃进”潮流中，先进单位的“事迹”是把城墙进行了“废物利用”。

1960年8月17日，《人民日报》刊登报道，称赞北京宣武钢铁厂“克勤克俭加速生产发展”，“这个拥有九座小高炉和四座转炉、电炉的钢铁厂，是1958年用城墙上的旧砖，在一个野草丛生的苇塘上兴建起来的。现在全厂职工仍然保持着建厂时那种艰苦朴素的作风”。[4]

这家报纸同日配发的评论更是“画龙点睛”般指出：“宣武钢铁厂的出名，是勤俭起家的缘故……原来，这个小厂是在一个苇塘上用城墙上的旧砖建起来的。”[5]

拆除城墙的行动，在1957年曾出现一次小小的“波折”。

1957年6月，国务院向北京市批转文化部的报告，称：“北京是驰名世界的古城，其城墙已有几百年的历史，对于它的存废问题，必须慎重考虑。最近获悉，你市决定将北京城墙陆续拆除（外城城墙现已基本拆毁）。针对此举，在文化部召开的整风座谈会上，很多文物专家对此都提出意见。国务院同意文化部的意见，希你市对北京城墙暂缓拆除，在广泛征求各方面意见，并加以综合研究后，再作处理。”北京市接通知后，制止了拆城墙之举。

但是，1958年，毛泽东明确提出拆除北京城墙；随后在“大跃进”浪潮中，北京市又在总体规划草案中明确提出“城墙、坛墙一律拆掉”；9月，北京市人民委员会作出拆除城墙的决定，这使得零星的拆除城墙行动，变成大规模的群众运动。

次年3月，北京市人民委员会又

[3] 王启贤，《束缚城市发展的城墙》，《人民日报》，1958年8月9日第8版。

[4] 《克勤克俭加速生产发展　北京宣武钢铁厂提前完成全年生铁生产计划》，《人民日报》，1960年8月17日第3版。

[5] 《永远勤俭》，《人民日报》，1960年8月17日第3版。

决定:“外城和内城的城墙全部拆除,需争取在两三年内拆完”,随后就有组织有计划地拆除了外城城墙和内城的部分城墙。[1]

1993年11月16日,当年的北京市城市规划管理局副局长周永源,就北京城墙拆除问题,向笔者作了这样的回忆:

毛主席主张拆城墙,毛选五卷里也说这是中央的决定,一建国就这样定了,因此很多领导人都主张拆。

彭真对拆城墙在公开场合坚决得很,可在底下和我们搞规划的人谈时,说要慎重。主席说要拆,他当然公开得说拆,但他又问我们:历史上北京发过大水没有?城墙起过作用没有?城墙可以利用起来吗?比如在上面修高架铁路、搞交通等,能不能搞个规划?就这样,我指挥做了规划方案。

彭真还说,如果非拆不可,能否保护城的四个角,能否把城门楼保留下来?只拆一部分,把城里城外连起来就可以了,留下四个角,让后人知道城墙的位置?

关于城墙,主席说这是皇帝老子怕农民造反的,要这些干吗?主席对旧东西是有看法的。

拆城墙这件事,从解放至今,一直有争论,大家都动感情。甚至有人说,毛主席搞“文革”错了,拆城墙也错了!为什么不做结论:拆城墙也错了?

我认为拆错了!可以打几个豁口,但城门楼应该保护。

当年都市规划委员会道路组组长郑祖武,在50年代中期,做了一个保留城墙、在护城河外建设二环路的规划。后来,他又奉命研究如何利用城墙并加以保留。

1995年4月26日,郑祖武在接受笔者采访时回忆道:

拆城墙是毛主席提出来的。据主张拆城墙的专家说,解放军见了城墙就恼火,因为城墙死了多少人!陈干就不止一次这样说。两年前西安开会讨论保护城墙的问题,兰州一位老专家,叫任震英的,就说北京的城墙拆错了。陈干说,西安的城墙应该保,但北京应该拆,解放军为城墙死了多少人?这个说法在当时也有一定道理。

我个人的看法是,我既无拆城墙的想法,也无保护城墙的想法。50年代,我做二环路的规划,在距城墙以里30米处建房,如新侨饭店就是。我就向里划了30米红线。城墙外怎么办?城墙与护城河有一定距离,大约是三四十米,有的地方也只有一二十米,过了就是护城河。为什么不在护城河以外修路呢?我们是要在那里修快速路的,那个位置是需要路的。在这里修路,就可以在出城门的桥下面挖下去做立交,这很节约。于是,我们在这以外几十米划了红线。当时苏联专家斯米尔诺夫、勃得列夫也认为这是对的,他们都同意。1954年、1955年,这个规划就部分实施了。

[1] 申予荣,《北京城垣的保护与拆除》,《北京规划建设》,1999年第2期。

这表明了我对城墙的态度。我虽然没有拆城墙的想法，但按照我做的方案实施，城墙自然也就保下来了。

后来要拆城墙，我也没什么反应，领导说要拆就拆。后来市政府也决定了，毛主席说话一句顶一万句。那时候，毛主席说话是非常有组织性的，从战争年代过来以后，解放军的组织纪律性和觉悟都很高。

过去我是从工程角度来考虑修滨河环路的，我也不是很爱城墙。但我想，这玩意怎么拆得完？多少土方量？也不是一句话就拆得掉。

“大跃进”期间，大伙儿拆城墙取土取砖，那时是极左高峰，外城拆完了，内城剩下了一半。

大约是1963年、1964年，郑天翔让我研究城墙的防水问题，让我查历史上北京被永定河淹过几次，城墙起过多大作用。我还真找到了一个史料，表明一次城墙防住了水，城门打不开了，后来还是用大象打开了城门。那时市里有一个想法：能不能利用城墙剩余的部分挡水防水？

1964年，又让我做城墙上走车的方案，这被叫做“高台方案”。但是第二年修地铁，要从城墙直挖下去，“高台方案”也就没有了意义。

“文革”期间，有不少人贴了我的大字报，批我搞“高台方案”是想恢复城墙。其实，我并无保的意思，但按照50年代我做的滨河环路方案，城墙也就保留下来了。

当年在北京市委负责城市建设工作的郑天翔，在1989年对拆除城墙一事作了这样的回忆：

城墙和城门楼是北京城最显眼的标志，要不要拆除或怎样拆除，争论很大，问题也很复杂。1953年，为了交通方便，曾考虑拆除西直门城楼和箭楼。随后的实践表明，为了疏导集中的交通流量，在交通要道道口还需要设置大小不等的转盘，证明环绕城门楼可以建造成交通干道的转盘，采取适当措施，城门楼不会妨碍交通。因此，我们在规划总图上对城门楼明确予以保留。城墙封闭了城内外的联系，决定拆除；但对于是全部拆除，还是保留四周的城角，或者是拆到底改建为环城路，还是拆到一定高度改建为立体交叉的高速干道等等问题，都需要做进一步研究。因而，1958年虽有过拆城墙的指示，研究结果还是暂缓行动。崇文、宣武城门楼是在修地铁时拆除的。朝阳门城楼有坍塌危险，当时又无力修缮，1956年拆下来，材料一律保存。十年内乱中，在拆除城墙时，除正阳门、前门箭楼、德胜门外，其余各城门楼通通被拆除。古城风姿，为之减色。[2]

“大跃进”结束之后，全长39.75公里的北京城墙的状况，正如郑祖武所言，“外城拆完了，内城剩下了一半”。

[2] 郑天翔，《回忆北京十七年》，载于《行程纪略》，北京出版社，1994年8月第1版。

未被实施的故宫改建计划

1957年底，北京市对几年来拆下来的一批古建筑材料作了处理。

12月20日，北京市人民委员会办公厅印发市财政局、房地产管理局、文化局、园林局、道路工程局联合上报的《关于检查现存各处拆除的古建材料的情况和处理意见》及张友渔副市长对此的批示。联合报告称，这个报告是遵照市人民委员会第5次行政会议的决定，由几个有关局约同文化部古建修整所，对北京市拆除的古建筑物，作了一般检查和鉴定之后提出的。

联合报告及张友渔批示附下：

（一）朝阳门门楼：该门楼拆除后由房地产管理局保管，共管有材料398立方米、琉璃瓦件21455块，其中缺棱短角的约占30%。现在琉璃瓦件仍如数保管；木料由修缮公司动用了350余立方米，现存约40余立方米，大部分腐朽，不能再做修缮古建之用，拟请准予报废。（张批：可以。文化局研究是否复建，并鉴定材料是否可用。）

（二）广安门楼：共存有大小方木元木、椽子、飞头等812根、板片碎木112.57立方米、花边构件2014件、天花板21块及砖瓦兽头等件。部分腐朽，部分尚可用作修缮古建（经查在五公尺以上的有66根，约合51立方米）。其余木料拟拨给房管局选用；再不能用的即由财政局处理。（张批：可以。）

（三）牌楼等项：由道路工程局保管。除帝王庙牌楼（必须照原样迁建）外，尚有东西四牌楼、东西交民巷牌楼、北海三座门、月坛牌楼的一部分木料、天安门红墙过木、天安门东西三座门、东西长安街牌楼剩余的木料瓦件、云绘楼剩余的残破木构件、瓦件及远年[1]保存下来的琉璃瓦件等。联合报告的处理意见是：

（1）天安门东西三座门是否复建须由市决定，其余均无古文物价值，可以不复建。（张批：另行讨论。）

（2）所存木料虽已腐朽，但大部分仍可用于修建小房，可先拨交房管局、园林局选用，不能用的由财政局处理。东西三座门的六根过木是楠木，另行处理。（张批：可以。）

（3）天安门东西三座门除过木与大门是木料的外，其余都是琉璃构件，已有一部分缺棱短角或碎，使用困难。400立方青白石，材料很好，如不复建，应予利用。

（4）所存的全部琉璃瓦件，已有不同程度的损坏，根据1955年9月市人委办公厅薛字第610号的指示，其完整可用者由园林局接收，破碎不能用者，请准予报废。（张批：可以。）

（5）广安门牌楼、东西四牌楼

[1] 原文如此。——笔者注

及云绘楼，还有一部分普通灰瓦件，拟拨给房管局利用。（张批：可以。）张副市长对第（三）大项的总批示是：文化局研究是否复建，并鉴定材料是否可用。

（四）帝王牌楼：该牌楼是因大木糟朽，牌楼倾塌拆除的。前文整会计划在复建时，将柱子、大额枋等件，改为水泥钢筋制。其上部构件如枓栱等，经文物调查研究组会同道路工程局检查，保存尚完好，损坏不多，仍可照建两座。

（五）大高殿、习礼亭与牌楼三座：习礼亭两座及"大德曰生"牌楼一座（指拆下的材料）现在房管局拆迁所保存。牌楼柱子是水泥制，上部木构件较完整，复建时须略添补。习礼亭的木结构已有百分之四十至五十腐朽损坏，琉璃瓦件保存尚好。（张批：习礼亭，文化局提意见。）另外两座牌楼，现在园林局北海公园存放，枓栱等件尚完整可用。在拆除时因限期较紧，为拆除迅速，其额枋的榫子多已锯掉，木料也大部糟朽。这些材料如复建不能使用，拟拨给园林局就地利用。（张批：可以。）

（六）北海大桥的金鳌玉蝀牌楼：金鳌玉蝀两块石额存市文物组，其他材料现存北海公园，瓦件多系水泥制。约已损40%，如不复建，可拨给房管局使用。（张批：可以。）

（七）后门门楼，[2] 已决定建天坛北门时用，因木料有部分损坏，须以大改小，建成后比原样要小。（张批：再研究。）

（八）另外，房管局还存有西长安街双塔寺的材料。塔顶葫芦与铁箍，拆时已由文物组取走保管，现存只有旧砖瓦。文物组认为如领导决定不再复建，旧砖瓦可拨给房管局利用，但枓栱檐头仍应保存。（张批：暂缓处理。）

张友渔副市长还批示：凡是交给房管局、园林局等利用的东西，都须算入基建或修缮投资额内。[3]

1958年，在毛泽东"15年赶超英国"的口号鼓动下，"以钢为纲"的"大跃进"和人民公社化运动，在首都和全国迅速形成全民运动的高潮。为了争取全国完成1070万吨钢的任务，北京地区各行各业、各部门都展开了声势浩大的"夺钢战斗"。许多机关、学校、工厂、商店和居民院内都兴建了"小、土、群"（小型土法群众炼钢），日夜奋战。截至年底，在北京城区内，就建立了七百多家街道工厂和两千余座土转炉。

土法炼"钢"，实际是烧结废铁，造成人力、物力的巨大浪费。由于把大炼钢铁说成是"炉里炼钢，炉外炼人"，是"超英"、"赶美"的具体行动，此事就被赋予了鲜明的政治内容。不同意见者，即被当作"右倾机会主义"加以批判。

一时间，空想、蛮干、"一言堂"、说假话成风。1958年北京郊区农业虽然丰产，但人们忙于大炼钢铁，许多粮食却无人收割，烂在地里。

[2] 即地安门，"后门"为其俗称。——笔者注

[3]《北京文物博物馆事业纪事》（上），北京市文物事业管理局编，1994年。

到处都要搞“小、土、群”，城区内又用地紧张，怎么办？人们就把眼睛盯准了那些略显空旷的古建筑，要把它们改造成工厂，来为1070万吨钢服务。

在“大跃进”高潮迭起的三年间，北京市被处理掉的文物数量惊人，请看以下记录：

1958年1月25日，北京市崇文区人民委员会拟将本区部分寺庙中的佛像拆除，请求北京市文化局派人前往鉴定；

4月1日，北京市文化局文物调查研究组同意拆除极乐寺前殿泥质四大天王和弥勒佛。正殿木质佛像为明代雕刻，不得拆除，可移地保管。古建筑内不得安装重型机器。北京市文化局文物调查研究组同意北京市第五棉织生产合作社拆除普贤庵大殿内的泥佛像；

4月9日，北京市文化局文物调查研究组同意北京市房管局拆除永定门内大街观音寺内的泥塑佛像；

7月23日，北京市文化局文物调查研究组同意拆除万善寺石碑及观音庵等寺庙中的9座佛像。同意拆除法华寺、天宁寺内佛像；

8月2日，未经市文化局许可，市上下水道工程局擅自拆用定陵门前10米左右的月牙河人工泊岸的石料，破坏了这处古遗址。市文物调查研究组同意该局拆用定陵南北外墙基的石料和景陵、德陵、永陵已废弃的栏板、望柱等石料作修缮十三陵七孔石桥之用；

同日，北京市文化局致函上下水道工程局，同意该局将十三陵定陵、德陵、永陵废旧石料用于十三陵水库七孔桥工程；

8月8日，北京市周口店区人民委员会发出《支援工业建设，处理文物工作的通知》。其主要内容是：为支援工业跃进，按照“厚今薄古”、“古为今用”的原则，以天井、石窝、琉璃河等乡为重点，把寺庙中的铜铁佛像、古钱币、铜器等投入工业生产。据周口店区统计，投入工业生产的铜钟、铜佛等共35件，多为明代万历、嘉靖、成化年间文物，造成巨大损失；

8月16日，北京市文化局文物调查研究组同意崇文区拆除雷音寺、卧佛寺等25处庙宇的53间房屋，同意宣武区南横街小学拆除圣安寺东西配殿的佛像；

8月23日，北京市文化局文物调查研究组同意拆除五显财神庙佛像；

8月27日，北京市文化局文物调查研究组同意劳动人民文化宫为支援“工业抗旱”，处理原太庙中存放的一批铜质文物共18件。其中有大铜缸8口、大小铜器9口、铜钟1口；同意西城区教育局拆除观音寺、双关帝庙、永泰寺、玉佛寺中的佛像；

同月，北京市文化局文物调查研究组同意拆除广通寺大殿内佛像、药王库的旧建筑、北京市劳动教育所的3尊佛像及东城的13座寺庙内的佛像；密云县古北口镇的长城被当地拆毁，损失严重；

9月3日，北京市文化局文物调查研究组同意门头沟区人民委员会拆除双林寺中的佛像；

9月16日，北京市文化局文物调查研究组同意北京市教育局、东城区人民委员会拆除柏林寺内的佛像；

9月24日，北京市文化局文物调查研究组同意北海公园拆除玉虚观内的泥质佛像；

9月28日，北京市文化局文物调查研究组同意崇文区粮食加工厂拆除北大殿中3尊木质佛像；

9月30日，北京市文化局文物调查研究组同意拆除右圣寺中泥质佛像，保留其铜质佛像；对承恩寺、五显财神庙、崇恩寺、海潮观音庵等5处佛像作出处理意见，决定保留其中铜质佛像1尊、明代泥质佛像3尊，其余均可由市寺庙组处理；

9月，延庆县东三岔村长城被当地拆毁一部分，铁炮一门被永宁乡东三岔工作站变卖充作菜金；

12月30日，北京市文化局文物调查研究组同意拆除地藏庵小学内的和尚塔；

1959年1月15日，北京市文化局文物调查研究组同意拆除朝阳区半截塔；

1月17日，北京市文化局文物调查研究组同意拆除朝阳区豫王坟大殿；

1月26日，昌平区马坊乡的清代诚亲王、郡王两坟石碑被该乡当地农民推倒，折为两段，龟脖子被砸碎，区文教局前往制止；

2月23日，北京市文化局文物调查研究组同意拆用密云县北宫王爷坟的石料；

3月26日，北京市文化局文物调查研究组同意拆除朝阳区清代九天普化宫庙门；

4月2日，延庆区人民委员会发出《关于保护文物的指示》，指出春秋大炼钢铁之际，东三岔长城的两处城墙和城楼、城堡遭到破坏，其中城堡毁坏最为严重，要切实注意保护；

4月7日，北京市文化局文物调查研究组同意拆除朝阳区十八里店村肃王坟、十里河庙、弘善寺半截塔；

5月30日，北京市文化局文物调查研究组同意西城区车公庄房管所拆除阜外大街81号衍法寺的四大天王殿；

同月，十三陵公社第七生产队变卖定陵宝城城墙砖约307立方米，昌平县文物主管部门立即调查处理；

8月29日，北京市文化局文物调查研究组同意拆除通州王各庄药王庙、于家务菩萨庙；

11月14日，北京市文化局文物调查研究组同意拆除地藏禅林庙内泥质佛像4个；同意拆除劳动人民文化宫部分红墙；同意拆除中南海茂对斋；同意拆除通州镇内鼓楼；

12月24日，北京市文化局文物调查研究组同意拆除平谷农林水利

清紫禁城 咸丰六年(公元1856年)

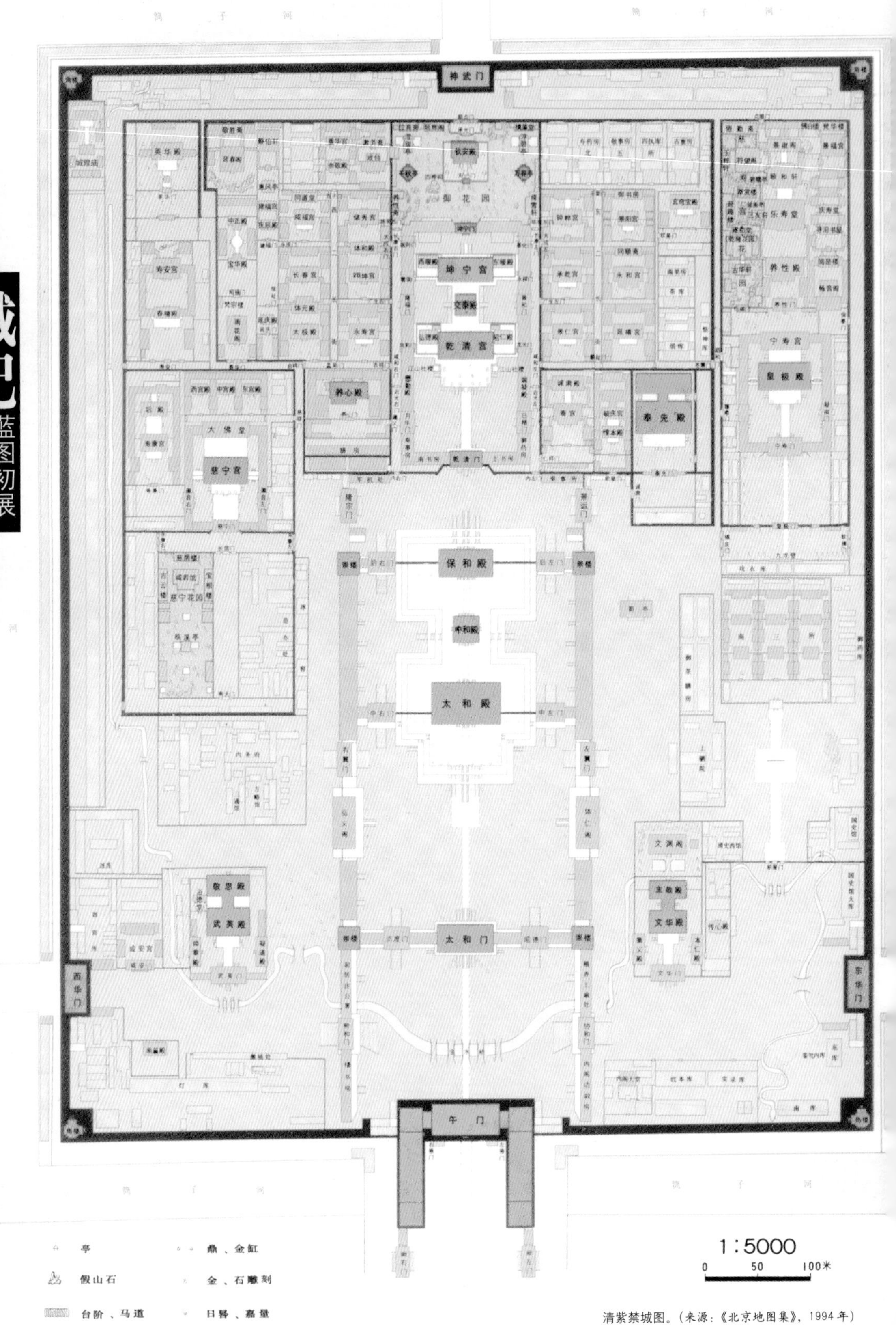

清紫禁城图。(来源:《北京地图集》,1994年)

局院内小型明代砖塔一座；

12月29日，北京市文化局文物调查研究组同意将西观音寺17号大殿内3座铜佛迁到广化寺，泥质佛像可就地处理；

1960年1月，北京市文化局文物调查研究组同意拆除朝阳门内大街三官庙以兴建各省驻京办公大楼；

2月，北京市文化局文物调查研究组同意南观音寺小学拆除南观音寺山门与钟鼓楼；同意国家体委拆除体育馆路玉清观南部残存部分；

3月，北京市文化局文物调查研究组同意拆除新街口北广济寺大殿内十八罗汉泥塑；

8月，北京市文化局文物调查研究组同意崇文区人民委员会拆除蟠桃宫内所有佛像；

9月，北京市文化局同意府右街小学拆除永佑庙内3间大殿；

……❶

“1958年以来共腾出426座寺庙的房屋22000平方米，拨交工厂、机关、学校等单位使用；处理一般金属文物5381件，重约500余吨，支援工业。”这是北京市文物工作队1962年1月23日对“大跃进”以来北京市文物工作做出的一段总结。❷

旧城改造者把目光瞄向了故宫。1958年《北京市总体规划说明（草稿）》就有这般字样：“故宫要着手改建。”

《规划说明》具体提出：“把天安门广场、故宫、中山公园、文化宫、景山、北海、什刹海、积水潭、前三门护城河等地组织起来、拆除部分房屋，扩大绿地面积，使成为市中心的一个大花园，在节日作为百万群众尽情欢乐的地方。”

毛泽东的那句话：“南京、济南、长沙的城墙拆了很好，北京、开封的旧房子最好全部变成新房子”，❸在此得到了最高的阐释。

1952年10月，北京市政府召开会议讨论工程项目，梁思成在笔记本中记录了一位发言者的意见：“不同意天安门内做中央政府。”❹ 可见当时在天安门内建设中央人民政府，已被列入讨论事项。

“改建故宫”，与一般人的认识有关。

何祚庥1955年在批判梁思成的

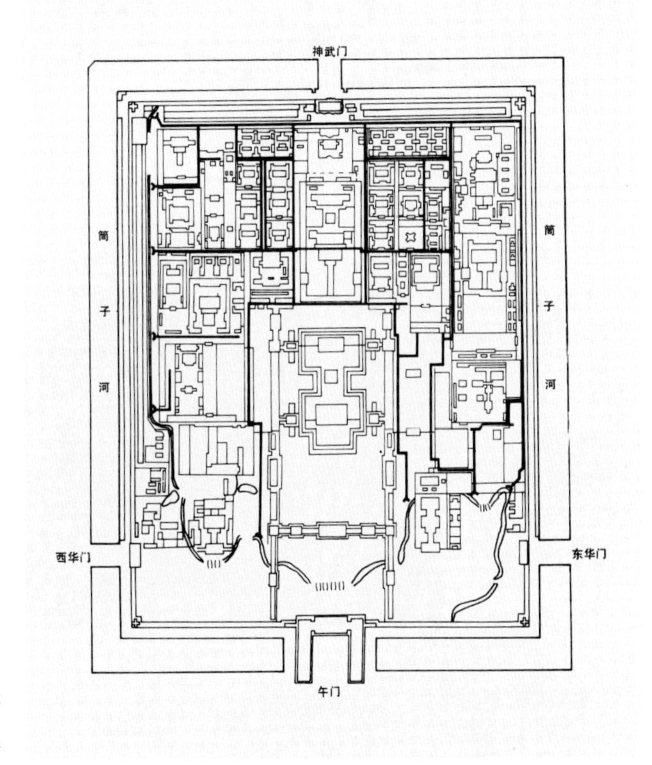

故宫下水道系统示意图。（来源：《建国以来的北京城市建设》，1986年）

❶《北京文物博物馆事业纪事》（上），北京市文物事业管理局编，1994年。

❷ 同❶注。

❸ 引自朱正，《1957年的夏季：从百家争鸣到两家争鸣》，河南人民出版社，1998年5月第1版。

❹ 梁思成工作笔记，1952年10月，林洙提供。

紫禁城俯瞰。清华大学建筑学院资料室提供。

梁思成20世纪30年代初调查故宫时拍摄的太和殿。林洙提供。

文章中说："旧北京城的都市建设亦何至于连一点缺点也没有呢？……北京市当中放上一个大故宫，以致行人都要绕道而行，交通十分不便。"[1]

清华大学土木建筑系1965年1月编辑的《教学思想讨论文集(一)》中，收录了一篇题为《要用阶级观点分析故宫和天安门的建筑艺术》的文章，其中说：

今天劳动人民当家做了主人，故宫不再是封建统治阶级的宫殿，而成为人民的财富，所以我们也就改造它、利用它，使它为今日的社会主义服务。

但是由于故宫的建造本身是为封建统治阶级的，因而今天群众对它并没有多大感情。我们访问过的一位解放军刘同志说：我去故宫是解放初期，看了之后觉得空空荡荡、松松垮垮，台上放个破椅子，看着"腻味"！比行军还累！而现在人大会堂比它大的多，我上上下下倒一点也不累。咱们不感兴趣的东西，就是不合咱们的需要。另一位退休的建筑工人张大爷说："故宫在我们这些老手艺人看来，也不过拿它当个'古物'，其实也不怎么样，老式样！"一位妇女主任也说："皇宫盖的拖拖拉拉，死板，不好看！"……

另外大家还说："又费工、又费

[1] 何祚庥，《论梁思成对建筑问题的若干错误见解》，载于《学习》杂志，1955年10月2日。

料。”“大木头垛着，人家可以盖五十间，它只能盖一间，也呆不了几个人！”“占那么大的地方，而且还在城中间。”

……今天大家去看故宫比较多的是拿它当个展览品。然而，我们过去有些人，却被故宫的建筑气派吓唬住，拜倒在封建帝王脚下，至今还不起来。

……

刘同志说：“四九年进城，我乍一到天安门，首先觉得不舒服：这是国家经济、文化中心，可是气氛不对头。往这边一瞧，是城门楼；往那边一瞧是五个黑洞洞；中间连着一条窄路，两旁红墙夹着。东西摆的不少，但用途不大，像三座门、红墙当然过去是有用的。围护紫禁城，不让老百姓接近。当时我觉得这么大的国家，应该有一个好的中心。”……

群众喜爱天安门，可是对天安门的建筑形式并不十分满意。前面说过刘同志还说：“现在有了大会堂、博物馆的搭配，天安门又经常修缮，所以也壮丽，从整个广场看，北边显得配不起来。”居民委员会马主任也说：“天安门是老房子，要能盖一个新的主席台，修得比人大会堂更漂亮，那更好！两边的文化宫和中山公园的大门像庙门，我看得改！”张大爷说得更具体：“天安门也不过是城楼上加一个殿座。老人谁没见过城门楼？要是新盖一个大楼，比大会堂高出一倍去，可多威望，要比天安门精神！”

……

我们现在认为：人民建造故宫，付出了巨大的劳动，但是他们建造的东西，不代表他们的意愿，他们

紫禁城城墙。王军摄于2002年9月。

紫禁城角楼。王军摄于2002年9月。

是被迫劳动、按着统治阶级的意图行事的。所以故宫决无“人民性”，它是封建帝王的建筑。

当年的北京市城市规划管理局建筑师陶宗震，至今还记得一位局领导的发言：“他说，为什么不能超过古代？天安门可以拆了建国务院大楼，给封建落后的东西以有力一击！”[1]

改建方案开始制定，被令操刀的建筑师1993年11月17日接受了笔者的采访，有言曰：

58年以前有改造故宫这么一说，这东西不落实，是刘少奇提出的。都这么一说，不落实。要把整个故宫改造。市中心嘛，搬到首都中心嘛，不是首都中心找不出地方吗？当时叫我做过方案，我也就瞎画了一下，谁都知道，不可能的事情。我估计他说也是随便一说，不是正式要干。我估计他说也是瞎说，不可能的。

1993年11月16日，周永源向笔者回忆道：

当时彭真说，故宫是给皇帝老子盖的，能否改为中央政府办公楼？你们有没有想过？技术人员随便画了几笔，没正经当回事。“文革”期间，把这事翻出来了，有人说你们要给刘少奇盖宫殿。其实，彭真说的话，实际是主席说的话。

梁思成日记对此事有所反映。“文化大革命”期间——1967年8月16日，梁思成在日记里写道：“下午约5：30，市规划局×××等二人（其中女一人）来问彭真想拆故宫改建为党中央事，及关于改建广场及长安街事。”[2]

笔者在探解此事时，还听到一个细节：改建方案交上去后，中共北京市委第二书记刘仁看罢，哈哈一笑就扔到一边。

[1] 陶宗震接受笔者采访时的回忆，2001年6月2日。

[2] 梁思成日记，1967年8月16日，林洙提供。

行政中心进入旧城

1958年夏，中共中央政治局扩大会议作出决定，要大规模庆祝国庆十周年，展现建国后各方面的成就。为此，要建设一批国庆工程，以"检验社会主义中国已经达到的生产力水平"。

"不是有人不相信我们能自己建设现代化国家吗，老认为我们这也不行那也不行吗？我们一定要争这口气，用行动和事实作出回答。"这是1958年9月8日在北京市国庆工程动员大会上，当时的北京市副市长万里的讲话。[3]

十年大庆，将邀请数千名外宾和华侨参加，不但社会主义国家要来人，资本主义国家也要来人。国庆工程又称"十大建筑"，它们是：人民大会堂、中国革命博物馆和中国历史博物馆、中国人民革命军事博物馆、全国农业展览馆、民族文化宫、民族饭店、北京工人体育场、北京火车站、钓鱼台迎宾馆、华侨大厦，总建筑面积64万平方米。[4] 这项工程从1958年10月开工到竣工，只用了10个月的时间。

国庆工程将采取什么样的建筑形式？具体负责国庆工程建设的万里，在动员大会上明确指出：

在设计中大家要敢想、敢干，百花齐放、百家争鸣。过去曾经反对过浪费，也反对过一阵大屋顶，我看这些框框可以打破，如果认为琉璃瓦大屋顶能搞出高度艺术水准就可以尝试搞大屋顶；如果有其他更好的形式，就应当去创造更好的形式。总之，要讲究美观，大胆创新，不拘一格。我们讲美观，它的标准不应是洋标准而是中国的标准，既要有现代的特色，更要具有中国的民族形式、民族风格。在天安门前的建筑，应该和天安门相协调，必须要花的钱还是要花，要搞出好的建筑形式来，让六亿人民满意。[5]

"大屋顶"又可以搞了，这无疑是一个重大信号。"十大建筑"在建筑艺术创作方面作出大胆尝试：人民大会堂、中国革命博物馆和中国历史博物馆采用了欧洲古典立柱建

[3] 万里，《在北京市国庆工程动员大会上的讲话》，载于《万里文选》，人民出版社，1995年9月第1版。

[4] 原计划的十大建筑，因为有的已经建成（苏联展览馆），有的推迟缓建（美术馆），有的下马未建（国家剧院、科技馆、电影宫），有的原来算作两座（中国历史、中国革命博物馆），有的虽为国庆工程却未列入十大建筑（钓鱼台国宾馆），有的当时正在兴建，后又列入国庆工程（北京火车站、华侨大厦、民族饭店、工人体育场），所以，最后完成并确定为首都国庆十大工程的公共建筑，与原计划有所不同。——笔者注

[5] 同[3]注。

人民大会堂。王军摄于2002年10月。

中国革命与历史博物馆。张开济提供。

筑形式，但在内部和外部装饰等方面则以民族建筑的手法进行了处理；民族文化宫、全国农业展览馆、北京火车站更是直接顶上了几年前还在被批判的“大屋顶”。

“十大建筑”有6项建设在北京旧城区内，它们是人民大会堂、中国革命博物馆和中国历史博物馆、民族文化宫、民族饭店、北京火车站、华侨大厦。天安门广场的改建无疑是国庆工程的核心任务，从新中国成立之初就开始酝酿的中央行政区要在旧城中心建设的计划，要真正从图纸上走下来。

一时间，全国最优秀的建筑师、规划师云集北京。

北京市委发动全市建设工作者，并邀请全国一千多名建筑师、艺术家和青年学生参加天安门广场规划设计竞赛。

天安门广场原为一“T”字形广场，形成于明代，是作为宫廷广场来设计的，这里又名“天街”，其寓不言自明。广场南端为中华门[1]，门内东西两侧，沿宫墙之内一丈多远，建有联檐通脊、黄瓦红柱、带有廊檐的千步廊，东西相向各百十间，其北端分别折向东西，各34间，共有144间平房，作为存放文书档案的地方。长安左门、长安右门是其东西收口，乾隆十五年又在长安左门与长安右门之外建东三座门与西三座门。

这个宫廷广场在中轴线上是北京内城与皇城、紫禁城的过渡空间。广场两侧宫墙之外，明代时集中布置了宗人府、吏部、户部、礼部、兵部、工部、钦天监、五军都督府、太常寺、锦衣卫等衙署；清代承之，也为诸多权力机构所在地。这些中央行政机构通过宫廷广场与皇城、紫禁城连为一体，象征着皇帝拥有最高权力。

辛亥革命之后，这个封闭的广

[1] 此建筑原在毛主席纪念堂位置处，明代称大明门，清代称大清门，中华民国称中华门，故有“国门”之谓，1959年天安门广场绿化时被拆除。——笔者注

场开始允许平民进入。担任北洋政府内务总长的朱启钤，出于城市交通方面的考虑，对广场及其周围进行了改造。其举措，一是1913年将千步廊拆除，拆下来的木料用来建设北京的第一个公园——中央公园（社稷坛所在地，今称中山公园），园内来今雨轩、投壶亭、绘影楼、春明馆、上林春一带廊舍，即用千步廊木料建成；二是1915年拆正阳门城楼与箭楼之间的瓮城，在正阳门两侧城墙处开4个券门，以缓解正阳门及东西火车站的交通紧张；三是在皇城的南城墙开南长街门洞、南池子门洞。

1949年开国大典前，天安门广场进行了一次整治，立国旗旗杆，移天安门前的华表与石狮；1950年，拆除东、西三座门；1952年，拆除长安左门与长安右门，将观礼台改建为永久性建筑。

1955年天安门广场进行了一次较大的改建，拆除了沿公安街和西皮市的东西两道宫墙，广场面积扩展了近一公顷，天安门前的榆槐树换植油松，广场铺砌了混凝土方砖。

天安门广场终究要建成什么样子？从1950年至1954年，北京市陆续做了15个方案，当时对天安门广场的性质、规模，对古建筑的处理以及广场的尺度等都有很大争论，不同的方案反映了不同的观点：

第一，关于广场的性质。有人认为天安门是新中国的象征，广场周围的建筑应以国家的主要领导机关为主，同时建立革命博物馆，使它成为一个政治的中心；有人认为天安门广场周围，不应当也不可能以修建国家的主要领导机关为主，而应当以博物馆、图书馆等建筑为主，使它成为一个文化中心。

第二，关于广场周围建筑物的

民族文化宫。清华大学建筑学院资料室提供。

规模。有人认为，天安门广场代表着我国社会主义建设的伟大成就，在它周围甚至在它的前边或中间应当有一定的（不是全部）高大雄伟的新建筑，使它成为全市建筑的中心和高峰；有人认为，天安门和人民英雄纪念碑都不高，其周围的建筑也不应超过它们。

第三，对古建筑的处理。有人认为古建筑（正阳门、中华门）和我们新时代的伟大建设比较起来是渺小的，在相当时期后，必要时它们应当让位给新的高大的足以代表社会主义、共产主义的新建筑；有人认为古建筑是我国历史文化遗产，应当保留。

第四，关于广场的大小问题。有人认为天安门广场是我国人民政治活动和群众游行、集会的中心广场，应当比较大，比较开阔（三四十公顷左右）；有人认为从建筑的比例上看广场不宜过大（20至25公顷即可）。[1]

[1] 董光器，《天安门广场的改建与扩建》，载于《北京文史资料》第49辑，北京出版社，1994年11月第1版。

1915年拆除正阳门瓮城时的情形。清华大学建筑学院资料室提供。

1915年瓮城被拆除前的正阳门。清华大学建筑学院资料室提供。

1915年瓮城被拆除后的正阳门。清华大学建筑学院资料室提供。

1955年成立北京市都市规划委员会以后，在苏联专家指导下北京市又编制了10个方案，与前一轮方案相比，比较注意新旧建筑体量尺度的协调；广场中间类似"苏维埃大厦"的高大建筑取消了，广场中的建筑高度一般不超过天安门；天安门与正阳门都保留了下来。

其中5个方案广场宽度大体保持在长安左门与长安右门之间的距离（500米左右），长度为天安门南墙至正阳门北墙（860米左右），北部为游行集会广场，南部为绿化广场，在两个广场的结合部安排大会堂、博物馆等公共建筑，办公楼安排在广场两侧。其中一个方案在广场内搞一个三合院柱廊，向天安门开口，正阳门方向封闭，把天安门与正阳门之间的视线切断。

另外5个方案除了集会广场外把绿化广场缩窄，中间除安排文化建筑外还安排了办公楼。跨正阳门护城河的桥，有的是一桥方案，把桥放在轴线上；有的是两桥方案，把桥放在轴线两侧。

这些方案在1956年与总体规划

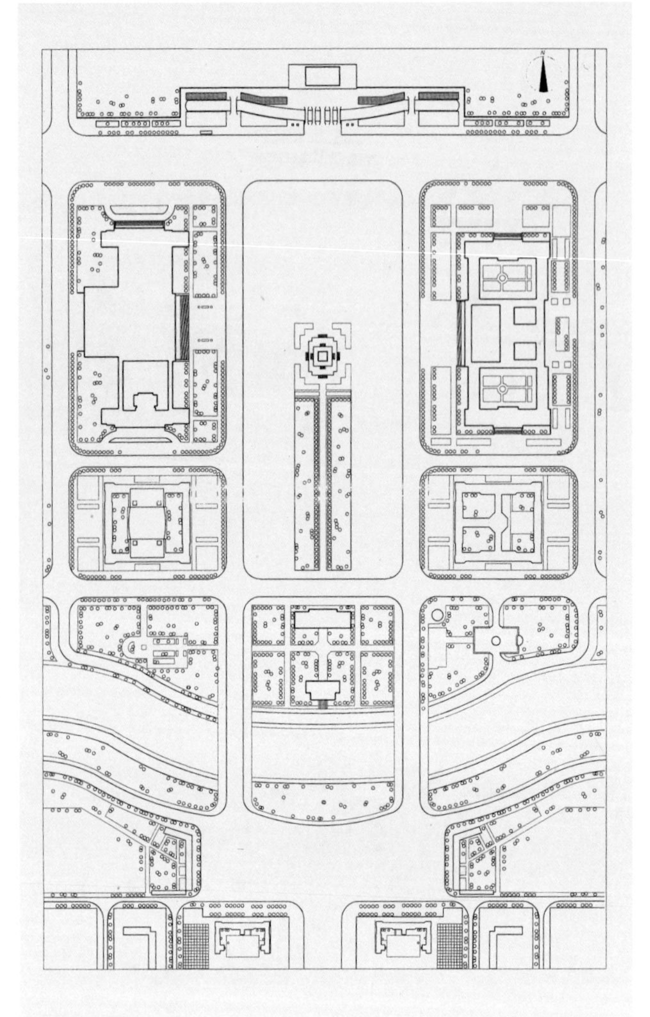

1958 年天安门广场改造规划平面图。(来源:《赵冬日作品选》, 1998 年)

初步方案同时展出，各方面意见不尽一致，多数认为，广场要开畅一些，大体保留“T”字形广场的形式。[1]

毛泽东一语了结争论。

在天安门城楼上，他向彭真指示，天安门广场要从原长安左门与长安右门处一直向南拓展，直抵正阳门一线城墙。按照这一指示进行的天安门广场改建，东西宽 500 米，南北长 860 米，最终实现的面积达到 44 公顷。

另一个原则也被确定下来，广场两侧分别建万人大会堂和革命历史博物馆。

北京市经过反复筛选，选定了 7 个代表性的方案供中央审查，即陈植方案、赵深方案、刘敦桢方案、戴念慈方案、毛梓尧方案、张镈方案，另还有第 10 号方案，出自谁的手笔已无从考证。这些方案仍有广场南部收缩较小与较大的区别，刘敦桢方案则把正阳门城楼与箭楼加以扩

[1] 董光器，《天安门广场的改建与扩建》，载于《北京文史资料》第 49 辑，北京出版社，1994 年 11 月第 1 版。

明代

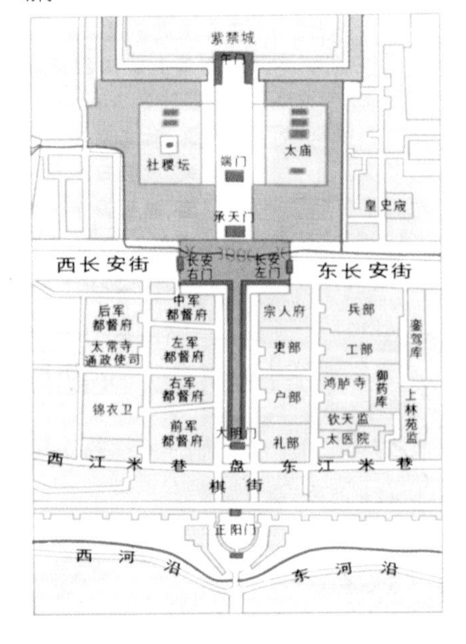

民国三十六年（1947）

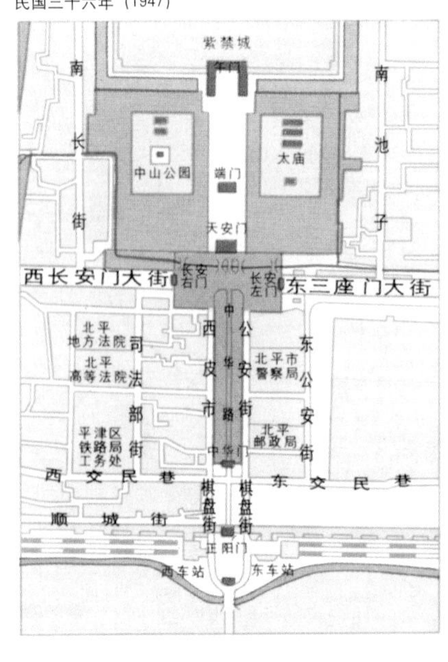

天安门广场演变图。(来源:《北京地图集》, 1994 年)

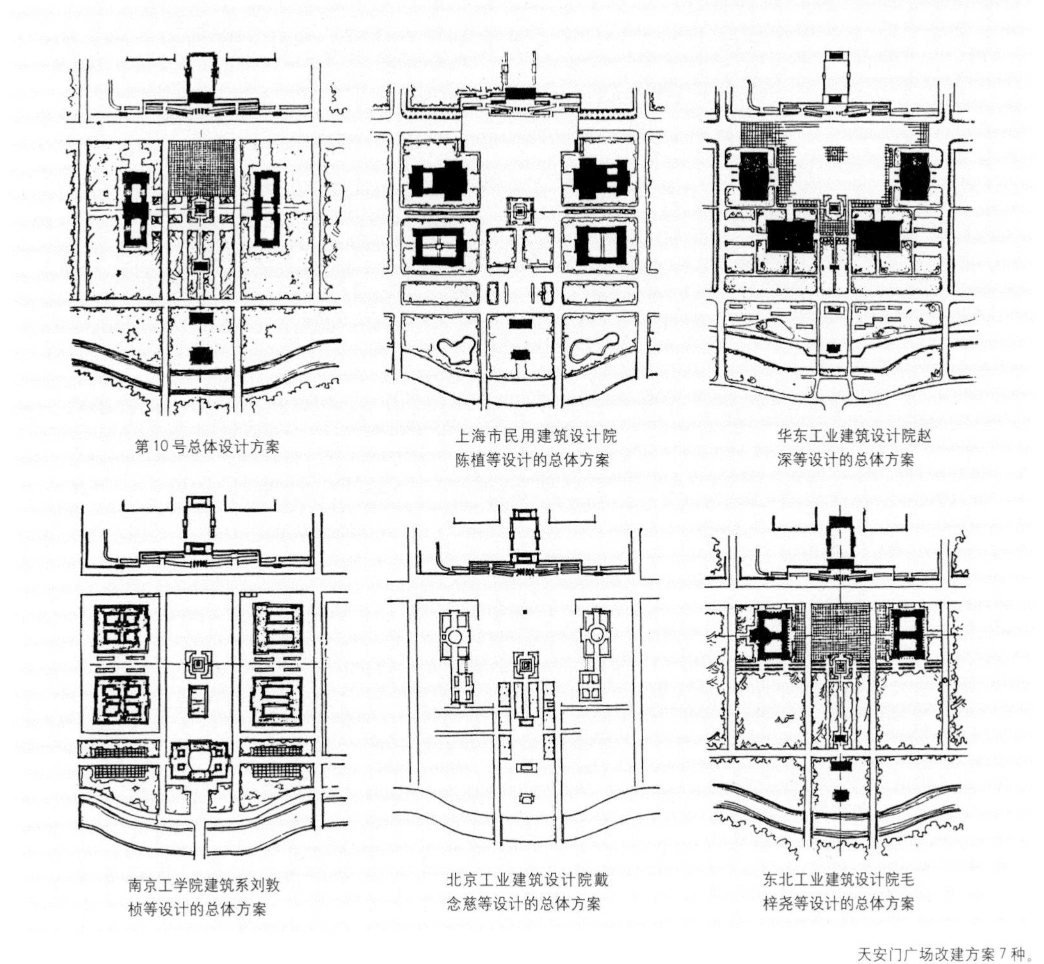

天安门广场改建方案7种。（来源：《赵冬日作品选》，1998年）

1993年

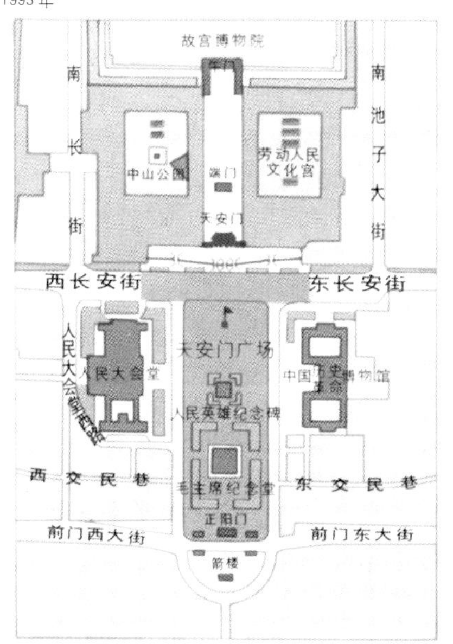

建联成一体。❷

万人大会堂是天安门广场建设的重头戏。这是一个典型的“毛泽东工程”。

“万”是毛泽东最爱用的数量级，如他的诗词中“一万年太久，只争朝夕”，“百万雄师过大江”，“不到长城非好汉，屈指行程二万”等。他的诗人般豪情体现在他的建筑观上，也是以“万”论之。如进城后不久，他就提出建设“百万人广场”

❷ 同❶注。

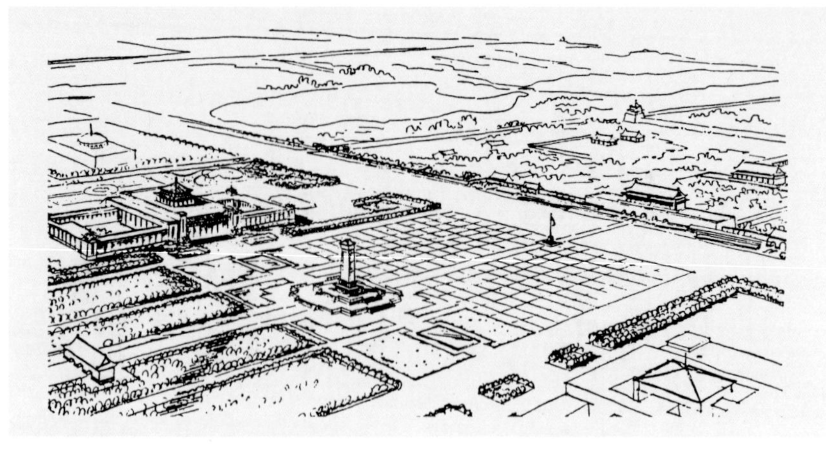

北京市规划管理局设计院张镈等设计的总体方案

的指示，而万人大会堂之容万人，也是他确定的。

1959年9月，毛泽东视察这个工程时，向万里询问："你们现在怎么叫这座建筑呢？"万里答："施工中叫人大礼堂工程，有人提议叫人民宫。"毛泽东说："有些封建。"万里接着说："还有人说叫全国人民代表大会堂。"毛泽东听后打比方说："我们的总路线前边应有主语，但把它省略了，就是鼓足干劲、力争上游、多快好省地建设社会主义。人们要问老百姓，你到哪里去了？老百姓一定说，到人民大会堂去，就叫人民大会堂吧。"[1]

从此，这座建筑有了正式名称。

对于人民大会堂的设计，建筑师们倾尽全力。

短短一个多月时间，"先后由北京34个设计单位及全国各省市、自治区的建筑工作者和学校师生们提出84个平面方案和189份立面图。经过反复评比，终于1958年10月16日采用了现在的这个从广场规划到个体设计孕育着各种方案优点的综合性方案"。[2]

时任北京市规划局技术室主任的赵冬日与总图室副主任的沈其，受中共北京市委委托，对"十大工程"及天安门广场规划征稿全面把关，人民大会堂的设计为重中之重。

当时中央提出的设计条件很简单：人大会堂的条件是由一万人会场、五千人宴会厅两部分组成。后来，又提出增加人大常委会楼。至于为满足这三部分的需要，还应该有些什么附属要求，则完全由设计

北京工业建筑设计院设计的建筑平面方案

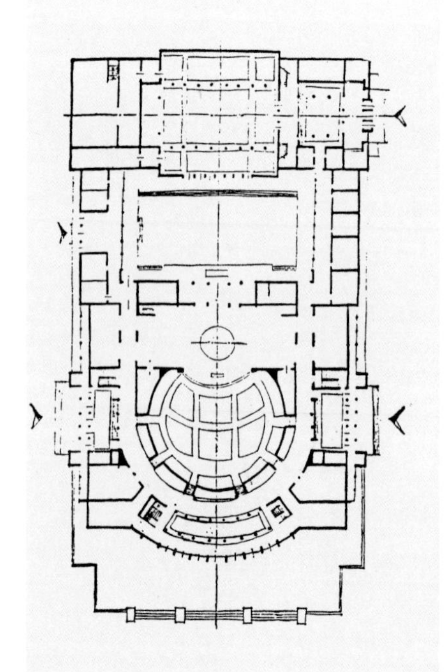

[1] 刘志贤，《为人民大会堂命名》，载于《毛泽东与首都人民在一起》，中央文献出版社，1993年9月第1版。

[2] 《人民大会堂》，北京市规划管理局设计院人民大会堂设计组撰写，载于《建筑学报》，1959年第9、10合期。

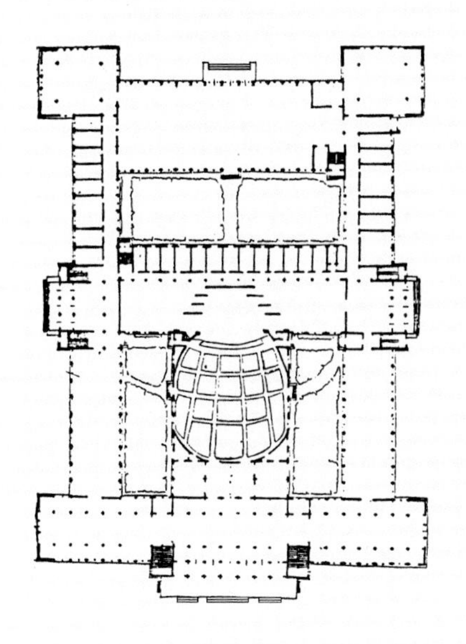

广州市建工局林克明等设计的建筑平面方案

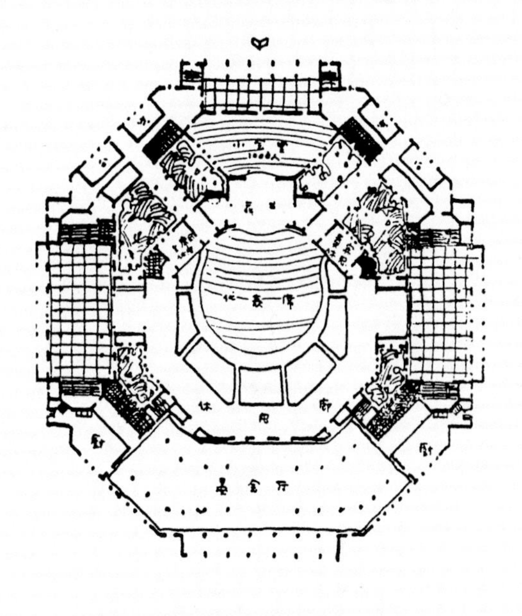

武汉中南工业建筑设计院殷海云等设计的建筑平面方案

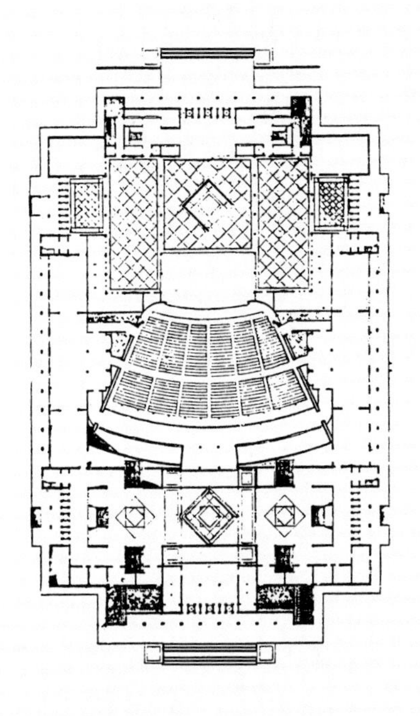

北京市规划管理局设计院张镈等设计的建筑平面方案

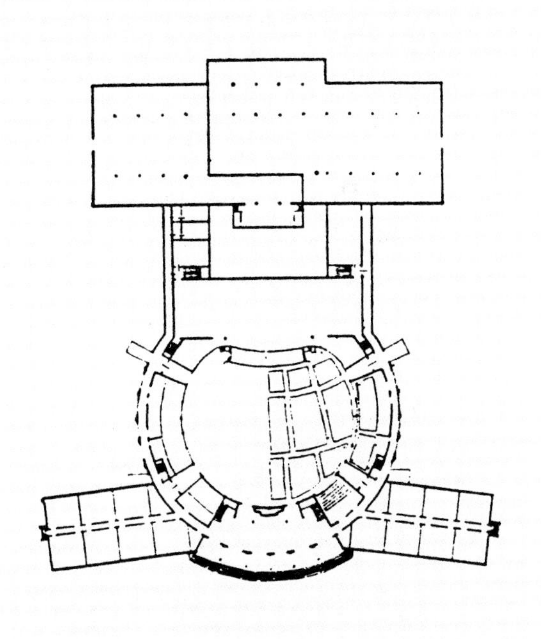

浙江省工业建筑设计院陈曾植等设计的建筑平面方案

人民大会堂设计方案19种。(来源：《赵冬日作品选》，1998年)

上海同济大学建筑系
设计的建筑平面方案

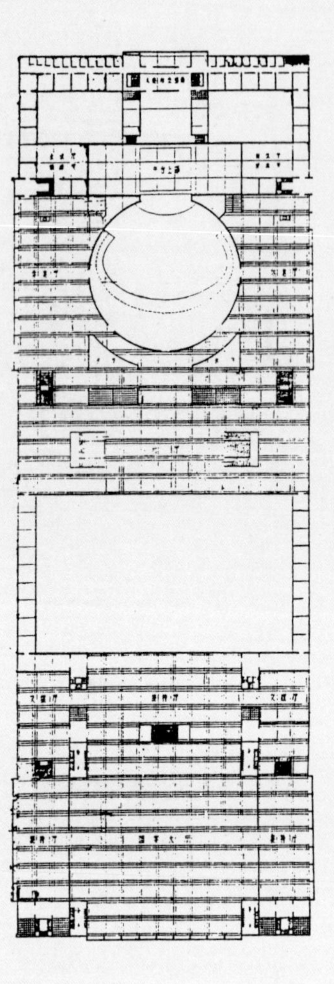

建工部建筑科学研究院
设计的建筑平面方案

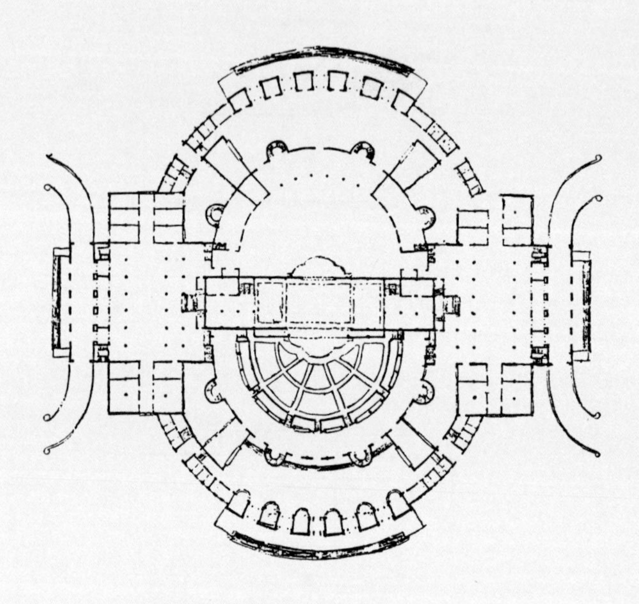

北京工业建筑设计院戴念
慈等设计的建筑平面方案

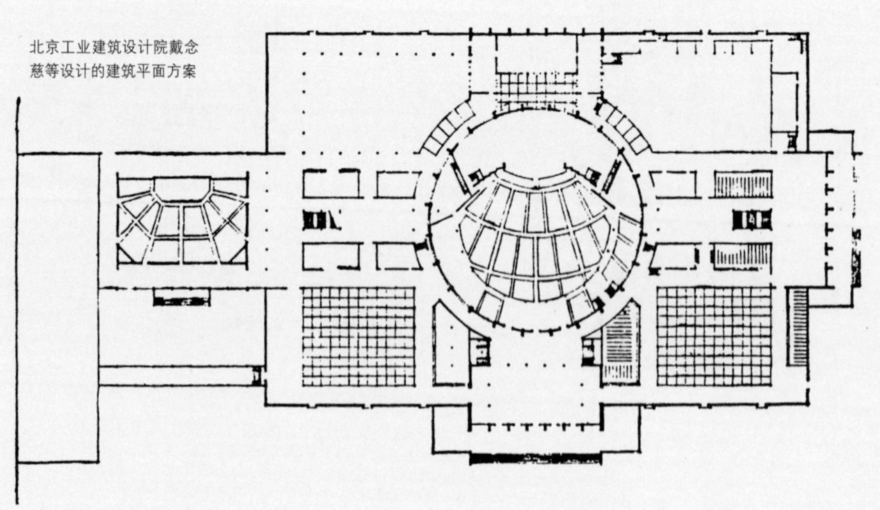

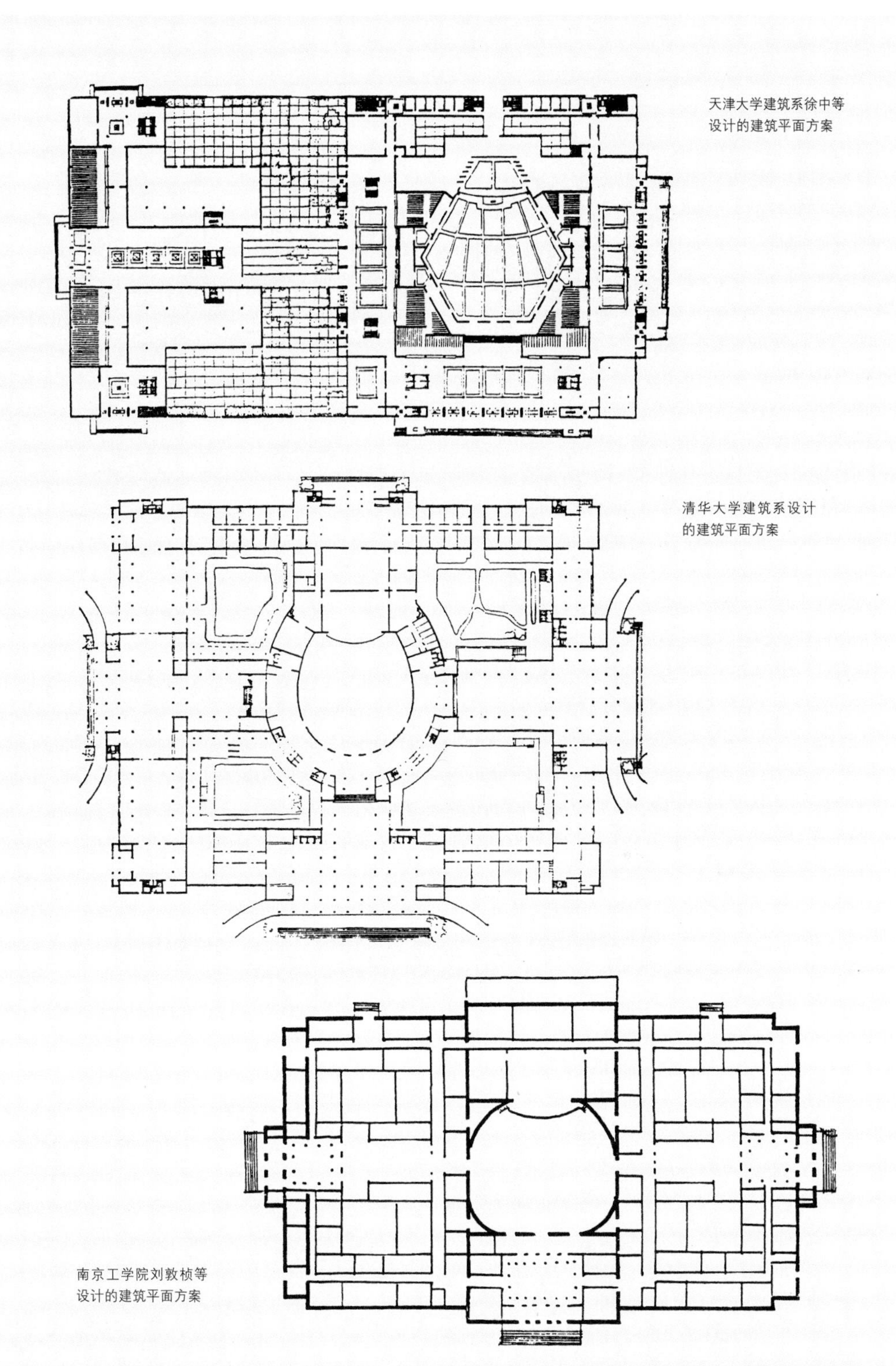

天津大学建筑系徐中等设计的建筑平面方案

清华大学建筑系设计的建筑平面方案

南京工学院刘敦桢等设计的建筑平面方案

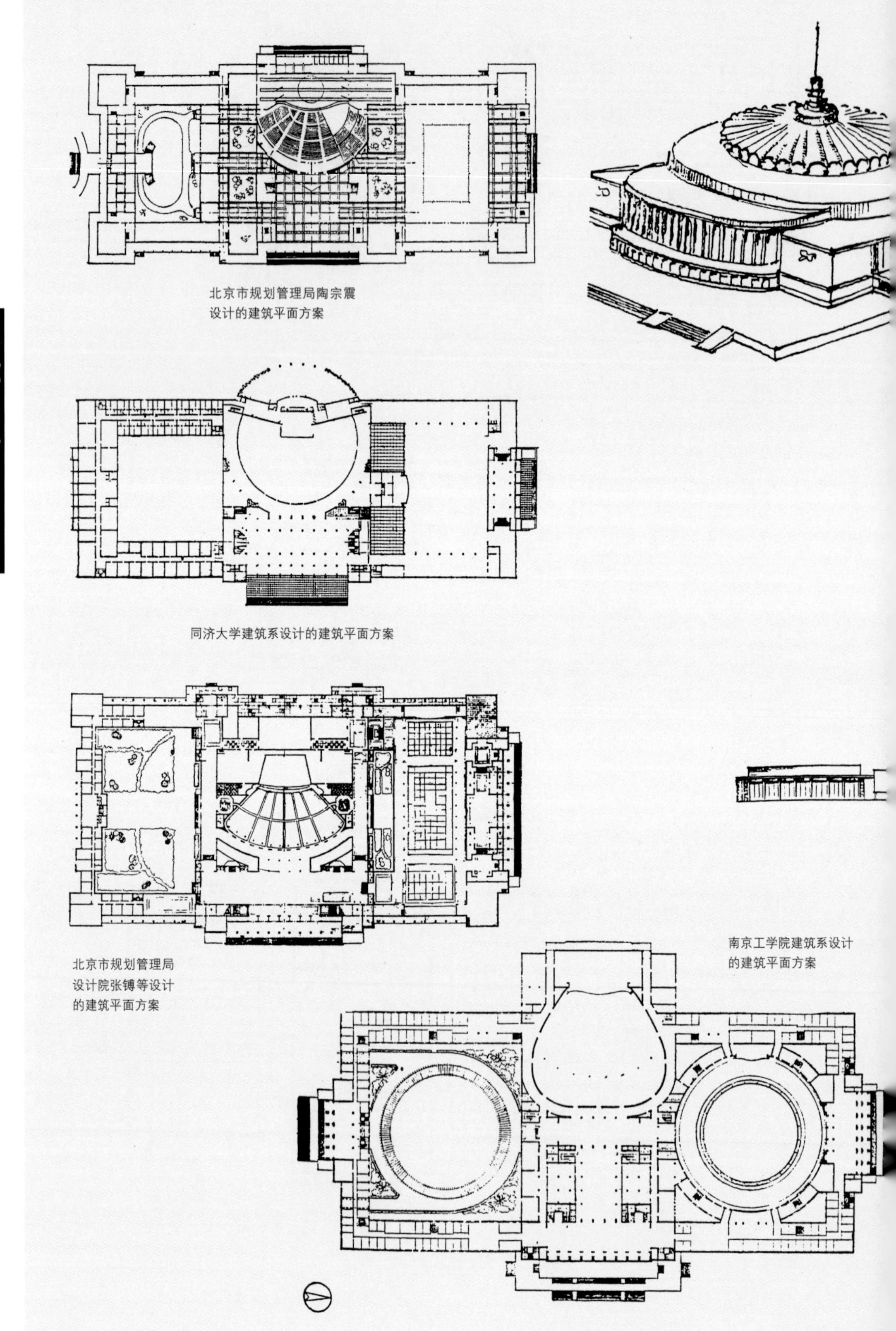

北京市规划管理局陶宗震
设计的建筑平面方案

同济大学建筑系设计的建筑平面方案

北京市规划管理局
设计院张镈等设计
的建筑平面方案

南京工学院建筑系设计
的建筑平面方案

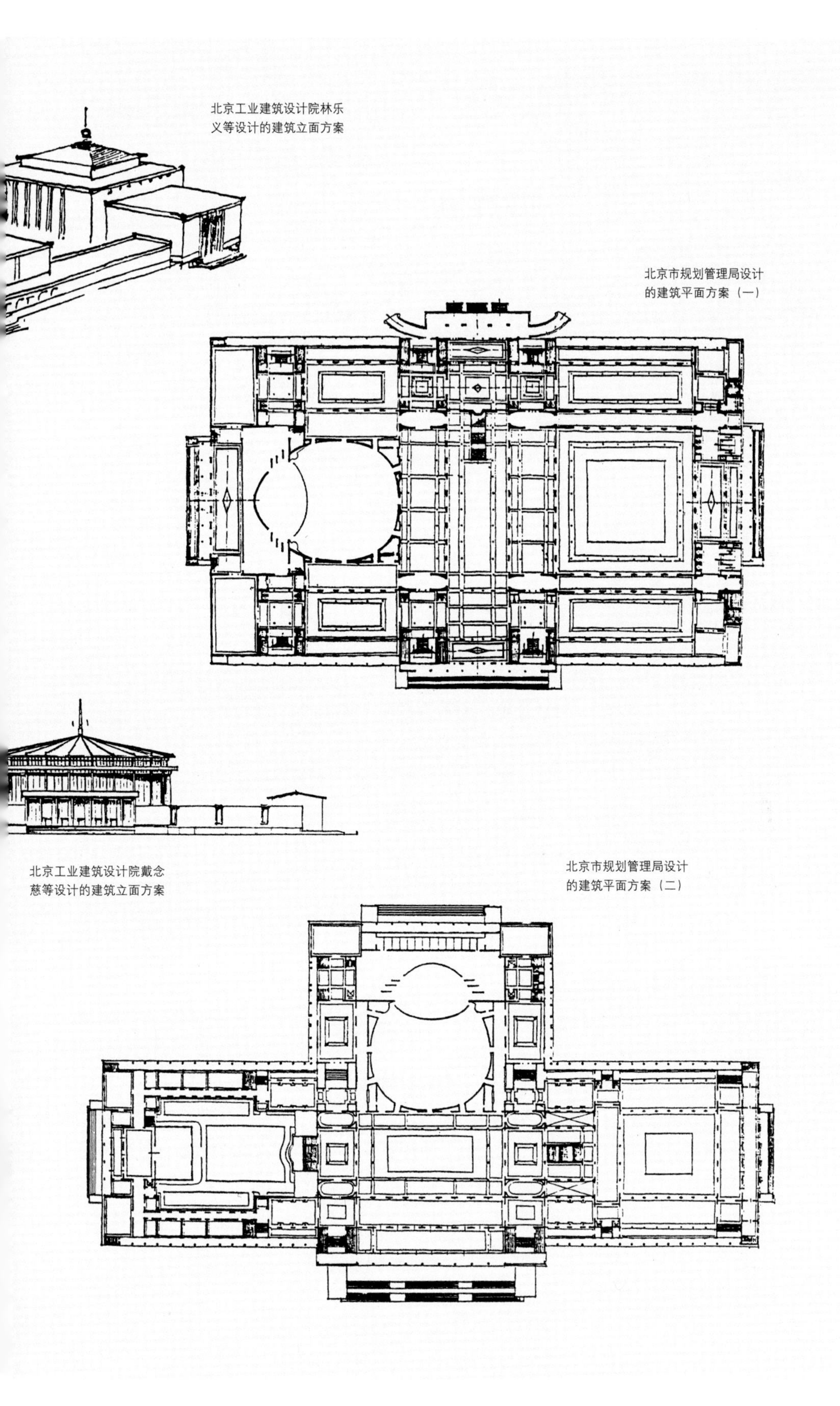

北京工业建筑设计院林乐义等设计的建筑立面方案

北京市规划管理局设计的建筑平面方案（一）

北京工业建筑设计院戴念慈等设计的建筑立面方案

北京市规划管理局设计的建筑平面方案（二）

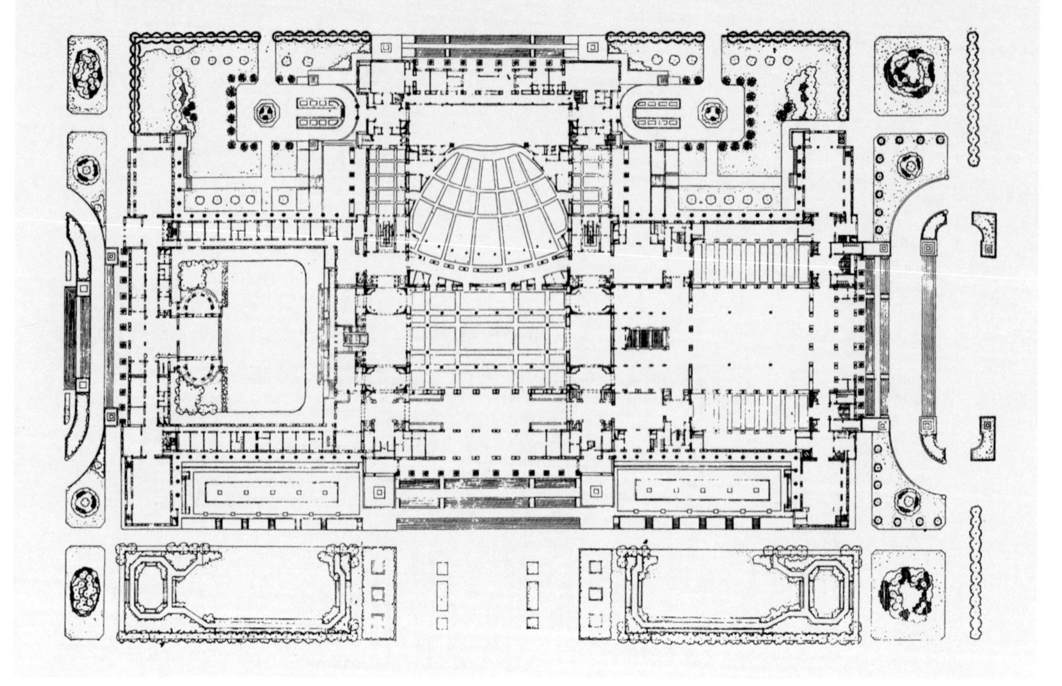

北京市规划管理局设计的最后被采用的人民大会堂综合平面方案。(来源:《赵冬日作品选》,1998年)

者自己设想,不受任何约束。人民大会堂最初确定的建筑面积是5万平方米,后放宽至7.5万平方米。[1]

但是,中共北京市委第二书记刘仁到天安门广场进行步测后,认为7.5万平方米的方案不够宏伟,没有很好地体现毛泽东、周恩来的批示精神,就提示北京市规划局加以扩大。[2]

之后,北京市规划局提出了17万平方米的方案。而其他参加设计竞赛的单位,并不知刘仁的指示,仍是大体按照7.5万平方米的要求进行设计的。

1958年10月14日,当夜从外地返京的周恩来,连夜审阅人民大会堂方案,送上去的方案共3份,是由万里、齐燕铭、赵鹏飞3位选定推荐,经刘仁批准上报的。它们一是清华大学方案,二是北京市建筑设计院方案,三是北京市规划局方案。最后,周恩来选定了采用欧洲古典立柱造型的北京市规划局方案。

对于毛泽东确定的天安门广场规模,梁思成表示反对。他说,这不符合人的尺度,是人掉到沙漠里了。[3]

对于周恩来选定的人民大会堂设计方案,梁思成也认为不妥。他认为,在艺术风格上的优劣顺序应是:一、中而新;二、西而新;三、中而古;四、西而古。而中选方案是师法了文艺复兴之古,属于"西而古",是最差的一种。

梁思成还称中选方案的立面失去尺度感,类似圣彼得教堂在尺度上的失败,即为了追求伟大、庄严、隆重而在尺度上犯了简单放大的错误,把开间、层高简单放大了一倍,

[1] 陶宗震,《天安门广场规划建设的回顾与前瞻》,载于《南方建筑》,1999年第4期。

[2] 《刘仁传》,中共北京市委《刘仁传》编写组,北京出版社,2000年7月第1版。

[3] 刘小石接受笔者采访时的回忆,1996年5月20日。

罗马圣彼得教堂广场图。(来源：陈志华，《外国古建筑二十讲》，2002年)

甚至门、窗、户、壁也同样放大一倍，使人进去之后，似乎变小，有到了巨人国的感觉。他称这种办法是“小孩放大”，是重复了历史上的错误。

中国建筑学会根据梁思成的意见，对中选方案的建筑艺术形式，开展学术性讨论。与会人员一致同意“中而新”的提法，认为退一步可以把中而古排在第二，西而古不合国情、民情。

会后，来自上海的吴景祥、冯纪忠、黄作燊、谭垣、赵深、陈植6位专家联名向周恩来送上一份书面报告，对500米宽的广场表示担心，唯恐出现旷、野和与建筑的比例失调，并认为中选方案的立面，类似当年在日内瓦国联设计竞赛时

人民大会堂东立面。王军摄于2002年10月。

正阳门城楼上眺望人民大会堂。王军摄于2002年10月。

的中选方案，也是西洋古典的形式风格。[1]

1959年1月初，周恩来、彭真与齐燕铭、周扬、赵鹏飞、沈勃、张镈等研究大会堂方案。彭真说："有人说大礼堂太高，人显得太渺小。天不是很高吗？我们站在天安门广场怎么不觉得自己渺小呢？"周恩来指示将大会堂内部顶端，设计成圆曲而下的形式，以达到水天一色、浑然一体的效果。[2]

1月20日，鉴于各方面对人民大会堂的设计还有不同意见，周恩来和彭真在市人民委员会交际处召集在京建筑、结构专家和美术家座谈。

会上，周恩来首先讲话：听说大家对人民大会堂还有很多意见，这个房子如果有缺点，大家就当有病的孩子来对待，首先考虑治病的问题，"人民大会堂这么个房子有两个关键，一个是垮得了垮不了，一个是好看不好看，垮不垮是主要的。大会堂的寿命起码要比故宫、中山堂长，不能少于350年。""一个建筑物总要有它自己的风格，要做到人人满意那很难，只要盖起来不垮，又适用，尽可能漂亮一点，就不能反对它。大家对这一点要取得一致意见，否则就会争论不休。"[3]

梁思成再次提出这个方案的"西而古"问题，周恩来作答："我们中国人民之所以伟大，就因为我们能吸收一切对我们有用的东西，要使古今中外一切精华皆为我用。现在问题不在于是古非古、是西非西，而在于一万人开会，五千人会餐，八个月盖完。这样就得马上定案，立即施工。如果两三年完成，就可以更多地征求些意见了。无论谁

[1] 张镈，《我的建筑创作道路》，中国建筑工业出版社，1994年2月第1版。

[2] 赵冬日，《回忆人民大会堂设计过程》，载于《北京文史资料》第49辑，北京出版社，1994年11月第1版。

[3] 同[2]注。

盖房子，我们的方针都是适用、经济，在可能条件下的美观。如果有人认为这个建筑物不好，将来可以搞更好的，事物的发展总是后来者居上。所以大家提意见，要在现有设计方案的基础上进行，能采纳的当尽量采纳，使建筑搞得更完善。”[4]

梁思成在笔记本上记录了周恩来的发言：“路是人走出来的，革命的路线是犯了多次错误找到，在实践中证实的。建设的路线未完全找到，这些大建筑也是摸摸路线。在现在条件下多征求意见。党的领导就是集中大家意见。”“人大是个政治工厂，利用率一年一次就够本了。”[5]

仅用10个月，天安门广场和人民大会堂落成。《人民日报》发表社论，称赞“十大建筑”是“大跃进的产儿”。周恩来在《伟大的十年》一文中，称赞人民大会堂“不但远远超过我国原有同类建筑的水平，在世界上也是属于第一流的”。

从此，人民大会堂在中国人心目中占据了一个重要位置，它长久地牵动着人们的特殊情感，也许用作家冰心的这句话来概括最为准确：“走进人民大会堂，使你突然地敬虔肃穆了下来，好像一滴水投进了海洋，感到一滴水的细小，感到海洋的无边壮阔。”[6]

“十大建筑”告竣之后，梁思成遭到赵冬日反诘。

《建筑学报》1959年第9、10合期发表赵冬日的署名文章《天安门广场》，有语云：

有少数同志受限于广场的封建格局，认为原天安门广场是建筑艺术上不可逾越的，无上珍品，“增之一分太长，减之一分太短”，不肯一动。例如天安门前的原东西三座门[7]，正座在东西长安街的中央，它不仅阻碍着游行队伍的顺利进行，同时严重的影响交通，时时贻害行人，群众一致要求铲除掉这两个障碍物，但是这些同志强调这两个东西的文化艺术价值，强调它们与天安门之间恰到好处的比例，恐怕拆去了就会冲破固有的格局。皇城前卫的，壁垒森严的，压倒百姓的封建格局是必须冲破的。在1952年市人民代表会上一致决议，搬去了这两个拦路虎，大快人心。

……

在广场规模大小问题上，多数同志要求打破封建格局，资产阶级的建筑理论和现有一些广场尺度的束缚，广开思路，大胆的去考虑广大群众集体活动所要求的尺度；去正确认识新中国人民的精神面貌；去发展中国传统中的开朗的建筑布局；把广场建设得更雄伟，更开阔。但是有少数同志却恐怕把广场搞大了，“就太空旷了，成了沙漠，不合乎人的比例”。

关于广场上新建筑尺度的问题，有一些意见认为新建筑的尺度是不能超过天安门的。为什么人民时代的建筑不能超过帝王时代的宫

[4] 同[2]注。

[5] 梁思成工作笔记，1959年1月20日，林洙提供。

[6] 冰心，《走进人民大会堂》，《北京晚报》，1959年9月25日。

[7] 即长安左门与长安右门。——笔者注

门呢？尤其人民大会堂，从使用上就要求有高大的体形，其中万人礼堂和5000人的宴会厅都是寻常的尺度所不能解决的。当然从天安门今天的政治意义来看，它在广场上仍应保有相当的地位。也还有些意见认为就是因为广场搞得太大了，才不必要的把人民大会堂强撑到这样的尺度，这样提法和实际是有距离的。

关于新建筑艺术形式问题，有的意见是把世界上建筑艺术遗产和创作分成几份：曰中新，西新，中古，西古；凡属被认为是西古，中古或西新的便不应吸收；相反的有的意见认为这样便会忽视历史，固步自封，便会局限了中国建筑艺术的发展。

在这些问题上通过实践，逐步取得统一。广场的规模不但要满足群众游行集会的需要，也要显示出开朗，雄伟的体形。建筑的尺度，不但要满足使用上的需要，同是要和广场及广场上的建筑物，互相衬托，取得均衡的比例。在建筑艺术和技术上不分古、今、中、外，兼包并蓄，取其精华，弃其糟粕。

这些都是通过了争辩、实践、再争辩、再实践而取得的，十年来争论的问题能够得到完满的结论。并据以进行了广场的建设，这不能不说是建筑艺术思想战线上的一大胜利，是党的百花齐放，百家争鸣政策的一大胜利。

在赵冬日看来，围绕着天安门广场、人民大会堂设计的这场争论，所取得的“大胜利”，其意义不仅在于“打破封建格局，资产阶级的建筑理论和现有一些广场尺度的束缚”，更深层的在于“十年来争论的问题能够得到完满的结论”。这让人回想起1950年赵冬日与朱兆雪联手反对“梁陈方案”的往事。

梁思成也写了一篇文章，与赵冬日的同名，也叫《天安门广场》，有言曰：

……人们纷纷辩论，将来的天安门广场要多宽呢？原来的100米是绝对不够了。加宽一倍？250米？

人民大会堂与人民英雄纪念碑。王军摄于2002年10月。

300米？400米？城市规划人员提出了30多个方案。500米！这是经过多年的研究和辩论后的选择。最初有些建筑师用中世纪和十八、十九世纪欧洲广场的尺度来衡量这个大胆独创的尺度。他们害怕它不合乎“人”的尺度，不合乎“建筑”的尺度。但是经过反复讨论，我们体会到，除了“生物学的人”的尺度和合乎他的“生理学”的建筑的尺度之外，我们还必须考虑到“政治的人”、“新社会的人”所要求的伟大集体的尺度。新的社会制度和新的政治生活的要求改变了中国建筑师的尺度概念，当然，这种新概念并没有忽视“生物的人”的尺度，也没有忽视广场上雄伟的天安门的尺度。在这种新的尺度概念之下，1958年9月，中国的建筑师们集体建设了广场和它两侧的两座建筑物。

……

在建筑形式上，这些建筑也创造了一种独特的风格。它们不是外国的形式，也不是中国建筑传统形式的翻版。它们采用了一些中国传统的特征，特别是大量用廊柱的手法。此外，中国传统喜爱的琉璃，也在这些建筑物上用作檐部装饰。这种形式是按照今天社会主义中国人民的需要和喜爱，以我们所掌握的材料、技术，在传统的基础上革新、发展而创造出来的。

这些建筑广场的巨大尺码也为我们带来了新的“尺度感”。一方面这些建筑不能脱离了平均身高1.80米的人的尺度，另一方面它们更不能忽视五千、一万乃至百万人集体活动的尺度。它们也不能忽视天安门的尺度。在这些之间存在着巨大的矛盾。我们自己只能说，我们在这方面做了巨大的努力，一次大胆的、打破了传统概念的尝试。

新的广场在平时是一个交通广场。它是北京东西主干道和南北轴线干道的交接点。在节日，它是游行集会的广场。广场的绿化部分还是北京市民的游乐休息的好地方。规划工作者相当完满地满足了各种功能的要求。它的幅员十分广阔，在尺度的处理上也是掌握得相当适当的。

在这篇文章里，梁思成似乎放弃了自己曾坚持的主张。但是，1961年7月26日，他在《人民日报》发表《建筑和建筑的艺术》一文，重提“小孩放大”及“合乎人的尺度”问题：

一座大建筑并不是一座小建筑的简单的按比例放大。其中有许多东西是不能放大的，有些虽然可以稍微放大一些，但不能简单地按比例放大……由于建筑物上这些相对比例和绝对尺寸之间的相互关系，就产生了尺度的问题，处理得不好，就会使得建筑物的实际大小和视觉上给人的大小的印象不相称。这是建筑设计中的艺术处理手法上一个比较不容易掌握的问题。从一座建筑的整体到它的各个局部细节，乃至于一个广场，一条街道，一个建筑群，都有这尺度问题。美术家画人也有与此类似的问题。画一个大人并不是把一个小孩按比例放大；按比例放大，无论放多大，看过去还是一个小孩子。

梁思成对人民大会堂设计的评论，被迅速政治化。

1960年1月15日，在清华大学建筑系党总支会议上，一位教师作了自我检讨："对国庆工程同意'西而古'是否定大跃进。"[1]

"很长时间以来，系内有些老师和同学，对我国解放十五年来的新建筑，特别是天安门广场和十大建筑议论纷纭。例如，认为'天安门是封建帝王和劳动人民爱戴的统一形象'，抹煞了建筑的阶级性。对十大建筑，则冷嘲热讽，指手画脚，认为'人大会堂是个大小人，中不中，西不西，折衷主义'。"这是1965年清华大学建筑系一位学生的评论。[2]

还有学生不解道："为什么教师花那么多的精力作有关西方建筑、流动空间、中国古代园林的讲座，却没有一个人开一个专谈十大建筑的讲座呢？"[3]

"文化大革命"中，梁思成更是因此遭到猛烈攻击，他被迫检讨："'中而新'在实质上是反动的。"[4]

正如前文所述，"十大建筑"有6项是在旧城区建设的。

在人口密集的旧城区展开如此大规模的建设，必进行大量拆迁。这当中，天安门广场的拆迁量最大。北京市副市长冯基平领导拆迁工作，仅用一个月时间，于1958年10月上旬基本完成天安门广场工程拆房10129间的搬迁工作，保证了工程的开工。[5]

在当时的经济条件下，要在如此短暂的时间里全部妥善安置被拆迁居民，是难以做到的。有相当一批居民被安置到了简易平房之中，一些地方条件很差，直到20世纪80年代中后期才开始逐步得到改善。

一些民主党派人士对天安门广场工程提出批评。民革中央委员于学忠甚至说，天安门的工程，像秦始皇修万里长城。[6]

东北协作区办公厅综合组组长李云仲，1959年6月9日给毛泽东寄去一封万言书，列举了"大跃进"中出现的一系列严重经济问题，批评豪华的高级宾馆、饭店建得太多，国庆工程也有些过分，"今年各地用在'国庆工程'投资恐怕有八九亿元之多，这可以建一个年产300万吨的钢铁企业或1600万—1800万平方米职工住宅。"

毛泽东对此信作了批示，认为"李云仲的基本观点是错误的，他几乎否定了一切"，但对他敢于直言的精神表示赞赏。[7]

可是，毛泽东能够接受李云仲的万言书，却无法接受彭德怀在庐山会议上递交的同样是总结"大跃进"经验教训的万言书，彭德怀及其同情者黄克诚、张闻天、周小舟

[1] 梁思成工作笔记，1960年1月15日，林洙提供。

[2]《教学思想讨论文集（一）》，清华大学土木建筑系编，1965年1月。

[3] 同[2]注。

[4] 梁思成，"文革交代材料"，1968年11月5日，林洙提供。

[5] 董光器，《北京规划战略思考》，中国建筑工业出版社，1998年5月第1版。

[6] 李锐，《庐山会议实录》，河南人民出版社，1994年6月第1版。

[7] 同[6]注。

等遭到批判。

庐山会议本来是要总结“大跃进”的经验教训，纠正“左”倾错误，没想到彭德怀的一封信让毛泽东雷霆万钧，反“左”成了反右，引发了1960年更大的“跃进”。

城市人民公社

1959年，在白塔寺西北角，一幢巨大的“公社大楼”拔地而起，这幢住宅楼又被称为共产主义大厦。

这幢8层高的大楼内，每家每户没有厨房，要吃饭，你就到公共食堂里去打。这个大楼，更像一个旅馆，它与真正的旅馆所不同的是它那巨大的集体概念，如此众多的家庭拥挤在一幢大房子里，每一层40多户。

笔者访问这幢大楼时，看到众多人家都在昏暗的走道里搭建了小厨房，而笔者与一位老住户在楼道里的交谈，竟如此有趣：由于楼道内安装的是声控灯光，我们必须通过跺脚的方式获得照明，灯一亮，看见彼此的都是那个大踏步姿势……

自从毛泽东1958年8月在河北徐水称赞“人民公社好”之后，全国各地掀起大办人民公社的高潮。8月29日，中共中央政治局北戴河扩大会议讨论通过《中共中央关于在农村建立人民公社问题的决议》，宣布“共产主义在我国的实现，已经不是什么遥远将来的事情了，我们应该积极地运用人民公社的形式，摸

公社大楼南立面。王军摄于2002年10月。

公社大楼西立面。王军摄于2002年10月。

索一条过渡到共产主义的具体途径”。

仅几个月的时间，人民公社的浪潮淹没了农村，后又滚滚涌向城市，迅速完成了“包围城市，夺取城市”的历程。

率先实行农村公社化的河南省，一鼓作气，在城市建立了人民公社。到1958年9月底，河南全省9个直辖市共建立人民公社482个。1958年12月召开的中共八届六中全会，肯定城市人民公社是“改造旧城市和建设社会主义新城市的工具”，是“生产、交换、分配和人民生活福利的统一组织者”，是“工农商学兵相结合和政社合一的社会组织”。中共中央要求各地放手发动群众，组织试验各种形式的城市人民公社。

于是，城市人民公社浪潮兴起。到1960年7月底，全国190个大中城市就建立了1064个人民公社，参加公社的人口达到5500多万人，占

到这些城市人口总数的77%。

人民公社及其向共产主义过渡的高潮给人们的生活带来了什么？它是真正的全民所有制，集体所有制和个体所有制全部被改为全民所有制，一切财产归全民所有。在农村，房子姓了公，树木归了公，鸡、鸭、猪充了公，铁锅砸了去炼铁，家家户户不冒烟，全都去吃食堂。除了一双筷子、一只碗是个人的，还真没有什么私人财产了。

吃饭不要钱，放开肚皮吃，是许多人的梦想。可是，徐水这个典型却因此在1959年和1960年严重缺粮，甚至还饿死了人。不过三四个月，全民供给制就在这里夭折了。

与农村人民公社一样，城市人民公社也刮"共产风"。城里人有的兴奋，有的恐慌，一些人向银行提取大量存款，商店里的手表、金钻戒指等商品迅速脱销。

公共食堂是人民公社的一大特征。到不到食堂吃饭被看成一个严重的政治问题。1959年反"右倾"时，一些不愿意去食堂吃饭的人，受到以"大辩论"为名的激烈斗争和断

公社大楼对北京元代建筑妙应寺白塔形成压迫之势。王军摄于2002年10月。

公社大楼用人民大会堂建筑余料建成。王军摄于2002年10月。

粮等打击，一些支持和同情不去食堂吃饭的干部，被划成“右倾机会主义分子”，受到批判。有些省还喊出了“食堂万岁”的口号。当时全国农村有4亿人口在公共食堂吃饭，占农村总人口的72.6%，一些省还实现了“食堂化”。1960年，为巩固公共食堂，中共中央发过一系列文件，认为公共食堂是“必须固守的社会主义阵地”，“农村中阶级斗争尖锐所在”，要求各级党委把安排生活和办好食堂“提高到阶级斗争的地位上来”。[1]

人们终于为违反客观事物的规律付出代价。很快，因为饥饿而导致的水肿病，因为缺粮而出现的“瓜菜代”，成为难以下咽的苦果。在1959年至1961年出现的三年困难时期，人们必须为吃饭而奋斗。那时，清华大学提出的口号是：“健康第一，是政治任务。”[2] 蒋南翔校长的号召是：“生活为基础，争取不浮肿”，[3] “希望浮肿不再恶化……要配合起来，来个‘保健大合唱’”。[4]

狂热地向共产主义过渡的浪潮，使一切尺度发生变化。

在1960年4月召开的全国人民代表大会上，“城市人民公社好得很”成为代表们众口一词的称赞。“许多代表在发言中热烈欢呼这个具有伟大历史意义的革命群众运动，认为城市人民公社运动的发展，必将进一步使我国城市的政治、经济面貌和城市人民的精神面貌发生深刻的变化。”[5]

中华全国总工会副主席李颉伯发言说：“目前，全国各省、市、自治区都按照自愿原则建立了一批城市人民公社，公社人口近二千万人。河南、河北、黑龙江等省多数城市，已经基本上实现了人民公社化。现

[1] 薄一波，《若干重大决策与事件的回顾》下卷，中共中央党校出版社，1993年6月第1版。

在，城市人民公社正在迅速地大量地发展起来，已经开始形成汹涌澎湃、波澜壮阔的群众运动。可以预料，在不太长的时间里，全国城市将基本上实现人民公社化。

“当我国人民正以欢欣鼓舞的心情庆贺我国城市人民公社运动高潮到来的时候，帝国主义者及其应声虫，又在像对我国农村人民公社一样，对我国城市人民公社进行恶毒的攻击和污蔑，进行疯狂的叫嚣……让他们悲泣叫嚣去吧，任何力量都不能阻止这一历史车轮前进！”[6]

城市人民公社运动，被纳入“大办”之列。国务院副总理李富春在人大会议的报告中提出：“现在，全国各城市正在大办人民公社，大办街道工业，大办郊区农业，大办公共福利事业，大办公共食堂，广泛地组织居民的经济生活，把城市人民进一步地组织起来，并且使成千成万的城市家庭妇女从家务劳动中解放出来，参加社会劳动。”

梁思成在人大会议上作了一个发言，提出：“如何根据城市人民公社发展的要求进行城市规划，是摆在建筑工作者面前的一个新问题。我们应该很好的加以研究。”“城市规划要考虑进一步妥善地安排为家庭妇女参加社会劳动所需要的街道工厂和为全体居民服务的公共食堂、托儿所、幼儿园等生活福利设施。除此而外，我觉得更重要的是：城市人民公社这个新思想、新生活、新问题、新事物是我们过去所不熟悉的。我们对于这种新的生活方式可能不那么习惯。在这方面如何改造我们的旧思想、旧观点和旧的生活习惯是一个极为重要的问题。”[7]

梁思成希望城市规划能够研究城市人民公社问题，没想到半年之后，得到的答案却是“三年不搞城市规划”。

1960年11月，全国计划工作会议召开，会议报告严厉批评了“四过”问题，宣布“三年不搞城市规划”。

何为“四过”？即城市建设中出现的“规模过大、占地过多、求新过急、标准过高”。

“四过”问题是1957年4月国家建委主任薄一波、城市建设部部长万里等率工作组到西安、兰州、成都等地检查城市规划和城市建设工作后提出的，但是这些问题当时并没有得到应有的重视，很快在“大跃进”期间，在“大办工业”、“大炼钢铁”等高潮中，城市规划过分扩大，城市人口过分膨胀，超过了国家财力所能承受的限度，并出现城市规划和建设严重失控的局面。

在经济严重困难的情况下，1961年1月，中共中央提出“调整、巩固、充实、提高”的八字方针，并发出勤俭节约、缩短基本建设战线的指示，决定三年不上工业项目和大型基建项目。就在这样的背景下，提出“三年不搞城市规划”的全国计划工作会议提前召开。

[2] 梁思成工作笔记，1961年6月30日，林洙提供。

[3] 梁思成工作笔记，1961年10月6日，林洙提供。

[4] 梁思成工作笔记，1961年11月1日，林洙提供。

[5]《人大代表热烈欢呼具有伟大历史意义的革命群众运动 城市人民公社好得很 政协委员坚信全国农业发展纲要一定能够提前实现》，《人民日报》，1960年4月9日第1版。

[6] 同[5]注。

[7]《建筑工作者的新任务 梁思成代表谈大办城市人民公社后要考虑新的城乡规划》，《人民日报》，1960年4月11日第15版。

这对于城市规划界无疑是重大的打击。一时间，各方面对城市规划的认识产生了混乱，各地的城市规划机构被大量精减，直至被撤销，规划队伍大为削弱，遭到严重破坏。

北京市虽然作出总体规划暂不变动的决定，却必须面对基本建设任务大大压缩的现实。北京市许多建设项目中途下马，基础设施工程也处于停滞状态，面临着1949年以来罕见的城市建设低潮。从1961年至1965年，北京市采取措施，5年内动员42万人返回农村。

在几近崩溃的经济状况下，北京市1957年提出的10年左右完成旧城改建的计划，只能搁浅了。

新旧决裂

“大马路”之争

1964年，经历“三年困难”重创之后，国民经济调整的任务基本完成，一个新的发展阶段可望到来。

3月，中共中央批转了国务院副总理李富春《关于北京城市建设工作的报告》，报告提出：“东西长安街两侧已经有不少拆了房子的空地，应当尽先安排适当的建设项目把它建设起来。同时，考虑到国际形势和国内条件，首都面貌应当逐步改变，如果中央同意，即可让北京市迅速作出东西长安街的改建规划。”“沿街要多建一些办公楼和大型公共建筑。但是，其他城市不得仿效。”[1]

根据中共中央指示的精神，北京市决定利用长安街上已拆空的两片地方，即西单东北角和方巾巷东科技馆原址，建设百货大楼和办公楼，并着手编制长安街规划。

为此，北京市政府发动北京市规划局、建筑设计院、工业建筑设计院、清华大学、建筑科学研究院、北京工业大学等6家单位分别编制规划方案，并于1964年4月10日至18日，邀请各地建筑专家审核、评议规划方案。

这次会议首次形成了长安街较完整的规划方案。而在此前相当一段时间，对长安街的规划，一直存在不同看法。

新中国成立之初，在进行天安门广场规划的同时，北京市规划部门就开始研究长安街规划。占用东

[1]《李富春关于北京城市建设工作的报告》（摘录），载于《建国以来的北京城市建设资料》（第一卷 城市规划），北京建设史书编辑委员会编辑部编，1995年11月第2版。

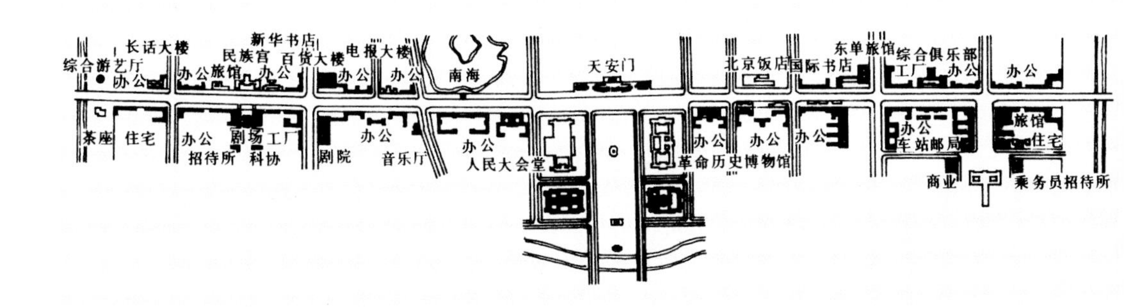

长安街规划综合方案（1964年）。（来源：《建国以来的北京城市建设》，1986年）

交民巷操场建设的公安部、燃料部、纺织部、外贸部办公楼，由于建得早，没有达到后来规划提出的道路宽度要求。

1954年9月，《改建与扩建北京市规划草案的要点》提出，为便利中心区的交通，并使中心区和全市的各个部分密切联系，计划将南北、东西两条中轴线大大伸长和加宽，其一般宽度应不少于100米；1958年6月，北京市上报中央的《北京城市建设总体规划初步方案的要点》又提出，东西长安街、前门大街、地安门大街是首都主要的街道，将要展宽到100至110米，并且向外延伸出去；同年9月，《北京市总体规划说明（草案）》又将东西长安街、前门大街、鼓楼南大街3条主要干道的宽度调整为120至140米，并提出一般干道宽80至120米，次要干道宽60至80米。

国家计委多次对北京的道路宽度等提出质疑，有人以“房必五层，路必百米”相讥，更有人批评这是“大马路主义”。

但是，北京市的态度是坚决的。1956年10月10日，彭真在北京市委常委会上提出：

伦敦、东京、巴黎、纽约等城市的交通都很拥挤，据说有的地方坐汽车不一定比走路快。莫斯科有些窄街道，也有这个问题。我们应该吸取这方面的经验教训。

道路不能太窄。1953年提出东单至西单的大街宽九十公尺，就有人批评这是“大马路主义”。大马路主义就大马路主义吧。不要害怕，要看是否符合发展的需要。道路窄了，汽车一个钟头才走十来公里，岂不是很大的浪费？

将来的问题是马路太窄，而不会是太宽。我们不要只看到现在北京全市只有不到一万辆小汽车，要设想将来有了几十万辆、上百万辆汽车时是什么样子。总有一天会发展到几十万、上百万辆车的。主要的马路宽九十公尺并不是太宽了。直升飞机也要场地。在座的青年同志们，等你们活到八十岁九十岁时，再来看看是谁对谁错，那时由你们来作结论。[1]

由于对道路宽度存在争论，北京市决定改建长安街先从北侧开始，因此电报大楼和沿长安街安排的国庆工程，如民族文化宫、民族饭店，以及水产部大楼（现国家经贸委商业机关服务中心），都放在北侧。当时西单百货大楼、科技馆和长途电话大楼也确定了位置，有的已完成了拆迁，腾出了空地，有的打好了基础，有的已完成首层的结构，后因1959年至1961年出现经济困难而停建。

1958年，东西长安街被展宽并朝着古城墙方向打通延长，道路断面形式为一块板，即机动车与两侧非机动车道之间没有绿地相隔，连为一体。北京市城市规划设计研究院原副院长董光器认为，这在当时主要是从备战考虑的，双塔庆寿寺

[1] 彭真，《关于北京的城市规划问题》，1956年10月10日，载于《彭真文选》，人民出版社，1991年5月第1版。

之拆除也与此有关：

50年代末，世界战火不断，抗美援朝刚结束，在征求对总体规划意见时，来自军队方面的同志曾提到："从国防上看，例如道路很宽，电线都放在地下，这样在战争时期任何一条路都可以作为飞机跑道，直升飞机可以自由降落。假如在天安门上空爆炸了一个原子弹，如果道路窄了，地下水管也被炸坏了，就会引起无法补救的火灾，如果马路宽，就可以作隔离地带，防止火灾从这一区烧到另一区去。""道路中心种树不好，不如在路两旁行道边种树好，因为人们不会到路中间去休息、散步的。"这可能就是长安街定为一块板的主要出发点，也可能是搞一块板的另一种考虑。在马路上连树都要靠边，在街心堵一个双塔寺自然是难以成立了，因此，尽管在当时规划人员一直把双塔保留在街心，迟迟未拆，但最后还不得不奉命拆除。离开了当时政治、军事形势分析，就很难说清双塔寺拆除的道理。[2]

[2] 董光器，《北京规划战略思考》，中国建筑工业出版社，1998年5月第1版。

就在北京规划建设大马路的时候，西方各大城市却在大力发展单行线，力求不以道路的宽度，而是以其密度取胜。

在路网规划方面，北京市长期以来实行道路"宽而稀"的双向交通模式，20世纪50年代制定的道路红线规划一直执行至今，机动车道路一般相隔700至800米一条。相比之下，一些西方发达国家的城市则走了一条道路"窄而密"的发展模

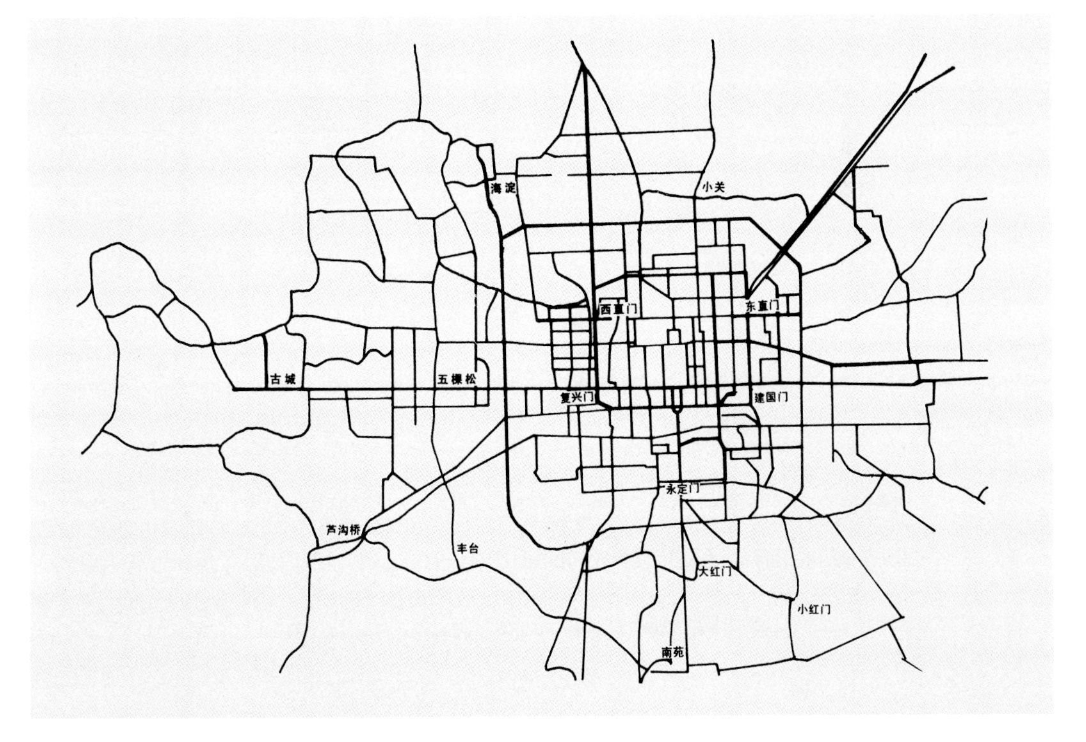

北京市区道路系统示意图(1985年)。(来源:《建国以来的北京城市建设》，1986年)

式，如华盛顿，机动车道路一般相隔100至150米一条。由于路网密，这些西方城市大力发展单向交通，注重路网与道路系统的建设。

从交通技术上看，提高路口的通过能力是解决拥堵的关键，因为车辆就是堵在交叉口上。而双向交通最大的问题就是路口通过能力低，因为既有直行、又有左拐，相互干扰严重，而单行线就不存在这个问题。据测算，单行线比双行线提高车辆通过量50%至70%。

"二战"之后，许多西方城市就是看准了单行线这个"法宝"，使堵车的问题得到改善。纽约交通管理局在1949年开始推行单行线，创造了"奇迹"；伦敦借助其密度较高的路网，大力发展单向交通，把2/3的道路辟为单行线，事半而功倍。

北京的路网稀，一个重要原因就是"大院"太多。对20世纪50年代初北京兴起的机关"大院"热，苏联专家曾予以批评，但把住宅小区建设到城市里面来，却是苏联人的创造。在西方，住宅小区一般建在城市的郊区，城市里以街坊布局。街坊的优点是：所占地块不大，能够适应路网密的要求。而苏联的规划师们认为，小区比街坊好，因为它配套完善，能够使社区生活更加方便。于是，小区就被他们从郊区搬到市区里来。

北京长安街。王军摄于2002年10月。

一个新的矛盾出现了。小区占地大，路网就无法加密，便捷而经济的单向交通就很难实行了。

道路红线规划是北京市至今执行得最不走样的一项规划。所谓红线，即在规划图中标示道路两侧建筑间距的“红色”警戒线，任何新的房屋建设都不可越雷池一步。

红线图上，道路宽而直，被画进去的有一处处文物建筑，还有更多的胡同、四合院、历史街区，这些都是计划要被拆除的；什刹海也被红线穿过，一条计划中的道路要东西横贯。

道路红线与其涉及的文物成为了一对你死我活的矛盾。1989年，北京著名元代道观——东岳庙的山门，因被划在红线之内，在道路建设中被拆除；也是同样的原因，1998年，粤东新馆被拆除。

当年都市规划委员会道路组组长郑祖武，奉命作了红线规划。1995年，已逾古稀之年的郑祖武，向笔者检讨北京城市建设的得失，认为发展单行线，加密路网，是解决城市交通的有效途径：

从现状来看，北京的交通太困难了。伦敦700万人口、280万辆汽车，道路面积率23%，与北京一样。巴黎也是这个数字。伦敦这么多人和车，只有几个立交，高架路只有1公里。而我们搞了100多个立交，交通却更挤了，道路增长与车辆增长速度要成正比，哪个国家也做不到。伦敦路网密，我们道路宽。伦敦靠两个，一是单行线，2/3的道路是单行线；二是交通自动化控制。北京的市中心区这么紧张，还要大规模改造王府井，建设东方广场[1]。这怎么办？交通怎么维持？[2]

对于长安街的宽度，1957年5月2日，梁思成在北京市人民委员会第24次会议上，曾作出一段幽默的评论：

展宽西长安街的时候，拆了很多民房，结果街道过宽，街道当中用不着，留作停车场，把民房拆了作停车场，我看不太妥当……西长安街太宽，短跑家也要跑十一秒钟，一般的人走一趟要一分多钟，小脚老太婆过这条街道就更困难了。[3]

[1] 东方广场大厦，基本建成于1999年，位于北京王府井商业区至东单商业街之间，长安街北侧，其巨大的体量对故宫形成压迫之势，是北京争议最大的新建筑之一。——笔者注

[2] 郑祖武接受笔者采访时的回忆，1995年4月26日。

[3] 谢泳，《梁思成百年祭》，《记忆》（第二辑），中国工人出版社，2002年1月第1版。

城墙的最后拆除

进入20世纪60年代，中苏关系发生出人意料的转折，这两个曾以兄弟相称的社会主义大国，一时剑拔弩张。

中苏关系的变化，始于1956年2月召开的苏联共产党第20次全国代表大会。苏共第一书记赫鲁晓夫在大会上作秘密报告全盘否定斯大林，并由此在国际共产界引发一场巨大的政治风暴。毛泽东对此十分警惕，并明确提出反对修正主义的口号。

1959年10月1日，赫鲁晓夫登上了天安门城楼，参加中华人民共和国成立10周年庆典。可这一次，他却在“和平共处”问题上，跟毛泽东吵翻了。

所谓“和平共处”路线，即赫鲁晓夫要与美国搞缓和，希望各个社会主义国家支持他。毛泽东不理这一套，认为赫鲁晓夫到中国来，是为美国当说客，不惜牺牲中国的利益，乞求美国的缓和，是“投降主义”。

后来赫鲁晓夫对中国“大跃进”和人民公社运动的批评，更令毛泽东不快。

1960年2月，赫鲁晓夫在莫斯科召开东欧几国主要领导人参加的华沙条约国政治协商会议，继续推行“和平共处”路线。中国共产党派出的会议观察员康生，遵照毛泽东指示，作了主题相反的发言。

从此，一场影响深远的中苏论战和各国共产党之间的论战拉开序幕。

1960年初，在中印边界纠纷没有得到缓解，印度尼西亚也出现反华排华活动的时候，赫鲁晓夫不顾中方规劝，于2月访问印尼，并途中停留印度4天。

4月，中共在纪念列宁诞辰90周年之际，在《红旗》、《人民日报》上对苏共的思想路线及其内外政策，引马恩列之经典，进行了全面、系统和严厉的批判。

6月，中共代表团与51个国家的“兄弟党”代表一同参加罗马尼亚工人党第三次代表大会。会议期间，赫鲁晓夫发动对中共代表团的围攻，中共方面立即予以回击。双方几乎到了对骂的程度。

7月，苏联政府通知中国政府：撤走全部在华苏联专家，撕毁343个专家合同和合同补充书。这完全打乱了中国国民经济建设的安排，又正值中国“三年困难”时期，无异于雪上加霜。毛泽东愤言道：“还不如法国的资产阶级，他们还有一点商业道德观念。”

1961年10月，苏共召开二十二大，赫鲁晓夫在会议上发动了对斯大林个人崇拜的新批判，会议决定把斯大林的遗体从红场列宁公墓中移出，并予以焚毁。率中共代表团参加此会的周恩来，提前退场以示抗议，并专门到红场墙边的斯大林墓献了花圈。

从1963年3月开始，中苏两党围绕着所谓“关于国际共产主义运动总路线”展开了一场空前规模的大论战。论战于1964年10月赫鲁晓夫被苏共中央全会解除一切领导职务后结束。但是，事态并未好转。

1964年11月7日晚，在苏联政府举行的纪念十月革命47周年招待会上，苏联国防部长马林诺夫斯基对随中国党政代表团前来访问的贺龙说：“我们现在已经把赫鲁晓夫搞掉了，你们也应该仿效我们，把毛泽东也搞下台去。这样我们就能和好。”

周恩来立即向苏方提出抗议。苏共第一书记勃列日涅夫不得不表示道歉。通过这件事联系到其他情况，中共中央得出勃列日涅夫实行的是“没有赫鲁晓夫的赫鲁晓夫主义”的结论。

此后，中苏关系日趋紧张。苏联在中苏边境增兵至百万之众，并在蒙古人民共和国进驻军队，对中国形成大兵压境之势。

反修防修的调子越唱越高，刚刚复苏的中国经济建设进入一个特殊时期。

按照设想的军事地理区划，中国沿海为第一线，中部为第二线，后方为第三线。1964年8月19日，李富春、罗瑞卿、薄一波向中央报告：一切新的建设项目应摆在三线，布点分散、靠山、隐蔽；一线的重要工厂和重点高等院校、科研机构，要有计划地全部或部分搬迁到三线；不再新建大中型水库；筹建北京地铁，并考虑上海、沈阳地铁。报告经批准后纳入1965年计划和“三五”计划，并以惊人的速度执行着。[1]

北京古城墙，终于走到了漫长岁月的尽头。新社会的建设者们要从城墙直挖下去，建造北京地铁。

1965年1月，工程部门为备战需要，就修建北京地下铁道问题呈书中央。报告称：修地下铁道是军事的需要，也兼顾解决城市交通问题。同时，由于现有城墙大部分已经拆除或塌毁，地下铁道准备选择合适的城墙位置修建。这样既符合军事需要，又避免了大量拆房，在施工过程中也不妨碍城市正常交通，可方便施工，降低造价。

这个报告得到中央批准。毛泽东主席批示：“杨勇[2]同志：你是委员会的统帅。希望你精心设计、精心施工。在建设过程中，一定会有不少错误、失败，随时注意改正。是为至盼！”[3]

1965年7月1日，北京地铁工程开工，地下铁道工程局和铁道兵负责施工，北京市负责拆迁。由于工期紧，拆除城墙、城楼的主要任务就由铁道兵承担。一期工程全长23.6公里，拆了内城南墙、宣武门、崇文门、徐悲鸿纪念馆（馆址迁移）；二期工程由北京站经建国门、东直

[1] 宋宜昌，《三线建设的回顾与反思》，载于《战略与管理》，1996年第3期。

[2] 时任中国人民解放军副总参谋长兼北京军区司令员、北京地下铁道领导小组组长。——笔者注

[3] 《建国以来毛泽东文稿》第11册，中央文献出版社，1996年8月第1版。

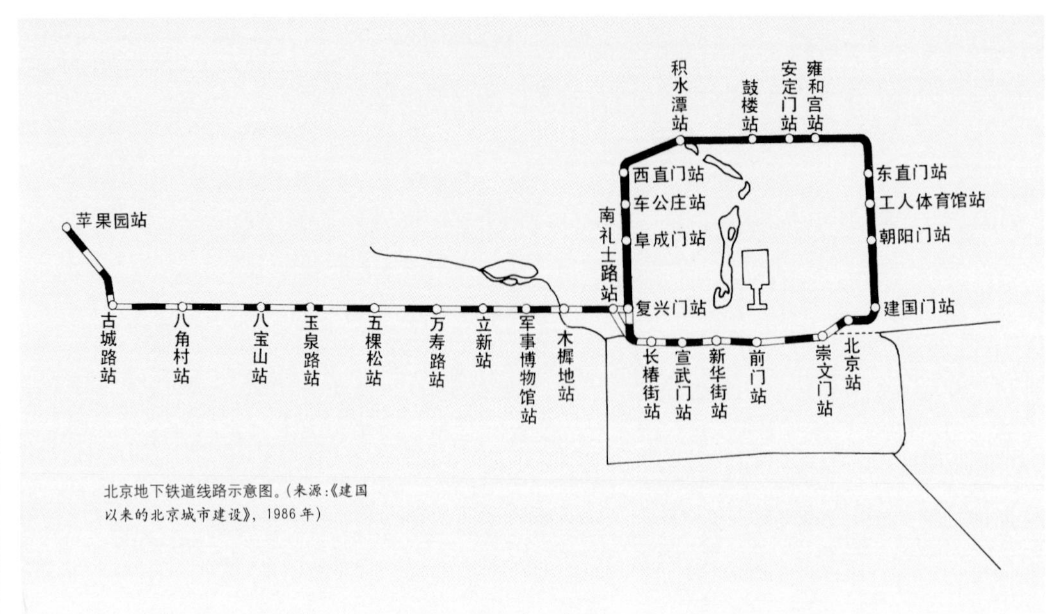

北京地下铁道线路示意图。(来源:《建国以来的北京城市建设》,1986年)

门、安定门、西直门、复兴门沿环线拆除城墙、城门以及房屋，全长16.04公里。

地铁开工建设之前，周恩来驱车沿城墙看了一周，指示把正阳门城楼和箭楼保留下来。[1]周恩来显然看重这组古建筑对于天安门广场空间布局的重要性。早在1958年9月安排“国庆工程”时，周恩来就提出天安门广场的扩建，不能拆除正阳门城楼和箭楼。

1966年5月，“文化大革命”爆

[1] 周永源接受笔者采访时的回忆，1993年11月16日。

[2] 梁思成工作笔记，1958年9月13日，林洙提供。

1915年被拆除瓮城并在城楼两侧增建券洞后的正阳门。清华大学建筑学院资料室提供。

正阳门城楼和箭楼现状。王军摄于2002年10月。

北京古观象台。王军摄于2002年10月。

发，在“横扫一切”的狂潮中，地铁线上原为明清两朝天文观测中心的古观象台也被列入拆除对象。1968年12月21日，周恩来指示：“这个天文台不要拆”，要地铁绕行，使之得以幸存。[3]

1969年3月，中苏边境发生了“珍宝岛事件”；4月，毛泽东主席提出“要准备打仗”，随即在群众中掀起挖防空工事运动。从10月中旬到11月中旬，全市平均每天有30万人参加义务战备建设，拆城墙、取城

[3]《北京文物博物馆事业纪事》(上)，北京市文物事业管理局编，1994年。

正准备拆除的一处城楼(1965年)。(来源:《北京老城门》,2002年)

砖、修建防空工事。这项战备活动在“文革”期间延续了若干年。

这是新中国成立以来，第二次有组织、有计划地大规模拆除北京城墙和城门楼的行动。前一次发生在1958年“大跃进”时期，外城城墙被基本拆除，内城的部分城墙被拆毁；而这一次，为修建地铁，内城城墙遭到了彻底的毁灭。

宣武门。明永乐十七年（1419年）南拓北京南城墙时修建，沿称元“顺承门”之名。正统元年（1436年）重建城楼，增建瓮城、箭楼、闸楼，正统四年（1439年）竣工。取张衡《东京赋》“武节是宣”，有“武烈宣扬”之义，改称“宣武门”。

1966年，宣武门城楼被拆除。

崇文门。俗称“哈德门”，明永乐十七年南拓北京南城墙时修建，沿称元“文明门”之名。正统元年重建城楼，增建瓮城、箭楼、闸楼，正统四年竣工。取《左传·昭公十二年》“崇文德也”之典，以示“尊重文治，文教宜尊”，改称“崇文门”。

1966年，崇文门城楼被拆除。

东直门。原为元大都东城墙中门“崇仁门”，永乐十七年修葺后，取“东方盛德属木，为春”，扬雄《太玄经》“直东方也，春也”，天地发育之气始于木，木生于春，而行于东方谓之“仁”，联系原名崇仁，又结合东方为春，更名为东直门。

1957年，北京市有关部门提出，为了东郊飞机场建成后的交通便利，计划拆除东直门城楼。如果不拆除这个城楼，改建道路时将要多花几万元的费用。1957年5月2日，在北京市人民委员会第24次会议上，梁思成据理力争：

听说有关方面在修筑道路中要拆东直门城楼，我看要好好考虑，这个城楼是现在北京明朝留下来惟一的楠木建筑物。1934年，袁良作北京市长的时候，有一个日本木匠见到是古代楠木建筑物，愿意补贴两万元进行维修。人们不要把这些古东西只当作古董看待，它们在城市中起着装饰的作用。外国有许多城市的马路上，很讲究装饰，看来不单调，我们应该注意这个问题，当然不必花钱去兴建，原有的建筑要好好地利用它为城市服务。[1]

但是，梁思成只获得了短暂的成功。

1969年，东直门城楼被拆除。

[1] 谢泳.《梁思成百年祭》.《记忆》(第二辑).中国工人出版社,2002年1月第1版。

即将被拆除的安定门箭楼。罗哲文摄。

正在搭架准备拆除的安定门城楼。罗哲文摄。

青年男女在即将被拆除的安定门箭楼前的护城河边小憩。罗哲文摄。

安定门。明洪武元年（1368年）明军攻陷元大都之后，将元大都北城墙东侧门安贞门改称安定门，取“天下安定”之义。明大将军徐达后修整元大都旧城垣，另在北城垣南五里另筑北土垣为第二道防线。明洪武四年（1371年）改建北平城垣，废元大都北垣及北垣之原“安贞”、“健德”二门，以徐达新筑北土垣加高加宽，东侧门仍称安定门。

1969年，安定门城楼、箭楼被拆除。

31年后，文物学家罗哲文发表《安定门的拆除》一文，追忆道：

> 城门中除前门外，惟独西直门和安定门，还把城楼与箭楼同时完整地保存到“文化大革命”中。
>
> 1969年夏，我在拍摄西直门拆除照片的时候，很快就想到了安定门的命运，于是又立刻骑车绕到了安定门。沿着护城河的外侧，时而骑行时而下车，不断观赏幽静的护城河景色。河水清清，垂杨拂水，偶尔还有一些逍遥于“文革”之外的男女在河边坐歇。我第一次来的时候，还未动手拆除，城楼、箭楼和大部分瓮城还在。待第二次来时，城楼已经搭上了拆除的脚手架。第三次来，城楼已拆了一半，箭楼也搭上了拆除脚手架。由于“文化大革命”的紧张“战斗”和其他一些事情缠身，我隔了一段时间才又来，城楼已经无影无踪了，只好叹息一番。[1]

德胜门。明军攻陷元大都之后，将元大都北城垣“健德门”改称“德胜门”，意为明军“以德取胜”。明洪武四年改建北平城垣，北城垣西侧门仍称德胜门。

德胜门瓮城及闸楼于1915年修筑环城铁路时被拆除；德胜门城楼于1921年因梁架朽坏被拆除；德胜门城台及券门于1955年被拆除，扩大为德胜门豁口。

修筑北京地铁时，工程部门因德胜门箭楼未阻挡地铁路线而未立即拆除。1979年，就在它行将被毁之际，全国政协委员郑孝燮的一封信使其幸存。兹附信如下：

> 陈云副主席：
>
> 听说北京即将拆除一座明朝建筑——德胜门箭楼。为此建议，请考虑对这类拆毁古建筑的事，应迅加制止。

[1] 罗哲文，《安定门的拆除》，《中国文物报》，2001年2月21日第4版。

德胜门箭楼与北京二环路。王军摄于2002年10月。

（一）北京是个历史悠久的世界名城，风景名胜较多，特别是古建筑更是独具风格。目前除加强保护好城区和郊区的风景名胜外，还需要考虑在整个城区或郊区也能适当保留一些中小型的风景文物。这些中小景物应同北京风景名胜的主体风格取得谐调或有所呼应。德胜门箭楼是现在除前门箭楼外，沿新环路（原城墙址）剩下的惟一的明朝建筑，如果不拆它并加以修整，那就会为新环路及北城一带增添风光景色。

（二）德胜门箭楼位于来自十三陵等风景区公路的尽端，是这条游览路上惟一的、重要的对景。同时它又是南面什刹海的借景，并且是东南面与鼓楼、钟楼遥相呼应的重要景点。不论在新环路上或左近的其他路上，它都可以从不同的角度映入人们的眼帘。在新建的住宅丛中，夹入这一明朝的古建筑，只要

德胜门箭楼。王军摄于2002年10月。

空间环境规划好，控制好，就能够锦上添花，一望就是北京风格。从整个北京城市的风景效果来看，保留它与拆掉它大不一样。

（三）拆除这座箭楼，可能是出自交通建设上的需要。但是巴黎的凯旋门并没有因为交通的原因而拆除，这很值得我们参考。风景文物是“资源”，发展旅游事业又非常需要这种“资源”，因此是不宜轻易拆毁的。

（四）破坏风景名胜有两种情况：一是拆或改。二是不拆。但在周围乱建，破坏空间环境，喧宾夺主或杂乱无章，如北京阜内白塔寺（1096年辽代建，1271年元代重修）就是一个教训。国外如日本在这方面是有严格限制的，欧洲有些城市把上百年历史的建筑也列为保护对象，为旅游服务。我们的城市规划、文物保护、园林绿化工作，迫切需要有机配合，共同把风景名胜保护好，并且应由城市规划牵头。

（五）像德胜门箭楼的拆留问题、白塔寺附近的规划建设问题，可以请有关单位组织旅游、文物、建筑、园林、交通、城市规划等方面的领导、专家、教授座谈座谈，听听他们是什么意见。

谨此建议，如有错误请批示。谨致敬礼！

全国政协委员　郑孝燮

一九七九、二、十四[1]

[1] 此信为郑孝燮先生提供。——笔者注

西直门。原为元大都西城垣之中门“和义门”。永乐十七年修缮后以原“和义”之名转承为“西直”。“和义”与“西直”之义相通。古以西方属“义”，又有“师直为壮，壮则胜”之说。直，有理，理直，即为“义”。故将“和义”改为“西直”。西直门明清时每晚关城后，于午夜为给皇宫送玉泉山泉水的水车开城一次，故有“水门”之称。西直门瓮城是北京各城门中唯一的正方形瓮城，也是北京地铁动工之前，北京唯一保存完整的瓮城。

1953年，为了交通方便，北京市曾考虑拆除西直门城楼和箭楼，遭到梁思成的强烈反对。梁思成提出在城楼两侧的城墙开券洞通行，城楼、箭楼、瓮城当作交通环岛予以保留。此建议得到采纳，西直门因此得以幸存。可是，好景不长。

1969年，西直门城楼、瓮城、箭楼、闸楼一并被拆除。

这一年5月，拆除西直门箭楼时，从城墙内挖出元大都和义门的瓮城城门。城门洞用砖券砌筑，比明代城门洞矮小，所用砖料是一种薄型城砖。在门洞上有1米多高的城楼残壁，在上面还发现了为抵御火攻用的石制设备。

这一发现，为研究元代城门建筑及元末历史，提供了珍贵的资料。

元至正十八年（1358年）三月，一支由毛贵率领的红巾军，从山东进入河北，直逼大都近郊。风雨飘摇中的元朝统治者赶忙下令，向四方征兵，同时加强大都的防御。这支农民起义队伍，在离大都100余里的柳林地区，遭到元军偷袭，放

正在搭架准备拆除的安定门城楼。罗哲文摄。

拆除中尚余立柱的西直门。罗哲文摄。

经过发掘整理后的和义门。罗哲文摄。

和义门内的填塞物已被清除。罗哲文摄。

弃了进攻大都的计划，返回山东。但是，元朝统治者仍心有余悸，害怕起义军再次进攻，于至正十九年十月初一日（1359年10月22日），下令大都11个城门都要加筑瓮城，造吊桥。经过一年多的施工，全部建成。从和义门瓮城的发掘来看，当年工程质量极差，甚至连地基都没有来得及做，这从一个侧面证明瓮城是由于元军忙于抵御起义军的进攻而仓促建成的。

负责和义门发掘工作的中国科学院考古所曾向科学院院长郭沫若反映此事，希望他能出面呼吁保护，但未得到响应。很快，和义门就被拆除了。

后来才知，郭沫若当时处境十分困难，随时都等待着批判，检讨多次还未过关。“文革”结束时，郭

拆除西直门箭楼时发现元大都和义门。罗哲文摄。

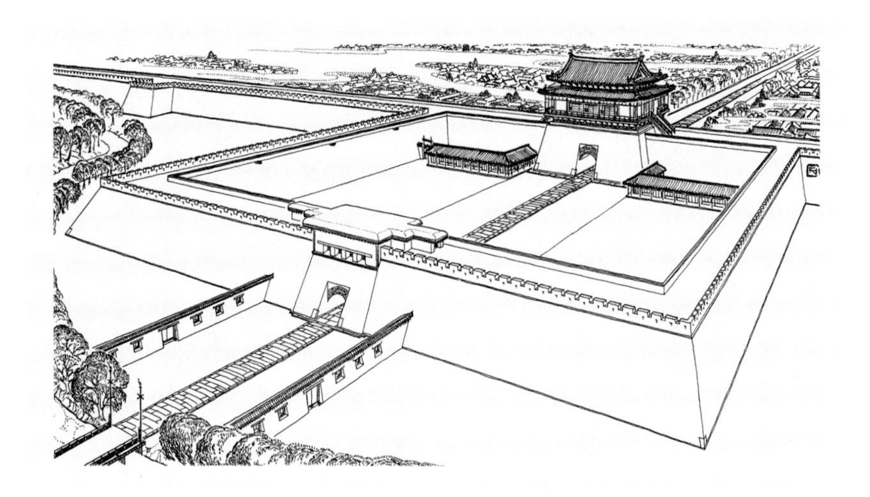

元大都和义门瓮城复原图。（来源：《傅熹年建筑史论文集》，1998年）

沫若说：我自己都难保，哪还有力量来保护和义门呢？[1]

1971年7月，郭沫若在新华社经周恩来批准播发的报道各地考古发掘的公开稿件上，加上这样一句话："元大都和义门瓮城城门的重见天日，要归功于北京市拆卸城墙的工人。"[2] 此一语足见其对和义门发现之重视，而"归功"之说，并不指拆城墙有功，是指这些人在拆城墙时没有把和义门先行毁掉，而是主动将其报告给了政府主管部门。

文物学家罗哲文拍下一组西直门被拆毁的照片。他回忆道：

1969年夏，西直门的厄运临头了。为了修地铁，西直门瓮城必须拆除。西直门本来已经成了"破四旧"的对象，只是由于拆除非常费力，所以在"文革"初期还没有人来顾及它。文化部门已经瘫痪，无

[1] 罗哲文，《西直门的拆除》，《中国文物报》，2001年1月3日第4版。

[2] 周长年，《二十六年前的一次考古发掘报道》，载于《新闻业务》，新华社新闻研究所编，1997年10月30日第20期。

拆除中显示的西直门瓮城闸楼内部结构情况。罗哲文摄。

古建筑专家傅熹年观看和义门内部结构。罗哲文摄。

人来管，就只好任它去了。我当时已无班可上，但也还在以个人的力量，有时和其他同志一起，关注着文物保护的事情，并尽一点力所能及的绵薄之力，如北京古观象台的保护、甘肃炳灵寺的保护等等。有一天我从西直门经过时，看见城楼和箭楼都搭上了脚手架，看起来不是维修，向在场的工人一打听，才知道是要拆。我也无可奈何，无计可施，因为它不像古天文台那样，具有科学的价值，能向周总理反映。于是我只好用自己买的国产相机和国产胶片拍摄一些照片留作纪念。先是拍了城楼搭上架子的照片，过些日子，又去拍了拆到一半只余立柱的照片，又过一些日子，再去拍了拆除闸楼、闸门的照片，最后还拍了拆除出元代和义门城楼遗址的好些照片。[1]

西直门被拆除28年后，当年被令在此“劳动”的“摘帽右派分子”郭源，回忆了发现和义门的经历：

1969年初，冬春之际，我在德胜门外新风街新都暖气机械厂三车间当壮工。我在这个劳改厂劳动改造一年半，留厂就业九年半，身份是长期临时工、摘帽右派分子、劳改释放人员。

一天忽然接到命令，三车间六七十人全部去拆西直门瓮城。瓮城有东西南北四面墙，构成“瓮”的样子，东西墙是砖砌的，南北是土墙，当时好像东城墙已拆完，只剩下西、南、北光秃秃的三面墙。北面的土墙没费多大劲，几天就推倒了，撤回了一些人。接着拆南墙，任务不太紧，又撤回一些，剩下了一二十人。南瓮城墙从外表上看是土加石灰，但是一镐下去，仅仅是个白印，连一点粉末都不掉。啃不动南城墙，只好转拆西城墙。

……

这时的北京已是春暖花开。毛衣都穿不住了，偌大一个西直门瓮城，只有两个“摘帽右派分子”拆西城墙，一个是我，一个是《六十年的变迁》插图画家江荧。没人管我们，爱干多少就多少，一点不干也没人理你。我和江荧像两只被放飞的鸟，在破烂城墙上“自由”飞翔。我们俩从西城墙上往下扔砖，那是明代的砖，比常见的城砖小，扔着扔着发现底下的一层砖跟明砖不一样，我把江荧叫过来，认真观察，发现下面的砖青中透黄，不像明砖是纯青色，比明砖长三分之一，宽三分之一，但薄二分之一。江荧腆着大肚子说：“管他呢，往下扔吧！”我说：“还是一层一层的扔，如果掏着扔，掏空了，咱俩不好下去了。”江荧同意我的意见，不过江荧扔了两块跑去买冰棍了，这时露出一大片又薄又脆的青黄相间的砖，当时我并不知道这一层就是元城“和义门”……

下午仍派我和江荧西直门拆砖，城墙下一片狼藉，大砖、小砖，整的、碎的，堆积如山，这里虽是交通要道，各种车辆早不通行，行人也不从这儿过，整个瓮城圈就江荧和我。江荧没扔几块就站到城墙顶尖处，观看四面八方的春景，街头树枝已有绿意，春风一吹，倒也十分惬意。我照旧扔砖，大概两点多钟的光景，砖下忽露出一个月牙形空洞，这离地面也就一米多点，我跳进空洞，用力一推，余下的墙砖忽啦一下倒向东边，露出一个小城门洞。

我一惊，拆瓮城墙拆出什么了！

我第一个钻进洞内，阳光也第一次照进这个近六百年的洞口，洞内很潮湿，忽然间看见南面墙壁上还有题字。我虽然喜欢历史，尤其喜欢明清史，但只是凭兴趣看书，对明代的官制记住一些皮毛……南墙题的是修城墙的官名，肯定有“东、

[1] 罗哲文，《西直门的拆除》，《中国文物报》，2001年1月3日第4版。

西”两个字，是“东提辖、西提辖”还是其他什么官，我就说不好了，接着有七八个人名，我估计都是修城墙的工头，名字也绝不会见于明史，最后几个字我记得非常清楚：“大明洪武十年。”我想明建国是1368年，洪武十年是1377年，这时我忽发思古之幽情，这五百九十二年里，经过多少风风雨雨的历史事件啊！看看墙上的字迹，湿润得很，就像刚写上似的，我感到新奇，思古之幽情跑掉了，奔出门口大喊：“江荧！快来看！”这时我不知道他上哪儿去了，又拼命的重复喊了一声，在很远的地方才听见江荧的回声：“小郭子！干什么？”我说：“快来！这儿有城门洞。”江荧很胖，虽尽力跑也不快，到了跟前，我拉着他快走，“洞内还有字。”江荧和我忙进洞口，可惜，墙上的字一个也不见了，江荧问我：“有什么字？”我一歪头说：“怎么没了？”当时我大惑不解，后一想近六百年了，因洞内潮湿才留住字迹，这一见空气，一见阳光，还不风化了！我说：“刚才真有字，怎没了？”江荧笑说：“你小子瞎说。”我起誓发愿一番，不是活见鬼，确实有。我们又发现洞内东南角、西北角各有一堆土，方圆有四五米，西北角那堆上的夯印很特别，才有碗那么大。眼看到下班时间，我们也就离开现场了。回去想想，西直门瓮城整个把那个小城门洞包住了，真是城中有城。

第二天上头命令新都厂多派人拆砖，当然有我和江荧。早晨又到西直门，我先进了小城门洞，这时已有两位文物局的人来了（估计是附近街道办事处值班的人向有关部门汇报了），洞内除了两堆土别无它物，西北角土堆上的夯印引起了工人们的注意，人们议论说这是元夯，明夯比这大。我想洪武十年离元朝才十年，恐怕明夯还没出现，只能用元夯了。我本应把我见到的一切包括稍纵即逝的字迹告诉文物局，

那对考证明朝建西直门那一带城墙的年代很有意义，可我是劳改厂的释放人员，如果文物局问我的身份实难出口。再说我见国家乱成这个样子，处处破四旧，快破到国破家亡的地步，别扯这份淡了。当天来的人多，砖扔得快，到中午平地上露出一座小城门楼子。样子我好像见过似的，忽然间我想起了张择端的“清明上河图”，眼前的小城门楼子和图上的城门一模一样，城门上窄下宽，呈斜坡状，洞门口上有三个字“和义门”。

当时的考古专家夏鼐、苏秉琦，建筑专家梁思成，都成了“牛鬼蛇神”，只听说郭沫若下午来过。文物局当天派人照了相，城墙仍照拆不误，元砖被扔得满地都是，一天时间，和义门——极为罕见的相当完整的元代建筑——夷为平地。[1]

与和义门的发现相似的是，20世纪70年代在拆除北城墙过程中，在后英房、后桃园、旧鼓楼大街豁口、安定门煤厂、德胜门以东及北

[1] 郭源，《梁思成先生未能亲见——追记元代“和义门”的发现》，1997年，载于《二闲堂文库》网站。

民国时期的阜成门。清华大学建筑学院资料室提供。

修建地铁时未被拆除的北京内城东南角箭楼。王军摄于2002年9月。

位于崇文门东大街北京现残存的一段内城城墙。王军摄于2002年9月。

1988年3月修内城西城墙南端的情形。张燕辉摄。

京106中学等地，发现10余处元代居住遗址。其中，后英房胡同元代居住遗址最为重要。这是一处非常讲究的大型住宅，由主院、东西跨院组成，总面积2000平方米。[1]

墙内“藏宝”的事，还在1952年8月19日开辟安定门东城墙道路豁口时碰到过。当时在城墙内掘出元代刊立的“元京畿都漕运使王德常去思碑”一块，碑文记有元代漕仓制度等，史料价值极高。和石碑一同出土的还有许多焦残的大木梁材，木材上彩画轮廓清晰可辨。[2]

阜成门。原为元大都西城墙南侧门“平则门”。明洪武十四年(1381年）重修，明正统元年重建，正统四年竣工，取《尚书·周官》“六卿分职各率其属，以倡九牧，阜成兆民”之典，改名“阜成门”。阜成门是通往京西门头沟的门户，明、清所需煤炭，皆由阜成门进京，故在阜成门洞内，北侧平水墙上砌有镌刻梅花之石条，以谐“煤”之音，有“阜成梅花”之称。

1969年，阜成门城楼被拆除。

内城西南角箭楼。位于今复兴门南大街与宣武门西大街交会处，形制与东南角箭楼略同，建于明正统元年至四年，1920年楼顶已残破，30年代拆除箭楼，仅存城台。

1969年，内城西南角箭楼城台被拆除。[3]

经历各个历史时期，特别是北京地铁的修建之后，北京的城门只剩下了“一对半”，“一对”即正阳门城楼和箭楼，“半”即德胜门箭楼；

[1] 《北京考古四十年》，北京市文物研究所编，北京燕山出版社，1990年1月第1版。

[2] 树德，《北京出土的历史文物》，《北京日报》，1956年12月24日第3版。

[3] 以上有关北京城门的典故均引自张先得《明清北京城垣和城门》（未刊稿）。——笔者注

角楼只留下了内城东南角箭楼；城墙只在崇文门至东南角箭楼之间以及内城西城墙南端残存了两段。

这两段城墙和内城东南角箭楼，是因为地铁拐弯而得以留存。遗憾的是，1988年，内城西城墙南端的那段城墙被修成了一个名副其实的假古董，大量夯土被挖走，外表“焕然一新”。就其形制来说，修建者显然想将其设计成内城城墙与外城城墙交会处的碉楼形制，但原来的碉楼是与内城城墙的敌台相接的，并非筑于敌台之上。

下表为北京内城、外城、皇城城门被拆或毁的基本情况：

内城西城墙南端被改建后碉楼筑于敌台之上的情况。王军摄于2002年10月。

内城西城墙南端与外城城墙交会处的碉楼与内城城墙敌台相接的情况。(来源：《北京旧影》，1989年)

	城门名称		拆除或被毁时间	拆除理由或被毁情况	备　注
内城	正阳门	城楼			1900年八国联军焚毁；1903年重建；1965年经周恩来指示得以保留；1988年1月13日被公布为第三批全国重点文物保护单位；1991年大修
		箭楼			1900年被八国联军炮火摧毁；1903年重建；1915年改建；1965年经周恩来指示得以保留；1978年大修；1988年1月13日被公布为第三批全国重点文物保护单位
		瓮城	1915年	筑路	闸楼一并拆除

			拆除或被毁时间	拆除理由或被毁情况	备　注
内城	崇文门	城楼	1966年	筑地铁	
		箭楼	1900年	毁于八国联军炮火	
		瓮城	1901年	英军筑铁路穿行，于瓮城东西两侧开洞子门	
			1950年5月	拆除瓮城东西两侧之铁路洞子门及残存瓮城以筑路	同时在城门两旁各辟修门洞一个
	宣武门	城楼	1966年	筑地铁	
		箭楼	1920年至1921年	作为危险建筑拆除，木料被售卖	
		瓮城	1932年12月	筑路	箭楼城台一并拆除；城砖被用于改筑南河沿暗沟
	朝阳门	城楼	1956年10月	年久失修危破，拆除后材料保存	
		箭楼	1958年	在下水道施工中作为危险建筑拆除	
		瓮城	1915年	筑环城铁路[1]	
	东直门	城楼	1969年	筑地铁	木料均为楠木
		箭楼	1927年	作为危险建筑拆除，木料被售卖	
		瓮城	1915年	筑环城铁路	
	安定门	城楼	1969年	筑地铁	
		箭楼	同上	同上	箭楼南之真武庙1958年拆除
		瓮城	1915年	筑环城铁路	闸楼一并拆除
	德胜门	城楼	1921年	梁架朽坏，作为危险建筑拆除	城台及券门于1955年拆除
		箭楼			1979年经全国政协委员郑孝燮等呼吁得以保留
		瓮城	1915年	筑环城铁路	
	西直门	城楼	1969年	筑地铁	
		箭楼	同上	同上	拆除时城台内发现元大都和义门瓮城城门
		瓮城	同上	同上	
	阜成门	城楼	1969年	筑地铁	
		箭楼	1935年	失修残破被拆	仅存城台；闸楼同时被拆除
		瓮城	1953年	筑路	箭楼城台同时被拆
	西南角箭楼	箭楼	20世纪30年代	失修残破被拆	仅存城台
		城台	1969年	筑地铁	
	东南角箭楼				因地铁拐弯、若拆除会影响铁路运行而幸存；1982年2月23日被公布为第二批全国重点文物保护单位
	东北角箭楼	箭楼	1920年	失修残破被拆	仅存城台
		城台	1953年	筑路并取砖土	

[1] 北京环城铁路1915年6月开工，12月24日竣工，由西直门起，经德胜、安定、东直、朝阳四门，直达正阳门，使京张铁路与京奉铁路接轨。新中国成立后，环城铁路拆除。——笔者注

续表

	城门名称		拆除或被毁时间	拆除理由或被毁情况	备注
内城	西北角箭楼	箭楼	1900 年	毁于八国联军炮火	
		城台	1969 年	筑地铁	
外城	永定门	城楼	20 世纪 50 年代末	筑路	
		箭楼	同上	筑路、水道取直	
		瓮城	1951 年	筑路[1]	
	左安门	城楼	20 世纪 50 年代	同上	
		箭楼	同上	同上	1950 年已坍塌大半
		瓮城	1953 年	同上	
	右安门	城楼	20 世纪 50 年代末	同上	
		箭楼	20 世纪 50 年代中期	同上	
		瓮城	1953 年 12 月	作为危险建筑拆除	
	广渠门	城楼	20 世纪 50 年代	失修残破、拆除筑路	1950年楼顶已塌损大半，挑檐大部分损缺
		箭楼	20 世纪 30 年代	失修残破被拆	
		瓮城	20 世纪 50 年代	筑路并取砖土	
	东便门	城楼	1958 年	建北京火车站铁路线	
		箭楼	20 世纪 50 年代	筑路	
		瓮城	1951 年 12 月	修筑铁路	
	西便门	城楼	1952 年	筑路并取砖土	
		箭楼	同上	同上	
		瓮城	同上	同上	
	广安门	城楼	1956 年	失修、筑路	
		箭楼	1955 年 3 月	作为危险建筑拆除	
		瓮城	1955 年	筑路	
	西北角箭楼	箭楼	1957 年 8 月	因架线工程的通过而被拆除	
		城台	同上	同上	
	西南角箭楼	箭楼	20 世纪 30 年代	失修残破被拆	
		城台	1953 年	筑路并取砖土	
	东北角箭楼	箭楼	1900 年	毁于八国联军炮火	
		城台	20 世纪 30 年代	建铁路复线	
	东南角箭楼	箭楼	同上	倾圮	
		城台	1955 年	筑路并取砖土	
皇城	天安门				1969 年 12 月 15 日，北京市对天安门城楼进行落架重修，1970 年 4 月 7 日竣工。在城楼内增设了上下水、暖气、广播电视、新闻摄影等设施，重修后的城楼被加高 87 厘米
	地安门		1954 年底至 1955 年 2 月	筑路	
	东安门		1912 年	曹锟兵变纵火	2001年将遗址清出辟皇城遗址公园
	西安门		1950 年 12 月 1 日	失火被焚毁	文化部文物局制作楠木模型以纪念
	中华门		1959 年	扩建天安门广场	原址于 1977 年建毛主席纪念堂
	长安左门		1952 年 8 月	筑路	
	长安右门		同上	同上	

资料来源：张先得，《明清北京城垣和城门》（未刊稿）；奥斯伍尔德·喜仁龙，《北京的城墙和城门》，许永全译，北京燕山出版社，1985年8月第1版；北京市城市建设委员会档案资料，北京市档案馆藏；申予荣，《北京城垣的保护与拆除》，载于《北京规划建设》杂志，1999年第2期；申予荣，《北京城垣拆除始末》，载于《北京规划建设》杂志，2002年第5期；《北京文物博物馆事业纪事》（上），北京市文物事业管理局编，1994年；王栋岑手稿，1954年12月，清华大学建筑学院资料室提供；《建国以来的北京城市建设》，北京建设史书编辑委员会编辑，1986年4月第1版；《保障行人安全 朝阳门城楼已拆除》，《北京日报》，1956年10月16日第2版；孔庆普，《北京明清城墙、城楼修缮与拆除纪实》，载于《北京文博》杂志，2002年第3期；孔庆普，《北京牌楼及其修缮拆除经过》，载于《建筑百家回忆录》，中国建筑工业出版社，2000年12月第1版；郑天翔，《回忆北京十七年》，载于《行程纪略》，北京出版社，1994年8月第1版；罗哲文，《西直门的拆除》、《安定门的拆除》，分别载于《中国文物报》2001年1月3日、2月21日；《棚户最易引起火警　京西安门市场失火　市场棚户应接受教训防火防特》，《人民日报》，1950年12月3日第2版；《崇文门瓮城妨碍交通　拆除工程开始进行》，《人民日报》，1950年5月27日第3版；梁思成日记，1966年4月，林洙提供；《北京旧城》，北京市城市规划设计研究院编，1996年；侯仁之主编，《北京历史地图集》，北京出版社，1988年5月第1版；吴廷燮等撰，《北京市志稿（一）》，北京燕山出版社，1990年3月第1版；陈宗蕃编著，《燕都丛考》，北京古籍出版社，1991年10月第1版；汤用彬编著，《旧都文物略》，1935年12月出版；王同祯，《老北京城》，北京燕山出版社，1997年5月第1版；美国国家档案馆藏北京旧城航拍照片，徐林提供；[2]笔者采访记录。

多年以后，一位当年参与拆除城墙的中学生写下如此之忏悔：

昏日。人海。尘雾。1969年冬春之交，复兴门城墙边。

城墙像一根巨大的糖葫芦，黑压压的人群像是那趴满糖葫芦的蚂蚁。在昏黄的阳光下，北京市民从四面八方扑向城墙，用锹镐撬杠肢解这条奄奄一息的长龙。从它身上剥下来的鳞片——那一米多长的方砖，被各种卡车、三轮车、板车、马车、排子车和手推车，源源不断地运到全市各个角落去砌防空洞。“深挖洞”是不可违抗的最高指示，而城墙则是一个任人宰割的对象，于是北京人拆得极为疯狂，各单位摽着劲干，比谁的装备多，人力强。在那尘埃漫漫、刀斧霍霍之中，一种同那个时代非常对味儿的破坏欲支配着这些人，使他们除了冷酷和残

[1] 王栋岑写于1954年12月的手稿载：“一九五一年改善永定门交通时，拆除了永定门瓮城，为此，梁思成先生曾对市府表示极大的不满。”——笔者注

[2] 美国国家档案馆藏北京旧城航拍照片显示了北京内城城门的拆除过程：(1) 1966年2月18日的航拍照片显示，宣武门城楼、崇文门城楼仍存；同年9月21日的航拍照片显示，宣武门城楼、崇文门城楼俱已不存。可知，宣武门城楼、崇文门城楼均于1966年被拆除。(2) 1967年5月27日的航拍照片显示，阜成门城楼、东直门城楼、西直门城楼、箭楼与瓮城，安定门城楼与箭楼，德胜门箭楼俱存；1972年5月20日的航拍照片显示，阜成门城楼、东直门城楼、西直门城楼、箭楼与瓮城、安定门城楼与箭楼俱已不存。据罗哲文记载，西直门（城楼、箭楼、瓮城）、安定门（城楼、箭楼）均拆除于1969年。考虑到拆除城门是统一行动，阜成门城楼、东直门城楼的拆除时间也应该是1969年。

忍的竞赛之外，压根儿没想到自己是在剜挖北京的骨肉和民族的精魂。

那时我还是一个中学生，也陶醉在复兴门城墙边的狂潮中，挖得同别人一样起劲儿。那时我还不知道世上有个梁思成。那时，北京城墙在我的想像中绝不比郊外任何一个土丘更有价值。那时，对一个中学生来说，历史是从红旗如海的天安门广场开始的……

当这座城墙消失之后若干年，我才从北京史专家侯仁之教授的书里读到，在50多年前，当一个青年学生面对北京城墙时的惊魄销魂——

"我作为一个青年学生对当时称作文化古城的北平，心向往之，终于在一个初冬的傍晚，乘火车到了前门车站。当我在暮色苍茫中随着拥挤的人群走出车站时，巍峨的正阳门和浑厚的城墙蓦然出现在我眼前。一瞬之间，我好像突然感到一种历史的真实。从这时起，一粒饱含生机的种子就埋在了我的心田中。在相继而来的岁月里，尽管风雨飘摇，甚至狂飙陡起摧屋拔木，但是这粒微小的种子，却一直处于萌芽状态，把我引进历史的殿堂。"

……杠撬锤击，夜以继日。城墙虽然出乎意料的坚固，但终于崩溃了。

被剥尽了鳞片之后，她就像一个扒光了裙衫的老妪，露出了千疮百孔、惨不忍睹的身体。在她身边，剥下来的鳞片堆成小山，标上某某单位或个人所有的记号；暂时运不走的，派人日夜看守。当全市"深挖洞"和居民盖小房的原料基本满足后，"拆砖热"渐渐凉了，人们便不再理会这具血肉模糊的尸体，只有清华园里还有一个老人在暗暗为她哭泣。梁思成1950年曾撰文力陈城墙存废之得失，他说：北京城墙除去内外各有厚约一米的砖皮外，内心全是"灰土"，这三四百年乃至五六百年的灰土坚硬如同岩石，粗估约1200万吨，堆积起来等于12个景山，用20节车皮需用85年才能运完。[1] 然而，这位大师所不敢想像的事情，在仗着人多、具有"愚公移山"传统的中国人看来，不过是小菜一碟，轻而易举就解决了，只是他们不知道糊里糊涂移走的竟是自己的血脉。于是愚公的后代子孙只有到外国人写的书里去凭吊北京城墙的遗容了。1924年在巴黎[2] 出版的十三万言的《北京的城墙和城门》一书，便成为世界上最完整的此种资料，书的作者是瑞典人奥斯伍尔德·喜仁龙——

"我所以撰写这本书，是鉴于北京城门之美，鉴于北京城墙之美，鉴于它们对周围古老的建筑、青翠的树木、圮败的城壕等景物的美妙衬托……它们与周围的景物和街道，组成了一幅赏心悦目的别具一格的优美画图。"[3]

城墙被剥走砖石后，其夯土被肢解、倾倒——

1966年，因地铁弃土，金中都莲花池被填4.9公顷。[4]

[1] 此段数字与梁思成的文章《关于北京城墙存废问题的讨论》略有差异。梁文称，北京城墙的灰土约有1100万吨，体积约等于十一二个景山，假使能把它清除，用20节18吨的车皮组成的列车每日运送一次，要83年才能运完。——笔者注

[2] 应为伦敦。——笔者注

[3]《最后的古都》，载于《三月风》杂志，1987年。

[4]《北京城市水利规划大事记》，载于《党史大事条目》，北京城市规划管理局、北京市城市规划设计研究院党史征集办公室编，1995年12月第1版。

地铁太平湖车辆段。王军摄于1993年12月。

1970年，地铁要修车辆段，西北城墙外的太平湖就势被城墙的灰土填平。[5] 而在3年前，在“文革”风暴中不堪凌辱的作家老舍，在此投湖自尽。

天坛、日坛，也成了堆放城墙灰土的“垃圾场”。

……

备战，一直是拆毁城墙压倒一切的理由。

1950年，为在“抗美援朝”期间可能遭遇敌机空袭时疏散人口，北京市在内城城墙上开了6个豁口。1号豁口是大雅宝胡同豁口；2号豁口是北门仓豁口，即十条豁口；3号豁口是旧鼓楼大街北豁口；4号豁口是新街口北豁口；5号豁口是官园西豁口；6号豁口是辟才胡同往西的松鹤庵胡同豁口。

而这一次，备战彻底要了城墙的命。

与城墙一块遭殃的是护城河。在修建地铁的同时，内城东侧、西侧和南侧的护城河被盖了板、修成暗沟，这显然与战时由东向西往山区疏散人口的计划有关。

郑祖武被委任为北京地铁规划设计的主持人。他向笔者回忆道：

修地铁一期工程的时候，地铁从北京火车站出发，经崇文门、正阳门绕过去。正阳门正在维修，架子都搭好了。大家就说，不必修了，要拆了。这时，总理出现了，要求修下去。

侯仁之老先生，当时是市人民委员会委员，他提出崇文门、宣武门必须绘图留资料。规划局就派人做了。

“文革”一开始，我们就被打倒。彭真倒了，紧接着杨勇也倒了，万里也倒了。过去的地铁领导小组不存在了，又成立了一个新的领导小组。我被扣上了“黑帮爪牙”、“市委黑帮”的帽子，被下放到密云、怀柔劳动。我整天推石头，腰被扭坏了。1971年，我从山里被放出来，那

[5] 同[4]注及周永源1993年11月16日接受笔者采访时的回忆。

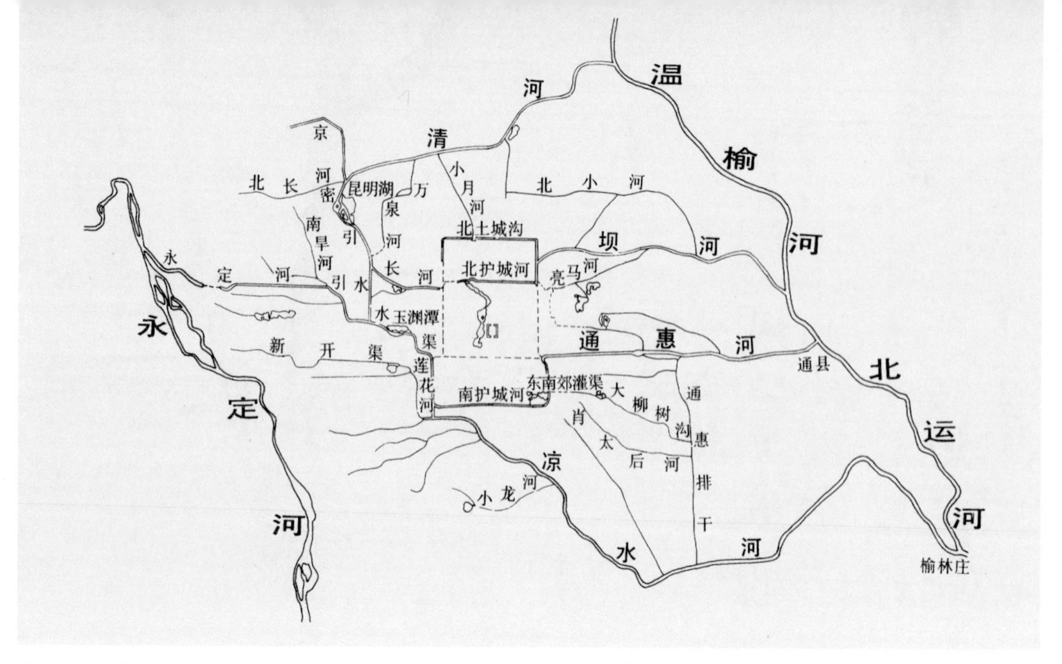

北京市区河湖水系图(1985年)。(来源:《建国以来的北京城市建设》,1986年)

时地铁二期工程、二环路全线已开工了,城墙被全部拆完了,发动了群众,地铁的槽都挖出来了。

地铁一期工程搞的是三级防护,埋得比较浅。可是在极左、搞备战的情况下,地铁二期工程比一期深四五米,稀里糊涂地搞成了二级防护。这要花多少钱?!是谁决定的?到现在也没有人承认。

我最大的意见是:地铁二期工程费钱,比一期工程费得多;车站大,附属设备多,很浪费。这个费钱不是百分之几十的问题。

我回来的时候,还被视为犯错误的对象,还是敌人的一头。当时二期工程还没有设计,但深度已确定了,各施工单位抢活就挖。[1]

周永源向笔者回忆道:

1965年提出"深挖洞、广积粮、不称霸",就修地铁,从城墙挖下去,把护城河填了。

这之前是外城城墙拆得多;内城城墙,朝阳门要塌了,不修它,就拆了,其实修修也可以保护。以前内城城墙是拆了一小部分,大部分是修地铁拆的。

拆以前,周总理看了一圈城墙,看来看去说:唉呀,前门楼留下吧!

德胜门可能由于工力不够了,先搁一搁,腾出力量再说吧!到了"文革"末,地铁快修完了,拆了吧!专家反对,谷牧副总理负责处理此事,他说:不拆!作为兵器博物馆。

东南角楼,为什么留下了呢?是地铁转了弯,侥幸留下来了。西南处的城墙也是如此,地铁是圆角过,这个方角就躲开了。后来,维修时搞得不好,不像原来那样了。

北京气候干燥,应多保留水面,改造小气候。可用城墙的土填了太平湖,把莲花池填了三分之一。这是胡闹!无政府![2]

梁思成呢?他被"文革"的风暴打倒了。

[1] 郑祖武接受笔者采访时的回忆,1995年4月26日。

[2] 周永源接受笔者采访时的回忆,1993年11月16日。

一张大字报给这位“反动学术权威”画了一幅漫画——脖子上挂着北京城墙，下书他的那句赞叹：“我们北京的城墙，更应称为一串光彩耀目的璎珞了。”

在梁思成的日记和工作笔记中，关于北京修地铁拆城墙的事，只在1966年留下两次记载：

4-3　星日　晴

选举区代表，流动票箱送到家投票。

10:00，地下铁彭家骏等三人来谈正阳门地基，约定星二上午去看。

血压190/90……[3]

4-5　星二　晴

上午至正阳、崇文看城楼基础，顺便取回洙[4]手表。

今日清明，山桃已盛开……下午5:00散步，甚晕。[5]

那时，“文革”的阴霾就在眼前了。为使修地铁不拆正阳门而去看地基，梁思成当然愿意。可是，日记里仅有的这两段记录，是那样不动声色。

林洙留下了一份珍贵的记录：

当思成听到人们拆城墙时，他简直如坐针毡，他的肺气肿仿佛一下子严重了，连坐着不动也气喘。他又在报上看到拆西直门时发现城墙里还包着一个元代的小城门时，他对这个元代的城门楼感到极大的兴趣。

“你看他们会保留这个元代的城门吗？”他怀着侥幸的心情对我说，“你能不能到西直门去看看，照一张相片回来给我？”他像孩子般地恳求我。

“干吗？跑到那儿去照相，你想让人家把我这个‘反动权威’的老婆揪出来示众吗？咱们现在躲都躲不过来，还自己送上去挨批呀？”我不假思索地脱口而出。忽然，我看到他的脸痛苦地痉挛了一下。我马上改变语气，轻松地说：“告诉你，我现在最关心的是我那个亲爱的丈夫的健康。除此以外什么也不想。”我俯下身，在他的头上吻了一下。但是晚了，他像一个挨了呲儿的孩子一样默默地长久地坐在那里。

也许没有人能理解这件事留给我的悔恨与痛苦会如此之甚。因为没有人看见他那一刹那痛苦的痉挛。在那一刹那我以为我更加理解了思成的胸怀，但是没有。当我今天重读《关于北京城墙存废问题的讨论》及《北京——都市计划的无比杰作》时，我感到那时对他的理解还很不够。如果当时有现在的认识，我会勇敢地跑到西直门去，一定会去的。[6]

[3] 梁思成日记，1966年4月3日，林洙提供。

[4] 即林洙。——笔者注

[5] 梁思成日记，1966年4月5日，林洙提供。

[6] 林洙，《建筑师梁思成》，天津科学技术出版社，1996年7月第1版。

度日如年的巴黎之行

就在北京地铁开工建设的前两天——1965年6月28日，梁思成动身出访法国巴黎。

他此行的身份是中国建筑师代

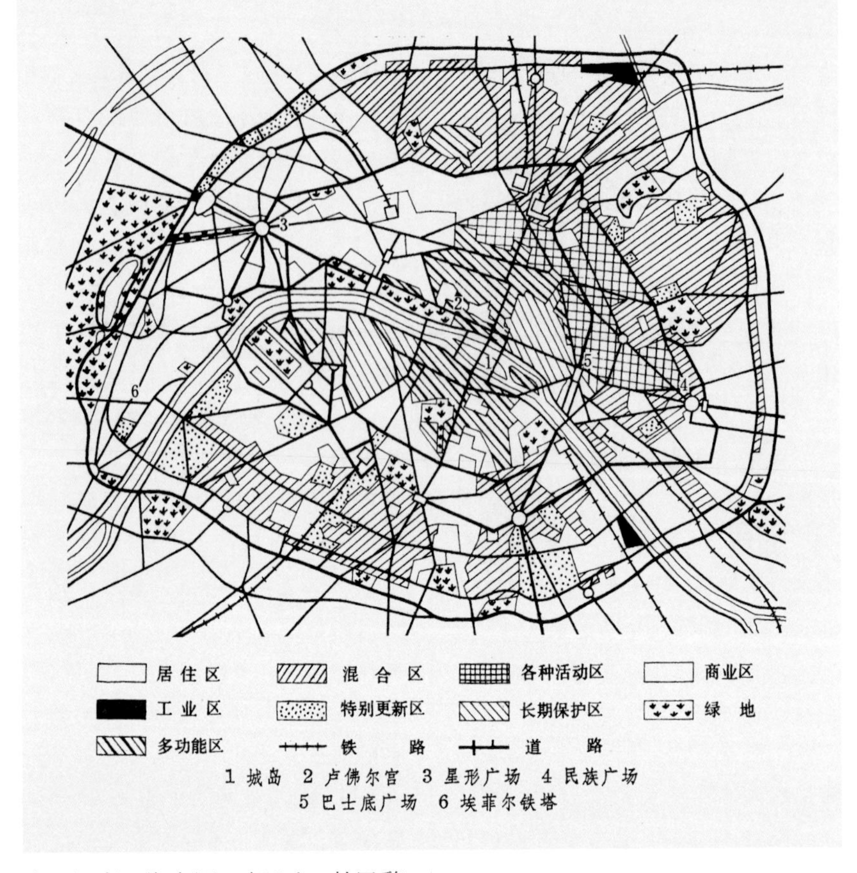

巴黎市区规划示意图。(来源:《中国大百科全书·建筑、园林、城市规划卷》，1988年)

表团团长。代表团一行7人，赴巴黎是参加国际建筑师协会第八次大会和第九次代表会议。这是1928年与林徽因旅欧考察之后，梁思成第二次来到巴黎也是他最后一次出国访问。

可以想象梁思成此行的心境——

这一年，巴黎在经过痛苦抉择之后，制订了与“梁陈方案”主旨一致的“大巴黎地区规划和整顿指导方案”。

这一年，彻底否定“梁陈方案”的拆毁城墙行动，在北京如火如荼。

而偏在此时，梁思成从北京来到巴黎。

将古与今分开发展，有机疏散，以求得新旧两利，是“梁陈方案”的精义所在。在北京，梁思成与陈占祥腹背受敌；而在巴黎，这样的规划思想，正理性地引导着城市发展。

1965年，巴黎政府制定了以“有机疏散”理论为指导的大巴黎规划，预计2000年大巴黎地区人口为1400万人，提出以下措施：

一、在更大范围内考虑工业和城市的分布，以防止工业和人口继续向巴黎集中。

二、改变原有聚焦式向心发展的城市平面结构，城市将沿塞纳河向下游方向发展，形成带形城市；在市区南北两边20公里范围内建设一批新城，沿塞纳河两岸组成两条轴线，现已基本建成的有埃夫利、塞尔杰、蓬图瓦兹等5座新城。

三、改变原单中心城市格局，在近郊发展德方斯、克雷泰、凡尔赛等9个副中心。每个副中心布置有各种类型的公共建筑和住宅，以减轻原市中心负担。

四、保护和发展现有农业和森林用地，在城市周围建立5个自然生态平衡区。

60年代末至70年代初，巴黎市区主要改建了5个区，其中，在接近市区边缘的弗隆·德·塞纳区和戈贝兰区建了一些高层建筑。1969年以后，又在市中心进行了一些改建尝试，如整顿马海区，重新进行了圣·马丹运河区和中央商场区的规划设计，建设蓬皮杜艺术和文化中心等。

在巴黎古城区进行的改建，特别是新建的高层建筑，遭到了市民的反对。巴黎政府从70年代起，开

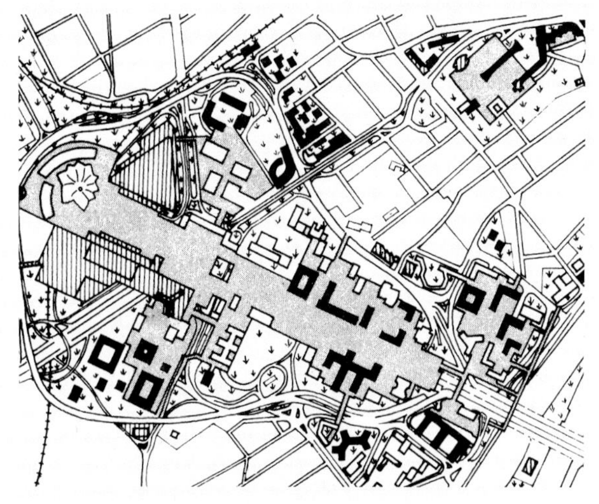

巴黎德方斯区平面示意图。(来源:《中国大百科全书·建筑、园林、城市规划卷》,1988年)

巴黎德方斯鸟瞰。(来源: *Au-Dessus De Paris*, 1986年)

始在古城之外的香榭丽舍主轴延长线上建设新的城市副中心——德方斯，并将新建筑集中在那里建设。

德方斯区位于巴黎西北的塞纳河畔，距凯旋门5公里。这个新区在80年代初基本建成，每幢建筑的体型、高度和色彩都不相同。有高190米的摩天办公楼、跨度218米的拱形建筑，有各种外墙装饰，景观丰富多彩。

这样的规划布局，使古与今相映生辉，并为城市赢得更大的发展空间，缓解了“单中心”城市交通拥堵、空气污染等矛盾，完善了城市功能。

就在梁思成抵巴黎访问的前一个月，世界各国建筑师聚会威尼斯，通过了著名的《威尼斯宪章》，明确把文物的环境纳入文物的保护范畴。而这些思想精华，梁思成、陈占祥在1950年的“梁陈方案”里早就提出了。

可是，就在梁思成访问巴黎之时，在北京，“梁陈方案”仍没有躲过批判者的锋芒。

这一年，清华大学建筑系的一篇研究生论文，仍一如既往地把“梁陈方案”指责为“把旧区撇在一边另搞新中心，实际是在保护文物建筑的借口下连同一切旧社会遗留下来的落后甚至破烂不堪的劳动人民居住区一起保存下来，由古代的文物建筑来束缚今天的社会主义建设”。[1]

一个学术方案，就在一篇“学术论文”里，被这样升格为一个政治问题。

身在巴黎的梁思成，心头是怎样滋味？

6月29日，代表团经莫斯科抵巴黎。次日，梁思成即感不适，“昨夜一夜不眠，晨出冷汗”。[2]

7月2日，梁思成出席国际建协第九次代表会议。7月4日，他漫步巴黎拉丁区，身体仍感不适，“在St. Geraine大街旁小坐饮coffee，甚冷……今日甚冷，伤风流涕”。[3]

7月5日，梁思成出席国际建协第八次大会开幕式，一天活动后，“已精疲力竭”。[4]

7月10日，他在日记里写道：

来Paris已是第十一天了。

这次出来，深深感到身体远不如前几年了。即使前年在古、墨、巴[5]，身力似还可以。这次出来，巴黎天气之冷，远出预料之外，尽其所有而穿之，还是大大伤风，一周来涕流不止，鼻子都擤破了，好在没有发烧病倒……应明确这是最后一次出国任务了。

昨天大会虽已结束，但还有一周参观时间。若从我自己想，真想什么都不看就回家，但许多人初次出国，怎能不让他们看看？归心似箭，度日如年。[6]

7月18日，梁思成一行离开巴黎飞莫斯科。在中国驻苏联使馆，他读了两天《矛盾论》。7月22日，梁思成等从莫斯科起程回国。

[1] 转引自高亦兰、王蒙徽，《梁思成的古城保护及城市规划思想研究》，《世界建筑》杂志，1991年第1至5期。

[2] 梁思成日记，1965年6月30日，林洙提供。

[3] 梁思成日记，1965年7月4日，林洙提供。

[4] 梁思成日记，1965年7月5日，林洙提供。

[5] 即古巴、墨西哥、巴西。——笔者注

[6] 梁思成日记，1965年7月10日，林洙提供。

他没有写下任何有关巴黎城市规划的文字。他读《矛盾论》，或是想排解内心的不安。

1965年确实让人不好受。这一年，英国公布了324个历史文化名城、镇、村，而中国又在做什么呢？

现在，美国把凡有200年以上历史的城市，均列为历史文化名城。前苏联也公布了957个历史文化名城、名镇。而在文明积淀深厚的中国，截至2002年2月，公布的历史文化名城只有101个。不是中国的名城太少，而是被毁得太多。它们不是毁于战争，而是毁于短短几十年的建设。

“彻底清除旧物质文化”

梁思成从巴黎回来后不久，1965年11月10日，上海《文汇报》刊出一篇署名“姚文元”的文章《评新编历史剧〈海瑞罢官〉》，公开点名批判明史专家、北京市副市长吴晗，引起全国上下一片躁动。

一时间，对《海瑞罢官》的批判，不仅仅涉及所有以海瑞为题材的戏剧、文艺作品，而且扩大到史学界、文艺界、哲学界等社会科学各主要领域。

多年后，人们才清楚地看到，当时中国共产党最高领导层内的分歧，竟是通过姚文元的这篇文章，通过一个名声不佳的文坛棍子之笔，以批判一个历史剧的面目出现的，而一场史无前例的巨大灾难——“文化大革命”竟由此引发。

梁思成被令向吴晗开火。这一对“冤家”的故事被“演绎”到极致。

1966年4月26日，梁思成完成了民盟中央交付的重任，写出了一篇批吴文章。5月11日，他又受命为民盟通讯写了一篇批判吴晗的社论，感叹道：“这是有生以来第一次写这种文章。”[7]

而在这之前，梁思成只是以旁观者的心态面对这一切，1966年4月5日的日记载：“今天《人民日报》发表《红旗》的《〈海瑞罢官〉和〈海瑞骂皇帝〉是两株大毒草》，看来像是‘总结’性的文章。”[8] 他的确有些摸不准方向。

《海瑞罢官》是吴晗响应毛泽东的倡议，写的一出反映敢于直言进谏的明朝著名清官海瑞的京剧剧本。此剧于1961年1月在京首演，可后来被指为要替彭德怀翻案。

1962年1月，在纠正“大跃进”错误的“七千人大会”上，刘少奇说，彭德怀在庐山会议上致毛泽东的信，所说的一些具体事情，不少还是符合事实的。一个政治局委员向中央主席写了一封信，即使信中有些话是不对的，也并不算犯错误。6月，彭德怀向毛泽东和中共中央递交了一封约8万字的长信，详谈了个人历史，要求审查。

[7] 梁思成日记，1966年5月11日，林洙提供。

[8] 梁思成日记，1966年4月5日，林洙提供。

毛泽东对此不悦。在9月召开的中共八届十中全会上，彭德怀的申辩信被作为“翻案风”的一种表现，受到毛泽东指责。在这样的情况下，时任全国电影指导委员会委员的江青，多次对毛泽东说，《海瑞罢官》有问题，要批判。毛泽东开始不同意，后来被“说服”了。

姚文元批判吴晗的文章，是江青与张春桥共同策划的。整个写作活动都是在秘密状态下进行的。除毛泽东外，其他中央政治局委员都不知道。

这篇文章在《文汇报》刊出18天后，北京各报刊才陆续转载。毛泽东十分不满，更加确认北京市委是“针插不进，水泼不进”的“独立王国”。

关于批判《海瑞罢官》，各级党组织强烈要求中共中央有一个明确的指导方针。1966年2月3日，彭真召集“文化革命五人小组”[1] 会议，拟定《文化革命五人小组关于当前学术讨论的汇报提纲》（简称《二月提纲》），毛泽东听取汇报后未表示反对，遂作为中共中央文件下发。

《二月提纲》试图将已经开展的批判运动加以适当的约束，限于学术范围之内，指出，讨论“要坚持实事求是，在真理面前人人平等的原则，要以理服人，不要像学阀一样武断和以势压人”。这些话后来被张春桥称为是针对毛泽东的。

与此同时——2月2日，江青在上海召开了“部队文艺工作座谈会”，搞了一份纪要，毛泽东修改了三次。根据毛泽东的意见，这个《二月纪要》，即所谓《林彪同志委托江青同志召开的部队文艺工作座谈会纪要》于4月10日以中共中央文件的形式批转全党。

《二月纪要》认定文艺界在新中国成立以来基本上没有执行“毛主席的文艺路线”，“被一条与毛主席思想相对立的反党反社会主义的黑线专了我们的政”，要“坚决进行一场文化战线上的社会主义大革命，彻底搞掉这条黑线”，“这是一场艰巨、复杂、长期的斗争，要经过几十年甚至几百年的努力。这是关系到我国革命前途的大事，也是关系到世界革命前途的大事”。

几乎同时讨论和制定的两个中共中央文件的指导倾向是完全对立的。后来，人们才搞清楚，毛泽东支持的是江青搞的《二月纪要》，而不是彭真搞的《二月提纲》。

毛泽东在1966年3月17日至20日召开的中共中央政治局常委扩大会议上专门谈了这场学术讨论的性质，称吴晗“反共”：“我们在解放以后，对知识分子实行包下来的政策，有利也有弊。现在学术界和教育界是资产阶级知识分子掌握实权。社会主义革命越深入，他们就越抵抗，就越暴露出他们的反党反社会主义的面目。”“吴晗和翦伯赞等人是共产党员，也反共，实际上是国民党。现在许多地方对于这个问题

[1] 这个小组是1964年下半年由毛泽东提议成立的，经中共中央指定由中共中央政治局委员、书记处常务书记彭真为组长，组员为中共中央宣传部部长陆定一、中共中央理论小组组长康生、中共中央宣传部副部长周扬、《人民日报》社社长吴冷西。——笔者注

认识还很差，学术批判还没有开展起来。各地都要注意学校、报纸、刊物、出版社掌握在什么人手里，要对资产阶级的学术权威进行切实的批判。”[2]

1966年3月底，康生在上海对毛泽东说，彭真查问发表姚文元文章为什么不打招呼，这是“整到主席头上了”。毛泽东说，为什么吴晗写了那么许多反动文章，中宣部却不要打招呼，而发表姚文元的文章却偏偏要跟中宣部打招呼呢？《二月提纲》混淆阶级界限，不分是非，是错误的。中宣部是阎王殿，要打倒阎王，解放小鬼！中宣部和北京市委包庇坏人，压制左派，不准革命；如果再包庇坏人，中宣部要解散，北京市委要解散，五人小组要解散。我历来主张，凡中央机关做坏事，我就号召地方造反，向中央进攻。各地要多出些孙悟空，大闹天宫。

毛泽东点名批评彭真，认为中央很可能出修正主义，这是最危险的。要支持左派，建立队伍，进行“文化大革命”。

毛泽东终于从后台走上前台，亲自指挥这场斗争了。4月9日至12日，中共中央书记处会议按照由康生传达的毛泽东讲话精神，批判了彭真的“错误”，撤销《二月提纲》。

彭真被迫匆忙决定于4月16日在《北京日报》公开批判邓拓、吴晗、廖沫沙以及《燕山夜话》和《三家村札记》。在这样的情况下，民盟北京市委对吴晗进行了一场后来被指为“妄图舍车保帅”的“假批判”，梁思成也被卷入其中。

“‘剥笋’已经剥到市委的领导核心，邓拓和廖沫沙也被批上了。我们不能不天天注视，天天研究。但是，就是跟不上。”当年的中共北京市委副书记郑天翔回忆起1966年4月中共北京市委的处境，感慨万千。[3]

5月4日至26日，中共中央政治局扩大会议在北京召开，彭真、罗瑞卿、陆定一、杨尚昆被揭批，林彪在大会发言中毫无根据地把他们4人定性为“彭真、罗瑞卿、陆定一、杨尚昆阴谋反党集团”，诬陷他们要搞反革命政变。彭真的一切职务被撤销。

5月16日，会议通过《中国共产党中央委员会通知》（简称《五·一六通知》），全面批判彭真主持起草的《二月提纲》，要求“高举无产阶级文化革命的大旗，彻底揭露那批反党反社会主义的所谓‘学术权威’的资产阶级反动立场，彻底批判学术界、教育界、新闻界、文艺界、出版界的资产阶级反动思想，夺取在这些文化领域中的领导权。而要做到这一点，必须同时批判混进党里、政府里、军队里和文化领域的各界里的资产阶级代表人物，清洗这些人，有些则要调动他们的职务”。

文化大革命就这样纲举目张了，大风暴迅雷不及掩耳。

被林彪污蔑为“修正主义的巢

[2] 转引自肖冬连等著《求索中国——文革前10年史》，红旗出版社，1999年9月第1版。

[3] 郑天翔，《最后的叮嘱》，《北京日报》，1993年10月29日。

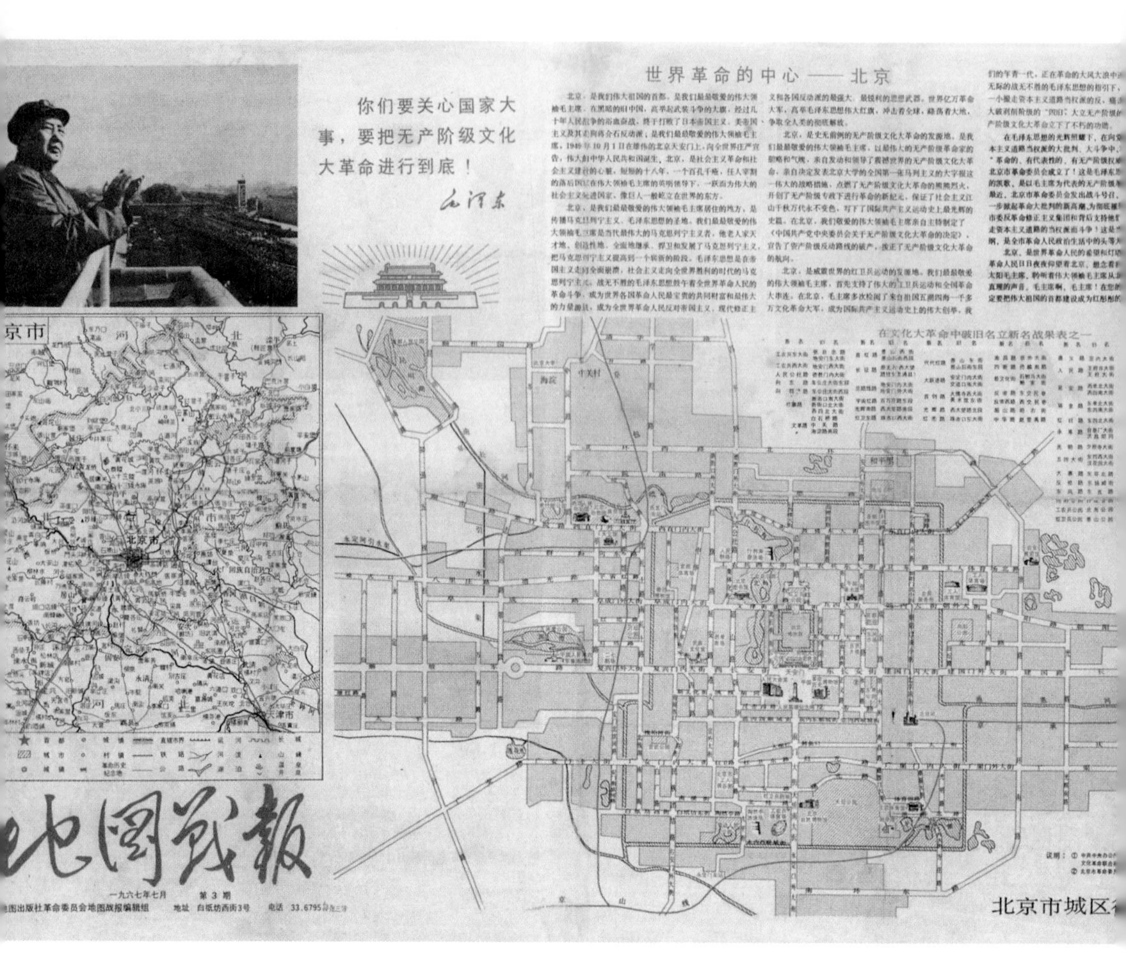
你们要关心国家大事，要把无产阶级文化大革命进行到底！

毛泽东

世界革命的中心——北京

北京市城区

地图战报

一九六七年七月　第3期

地图出版社革命委员会地图战报编辑组　地址　白纸坊西街3号　电话　33.6795

“文化大革命”时期的红卫兵《地图战报》。（来源：《北京纪事》，1998年）

穴”、“刘少奇控制下的那个针插不进，水泼不进的‘独立王国’”的中共北京市委，土崩瓦解了。

市委书记彭真、刘仁、郑天翔等7人和副市长吴晗、乐松生等6人分别被扣上了“叛徒”、“特务”、“反革命修正主义分子”、“反动资本家”、“反动学术权威”等罪名，市委20名常委中，有10人被非法逮捕监禁，刘仁、邓拓、吴晗被迫害致死。

1966年5月11日，中共中央华北局工作组进入北京市委机关，接手各部门工作。

8月18日，毛泽东身着绿军装，佩戴红卫兵袖章，在天安门城楼上接见来自全国各地上百万“革命群众”和红卫兵，检阅游行队伍，表示坚决支持红卫兵运动。从这天起，至11月26日，毛泽东先后共8次接见全国各地来京串联的红卫兵共一千三百多万人次，对毛泽东的个人崇拜到达狂热程度。

在“八·一八”庆祝大会上，林彪借用清华大学附属中学红卫兵《论无产阶级革命造反精神万岁》大字报中的话，号召红卫兵“大破一切剥削阶级的旧思想、旧文化、旧风俗、旧习惯”，号召全国人民支持红卫兵“敢闯、敢干、敢造反的无产阶级革命造反精神”。

8月19日，一场规模空前的“破四旧”运动在北京发起，迅即席卷全国。

最初，北京有的中学生红卫兵在市内主要街道上张贴传单、标语和大字报，声称“向旧世界宣战”。接着，有更多的红卫兵唱着“拿起笔作刀枪”的《革命造反歌》走上街头，进行集会、演讲和宣传，全市所有街道、胡同、商店、工厂、学校、医院，以及许多日用品中被认为是“四旧”的名称或牌号，一律被红卫兵或单位自动改成“革命化”的新名，红卫兵们认为，这就是打碎了“旧世界”，建立了“红彤彤的新世界”。

附北京市东城区部分道路被改名情况如下：[1]

[1] 引自张清常，《北京街巷名称史语——社会语言学的再探索》，北京语言文化大学出版社，1997年7月第1版。

旧　名	“文革”改名	今　名
东四北大街	红日路	原旧名
雍和宫大街	红日北路	原旧名
东四南大街、东单北大街	瑞金路	原旧名
崇文门内大街	红旗大街	原旧名
张自忠路、地安门东大街	工农兵东大街	原旧名
安定门内大街、交道口	大跃进路	原旧名
东扬威路	反修路	东扬威胡同
东交民巷	反帝路	原旧名
景山东街、景山后街（东段）	代代红路	原旧名
王府大街、王府井大街	人民路、革命大街	王府井大街
台基厂大街、洪昌胡同	永革路	台基厂大街
南池子大街、北池子大街	葵花向阳路	原旧名

红卫兵的“革命行动”愈演愈烈。8月22日，中央人民广播电台把北京红卫兵“杀”向社会、“砸烂四旧”的行动向全国广播。次日，全国主要报纸又在头版刊载《无产阶级文化大革命的浪潮席卷首都街道》的消息。《人民日报》在同一版面还刊登《工农兵要坚决支持革命学生》和《好得很！》两篇社论。这不仅把“破四旧”运动推向全国，而且使北京的“破四旧”继续升级，掀起新的狂潮。

北京国子监辟雍。王军摄于2002年11月。

8月23日下午，北京的红卫兵在国子监、孔庙大院内开始烧毁北京市文化局收存的戏装和道具，并把北京文化界知名的作家、艺术家分别挂上“黑帮分子”、“反动权威”、“牛鬼蛇神”等大牌子，押到焚烧现场批斗。人民艺术家老舍不堪凌辱，次日深夜舍身太平湖。

自“八·一八”大会之后，仅二十多天，北京市即有11.4万多户被抄家或被迫主动交出各种财物，按当时牌价作价处理的款项达7523万元；被收存、收购的文物、字画、硬木家具等实物达330.51万余件，大批珍贵文物被毁；[1]残害人民生命财产的打、砸、抢、抄、抓在北京横行，全城内外一片混乱。

[1]《本市落实“文革”查抄政策进展顺利》，《北京晚报》，1984年9月27日第1版。

8月22日，北京市文化局向中央文化部提交“关于彻底清除旧物质文化的紧急报告”，提出：“文化大革命”中，广大红卫兵提出“破四旧”的口号。8月21日以来，他们要求对本市过去作为文物保存下来的带有封建、反动、迷信色彩的旧物质文化全部打倒，彻底清除（有些已采取了行动），来势异常迅猛。据此，市人民委员会召开专门会议研究确定：积极给予支持。凡是合理又能立即办到的，已由有关部门进行清除。但有些涉及今后保护文物的问题，因情况复杂，需要上级领导给予明确指示。现将已处理的原则和不好解决的问题报告如下：

一、已进行处理和确定的处理原则是：

（1）对要求拆除现有古代建筑物上的旧碑匾、旧对联，我们已同意由各使用单位全部摘掉或涂掉，暂时保存起来。

（2）要求将古建上的彩绘涂掉的问题，我们原则认为可以涂掉。

（3）要求拆除全市所有佛像的问题。我们意见，除少量有特殊价值的采取封闭、迁移的办法把它们保存下来外，原则上都可以拆除。

(4) 要求清除旧石碑、石刻。我们意见：需要保存而又能保存的，采取就地埋掉或封闭，一般寺庙和园林内的石碑、石刻不再保存，而由各使用单位自行处理。

二、几个不好处理的问题：

(1)现存国子监的十三经碑、孔庙的进士题名碑等，有一定文物价值，需要保存，拟采取封闭或就地掩埋的办法。但由于量多、形体大，施工有困难，又需一定的时间，在来不及的情况下如果群众坚持清除、打碎，或者封闭、掩埋群众也不答应，我们将尽量做解释工作，如果群众坚决要求清除、打碎，我们支持群众的要求。

(2) 明十三陵上的石人、石兽和各陵上的碑亦应保存下来，但是量多，形体特大，封闭、掩埋都不好处理，应采取什么办法，如何处理，我们考虑不定，请给予指示。

(3) 北海团城的玉佛、碧云寺五百罗汉、卧佛寺的卧佛、法海寺的壁画，文物价值较大的艺术品，能转移的转移，不能转移的就地封闭。但如果群众坚持清除，解释无效，我们也将支持群众的要求。

(4) 本市个别街道、一些机关门前摆放的大石狮子。有的红卫兵已发布通告，限期清除，我们意见由各使用单位自行处理。

三、对拆除掉的佛像，又无转

北京孔庙。王军摄于2002年11月。

移保存必要的，我们认为，可根据不同情况无价调拨给特艺出口部门、金属冶炼部门、稀有金属提炼部门处理。[1]

红卫兵与“革命群众”们对文化遗产的破坏令人发指。

1967年1月26日，北海团城承光殿内玉佛阁门锁被砸毁，原玉佛头顶及袈裟泥金镶嵌的红、绿宝石被凿损取走10余处，玉佛手捏宝珠也被砸毁。

2月下旬，北京市文物工作队在普查中发现，国家级文物保护单位中，天坛、北海及团城、颐和园、明十三陵的古建筑和附属文物均有被变更和损坏的情况，大多是由于管理使用单位在破“四旧”中，自动破坏或迁移的，尤以天坛圜丘壝墙被损最甚。市级文物保护单位被破坏的情况更为严重，圣安寺、卧佛寺、碧云寺、潭柘寺、戒台寺、西山八大处、延寿寺等处佛像已大部被拆除。

3月22日，北京市文物工作队向北京市文化局提出：牛街清真寺无人管理，部分文物被移动，下落不明，须采取措施保护。

8月11日上午10时许，南苑四海乡太和生产队和义和庄大队金星生产队部分社员赶着大车到东南城角楼拆城砖，下午又有开大卡车拆城砖的人。北京市文物工作队派人前往制止，将拆砖人带至建国门派出所，要求处理。

1969年，北京市城建局批准西城区房管局将白塔寺山门、钟楼、鼓楼拆除，盖成新式楼房，作副食商店用。[2]

1970年1月23日，北京市文物管理处向驻市直属文化系统宣传队指挥部反映：北京市水产公司、北京大学附属中学等几十个单位，为修建防空洞到圆明园遗址拆挖砖石，已有20多天，使圆明园遗址的重点

[1]《北京文物博物馆事业纪事》(上)，北京市文物事业管理局编，1994年。

[2] 白塔寺山门、钟、鼓楼于1998年修复。——笔者注

群楼之中的北京元代建筑妙应寺白塔。王军摄于1996年。

地区，如“大水法”、“西洋楼”一带，遭到严重毁坏。

4月，明十三陵的石牌坊、永陵的台基石条被人拆走。

11月24日，北京市文物管理处向驻市直属文化系统宣传队指挥部汇报房山县云居寺塔及石经的现存情况，“文化大革命”的几年中遭到破坏的有：武周长寿二年（693年）“清信女宋小儿敬造碑”浮雕；一佛二菩萨手、面被砸毁；“唐范阳袁方金刚经碑”碑额浮雕手、面被砸；雷音洞内4个佛石柱的部分石佛面被砸毁，雷音洞直棂窗被砸，洞内“大唐云居寺石经堂碑”残段被扰乱，可能有丢失。9个石经洞中已有6个洞门旁的直棂窗被打破。两座唐代石塔门楣及两侧“金刚力士”的手、面被砸；北塔自然损坏日益严重。

1972年3月13日，北京市文物管理处对天坛等18处重点文物保护单位进行调查，发现存在大量人为破坏，如明十三陵各陵宝城、明楼砖石被拆走；姚广孝墓塔被挖掘；潭柘寺砖塔遭破坏；金代镇岗塔平座外皮砖被剥掉，石制保护标志被砸毁等。还发现使用单位擅自在保护范围内进行施工建设，如五塔寺院内两年盖房六十余间，并在金刚宝座附近设粪池积肥。

6月15日，北京市文物管理处对明代意大利传教士利玛窦墓情况进行调查。该墓在“文革”初期被拆毁，原有3座墓碑已就地掩埋。

北京四合院门墩上的狮子大多在“文革”时期遭到破坏。左图为狮子已被凿掉的寿比胡同7号四合院门墩。右图为“文革”中得以幸存的段祺瑞执政府门墩。王军摄于2002年11月。

……[3]

北京市1957年、1960年分别公布的市级文物保护单位有80项，“文革”中被毁掉了30项；[4] 北京市1958年确定的需要保护的6843处文物古迹中，就有4922处遭到破坏。万里长城的精华北京段被拆毁108华里，城砖被搬走垒猪圈、盖房或铺路。[5] 至于古墓葬、碑刻、雕塑、书法、绘画和珍本、善本图书等的被毁、被盗，更是难以计数。仅林彪、江青等人窃取的文物即达三千多件，古书、旧书2.6万件，字画1.3万件。[6]

“旧北京市委”垮了，“旧北京市委”的城市规划也垮了。

1967年1月4日，国家建委下令暂停北京城市总体规划的执行，明确提出：“经和北京市有关部门研究后初步商定：旧的规划暂停执行；在新的规划未制定前，某些主要街道如东西长安街等，应本着慎重处理的原则，暂缓建设，以免造成今

[3] 同[1]注。

[4] 高亦兰、王蒙徽，《梁思成的古城保护及城市规划思想研究》，载于《世界建筑》，1991年第1至5期。

[5] 《当代中国的北京》（上），中国社会科学出版社，1989年9月第1版。

[6] 北京市文物管理处，《关于林彪、“四人帮”反党集团窃取文物图书的情况报告》，1977年4月27日。转引自《北京通史》第10卷，中国书店，1994年10月第1版。

后首都建设上的被动；1967年的建设，凡安排在市区内的，应尽量采取见缝插针的办法，以少占土地和少拆民房；今后除了对现有的居住小区进行填平补齐外，不再开辟新的小区。”

文件还特别指出：“有的部门对于贯彻‘干打垒’[1] 精神认识还很不够，总认为北京是首都，或者片面强调本单位的特殊性而不愿降低标准。”“为了进一步贯彻‘干打垒’精神，建议北京市组织有关部门的设计单位，按照近郊、远郊、城市、农村、工业、民用等不同情况统一制定北京城区的房屋建筑标准，以便各单位据此执行。”[2]

1968年10月，北京市城市规划管理局被撤销，此后长达4年内，北京的建设是在无规划状态下进行的。在旧城区出现一百多处扰民工厂；四百五十多处房屋压在城市各类市政干管上，造成自来水被污染，甚至引起煤气泄漏，酿成火灾；西山碧云寺风景区由于乱采煤堵塞了泉眼；全市四百多公顷绿地被占；建起来数十万平方米墙薄、屋顶薄、无厨房、无厕所的简易住宅，增加了人口密度，生活环境极为恶劣，形成了“新贫民窟”。

1974年北京市允许各单位在自己的用地内自建住宅，不少单位纷纷在各自的大院内就地扩张，拆平房建楼房，挖小块空地见缝插楼。至1986年北京市政府明令禁止此行为时止，12年平均每年拆房3万至5万平方米，拆房最多的年份为15万平方米，每年新建房高达70万至80万以至近百万平方米，12年共新建房屋1100万平方米，占新中国成立后旧城新建房屋总量的一半以上，其中新建住宅700万平方米，占新中国成立后旧城新建住宅

[1] 借助模板夯筑土墙，又称土筑墙或版筑墙，俗称干打垒。提倡“干打垒”精神，旨在降低建筑标准。——笔者注

[2]《国家基本建设委员会关于北京地区一九六六年房屋建设审查情况和对一九六七年建房的意见（摘录）》，1967年1月4日，载于《建国以来的北京城市建设资料》（第一卷 城市规划），北京建设史书编辑委员会编辑部编，1995年11月第2版。

“文革”时期四合院内被挤入大量人口，“大杂院”逐渐成为一大社会问题。近年来，学术界越来越多人士提出，应以疏散人口、拆除违章和临时性建筑的方式，整治、修缮四合院，还其本来面貌，而不宜以“剃光头”的方式，大拆大建。图为北京鼓楼地区四合院现状。王军摄于2002年10月。

的70%。[3]

由于空院大、密度小的旧房大多是明、清时期留下的王府和园林宅邸，它们分布在旧城中心地区，因此，见缝插楼给北京古城造成灾难性破坏；同时，城市布局也被搞乱，环境恶化，不少地方堵了胡同，断了交通，增加了市政公用设施的负担。

建筑一旦成为事实就难以更改，"文化大革命"给我们民族造成的心灵巨创，就是这样直白地刻在这个城市的脸上。

[3] 董光器，《北京规划战略思考》，中国建筑工业出版社，1998年5月第1版。

找不到答案

1966年6月，清华大学出现批判梁思成的大字报，称他是与彭真同伙的反党分子，是反动学术权威。此后，各种批斗接踵而至。

1968年8月27日，在康生等编造的《关于三届人大常委委员政治情况的报告》和《关于四届全国政协常委委员政治情况的报告》中，梁思成被列入"叛徒"、"叛徒嫌疑"、"特务"、"特嫌"、"国特"、"反革命修正主义分子"、"里通外国分子"名单，被中央文革小组定为"资产阶级反动学术权威"。

11月7日，驻清华大学工人、解放军、毛泽东思想宣传队和"革命师生"召开批判梁思成大会。此后，梁思成病情急剧恶化，11月17日，在周恩来总理的关照下，住入北京医院，边治疗边检查思想。

在生命的最后旅程里，梁思成回想起1950年他与陈占祥提出的"梁陈方案"，对林洙说："我至今不认为我当初对北京规划的方案是错的。"林洙回忆道：

梁思成1961年登桂林叠彩山。林洙提供。

思成说："……城市是一门科学，它像人体一样有经络、脉搏、肌理，如果你不科学地对待它，它会生病的。北京城作为一个现代化的首都，它还没有长大，所以它还不

1962年梁思成与林洙在清华园合影。罗哲文摄。

会得心脏病、动脉硬化、高血压等病。它现在只会得些孩子得的伤风感冒。可是世界上很多城市都长大了，我们不应该走别人走错的路，现在没有人相信城市是一门科学，但是一些发达国家的经验是有案可查的。早晚有一天你们会看到北京的交通、工业污染、人口等等会有很大的问题。我至今不认为我当初对北京规划的方案是错的（指《中央人民政府中心区位置的建议》）。只是在细部上还存在很多有待深入解决的问题。”[1]

1971年底的一个冬日，陈占祥来看梁思成了。

1957年被打成“右派”之后，陈占祥被送往京郊沙岭绿化基地。

在两年多的劳动改造期间，他数度站在高高的山顶上，一次次闪过跳崖轻生的念头。

与他共同被劳改的北京市建筑设计院被划为“右派”的翻译邱连璋回忆说：

那时，我与你同睡一屋时，你的打鼾声是众所周知的，所以别人都不愿与你同屋而睡。可我生来不怕鼾声，也听你的鼾声形成入睡的习惯。每当你挨批之后，曾有多少个无眠之夜，听不到你的雷鸣般的鼾声，你在木板床上辗转翻身的吱嘎声，使我也感受到你内心里所受到的委屈确有多重。后来才知道，正是你那些不眠之夜，曾在你的脑海中一霎间闪现过几次轻生的念头。然而，老陈！你终于又挺过来了。[2]

在他被划为“右派”之后，一家人惶恐度日。5个子女的升学、工作、生活均受影响。

孩子们问父亲，为什么当年是到英国留学，而没有去延安参加革命？父亲看着他们，满怀歉意：“因为那时中国太穷了，受人欺负，我以为只有科学可以救国。”[3]

后来，孩子们才知道，父亲那时只知科学救国，并不了解共产党，更不知道延安。

在沙岭基地的山崖上面，使陈占祥没有跳下去的是他对家人的责任，还有他那未酬的壮志。

[1] 林洙，《建筑师梁思成》，天津科学技术出版社，1996年7月第1版。

[2] 邱连璋，《一棵吹不倒、压不垮的迎风松》，2001年7月23日，未刊稿。作者为悼念陈占祥而作。

[3] 陈弥儿，《往事的回忆》，2001年9月5日，未刊稿。作者为悼念父亲陈占祥而作。

1960年，他终于被从山里放出来。可回到城里，体力劳动仍然等着他。他那双绘图的手已变得粗糙不堪。

1962年，他终于在设计院情报所理论组当了一名译员。

他把赖特的名著《未来建筑》、维特鲁威斯的《建筑十书》译成了中文，随时介绍国外建筑期刊中一些有分量的文章，通过各国专利报告收集技术资料，供设计人员使用。

1963年建设首都体育馆，馆内所有设施——从屋架到滑冰地面乃至扫冰车，都需要参考国外专利报告进行设计。他就跑到中国科学院情报所专利馆去查阅、研究。专利馆的人对他说："你是建筑师中第一位到这里查看专利的。"[4]

拆除北京城墙、填埋护城河、长河改道、高梁河变暗沟等等，令他痛苦万分。他想到了"二战"时希特勒对伦敦的狂轰滥炸，由于缺水，伦敦市民束手无策，只能眼睁睁看着自己的家园被大火烧毁，感叹道："应即时保护北京现存这些可利用的水系，不使再被湮没。"[5]

他隐隐感到前途难卜。在夫人的提议下，1963年，一家人来到中山公园合了影。

那一天，在故宫筒子河上，他把船划得飞快，引得岸上的人驻足观看。他边划边告诉孩子们，他是在英国留学时喜欢上划船的。孩子们这才知道了泰晤士河上，牛津与剑桥竞舟的传统。

灾难终于降临。

"文革"风暴中，凝聚他多年心血的译稿被烧成灰烬；他被造反派从家里抓走，剃阴阳头，"坐飞机"[6]，扇耳光，吐唾沫；他的藏书被撕毁了，他身上的衬衣被撕成条状……

一位正直的院领导被毒打关押。

他回到家中，气愤不已："太不像话，把人关起来，还不让人吃东西。"

他边说着边做起了三明治，还调了一瓶奶茶。

他就把吃的送进"牛棚"去了。这一去就没能回来。

给他送吃送穿的是他年仅13岁的小儿子。

[4] 《陈占祥自传》，未刊稿，陈衍庆提供。

[5] 同[2]注。

[6] 亦称"喷气式"，指当时流行的强迫被批斗者弯腰，双手后背的折磨人的姿势。——笔者注

1963年陈占祥夫妇与孩子们合影于北京中山公园。左起陈愉庆（长女）、陈衍庆（长子）、陈占祥、陈宪庆（三子）、陶丽君（夫人）。陈衍庆提供。

每次孩子总是把一包烟偷偷地藏在给他换洗的衣服中。

一回家，孩子就失声痛哭……[1]

对与梁思成的诀别，陈占祥作了这样的回忆：

1971年底，当我去北京医院看望病重的梁先生时，他还鼓励我要向前看，千万不能对祖国失去信心。他说，不管人生途中有多大的坎坷，对祖国一定要忠诚，要为祖国服务，但在学术思想上要有自己的信念。这，可说是梁先生对我的宝贵遗言了。而他正是这样生活的。我敬佩梁先生待人的诚恳和正直。遗憾的是最后我连参加梁先生的追悼会的机会都没有……在那个难忘的寒冬日子里，梁先生在北京医院的病床上情真意切地向我说："占祥，这几年，多亏了林洙啊！"[2]

1972年元旦，梁思成听完了《人民日报》社论，对林洙说："台湾回归祖国的一天我是看不见了，等到那一天你别忘了替我欢呼。"林洙的泪水夺眶而出，紧紧攥着他的手说："不！不！你答应过我，永远不离开我。"[3]

这一天，梁思成在他的日记本上留下最后一行字：

王师北定中原日，家祭毋忘告乃翁。[4]

1月9日，梁思成与世长逝，终年71岁。

在他呼吸万分困难，与死亡作最后搏斗的时刻，他对女儿梁再冰说："我相信，马克思列宁主义在中国一定能胜利……"[5]

4个月后——1972年5月24日，梁思成的好友费正清和夫人费慰梅，应周恩来总理邀请，在阔别中国25年之后来到北京。

在他们到来之前，1972年2月21日，美国总统尼克松乘专机抵北京访问，这是来到中国访问的第一位美国总统。费正清为促成尼克松此行建立了功勋。

"对于我和威尔玛[6] 来说，1972年重返北京仿佛是我们毕业40年之后的一次同学的聚会。"费正清回忆说。[7]

在这次"同学的聚会"上，费氏夫妇见到了金岳霖、钱端升、张奚若、周培源、陈岱孙等30多年前梁家茶座上的老朋友。可是，他们再也看不到梁思成了，仅仅因为迟到了一百多天。

在中方安排的晚宴上，费正清致辞："我们对中国有深厚的情感，很高兴能够回来访问。遗憾的是，这次回来，我们失去了一半的中国！我们最好的朋友梁思成、林徽因都已经去世了，他们在我们的心中就等于中国的一半，可是，这一半，我们永远地失去了！"[8]

那个时候的北京城，城墙已被基本拆尽，到处都在挖防空洞，费正清深感茫然：

对于40年以前的老北京，我们可以说了如指掌，虽然导游一直不

[1] 陈愉庆接受笔者采访时的回忆，2001年4月8日。

[2] 陈占祥，《忆梁思成教授》，载于《梁思成先生诞辰八十五周年纪念文集》，清华大学出版社，1986年10月第1版。

[3] 林洙，《建筑师梁思成》，天津科学技术出版社，1996年7月第1版。

[4] 梁思成日记，1972年1月1日，林洙提供。

[5] 梁再冰，《回忆我的父亲梁思成》，载于《梁思成先生诞辰八十五周年纪念文集》，清华大学出版社，1986年10月第1版。

[6] 费慰梅的英文名。——笔者注

[7] 《费正清自传》，黎鸣、贾玉文等译，天津人民出版社，1993年8月第1版。

[8] 梁从诫接受笔者采访时的回忆，1998年5月22日。

停地邀请我们去参观新地铁，但占据我们脑海的仍然是那些古色古香的旧建筑。北京的旧城墙现今已荡然无存，只剩下两座城门幸免于难，看到这种景象，威尔玛的脸上现出了无尽的感伤，旧城的原形早已不复存在……这种惨痛的结局或者由于局势失控，或者由于领导者的无知。在城外的新建筑物下，我们意外地发现了明代修筑城墙用的巨砖，古人留下来的建筑遗产就这样化整为零了。

今昔对比最强烈，也最令我们感到凄惨的要数我们过去在东城区居住过的住宅了。前院和下房住着我们过去的5个仆人，盘绕在正厅过道顶上的翠蓝紫藤萝架后面就是我们的后院，现在，这两座庭院已显得破败不堪，几乎与贫民窟一般无二，里面杂居着老少三十几口人，既没有鲜花，也没有菜畦，我几乎认不出它了。我过去用过的三间书房现在由我们的老房东金氏夫妇的儿子和媳妇居住着。这里的居住者大都是公职人员。北京的人口已经增加了好几倍，所以才出现今天这样的结局。

在我们从前的庭院里，我们还看到了通贯附近地区的防空洞入口处的封盖，每户的防空洞都是该户

1934年梁思成、林徽因与费正清（右二）、费慰梅（左二）在金岳霖（左一）家中合影。（来源：Wilma Fairbank, *Liang and Lin-Partners in Exploring China's Architectural Past*, 1994年）

居民自己挖的。后来在前门商业区，我们看到了另一番令人惊讶的景象，商店中的地板被掀开，下面露出了深达二十几英尺的楼梯，里面有装有电灯的盥洗室，整个结构像是急救站，我们来这里时，里面传出悦耳的音乐，还焚着香。怪不得我们在街上见到那么多的砖块、沙堆和U形水泥拱门，原来是为修筑这些防空洞准备的，那些水泥拱门肯定是架筑在砖墙上的拱顶材料。全北京市民一直在挖防空洞备战，以防苏联的入侵。居民们的士气一定非常高。但实际上，这是杞人忧天，劳民伤财的一件事，既不实用又非常危险。防空洞的宽度可以容两人并肩而行，它们虽可能使人们从战火中逃离，但也可能把人们活活埋葬。直到1976年8月唐山大地震（的确是个不祥之兆）之后，中国的挖洞风潮才告结束。不久，毛泽东便离开了人世。[1]

对这次北京之行，费正清作了这样的总结："仿佛做了一场犹如温克尔式的梦。"[2]

[1]《费正清自传》，黎鸣、贾玉文等译，天津人民出版社，1993年8月第1版。

[2] 美国作家欧文（Wishington Lrving，1783—1859）的著作《见闻录》（*The Sketch Book*）中《R·V·温克尔》描述温克尔在卡茨吉尔山睡了20年才醒过来，发现世界完全变了样。

余音难逝

惜哉斯人

1972年1月12日下午，梁思成追悼会在北京八宝山革命公墓礼堂举行。

中共中央政治局委员、国务院副总理李先念，中共中央委员、人大常委会副委员长郭沫若参加追悼会，中共北京市委书记、北京市革命委员会常委丁国钰致悼词。悼词中说："梁思成同志在全国解放以后，热爱伟大领袖毛主席，拥护中国共产党，拥护社会主义，努力从事教育事业，对我国的建筑科学做了有益的工作。"

1982年12月，《梁思成文集》第一卷出版。

同年9月，梁思成著《营造法式注释》（卷上）由中国建筑工业出版社出版。

1984年，美国麻省理工学院出版社出版梁思成完成于中国抗战时期的《图像中国建筑史》，出版社因此获得当年美国出版联合会专业和学术书籍金奖。为使此书出版成功，费慰梅耗尽心力，历尽艰难，终于寻得遗失了23年的梁思成英文手稿。

1986年10月，中国建筑学会、北京土木建筑学会、清华大学建筑系在清华大学联合举行梁思成先生诞辰85周年纪念会。《梁思成文集》1至4卷全部出版。

1987年，梁思成、林徽因、莫宗江、徐伯安、郭黛姮、楼庆西共同从事的《中国古代建筑理论及文物建筑保护研究》获国家自然科学奖一等奖。

1991年，第一部叙述梁思成生平的著作《大匠的困惑》（林洙著）同时由北京作家出版社和台北都市改革派出版社出版。

1992年，中国邮政发行一套4枚中国科学家邮票，4位科学家是：数学家熊庆来、微生物学家汤飞凡、医学家张孝骞、建筑学家梁思成。

1994年，费慰梅著《梁与林：

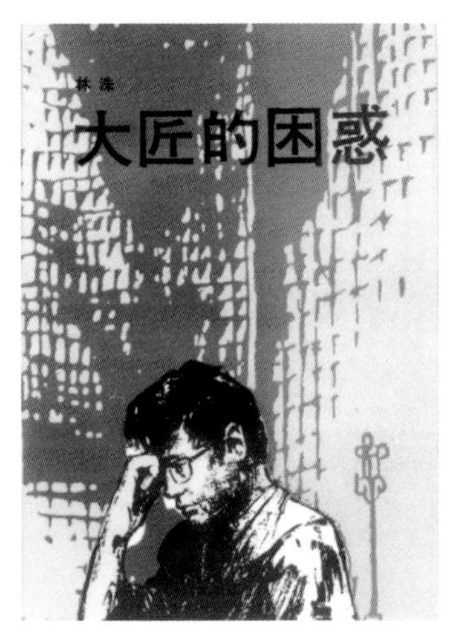

林洙著《大匠的困惑》一书封面3种（内地版、台北版、韩文版）。

梁思成铜像与中国柱式相偎。王军摄于2002年10月。

1992.11.20
梁思成 教授
纪念邮票发行

清华大学 建筑学院
School of Architecture, Tsinghua University

梁思成教授纪念邮票首日封。

一对探索中国建筑史的伴侣》，由梁思成的母校美国宾夕法尼亚大学出版。费慰梅在书中感叹：

我们比他们多活些年不足为奇。他们用自己的生命来追求理想，却经历了数十年的军阀混战、民族主义革命、日本侵略、残酷的内战以及严厉的管制，直至被病魔压垮。

美国汉学家史景迁为这本书写下前言：

如果我们保持些距离，对20世纪的中国历史作一番鸟瞰，就不难看到，这是一个惊人虚掷的世纪：虚掷了机会，虚掷了资源，也虚掷了生命。外敌侵占的苦痛，加上国内政治的无道，怎么可能产生有序的国家建设？前有企业主贪婪枉法，后有国家极端集权主义，大众被推入贫敝的深渊，试问平衡经济又将如何发展？在这个持续动荡的世界，这个严酷的审查制度令人失去想像的世界，个人的创造力与心智的探索，又怎么可能广泛流行？

梁思成与林徽因的故事，从一开始似乎就印证了上述悲观的省思。千重万叠的社会浪费，打乱并吞噬了他们的生命，一次又一次，这个世界就是不留给他们任何呼吸的空间。

清华大学建筑学院馆堂内的梁思成铜像。王军摄于2002年10月。

1995年4月30日，清华大学建筑系1965届毕业生捐赠的梁思成纪念铜像，在清华大学建筑学院院馆北厅揭幕。这是清华大学的第12座

梁思成、林徽因1934年与费慰梅（右一）合影。林洙提供。

第一届梁思成建筑设计双年展海报。

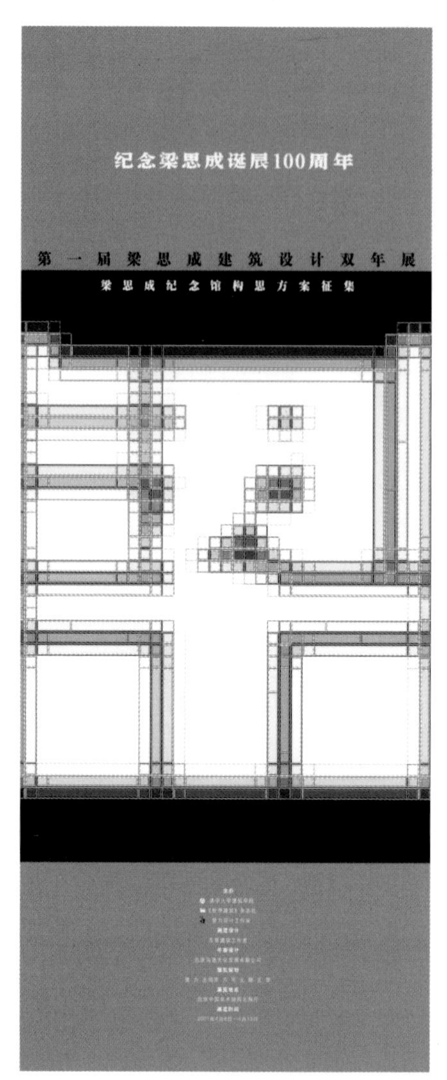

雕像，前11座分别为毛泽东、施滉、马约翰、朱自清、闻一多、吴晗、邵逸夫、蒋南翔、梅贻琦、陶葆楷、叶企荪。

同年10月，第一部研究、整理中国营造学社史的著作《叩开鲁班的大门——中国营造学社史略》（林洙著）由中国建筑工业出版社出版。

1996年2月，《梁思成建筑画》由天津科学技术出版社出版。7月，这家出版社出版了由林洙撰写的更为全面介绍梁思成生平事迹的著作《建筑师梁思成》，成为各大书店的畅销图书，在出版界掀起了“梁思成热”。

同年9月，清华大学建筑学院（系）成立50周年，《梁思成学术思想研究论文集》出版。梁思成的学生、原建设部副部长、两院院士周干峙，著文缅怀先师：

解放以后，梁先生在新中国生活工作了22年……总起来，真正发挥作用的时间最多一半左右，特别是最后带着困惑和痛苦去世，不能不说是一场悲剧……科学家的悲剧，不仅在科学不发达的哥白尼的时代存在；在科学比较发达，甚至相当发达的时代，只要人们的认识有差距，就会有矛盾。这种悲剧就会程度不同地出现。[1]

2000年9月21日，建设部发布《关于开展首届“梁思成奖”评选的通知》。《通知》说：“为激励我国建筑师的创新精神，繁荣建筑设计创作，提高我国建筑设计水平，经国务院批准，建设部决定利用国际建筑师协会第20届大会的经费结余，建立永久性奖励基金。该基金以我国近代著名的建筑家和教育家梁思成先生命名，同时设立‘梁思成奖’，以表彰、奖励在建筑设计创作中作出重大成绩和贡献的杰出建筑师，并于今年开展首届‘梁思成奖’的评选。”

同年12月18日，首届“梁思成

[1] 周干峙，《不能忘却的纪念》，载于《梁思成学术思想研究论文集》，中国建筑工业出版社，1996年9月第1版。

建筑奖”颁发。获奖者9位，分别为东南大学建筑研究所齐康、广州市城市规划局莫伯治、北京市建筑设计研究院赵冬日、清华大学建筑设计研究院关肇邺、上海现代建筑设计（集团）有限公司魏敦山、中国建筑西北设计研究院张锦秋、华南理工大学建筑设计研究院何镜堂、北京市建筑设计研究院张开济、清华大学建筑设计研究院吴良镛。此后，这一奖项每年评选一次，每次评选一名。

2001年4月8日，清华大学建筑学院、《世界建筑》杂志社、曾力设计工作室在北京中国美术馆举办第一届梁思成建筑设计双年展，以纪念梁思成诞辰100周年。展览的主题是，假设给梁思成设计一个纪念馆，请大家尽情构想，没有任何限制。来自全国22所大学和建筑研究院的大学生、建筑师们送来了72件不同形式的作品。

同年4月20日，梁思成百岁诞辰。梁思成先生诞辰一百周年纪念会暨《梁思成全集》首发式在北京人民大会堂举行。全国政协副主席、中共中央统战部部长王兆国，教育部部长陈至立，建设部部长俞正声，原最高人民法院院长郑天翔，民盟中央主席卢强，以及梁思成的亲属、生前好友及清华大学师生共100多人出席。

同年4月28日，清华大学90华诞之际，一个云集海内外众多学者的“梁思成先生诞辰一百周年纪念会”在清华大学举行。吴良镛登台演讲，动情缅怀先师：

由于近代中国没有经历“文艺复兴”、“工业革命”，没有现代化城市的兴起，加之战乱频仍，一直贫穷落后。只到二十世纪二十至三十年代，才有梁先生等建筑界的仁人志士，力挽狂澜，兴办建筑教育，发掘建筑遗产，弘扬建筑文化，在有限的时间里，艰难跋涉，可以说做到了可能做的一切。他们是中国这一独特的历史时期伟大的建筑思想的启蒙者，是中国经过百年甚至更长时间的磨难后能量的集聚者、释放者。在此历史意义上说，梁先生等人与西方现代建筑思想的启蒙者具有同样的历史地位。

解不尽的结

争论仍在继续。1973年10月8日，北京市规划局提出北京总体规划方案，指出城市规模过大、工业过于集中带来了严重缺水、环境污染、占地过多、用地紧张等问题，建议结合重点工程建设，继续改建长安街，逐步解决住宅生活服务设施和城市基础设施欠账过多的问题。这个报告上报中共北京市委之后被搁置起来，未予讨论。

1979年，北京市开始考虑重新编制城市总体规划。同年8月，北京

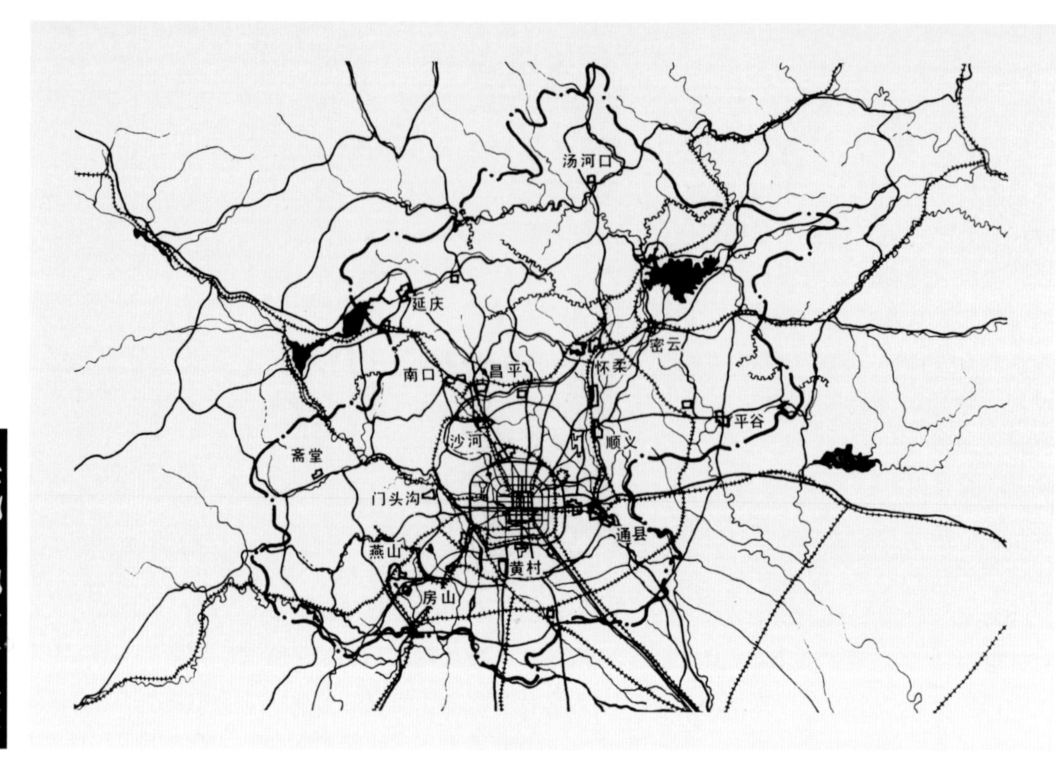

北京地区总体规划方案(1973年)。(来源:《建国以来的北京城市建设》,1986年)

市科协召开北京市规划座谈会，吴良镛作题为《北京市规划刍议》的发言，对北京市提出的总体规划设想坦陈己见，对“彻底改造”旧城区提出批评，大声疾呼：“为古建筑请命！”“试想如果照有的报上所宣传的北京‘现代化’城市的‘远景’所设想的那样：‘将来北京到处都是现代化的高层建筑，故宫犹如其中的峡谷’那还得了！”

吴良镛指出，北京市的规划设想仍然是以大的旧市区为核心，以同心圆式向外发展，如果不采取真正极为强有力的措施，将来很可能发展连片，要趁还没有形成“铁饼一块”的时候，赶快采取措施。

他认为，北京旧城已过于拥挤，必须将其功能疏散，发展为多中心的城市，即在旧城外选择适当的位置，建设有充分就业机会的新中心，使工作、生活相对平衡，尽量减少全市性的公共交通量，减轻市中心的压力。[1]

1980年11月，北京市规划局连

(1)

(2)

(3)

吴良镛的北京城区建筑体形秩序示意图(1979年)。1.旧北京城建筑有严格的高低错落的比例关系;2.如果高层建筑零乱安放，必然失去旧城的体形秩序;3.建议旧城内“高度分区”，控制建筑高度，保持“水平城市”的面貌，而旧城外建高层建筑。(来源:吴良镛,《北京市规划刍议》,1979年)

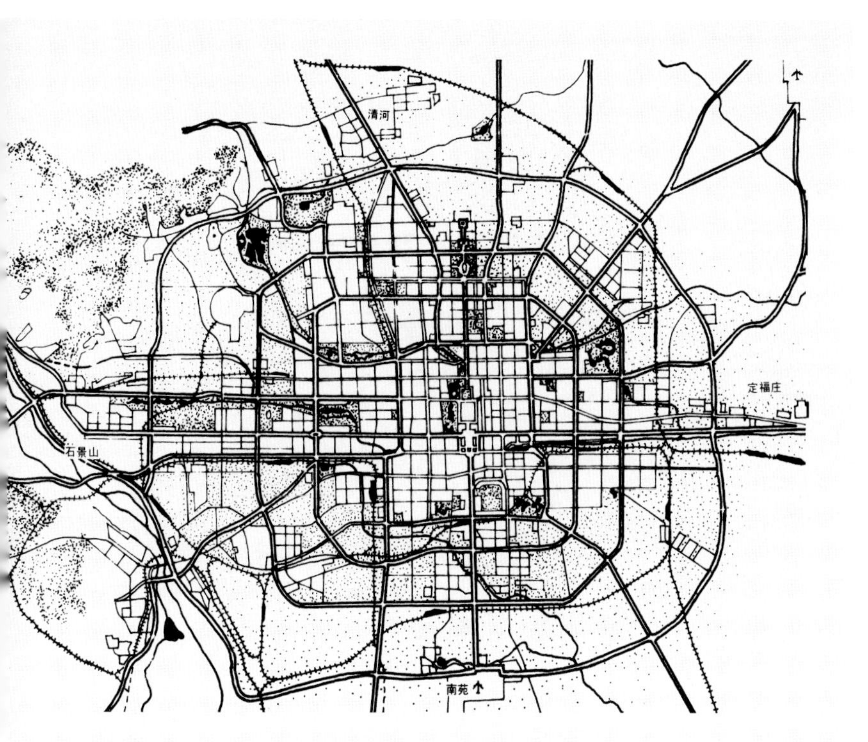

北京市区总体规划方案（1973年）。（来源：《建国以来的北京城市建设》，1986年）

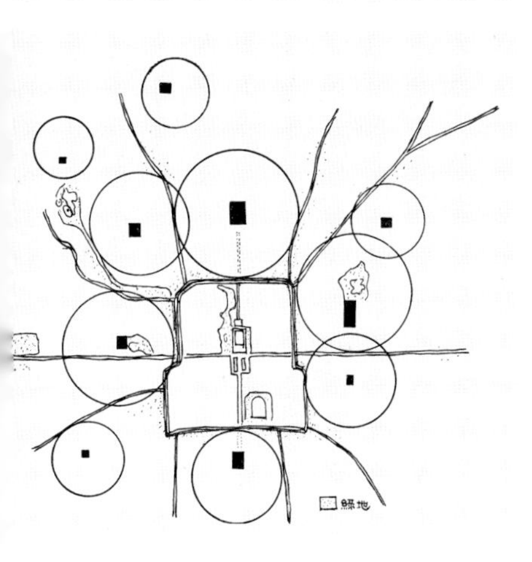

吴良镛的北京市总体布局设想示意图（1979年）。（来源：吴良镛，《北京市规划刍议》，1979年）

续4次召开由各方面学者参加的座谈会。在讨论旧城改造和古建筑保护问题时，一些人认为，古迹保护只能是少量的，因为城市的发展过程总是新建筑从少到多，旧建筑从多到少。尤其是北京，城里的旧房子大部分十分落后，不能适应现代化的要求。老百姓也不愿住大杂院。把旧城作为一个历史博物馆全部保留下来是不现实的。[2]

刚获平反的陈占祥，私下里对一些朋友发表了他对总体规划的寄望。他说，北京城市的发展，不能再一圈一圈地往外摊了，应该变“摊大饼”式的发展为“糖葫芦”式的发展，即沿交通干道跳跃式地分布、建设城镇，分担市区功能，实现有机疏散。[3]

他仍坚守着当年“梁陈方案”未竟的理想。

1983年，《北京城市建设总体规划方案》被批准施行，提出对旧城进行“逐步改建”的方针，肯定了北京原有的城市布局，即“以旧城为中心，向四周扩建”。

[1] 吴良镛，《北京市规划刍议》，载于《建筑史论文集》第3辑，清华大学建筑工程系建筑历史教研组编，1979年。

[2] 《1980年的〈总体规划纲要（草案）〉汇报座谈会》，载于《党史大事条目》，北京市城市规划管理局、北京市城市规划设计研究院党史征集办公室编，1995年12月第1版。

[3] 林洙接受笔者采访时的回忆，2002年4月16日。

北京地区总体规划方案（1982年）。（来源：《建国以来的北京城市建设》，1986年）

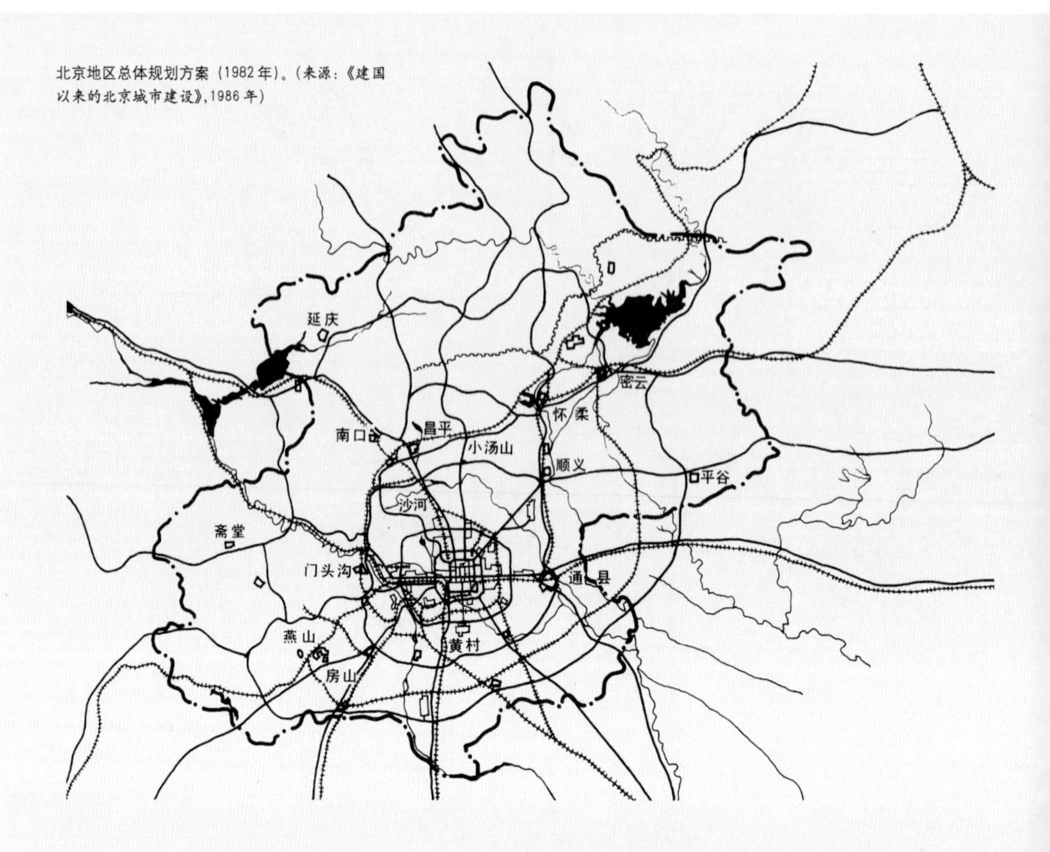

北京市区总体规划方案（1982年）。（来源：《建国以来的北京城市建设》，1986

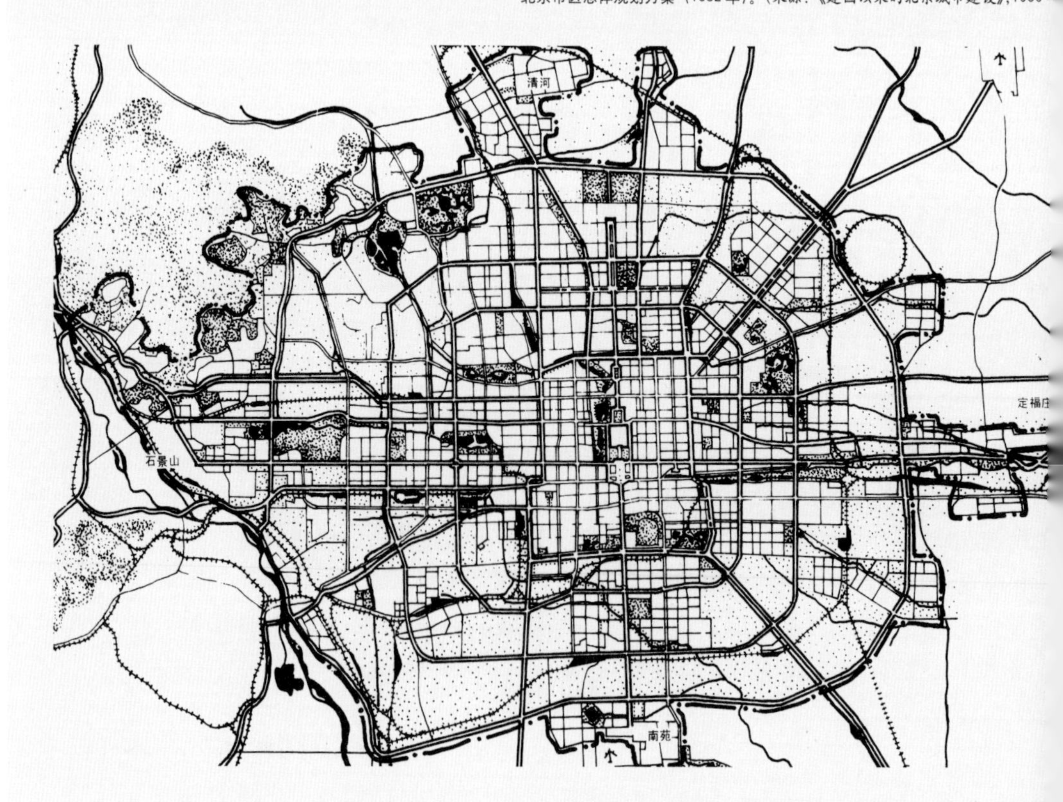

对这个方案，学术界具有代表性的批评意见是："依然是在50年代所奠定的新区包围旧区、与历史古城同心同轴模式基础上制定的。在这次现代化起步之初，我们失去了最后一次重新考虑北京规划模式的机会。"[1]

1986年4月，北京建设史书编辑委员会编辑出版《建国以来的北京城市建设》一书，对"梁陈方案"作否定性评价：

在建都初期，不利用旧城，另辟新址建设行政中心，在当时国家财政十分困难的情况下是不可能的，国家经济好转以后，抛开旧城，另建新的行政中心，也是不可取的。旧城原有房屋和公用设施都十分落后破旧，如果抛开旧城，另建新的行

[1] 杨鸿勋，《永葆城市的"生命印记"——北京城现代化所引起的思考》，载于《建筑历史与理论》第5辑，中国建筑学会建筑史学分会编，中国建筑工业出版社，1997年5月第1版。

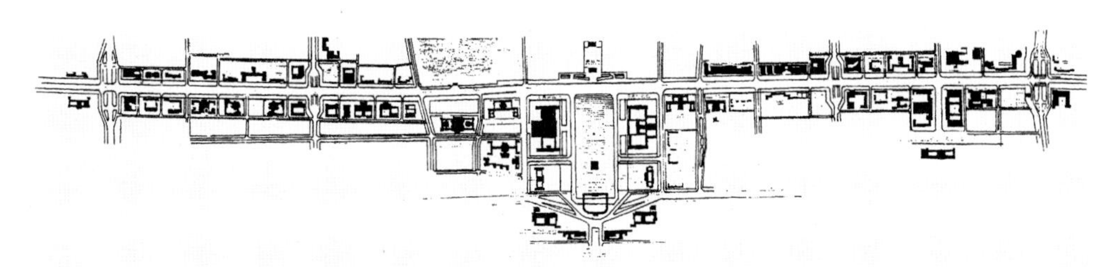

天安门广场和长安街规划方案（1985年）。（来源：董光器，《北京规划战略思考》，1998年）

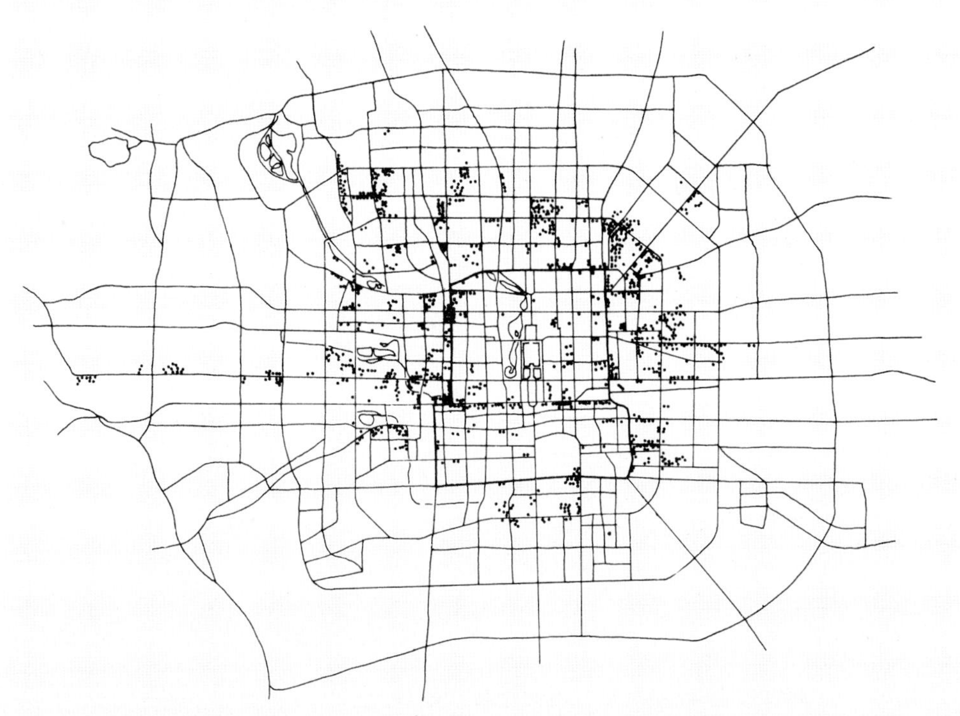

北京高层住宅分布示意图（1985年以前批准建设）。（来源：范耀邦，《北京高层住宅的发展和思考》，1988年）

政中心，势必使旧城得不到改建。现代化的新中心与破旧落后的旧城长期共存，无论如何是说不过去的。北京旧城面积有62平方公里，居民有一百多万人，规模很大，相当于一个特大城市，不是一个小城堡。随着国家的社会主义建设和首都建设的进程，旧城原封不动地保留成为一个博物馆和文物区也是不可能的，旧城也势必要进行改建，使之现代化，使之适应社会主义生活的需要。解放以来，天安门广场和长安街的改建，已证明这样做是正确的。当时如果抛开旧城另建新的中心，就不会有今天天安门广场的改建和长安街的展宽、打通和延长。

同年10月，在清华大学“梁思成先生诞辰85周年纪念会”上，与会学者对“梁陈方案”作了肯定性的评价。中国建筑学会理事长、建设部顾问戴念慈在发言中说：

新中国成立以后，梁公最关心的是北京市的发展前途和规划原则。他的规划思想是把北京市的中轴线从故宫西移至三里河一带地方，形成一条更加雄伟壮观的轴线。这样一方面有利于保护旧城的风貌，另一方面便于使新建区域摆脱旧有的羁绊，在建设上比较自由。其实，与欧洲某些城市的发展方式不同，从辽、金到元、明、清，北京的中轴线和城市重心有过多次移动，用这种办法来解决新旧之间的矛盾，本有它方便之处。当时在梁公领导下，由陈占祥同志和北京市都市计划委

规划图

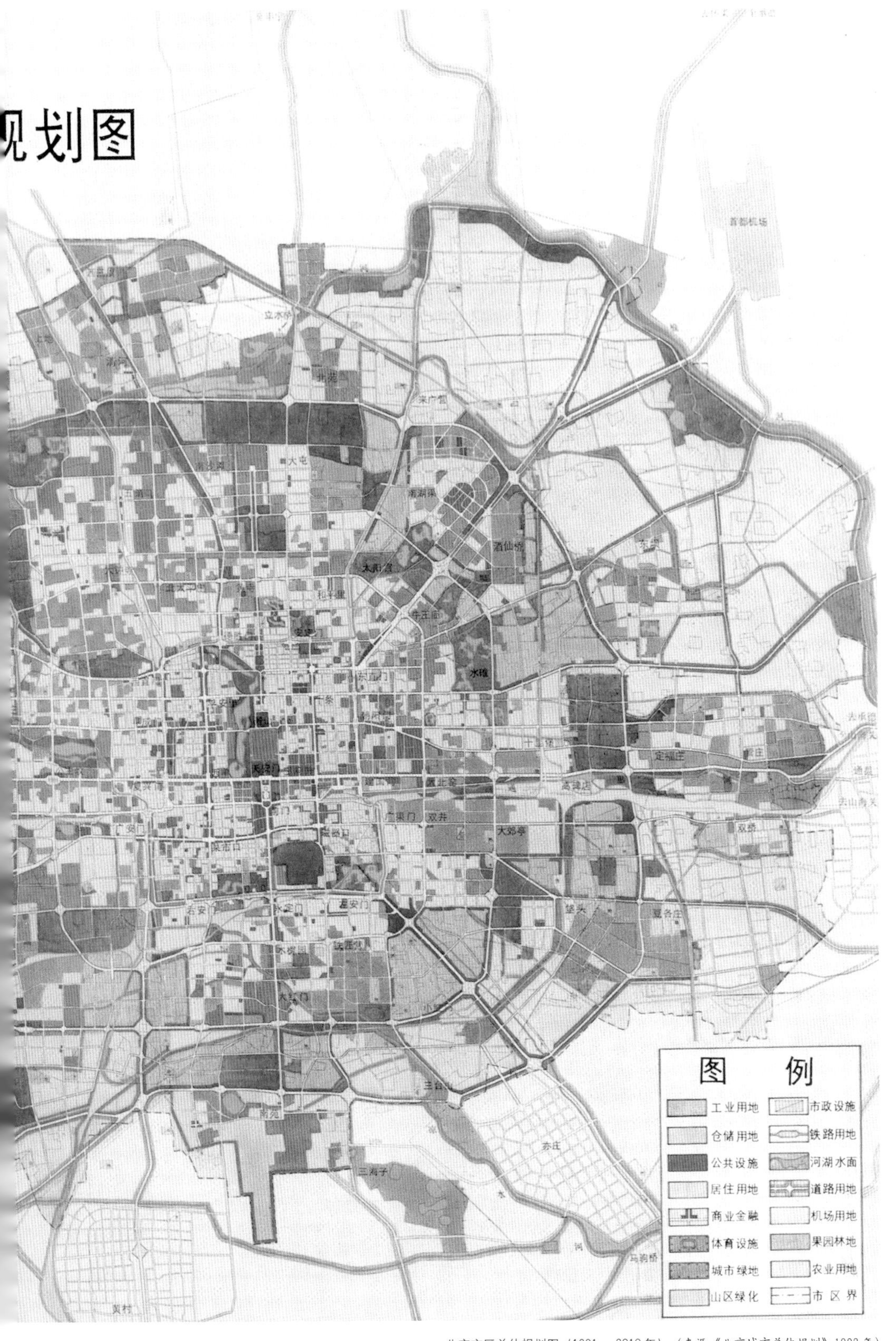

北京市区总体规划图（1991－2010年）。（来源：《北京城市总体规划》，1992年）

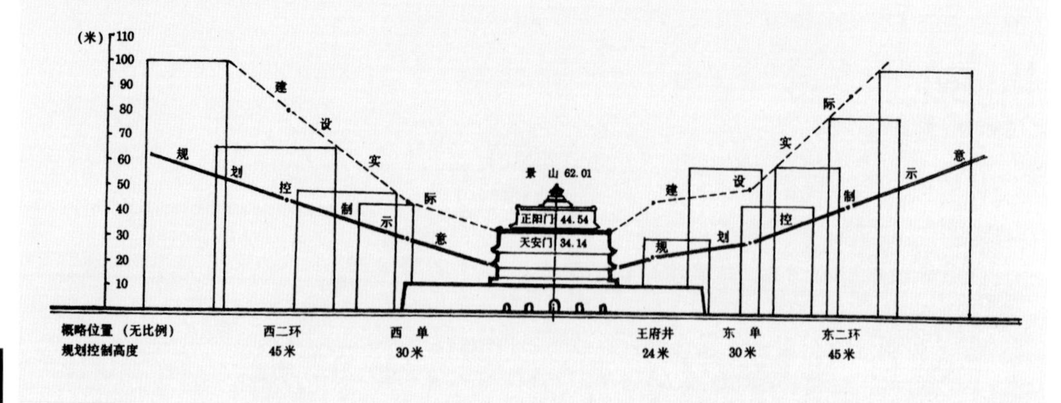

北京建筑高度控制和建设实际高度比较图(1996年)。(来源:李准,《"历史名城整体保护"论》,1996年)

员会某些同志提出的轮廓性总体方案，是个新旧结合的方案。它既不是把旧城当作新城的中心，也不是把旧城抛弃不顾，另建新城，而是把旧城变作更大总体范围的一个组成部分,不失为一种明智的办法。可惜由于当时不适当的强调技术上、学术上也要"一面倒"，这个方案，未经充分慎重的讨论就轻率地被否定了。这件事虽然已是无法挽回的陈年旧账，但我认为可以从中汲取一个教训，那就是：在学习外国的问题上，不采取双百方针，而采取片面的"一面倒"的办法，是要误事的。[1]

1993年10月，北京市新修订的1991年至2010年城市总体规划获得批准，延续了以旧城为中心并向外发展的城市布局模式，提出"20年内完成旧城及关厢地区的危旧房改造，改变落后面貌，大力向新区和卫星城疏散人口"。

1994年8月23日，吴良镛、赵冬日、周干峙、郑孝燮、张开济、李准6位学者，对位处王府井商业区南端、长安街北侧的东方广场大厦的设计方案提出意见："按该项设计方案看来，这一建筑东西宽488米，高75—80米；比现北京饭店东楼宽度120米要宽四倍，比规划规定限高30米高出一倍多。如照此实施，连同北京饭店将形成一堵高七八十米，长六百多米的大墙，改变了旧城中心平缓开阔的传统空间格局和风貌特色，使天安门、大会堂都为之失色，同时，带来的交通问题也难以解决。"

北京市城市规划设计研究院总建筑师陈干，为使东方广场大厦按照城市规划的要求进行调整，四处奔走，不幸于11月30日因病抱憾而终，享年75岁。

学术界数百人赴八宝山革命公墓礼堂参加陈干追悼会，一副长联高悬于灵堂之前："倾注一腔热血殚精竭虑捍卫古都风貌哲人有憾魂牵长安道；奉献毕生才智广征博引撰修总体规划来者继业情记畅观楼。"

郑天翔著文怀念他的老战友：

[1] 戴念慈,《回忆梁公》,载于《梁思成先生诞辰八十五周年纪念文集》,清华大学出版社，1986年10月第1版。

近年来，在北京街头出现了一些怪物。陈干同志感到憋气的所谓“东方广场”，就是一种怪物……

陈干终生献身于首都城市规划建设，他热爱首都，热爱祖国，热爱国家的社会主义建设。他为国家建设的日新月异而兴高采烈。他也为党内某些消极腐败现象忧思如焚，更为首都建设中一些专横霸道的东西、瞎指挥的东西，把规划一脚踢开、把原则拿出来做交易的东西着急。他是一个正直的人，一个关心国家大事的人，一个实事求是的人，一个党性坚强的共产党员。陈希同执意要搞的丑陋愚蠢的“东方广场”，深深地刺痛了他。

……看一看北京城的其他地方及市区周围，有多少历史文化名胜古迹，有多少景色秀丽的胜地不受切削和侵犯？一些房地产资本，甚至是空头资本，以最大限度地追求最大利润的欲望，在不少场合，在不同程度上，事实上主宰着北京的一些城市建设。它们占街、占道、占山、占水、占学校、占体育场，眼睛里哪有什么政治中心、文化中心？哪里有社会主义物质文明和社会主义精神文明？[2]

陈干病逝之前，《新华文摘》1994年第11期刊登学者杨东平所著《城市季风》的书摘，题为《旧城唯上：50年代的毁城之争》，此文深为当年未采纳“梁陈方案”而痛惜，指出：“每一个尊重历史、保护历史的人，历史终将为之‘大书一笔’。”

陈干阅罢深受触动：“想不到过了这么多年，仍有人，而且还一而再地翻这笔老账。按书作者的看法，主张完整保存旧城，另建新都的人是‘保护历史的人’，那么主张改造旧城建都的人，岂不都成了不尊重历史、不保护历史甚至是破坏历史的人了？天底下哪有这种道理！”[3]

对“梁陈方案”，他得出这样的结论：“在当时它就行不通，后来更行不通，谁能想像在现在或未来的

[2] 郑天翔，《痛悼我的老战友陈干同志》，载于《陈干文集——京华待思录》，北京市城市规划设计研究院编，1996年。

[3] 高汉，《云淡碧天如洗——回忆长兄陈干的若干片段》，载于《陈干文集——京华待思录》，北京市城市规划设计研究院编，1996年。

方案修改后建成的东方广场建筑群。王军摄于2000年6月。

高楼逼近紫禁城。王军摄于2002年9月。

哪一天，忽然从故纸堆里翻出这个规划来，又照着搞下去吗？这只能是做梦！”[1]

周永源评论道：“当年听了梁思成的意见，旧城也不一定能保护下来。如果权大于法、‘一言堂’的情况不改变，行政中心就是放在城外，也难保旧城不失。”[2]

1995年夏，北京市政协提出《关于在城市建设和危旧房改造中做好文物保护工作的紧急建议》：“一些地方和部门在房地产开发和交通、住宅建设中，不能正确处理建设和文物保护的关系，甚至把文物遗址的保护视为包袱，动辄就要拆除、撤销或者迁移，致使一些区级文物保护单位受到严重威胁。基于同样原因，文物遗址的定级、升级难度也越来越大，以对文物保护工作比较重视的宣武区为例，现有27处文物暂保单位，今年上报定为区保单位的仅有7项，也就是说，几乎3/4极有可能在危改中被拆除。”

1998年3月，清华大学建筑学院博士谭英提出《停止对北京旧城中心区的大规模拆迁重建》的建议：

北京的危改工作从1990年启动以来，确实取得了很大的成绩，大部分“危、积、漏”地区终于得到了改造。但是随着改造向旧城中心区进发，原有大规模拆迁重建的改造方式显然不适合旧城中心区的实际情况，而且已经对城市整体环境和独具特色的城市风貌造成了严重破坏！从切身感受，从所做的研究，我们发自肺腑的声音是：旧城中心区再拆，北京的古都风貌就没有了！再这样改造下去，这些地区的居民也难以接受！……现在大部分改造地区，70%—80%的居民不得不外迁。许多居民要迁到位于北京郊区的四环、五环甚至更远的集中

[1] 高汉，《云淡碧天如洗——回忆长兄陈干的若干片段》，载于《陈干文集——京华待思录》，北京市城市规划设计研究院编，1996年。

[2] 周永源接受笔者采访时的谈话，1997年7月8日。

外迁区。尽管搬迁以后，居住条件得到不同程度的改善，但是位置远、交通不便这一条，就严重地，甚至灾难性地影响了大部分居民的上班、就业、就医、上学等活动，无形中剥夺了居民娱乐、进修、与亲友团聚的基本生活需要。越来越多的北京市民在拥挤的公共汽车上耗费着他们的生命，还给城市公共交通造成更大的负担……改造地区的居民90%以上都极不愿意外迁，其中有不少人希望根据自己的经济能力，出资就地改善……[3]

同年4月，老舍之子、作家舒乙在北京市政协会议发言，提出保护四合院就是保护北京的“第二座城墙”：

北京绝不是一个普通的都市，她到处都是文物，有1000处文物保护单位，还有6000处没有被列入文物保护单位的文物。谁也不能抹杀这6000处文物！我们应该怎样处理？在市里，我个人觉得绝不能把这个工作完全交到区里，市里要适当控制；区里绝不能把这个工作完全交到开发公司，也要适当控制。不是任何一个人都对北京的文物价值有正确的认识。如果都建成香港、纽约一样的高楼，北京彻底完蛋！搞不好，栽大跟斗，被全世界大骂！就跟毛主席拆城墙一样。现在北京是在拆第二座城墙，胡同、四合院是北京的第二座城墙！

2000年9月8日，吴良镛以《大北京地区空间发展规划遐想》为题，在北京市科协发表演讲，建议从更大空间范围研究北京的发展，重点解决包括京、津、冀北诸多城市在内的大北京地区的发展战略，然后再回到北京的问题上，“我们应该对已经不能全然适应发展要求的总体规划进行一定的、必要的修改，再也不能‘以不变应万变’”。

2001年3月22日，陈占祥逝世。

[3] 谭英.《停止对北京旧城中心区的大规模拆迁重建》，未刊稿，谭英提供。

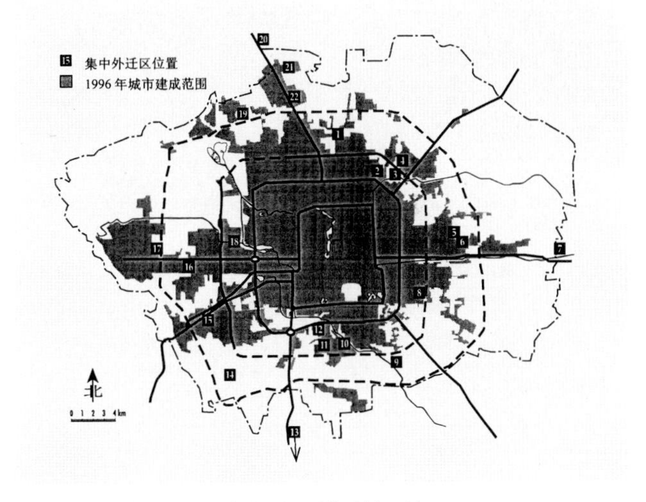

在北京城市边缘建设的较集中的危改外迁住宅区。（来源：谭英博士论文，《从居民的角度出发对北京旧城居住区改造方式的研究》，1997年）

北京官园危改区及供居民选择的三个主要外迁地点。（来源：谭英博士论文，《从居民的角度出发对北京旧城居住区改造方式的研究》，1997年）

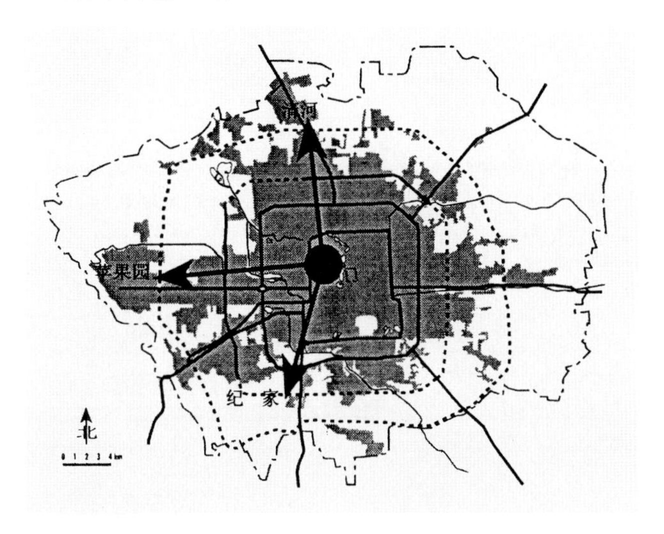

空中南望中轴线。宋连峰摄于1997年9月。

生前他最放心不下的还有一件事情，就是四十多年前因为一次不成功的翻译，致使国内学术界长期以来对城市设计缺乏明确的认识。

作为规划与建筑设计不可缺少的一环，城市设计是对城市空间进行的三维构想。可是，如此重要的环节，在我国建筑界一直付之阙如，使得个体建筑之间的协调失去指导，彼此随心所欲，难免面目可憎。

陈占祥有语云：

我们在50年代初学习苏联经验时，苏联专家穆欣同志花了很大的劲，试图向我们说明计划与城市设计的区别。在俄语中，这两个词的区别极其微小，只在字尾有一点儿小区别。翻译岂文彬同志在没有办法的情况下，暂时用了“规划”一词，使之区别于“计划”，结果，规划一直沿用至今。而今天“计划”与“城市设计”（规划）实际上仍混在一起，不过规划代替了计划而已。

任何一门学科，基本概念是关键，所以我不再多谈。[1]

[1] 陈占祥,《关于城市设计的认识过程》, 载于《五十年回眸——新中国的城市规划》, 中国城市规划学会主编, 商务印书馆, 1999年11月第1版。

初稿于2001年9月24日

终稿于2002年8月28日

空中北望中轴线。宋连峰摄于1999年10月。

紫禁城。王军摄于2002年9月。